采空区自然发火多场耦合理论及应用

刘 伟 秦跃平 著

科 学 出 版 社
北 京

内 容 简 介

采空区自然发火是井下重大灾害之一，也是煤矿安全生产领域重点研究的问题。本书在分析煤自燃特性参数及采空区内产热与散热规律的基础上，利用数值模拟技术提出了采空区自燃发火的能量迁移理论，阐述并揭示了采空区自然发火的多场耦合致灾过程和机理，建立了三维多场耦合数学模型；确定了四面体单元控制体的合理圈划方案，提出了一种具有较高精度的有限体积法的新算法；利用新算法离散自然发火模型，编制了“采空区自然发火三维仿真系统”，结合现场参数，模拟得到了注氮前后及停采状态下的采空区各场分布情况，分析了推进速度、遗煤厚度及工作面风量等对自然发火的影响；提出了一种以工作面上隅角一氧化碳涌出量来定量评估采空区自然发火风险的新方法，提高了采空区自然发火早期预报的准确性，还自主研发了一种新型干冰快速升华装置，即干冰相变发生器，成功处置了井下的早期自然发火。

本书适合从事矿井采空区自然发火防治、矿井热害防治以及数值仿真等技术研究的科研人员和高校师生阅读使用。

图书在版编目(CIP)数据

采空区自然发火多场耦合理论及应用 / 刘伟，秦跃平著. —北京：科学出版社，2018. 3

ISBN 978-7-03-056620-1

Ⅰ. ①采… Ⅱ. ①刘… ②秦… Ⅲ. ①采空区-煤层自燃-研究 Ⅳ. ①TD75

中国版本图书馆 CIP 数据核字（2018）第 038109 号

责任编辑：焦 健 姜德君 韩 鹏 / 责任校对：张小霞

责任印制：张 伟 / 封面设计：铭轩堂

科学出版社 出版

北京东黄城根北街 16 号

邮政编码：100717

http://www.sciencep.com

北京教图印刷有限公司 印刷

科学出版社发行 各地新华书店经销

*

2018 年 3 月第 一 版 开本：787×1092 1/16

2018 年 3 月第一次印刷 印张：14 插页：4

字数：330 000

定价：158.00 元

（如有印装质量问题，我社负责调换）

前　　言

采空区自然发火是威胁煤矿井下安全生产的主要灾害之一，其火源位置隐蔽，影响因素众多。一旦发生，短时间内难以扑灭，并释放出大量的有毒有害气体，危害工人身体健康、威胁井下设备财产安全；在高瓦斯矿井里，还可引发井下瓦斯爆炸，易造成群死群伤的恶性事故，所以采空区自燃火灾一直都是煤矿安全领域重点研究的灾害。因此，本书将探讨并揭示采空区自然发火过程中多场相互耦合作用的一般规律，利用实验、数值模拟、现场观测等研究手段，实现采空区自然发火的预测与危险区域的定位，为井下防灭火工作提供重要的理论依据与实践指导。

作者从2006年开始从事煤矿采空区自然发火的机理及防治技术研究工作。到目前为止，在国家自然科学基金“高温掘进工作面流场与温度场耦合作用机理研究”（59704003）、“移动坐标下采空区自然发火无因次模型及其判别准则研究”（50674091）、“煤低温催化氧化及多参数时空耦合自燃机理研究”（51174211）、“采煤工作面围岩温度场及采空区热风作用下的风温预测方法研究”（51574249）、“采空区矸石热弛豫作用下的自然发火多场耦合理论建模研究”（51604277），以及中央高校基本科研业务费（2010YZ01、2015QZ03）等的资助下，经过十几年连续攻关，形成了较为系统的采空区自然发火致灾理论、实验及应用体系。本书对此进行了比较详尽的论述，希望能对从事这一领域研究的科技工作者有所启示。

采空区自然发火是采空区内的空气流动、氧气运移与扩散、遗煤氧化放热，以及气体与固体对流换热等相互耦合作用造成的，是煤体放热和环境散热这对矛盾动态发展的结果，是一个极其复杂的、动态变化的、自加速的物理和化学变化过程。本书将重点阐述采空区自然发火的多场耦合致灾机理，详述其三维数值仿真技术方法，结合现场应用实例，就采空区自燃危险区域的划分、自然发火程度的预测预报及干冰相变惰化防治技术等展开介绍。

全书共10章。第1章介绍了煤自燃及采空区自然发火的研究现状，对本书所涉及的研究内容进行了简介。第2章介绍了煤自燃特性的表征参数及其理论计算、实验测试方法。第3章分析了采空区热量迁移规律，介绍了采空区自然发火的多场耦合机理及过程，还介绍了采空区自然发火多场耦合三维数学模型。第4章介绍了基于四面体网格的三维模型离散方法，包括有限单元法和有限体积法，分析了这两种方法的优缺点。第5章介绍了采空区流场、氧浓度场及温度场模型的有限体积法离散通式，还介绍了网格划分、节点编号及耦合求解程序设计等。第6章介绍了“采空区自然发火三维仿真系统”软件，结合实例分析了采空区各场分布情况及推进速度等因素对自然发火的影响。第7章介绍了注氮后的采空区自然发火数学模型及其数值仿真，还介绍了采空区固体温度的现场观测技术。第8章介绍了停采状态下采空区自然发火三维数学模型及其数值仿真软件，分析了停采后采空区各场分布随时间的变化情况。第9章介绍了多场耦合下采空区一氧化碳气体运移规律，重点阐述了基于上隅角一氧化碳的采空区自然发火定量化预报新方法及预警阈值。第10章介绍了井下干冰快速相变气化的原理与技术，详细描述了干冰气化产物快速处置现场高温区域的应用情况。

衷心感谢中国矿业大学（北京）周心权教授，中国矿业大学俞启香教授、王德明教授、周福保教授，西安科技大学邓军教授、文虎教授等给予的指导和长期以来的帮助；感谢国家自然科学基金委员会、教育部对本书研究工作的资助和支持；感谢中国中煤能源集团有限公司（简称中煤）、大同煤矿集团有限责任公司（简称同煤）、山西汾西矿业（集团）有限责任公司（简称汾西矿业）、西山煤电（集团）有限责任公司（简称西山煤电）、阳泉煤业（集团）有限责任公司（简称阳煤）等单位对本书现场测试及应用工作的大力支持；感谢田瑾、洪文杰、张继友、郭丹丹、王文强、张杉等硕士生参与本书的编写及出版工作。在本书编写过程中参阅了大量的国内外有关专业文献，谨向文献的作者表示感谢。

由于作者水平有限，加之很多研究内容仍需进一步探索，疏漏之处在所难免，敬请读者不吝指正。

作　者

2017 年 12 月

目　　录

第1章 绪　　论

1.1 煤矿煤自燃灾害现状

煤自燃一直是威胁煤矿安全生产的全球性难题。世界主要采煤国家如美国、澳大利亚、俄罗斯、印度、波兰等都不同程度地存在煤自燃灾害。1950～1977年，美国煤矿火灾中，煤自燃火灾占11%（Mcdonald and Pomroy，1980）；1990～2007年，美国煤矿发生的煤自燃火灾有20多起（Trevits *et al.*，2008），其中3起引发了井下瓦斯爆炸事故；1972～2004年，澳大利亚新南威尔士州和昆士兰州共发生了250多起煤自燃火灾（Ham，2005），其中3起还引发了井下瓦斯爆炸并导致41人死亡（1972年在Box Flax、1975年在Kiangahe和1994年在Moura）；1947～2006年，波兰的煤矿火灾中，79%为煤自燃火灾（Wachowicz，2008）；2005年俄罗斯共发生煤矿重大事故94起，其中矿井火灾52起，占了55.3%，并且井下煤自燃事故造成3人死亡。据不完全统计，我国每年发生的煤自燃火灾及自燃隐患4000多起，造成了巨大的经济损失和人员伤亡。2001～2011年，我国由煤自燃引发的煤矿重大火灾或瓦斯爆炸事故共32起，死亡614人。此外，目前在我国由煤自燃引发的煤田火区多达50多处，燃烧面积达到720km^2，如图1.1所示。每年烧毁煤炭近3000万t，破坏煤炭资源2亿t，造成经济损失近40亿元，同时向大气排放有毒有害气体100万t。图1.1为陕西某煤层地面露头自燃情况。

图1.1　陕西某煤层地面露头自燃情况

1990～2013年，随着我国特厚煤层综采放顶煤技术的实验和推广，煤炭产量和效益大幅度提高，综采放顶煤工作面具有高产、高效和低耗等优点。但由于综采放顶煤技术一次采全高，开采强度大，端头支架处顶煤放出率低（有的不放），采空区遗煤较多，以及遇断层难通过等因素，煤层发火概率增高，矿井自燃火灾事故增多。煤自燃火灾一直都是煤矿井下的重大灾害之一（张国枢、戴广龙，2002）。我国的大中型煤矿中，自然发火危险程度在Ⅰ级、Ⅱ级的煤矿占72.9%；小煤矿中，存在自然发火危险的矿井占85.3%。井下的煤自燃主要发生在采空区、压裂的煤柱等地点，但发生在采空区的次数最多、造成的损失也最严重（王省声、张国枢，1990）。由于其火源位置隐蔽，影响因素众多，采空区自燃火灾一旦发生，短时间内难以扑灭，危害很大，除释放出大量的有毒有害气体外，还可能引发井下瓦斯爆炸，易造成群死群伤的恶性事故。2013年3月29日在吉林八宝煤矿发生的瓦斯爆炸事故就是采空区煤自燃引起的。当日，八宝煤矿井下出现烟雾，一个密闭的采空区内CO超限并在其密闭墙上发现一些裂隙，矿方初步估计是采空区自然发火，就在实施密闭堵漏时发生了瓦斯爆炸。由于引发瓦斯爆炸的火源是煤自燃，燃烧后难以熄灭，并持续在井下燃烧，在火源、氧气和瓦斯浓度达到一定条件后，于4月1日再次发生了井下瓦斯爆炸。两次爆炸共造成了36人死亡、16人受伤、11人失踪，这是近年来最为严重的一起煤矿安全事故。除造成重大人员伤亡外，采空区自然发火还严重影响工作面正常生产、造成煤矿资源损失。大同煤矿集团同忻矿首采面8101工作面，设计产能为1000万t/a，其采空区在开采不久后便发生了严重的自燃火灾事故（鲍永生，2013），该工作面是2009年10月投产，11月12日发现有黄色浓烟从115#~118#液压支架处涌出，上隅角CO浓度达到1300ppm[①]，即采空区发生了自燃火灾，随即进行了第一次工作面封闭，封闭期间开措施巷、打钻孔对采空区进行了注氮、注凝胶、注粉煤灰等灭火措施，于12月21日启封，但不久后12月28日工作面再次出现黄色烟雾，即采空区复燃，随后又进行了第二次密闭，至2010年2月5日再次启封。工作面先后封闭近3个月，造成数亿元的直接经济损失，整个灭火过程也耗资千万元。这些煤自燃所引起的井下安全生产事故在造成巨大财产损失、人员伤亡的同时，更带来了极其恶劣的社会影响，因而国家安全生产监督管理总局在《煤矿安全生产“十二五”规划》中把井下自燃火灾的致灾机理、防治理论基础与重大装备研究列为急需突破的重点研究领域，特别提到“加强对东北褐煤自燃区、华北烟煤自燃区、西北低变质烟煤自燃区和南方高硫煤自燃区煤炭自燃引起的内因火灾隐患的治理，防止内因火灾发生”。因此，进一步完善采空区自然发火机理，进一步完善自燃灾害的预测预警、监测监控及防治技术系统，对落实《煤矿安全生产“十二五”规划》中提出的“灾害的超前预防、源头治理”有重要的理论和实际意义。

采空区自然发火一直都是煤矿安全领域重点研究的问题，主要研究包括煤自燃的机理，以及采空区自燃危险区域定位、自燃程度预测预报、防治技术等。由于采空区地质条件极其复杂，其内部氧气浓度与温度的监测监控在现场难以实施，而实验室的自然发火相似模拟实验还存在很多难题，如工作面的推进过程就难以模拟。因此，现阶段多采用数值模拟的方法来研究采空区自然发火，这要求具备更为科学合理的数学模型及更先进准确的计算方法，并且需要一定现场观测数据的支持。秦跃平教授（本书作者之一）所领导的课

① $1ppm=1\times10^{-6}$。

题组就这几个问题进行了多年的研究，并取得了丰硕的成果。早在2006年，课题组成员朱建芳（2006）就根据“采空区边界不断移动、空间范围不断扩大”这一特点提出了采空区移动坐标，在该坐标下建立了采空区自然发火的二维稳态数学模型，并利用较为简单的有限差分法进行求解，迈出了课题组对采空区自然发火数值研究的第一步；2009年课题组成员王月红（2009）提出了三角形的控制体圈划方法，推导了三角形单元的有限体积法新算法，首次实现了二维条件下采空区自然发火的有限体积法求解，得到了采空区内流场、氧气浓度场及温度场的分布，坚定了课题组继续走数值模拟的研究思路；2010～2011年，课题组成员宋宜猛（2012）、刘伟（2012）研究了顶板冒落后的采空区气体渗流情况，建立了采空区非达西渗流方程，模拟得到了非达西渗流下的采空区自然发火情况，进一步完善了采空区气体渗流理论。上述的采空区数值模拟研究，包括其他很多学者的研究结论，都是在二维条件下进行的，忽略了很多重要的影响因素、简化了求解条件，造成了很大的误差，如实际采空区内的氧气浓度分布在高度方向上是不同的，当靠近底板的氧气因遗煤的氧化作用而消耗后，高处的浓度较大的氧气会向底板扩散，这是二维模型无法表述的，又如在研究采空区高温区域位置时，二维条件下得到的采空区温度值是一定厚度遗煤温度的平均值，易造成定位不准确等问题。因此，课题组在采空区三维模拟方面也进行了积极而有意义的探索，2012年课题组成员刘宏波（2012）将任意六面体简化为长方体，推导了长方体网格的有限体积法离散公式，采用长方体对采空区解算区域进行了网格剖分，利用新的有限体积法公式离散模型并编制了求解程序，初步实现了采空区自然发火的三维数值模拟。随着课题组对采空区自然发火研究的深入，在取得一定成果的同时，也发现了更多需要考虑的因素、更多有待改善和研究的地方，如采空区自然发火过程中流场、氧气浓度场、气体温度场及冒落煤岩固体温度场之间的相互作用、相互联系，一直模糊不清，没有明确的定义或解释，而这恰恰是分析和研究采空区自然发火起因、发展与结束的关键，这几个场的主要影响因素同样也是影响采空区自然发火的主要因素，是制定采空区防灭火措施的基础；又如，任意六面体网格的有限体积法计算通式难以推导，主要原因是无法找到合适的插值函数，只能简化为长方体或立方体单元网格来求通式，但这些特殊空间体的自适应性很不好，只能处理长方体形状的解算区域，而对于矸石冒落后的采空区这一不规则区域是无法适用的，若选用四面体划分网格则可轻松地解决这一问题。为此，2014年课题组成员刘伟（2014）在其博士论文中深入探讨了采空区内热量产生与散失的途径，揭示并阐述了采空区自然发火的多场耦合机理与过程，建立了自然发火的多场耦合三维积分数学模型，提出了基于四面体网格的三维数学模型的有限体积离散新算法，基于VB平台开发了采空区自然发火三维解算系统，解算得到了采空区各场的分布云图。2010～2016年，课题组先后对同煤的同忻矿、汾西矿业的河东矿、西山煤电的马兰矿、中煤的唐山沟矿、阳煤的五矿等矿井的采空区进行了现场观测和防治技术应用，积累了丰富的现场经验，获得了较为珍贵的现场采空区温度数据，为数值模拟中的参数的选定、反演提供了现场数据支持。

1.2 国内外研究现状

本节将对煤自燃的相关理论研究、煤自燃过程的实验研究、采空区自然发火数值模拟研究及研究发展趋势进行介绍。

1.2.1 煤自燃的相关理论研究

目前，煤氧复合作用学说最为广泛接受，它认为煤自燃是破碎煤体与空气中的氧气发生氧化放热所造成的。Wang 等（2004）对煤氧复合反应的耗氧量、含氧产物、反应机理及动力学模型进行了详细的分析研究。但是该学说还不能解释煤自燃过程中烷烃、烯烃、低级醇、醛等气体产生和挥发机理，因而还停留在假说阶段。

近年来，国内外学者从自由基、活化能、微晶结构、活性官能团角度，利用量子化学、化学动力学等理论对煤炭的自燃机理进行了更深入的研究，提出了一些更具体的学说（Garcia *et al.*，1999；Patil and Kelemen，1995；Tevrucht and Griffiths，1989）。李增华（1996，2006）、位爱竹等（2007）阐述了煤自燃过程中的自由基产生和反应机理，由此解释了部分煤自燃现象。戴广龙（2011，2012）研究了不同温度下煤的自由基变化情况，得到了自由基浓度增幅随煤温增加而减缓这一规律，他还研究了褐煤、气肥煤等在低温氧化阶段的微晶结构变化规律。刘剑等（1999）从活化能的角度划分了煤的自燃倾向性，以活化能为基础建立了自然发火的数学模型。王继仁等（2007）、单亚飞（2006）认为煤是由多种化学键和官能基团组成的大分子与低分子化合物组成的混合体，应用量子化学理论与方法从微观上系统地研究了煤表面对氧分子的吸附机理、煤中有机质大分子和低分子化合物的氧化机理。王德明（2012）将煤的自燃机理分解为官能团、自由基等结构单元来研究，总结出煤中易发生氧化的化学结构，构建煤自燃过程中的基元模型（顾俊杰等，2009），最后提出了煤自燃的氧化动力学理论，并以该理论为基础研发了一系列煤自燃的高效抑制阻化剂。

对于采空区自然发火机理，现阶段的研究主要集中在确定煤的自燃倾向性和最短自然发火期上。目前各国对煤自燃倾向性鉴定的方法不尽相同。美国采用 SHT 指标（临界温度自热法），澳大利亚采用 R_{70}指标，英国采用初始升温率（initial rate of heating，IRH）与总温度上升值（total temperature rise，TTR），印度、新西兰、土耳其采用交叉点温度法（CPT 法）（Nubling，1915）。我国院士戚颖敏（1996）根据常温、常压下煤表面对氧的吸附符合朗格缪尔方程这一原理提出了煤自燃倾向性的色谱吸氧鉴定法，于 1997 成为煤炭行业标准（MT/T 707—1997）、2006 年成为国家标准（GB/T 20104—2006）；赵凤杰（2005）利用热重分析技术、陆伟等（2006）利用绝热氧化手段先后提出了以化学热动力参数活化能作为煤自燃倾向性的鉴定指标，随后 2008 年又提出了以耗氧量为基础的煤自燃倾向性的快速鉴定法。王德明（2012）制定了煤自燃倾向性的氧化动力学测定方法。煤自然发火期的确定方法主要有统计比较法、类别法、实验室测试法及数学模型法等。邓军等（1999a，2004）、徐精彩等（2000b）从 1999 年开始通过大型自燃实验炉来测定最短自然发火期。卡连金（1984）以煤吸附氧时释放的吸附热为基础首次提出了煤层最短自然发火期的数学模型。之后，余明高等（2001a，2001b）根据煤氧反应的热平衡方程建立了煤的最短自然发火期预测模型，并通过现场观测验证了模型的准确性。杨永良等（2011）推导了圆柱形煤的最短自然发火期预测模型。王德明（2012）以绝热氧化实验为基础，测试自燃过程中特征参数变化来判断煤自燃的综合过程特性，最后确定出煤的最短自然发火期。

1.2.2 煤自燃过程的实验研究

为了更好地研究煤的自燃过程，各国学者先后建立了多个大型煤自燃的模拟实验台，用于模拟研究自燃过程中的温度、氧气消耗情况，以及气体生成情况。1979～1990年，Stott等（1987）、Conf（1985）、Stott和Harris（1988）、Chen和Stott（1997）、Akgün和Arisoy（1994）研制建造了数个圆柱形、装煤量在1t以下的煤自燃实验台。这之后，Smith（1991）、Cliff等（1998）研制了装煤量在10t以上的大型煤自燃模拟装置。1999年，Fierro等（1999a，1999b）更是在发电站储煤场进行了煤自燃模拟实验，用煤量超过2000t。在我国，西安科技大学（原西安矿业学院）的徐精彩等（1999）早在1988年就搭建了我国第一个大型自然发火台，装煤量在0.5～1.5t，后又与兖矿集团合作在南屯矿建立了用煤量达15t的（文虎等，2001）大型自燃实验台，他们利用该装置研究了煤堆自燃过程中的耗氧速率（邓军等，1999a，1999b；张辛亥等，2002）和放热强度（徐精彩等，1999，2000b，2000c，2000d，2000e）等自燃特性参数的变化规律，在此基础上利用热平衡法推导出采空区自然发火的极限参数。安徽理工大学（原淮南工业学院）的张国枢团队在1999年设计了装煤量约为3t的煤自燃实验装置（张国枢、戴广龙，1999），用以模拟常温条件下煤自燃的发生、发展过程。中国矿业大学（北京）的张瑞新教授在2000年设计研发了外形尺寸为1.5m×1.5m×1.5m的大型煤堆自然发火实验台（张瑞新、谢之康，2000；张瑞新、谢和平，2001），用于研究露天煤体和煤堆的自燃规律。

大型自然发火实验台一般要求研究煤从常温到自燃的整个过程，因此实验周期较长，一般需要几个月，并且它的装煤量巨大、操作过程烦琐复杂，也给模拟实验的重复性造成不便。因此，近年来，煤自燃的模拟实验更多的是研究煤在低温阶段的氧化情况，所用的实验装置在尺寸上大大减小，装煤量一般为几克到1kg，实验时间也控制在几十个小时以内，如此大大简化了实验过程。目前，煤自燃的小型模拟实验主要分为恒温氧化实验、程序升温氧化实验和绝热氧化升温实验三大类。国外有关煤恒温氧化实验的文献较多，如Sujanti和Zhang（1999）通过煤的恒温氧化实验研究了无机物对褐煤自燃特性的影响；Wang等（1999，2003）通过恒温氧化实验得到了在低于100℃时煤的多阶段氧化机理；Baris等（2012）分别在40℃、60℃、90℃的恒温条件下对125g的煤样进行了实验，评估了温度、粒度、煤岩成分及煤化程度等对煤低温氧化的影响。国内学者Zhang等（2013b）研究了受限空间、恒温条件下的煤氧化情况；许涛等（2011）采用低温恒温氧化的方法研究了不同温度下烟煤中氧气的解吸特性。1924年，Davis和Byrne（1924）首次提出煤的绝热氧化技术，由于当时实验条件的限制，长期被忽视，直到近年来才被许多学者接受和重视，如Ren等（1999）、Beamish等（2001）等先后利用绝热氧化技术研究了碎煤的自燃倾向性；陆伟等（2005，2006）研制了一个煤绝热氧化实验装置，通过对3种煤的低温氧化实验，建立了煤绝热氧化产热量计算模型，用以鉴定煤自燃倾向性。戴广龙等（2005）通过绝热低温氧化实验研究了褐煤、烟煤的低温氧化过程。谭波等（2013）通过绝热氧化实验研究了煤的自燃临界温度。朱红青等（2014a）通过绝热氧化实验研究了氧化动力参数与煤的变质程度之间的关系。于水军等（2008）则通过绝热氧化实验研究了煤矸石的失重和特征温度。国内关于程序升温氧化的相关研究较多，Zhang 等（2013a）利用程序升温氧化实验、热动力理论研究了煤的低温氧化机理；Wang（2014）、许涛等（2011，2012）、仲晓星等（2010）还设计了一套装煤量在100g的程序升温氧化装置，研究了人工控制升温下煤的自燃特性及自燃临界温度。谢振华和金龙哲（2003）通过程序升温氧化实验研究了不同粒度在不同温度下的自燃特性，煤粒度越小、煤的耗氧速率越大。秦跃平等（2010，2012）的程序升温氧化实验也得到了类似的结论。李金帅等（2011）等则通过对比程序升温氧化与恒温氧化过程中CO的生成量，总结得出程序升温氧化对煤的低温氧化影响较小。

1.2.3 采空区自然发火数值模拟研究

1）采空区气体流动规律研究

采空区自然发火的根本原因是采空区存在漏风（张国枢，2007），但顶板垮落后冒落煤岩分布的随机性、任意性使得采空区空气流动变得复杂，而采空区内的气体流动状况是研究采空区自然发火的基础。早期的研究主要是将工作面和采空区看成两条并联的风路来计算采空区空间范围内的漏风量（阜新煤矿学院通风安全教研室，1978），但仅从矿井通风的角度来分析采空区漏风问题，则显然太过简单。在这之后关于采空区气体流动的研究都是从渗流的角度来考虑的。章梦涛和王景琰（1983）、章梦涛等（1987）利用渗流理论，根据岩石冒落情况将实际渗流区域划分为有限个不同的均质区域，并建立渗流模型，利用采场中观测点取得观测数据及利用有限单元计算求出渗透系数。李宗翔等（2004a）在处理采空区渗流问题时，运用矿压理论，将相关参数的分布函数通过冒落碎胀系数来反映，然后结合达西定律建立起稳态渗流的采空区漏风流场数学模型。梁运涛等（2009）等应用顶板岩层沉降理论，建立了渗流率非均匀连续分布的采空区流场模型。目前，很多学者将采空区冒落煤岩视为连续非均质及各向同性的多孔介质来处理，认为各处的渗透系数与该处破碎煤岩的粒度、孔隙率有关（秦跃平等，2012），通过研究破碎岩体中的气体渗流规律来研究采空区漏风流动规律。刘卫群（2003）、刘卫群等（2006）、李顺才等（2005）、黄先伍等（2005）、马占国等（2009）通过自行研发的一整套破碎岩石渗透仪器，设计出破碎岩石散体进行渗透测试的实验方法，得到了页岩、砂岩和煤等在不同粒度、孔隙率下的渗透特性参数。之后，刘卫群和缪协兴（2006）建立了采空区破碎岩体渗流数值模型，分析“J”型和“U”型通风时采空区破碎岩体内的渗流和瓦斯浓度分布规律。余为等（2007）研究了破碎岩体中的气体渗流规律，进而推导出破碎岩体中的气体渗流微分方程，并给出了煤矿采空区内的气体渗流方程。还有一些采空区流场研究是通过商业软件完成的，如黄金等（2009）使用了FLUENT软件对采空区漏风场进行了模拟，通过把采空区划分为不同的区域并设置不同的渗流系数，解决了采空区渗透率问题，得到了以漏风速度为依据的采空区“三带”分布；褚廷湘等（2010）等通过FLUENT软件建立仿真数值模型，在通风参数的改变条件下，分析不同供风量条件下的流场分布。此外，课题组成员朱建芳（2006）在其博士论文中，根据矿压理论和采空区内的冒落特征，结合现场观测数据、经验公式推导出了采空区孔隙率和走向深度的函数关系式；胡俊粉等（2017）在此基础上，综合破碎岩石渗流实验得到的数据结果，建立了非达西渗流下的采空区渗流参数和采空区深度的函数关系，并给出非达西渗流系数 K、非达西渗流因子 β 在采空区的分布图。

2）采空区自然发火数值模拟研究

国外学者很早就对煤自燃进行了数值模拟研究。Schmal 等（1985）建立了煤自燃的一维数学模型；Chen 和 Stott（1997）建立了湿煤堆的瞬间自热的数学模型；Krishnaswamy 等（1996）建立了电厂储煤场的自然发火模型。而国内学者多是通过自己开发的解算程序运用差分法、有限单元法或有限体积法来解算采空区自燃数值模型，得到采空区流场、氧气浓度场及温度场的分布，再划分采空区“三带”。

在采空区自然发火数值模拟方面，兰泽全等（2008）将采空区多孔介质转换成了网络系统，运用通风网络理论模拟了多漏风通道采空区“三带”分布及其影响因素。徐精彩等（2000c，2003a，2003b）、邓军等（2001）利用热平衡原理研究了采空区自然发火的堆积厚度与氧气浓度参数，还建立了综采放顶煤工作面沿空留巷周围煤体的自然发火模型，利用差分法编制了解算软件。邓军等（1998，1999b）等根据煤的耗氧速率和放热强度等影响采空区浮煤自燃过程的因素，建立了采空区自然发火的动态数学模型，通过解算，确定了采煤工作面的最小推进速度；文虎和徐精彩（2003）、何启林和王德明（2004）也对采空区自然发火过程进行了动态数值模拟，但是这样建立起来的动态数学模型不易求解，影响了模拟结果。陈长华和郭嗣琮（2002）、陈长华（2004）针对采空区冒落煤岩的极不规则性，提出了模糊渗透系数，建立了采空区气体模糊渗流模型，在此基础上利用模糊预测技术来预测采空区自然发火趋势与具体位置。

辽宁工程技术大学的李宗翔教授及其团队自 1999 年起在采空区自然发火模拟方面做了大量的研究工作（李宗翔和亲玉书，1999；李宗翔等，2002，2004b；李宗翔，2007），还研究了采空区顶板岩石垮落后形成的“O”型圈（李宗翔等，2012）对渗透率的影响，联立了漏风渗流、氧气消耗及热量传递等方程，使用了迎风有限单元法离散求解，划分了自燃危险区域，还提出了采空区双分层渗流理论（李宗翔等，2009），研究了采空区瓦斯与自燃的耦合机理（李宗翔等，2008），以及注氮后的采空区自然发火（李宗翔，2003）情况。

近年来，很多学者通过使用一些国外的大型数值仿真软件（FLUENT、MATLAB、COMSOL）对采空区的流场、氧气浓度场和温度场进行求解，也取得了一定的成果。朱红青等（2012b）利用 FLUENT 流体模拟软件对采空区注氮后的自燃带范围及温度场的变化进行了定量的研究，得出注氮对采空区降温有一个时间延迟过程；Taraba 等（2008）、Taraba 和 Michalec（2011）通过 FLUENT 软件研究了采空区遗煤的自热过程，但是忽略了冒落煤岩固体与气体之间的热交换。Yuan 和 Smith（2008）基于 FLUENT 软件建立了一个三维的采空区自然发火模型，但并没有考虑工作面推进速度的影响。彭信山和景国勋（2011）基于 MATLAB 软件对采空区的自然发火进行了数值模拟，得到采空区自燃主要受煤自身氧化特性、蓄热条件和供氧条件的影响。余明高等（2010）采用 MATLAB 软件对采空区自燃“三带”进行了分析，得出了采空区的危险区域范围。周西华等（2012）运用 COMSOL 仿真软件进行了采空区的氧气浓度场分布数值模拟，并与实际的采空区氧气浓度观测结果进行了比较，验证了基于 COMSOL 软件的采空区氧气浓度模拟的可行性。

目前，越来越多的学者意识到采空区自然发火是空气流动、氧气运移与扩散、遗煤氧化放热及气体与固体对流换热等相互耦合作用的结果。Xia 等（2014）提出了一个 Hydro-Thermo-Mechanical 耦合模型来模拟采空区自然发火。作者及所在课题组（Liu *et al*，2013）自 2006 年开始以采空区移动坐标（朱建芳等，2009）为基础，建立了移动坐标下的采空区自然发火数学模型，利用有限体积法求解模型，并开发数值解算程序，实现了采空区流场、氧气浓度场和温度场的数值仿真，解算数据通过处理软件处理后能得到直观的分布图像，从而实现了各场分布的图形化显示。此外，还研究了“Y”型通风下（刘伟等，2013）及采空区开区注氮后的采空区自然发火情况。

1.2.4 研究发展趋势

通过上述的介绍，国内外专家学者围绕煤矿采空区自然发火机理与数值仿真这一难题做了大量的研究工作，取得了十分丰硕的研究成果，但在发火机理、相似模拟实验、预测预报及高效防灭火技术等方面仍然存在很多难题，这些都可能成为未来采空区自然发火领域的研究热点，具体如下。

（1）在采空区自然发火机理研究方面，许多学者只关注了煤自身的氧化特性，从煤表面的活性官能团、内部分子结构的变化上来解释自燃机理和过程，这只能对自然发火进行定性判断，还无法实现定量分析。因为采空区自然发火，除遗煤的氧化特性外，还与推进速度、工作面风量、遗煤厚度等因素有关，受蓄热、供氧、放热、时间等影响。只从某一个或两个条件来考虑和研究采空区自然发火的机理是有缺陷的，如最短自然发火期等。因此，研究采空区自然发火多场耦合机制与过程是揭示井下自燃火灾致灾机理的必然途径。

（2）在煤低温氧化实验研究方面，首先，无论是程序升温氧化还是绝热氧化升温实验，煤样罐内各处的实际温度并不相等，甚至底端和顶端的煤温差距还很大，同时罐外的空气也不能保持恒温状态，这样就会带来一系列问题，如计算耗氧速率这一关键参数时，若罐内的温度相差很大，那么氧气在罐内消耗就不能看作线性分布，从而无法积分得到现有的耗氧速率计算公式，若按现有的公式计算会造成很大的误差。其次，实验用的煤样多为人工任意配置，即没有根据也不贴近于采空区实际，因而煤样如何配比也是很值得研究的。因此，研制更为先进可靠的煤低温氧化实验设备、确定合理的煤样粒度配比、健全完善实验数据的分析处理理论是掌握不同煤样自燃特性的必由之路。

（3）在采空区自然发火数值仿真方面，首先，采空区自然发火是其内部的压力场、流场、氧气浓度场及温度场等多场耦合所造成的结果，基于 FLUENT、MATLAB 等仿真软件的模拟还不能较好地解决多场耦合求解这一难题，多数只是模拟得到了采空区自燃“三带”（时国庆等，2014）。其次，目前的采空区自然发火模型多是在静坐标下建立的，而据此所编制的解算软件，没有很好地解决采空区范围不断扩大、边界不断变化这一难题，造成了计算过程复杂、计算量很大，也难以实现图形化显示的问题。再次，现阶段对采空区自然发火的仿真模拟还停留在二维的层面上，很少涉及三维，给人们认识、研究真实采空区的自燃机理和过程带来非常大的局限。最后，真实垮落的采空区是存在垮落角的不规则区域，需要在物理建模时考虑这一要素。因此，提出更为先进的三维理论及物理模型、从底层独立开发多场耦合求解程序成为采空区自然发火仿真的必然要求。

（4）在采空区自然发火预报方面，首先，要认识到实验室获得的煤温与一氧化碳生成量的对应关系并不适用于井下采空区自然发火的预报，这是由于现场的一氧化碳浓度受到漏风、温度、地质条件、工作面推进等多因素的影响。其次，《煤矿安全规程》规定矿井空气中一氧化碳的最高允许浓度（体积分数）为0.0024%，而0.0024%仅仅是从人体健康的角度做出的规定，一个成年人在8小时内可以承受的一氧化碳最大浓度为0.005%，那么上隅角一氧化碳浓度达到多少时，将会导致采空区发生自燃火灾，这是一个值得深入探讨的问题。再次，上隅角处的各类气体浓度是采空区漏风受工作面风流稀释后形成的，与采空区煤自燃状况相关的是上隅角采空区漏风中的一氧化碳浓度，而不是上隅角风流的一氧化碳浓度，两者既有联系又有区别，因此上隅角气体成分预警指标不应是某单一的气体浓度，而是两种气体的浓度或浓度变化关系式。因此，研究科学合理的煤自燃指标气体体系、建立基于上隅角气体成分浓度的采空区自然发火定量预警理论及预警阈值是实现井下精准化预测预报的重要理论依据。

（5）在井下高效防灭火技术措施方面，随着氮气、阻化剂、凝胶及三相泡沫等防灭火技术的推广应用，我国在采空区自然发火防治上取得了长足的发展，但在早期化、局部化、精准化方面还有很大的提升空间。二氧化碳作为地面常用的防灭火气体材料，具有吸附、隔氧、惰化等一系列优点，但其存储和运输过程中的不安全性，导致它一直没有在井下大规模推广应用。因此，以液态二氧化碳或干冰为原料，研究它们的高效气化方法将成为未来井下精准防灭火的主要技术基础。

第 2 章　煤低温氧化实验方法

破碎煤体表面与空气中的氧气先后发生物理和化学反应，并释放热量，当外界蓄热环境较好时，产生的热量积聚使得煤温持续升高，在超过自燃临界温度后，煤温加速上升，最后达到着火点使自燃发生。影响煤自燃的因素主要有外界环境中的氧气浓度和煤本身挥发分含量、粒度大小等。

2.1　煤低温氧化实验系统

在煤自燃特性的实验研究领域，煤的低温氧化实验应用最为广泛。现阶段，煤的低温氧化实验系统主要有程序升温氧化系统（Wang *et al.*，2014）和绝热氧化升温系统（谭波等，2013）两大类，但都是利用空气浴对煤样罐加热。空气的导热性差，空气浴箱内各处温度并不相等，会造成煤样罐受热不均匀，从而导致罐内各处温度差异很大。这样就会带来诸多问题，如在计算煤的耗氧速率（谢振华、金龙哲，2003）时，温度和氧气浓度都对它有影响，为了排除温度的影响，要求煤样罐内的温度处处相等，将氧气沿罐轴向上的消耗量视为线性分布，从而可以通过积分得到单位时间内整个罐内煤样的耗氧总量。若罐内温度差异很大，则无法准确计算出耗氧总量。

作者及课题组成员自主研发了油浴式煤低温氧化实验系统，如图 2.1 所示。利用液体比热容大、对流换热系数大及温度分布更均匀的特点，采用硅油作为传热介质，同时将煤样罐制成细圆柱形（Φ25mm×300mm），如此煤样罐的受热更为均匀。实验系统包括：①供气系统，由气瓶、质量流量计和混气室构成；②升温/恒温系统，由煤样罐、升温箱、硅油和程序温控表组成［图 2.2（a）］；③气相色谱分析仪，采用岛津气相色谱仪［图 2.2（b）］；④温度数据采集系统，在罐的顶部（距顶 3cm）、中部和底部（距底 3cm）依次装有 3 个

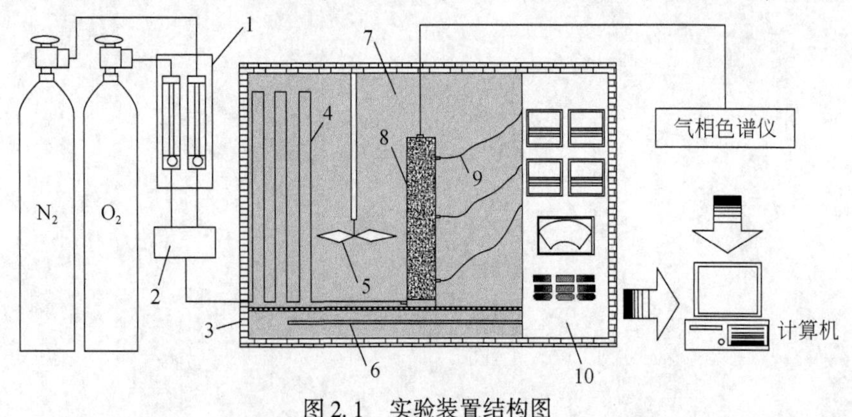

图 2.1　实验装置结构图

1. 质量流量计；2. 混气室；3. 升温箱；4. 预热铜管；5. 搅拌器；6. 加热圈；7. 硅油；8. 煤样罐；9. 测温线路；10. 控制面板

热电偶探头，用于监测升温过程中煤样罐内不同位置的温度变化情况。

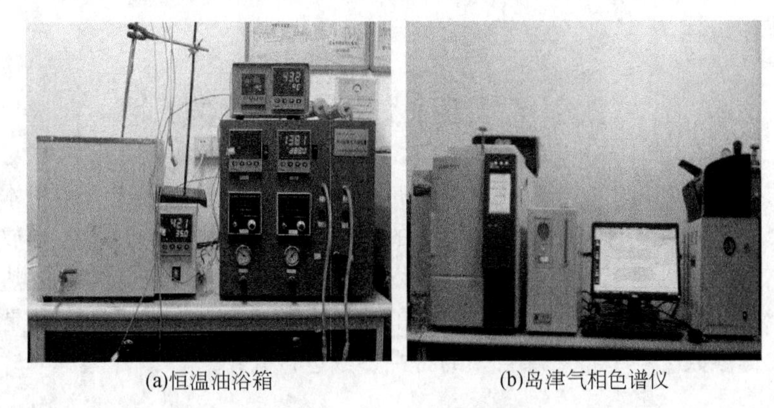

(a)恒温油浴箱　　(b)岛津气相色谱仪

图 2.2　实验装置实物图

实验开始前，利用质量流量计将煤样罐的进气量控制在 60mL/min，并测得进气口处的氧气体积分数。开始实验时，先将试样装入煤样罐，然后采用间续升温法升高煤温，即先以 1℃/min 的速度将油温升高 15℃，再保持温度恒定 40～60min。油温恒温期间，当煤温稳定后，即 5min 内上升幅度不超过 0.5℃时，开始收集煤样罐出口气体，使用气相色谱仪检测其中各气体的体积分数，因此图 2.2 中的煤温呈阶梯状上升，这样确保了所得各气体体积分数为当前稳定温度下测出来的气体体积分数。然后继续升温，重复这个过程直至煤温达到 200℃。受装煤空隙和煤氧化放热的影响，同一升温阶段各煤样的温度稳定值会略有所不同。实验中使用了岛津 GC-2014 型气相色谱仪，其精度高、稳定性好、检测结果可靠度高，完全能满足实验的要求。

图 2.3 记录了 4 个煤样温度上升过程中的 3 个探头温度的变化情况。可以看出，整个

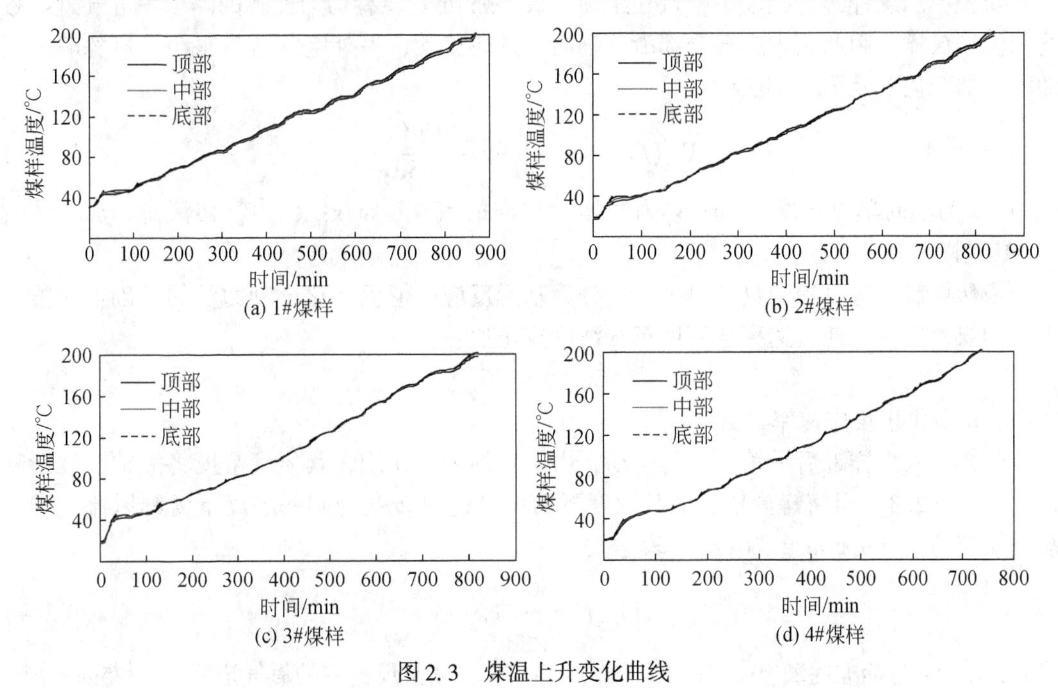

(a) 1#煤样　　(b) 2#煤样

(c) 3#煤样　　(d) 4#煤样

图 2.3　煤温上升变化曲线

升温过程中 3 个探头的温度变化曲线基本吻合，说明该实验系统基本能保证煤样罐内各处温度均匀一致。

2.2 煤自燃的特性参数

煤表面与氧气发生化学吸附、化学反应时所放出的热量是煤温上升的根本原因，而温度的升高又会加速煤氧复合反应，消耗更多的氧气并释放出更多的热量，当放热量持续大于环境的散热量时，煤温会一直升高使自燃发生。因此，煤的耗氧速率与放热强度直接表征了煤自燃能力的大小，是反映煤自燃特性的关键参数，而 CO 生成速率则是计算煤自燃指标气体的关键参数。本节将对煤自燃的特性参数进行介绍。

2.2.1 标准耗氧速率

煤自燃模拟实验中影响碎煤内各处氧气浓度变化的因素有：气体渗流快慢；氧气分子扩散速率；煤氧反应时的耗氧量。根据组分质量守恒方程推导出氧气在破碎煤体中的对流-扩散方程（朱建芳等，2009），表示为

$$\frac{\partial C_{O_2}}{\partial \tau} = n \cdot \mathrm{div}(k_1 \cdot \mathrm{grad}\ C_{O_2}) - \mathrm{div}(C_{O_2} \cdot \boldsymbol{v}) - V_{O_2}(t) \tag{2.1}$$

式中，C_{O_2} 为氧气物质的量的浓度，简称浓度，mol/cm^3；τ 为单位时间，s；n 为孔隙率,%；k_1 为氧气扩散系数，m^2/s；$\boldsymbol{v}$ 为气体的渗流速度，m/s；$V_{O_2}(t)$ 为温度 t 时煤的耗氧速度，mol/(cm^3 · s)。

实验中的煤样罐直径较小，且在距顶、底 1cm 处安装有均匀开孔的隔板，进气过隔板均匀流经煤样，因此认为空气全部沿罐轴向 x 方向流动，另外空气流量很小，可忽略氧气随时间的变化项及浓度扩散项：

$$V_{O_2}(t) = -\boldsymbol{v}_x \frac{\mathrm{d}C_{O_2}}{\mathrm{d}x} = -\frac{Q\mathrm{d}C_{O_2}}{nS\mathrm{d}x} \tag{2.2}$$

式中，x 为轴向单位长度，cm；$\boldsymbol{v}_x$ 为气体沿轴向的流速，m/s；Q 为气体流量，cm^3/min；S 为罐的断面积，cm^2。

虽然煤氧反应过程中只有很少一部分为基元反应，但仍在化学动力学的基础上作推论Ⅰ，即煤氧反应中耗氧速率与环境氧气浓度成正比：

$$V_{O_2}(t) = KC_{O_2} \tag{2.3}$$

式中，K 为化学反应速率常数。

气体进入煤样罐后沿轴向均匀流动，由于煤的氧化作用，其氧气浓度将沿轴向逐渐降低。由式（2.3）可将罐内任意氧气浓度下的耗氧速率转变为同一温度下新鲜风流中的标准耗氧速率（Qin *et al.*，2012），表达式为

$$V_{O_2}^0(t) = \frac{C_{O_2}^0}{C_{O_2}} V_{O_2}(t) \tag{2.4}$$

式中，$V_{O_2}^0(t)$ 为标准耗氧速率，mol/(cm^3 · s)；$C_{O_2}^0$ 为新鲜风流中的氧气浓度，9.375mol/m^3。

由式（2.2）和式（2.4）可以得到在罐的轴向长度上相距 dx 内煤样的耗氧量：

$$dC_{O_2} = -\frac{V_{O_2}^0(t)nSC_{O_2}}{QC_{O_2}^0}dx \tag{2.5}$$

同样，在油浴式煤低温氧化实验系统中，煤样罐内部温差很小，可以认为罐内温度处处相等。因此，当煤温一定时在整个罐的长度上进行积分得

$$\int_{C_{O_2}^2}^{C_{O_2}^1} \frac{dC_{O_2}}{C_{O_2}} = -V_0(t)\cdot\frac{S\cdot n}{Q\cdot C_{O_2}^0}\int_0^L dx \tag{2.6}$$

式中，$C_{O_2}^1$，$C_{O_2}^2$分别为煤样罐进、出口的氧气浓度，mol/cm^3；L为罐内的煤样高度，cm。

从而得到标准耗氧速率的计算公式：

$$V_{O_2}^0(t) = \frac{QC_{O_2}^0}{SLn}\ln\frac{C_{O_2}^1}{C_{O_2}^2} \tag{2.7}$$

式中，L为罐内煤样的高度，cm；$C_{O_2}^1$、$C_{O_2}^2$分别为煤样罐进、出口的氧气浓度，mol/m^3。

2.2.2　标准 CO 生成速率

破碎煤体中的一氧化碳浓度变化也与空气流动、CO 分子扩散及煤氧化生成 CO 等有关。同理认为煤样罐内的 CO 气体全部沿轴向作一维流动，忽略一氧化碳浓度的时间变化项和扩散项，得到罐轴向 x 处的 CO 生成速率为

$$V_{CO}^x(t) = v_x\frac{\partial C_{CO}^x}{\partial x} = \frac{QdC_{CO}^x}{nSdx} \tag{2.8}$$

式中，V_{CO}^x（t）为距罐底端 x 处的 CO 生成速率，mol/(cm^3·s)；C_{CO}^x 为该处的一氧化碳浓度，mol/m^3。

煤氧反应的生成物中，CO 气体只占很少一部分，而目前有关煤低温阶段 CO 生成速率与环境氧气浓度的关系的研究还较少，因此本书再由化学动力学作推论Ⅱ，即煤氧反应中 CO 生成速率也与环境氧气浓度成正比：

$$V_{CO}^x(t) = KC_{O_2}^x \tag{2.9}$$

由于煤样罐轴向各处的氧气浓度不同，CO 的生成量也处处不同，但整体来看一氧化碳浓度沿轴向逐渐增加。根据式（2.9）可将罐内任意处的 CO 生成速率转化为相同温度下在新鲜风流中的标准 CO 生成速率，表示为

$$V_{CO}^0(t) = \frac{C_{O_2}^0}{C_{O_2}^x}\cdot V_{CO}^x(t) \tag{2.10}$$

式中，$V_{CO}^0(t)$ 为标准 CO 生成率，mol/(cm^3·s)。

由式（2.6）推导出煤样罐轴向任意点氧气浓度的计算式，见式（2.11）。当煤样的标准耗氧速率已知时，便可计算得到罐轴向氧气浓度的理论分布。

$$\begin{cases} C_{O_2}^{x} = C_{O_2}^{1} \cdot e^{-\frac{V_{O_2}^{0}(t)Sn}{QC_{O_2}^{0}} \cdot x} \\ C_{O_2}^{2} = C_{O_2}^{1} \cdot e^{-\frac{V_{O_2}^{0}(t)Sn}{QC_{O_2}^{0}} \cdot L} \end{cases} \tag{2.11}$$

式中，S 为断面积；n 为孔隙率；$C_{O_2}^{x}$ 为距离罐底端 x 处的氧气浓度，mol/m^3。

由式（2.8）和式（2.10）可推导出距罐底端 x 处的一氧化碳浓度为

$$C_{CO}^{x} = \int_0^x \frac{V_{CO}^{0}(t)SnC_{O_2}^{x}}{QC_{O_2}^{0}} dx \tag{2.12}$$

将式（2.11）代入式（2.12）得

$$\begin{aligned} C_{CO}^{x} &= \frac{V_{CO}^{0}(t)Sn}{QC_{O_2}^{0}} \int_0^x C_{O_2}^{1} e^{-\frac{V_{O_2}^{0}(t)Sn}{QC_{O_2}^{0}} \cdot x} dx \\ &= \frac{V_{CO}^{0}(t)}{V_{O_2}^{0}(t)} \cdot \left(C_{O_2}^{1} - C_{O_2}^{1} e^{-\frac{V_{O_2}^{0}(t)Sn}{QC_{O_2}^{0}} \cdot x}\right) \end{aligned} \tag{2.13}$$

则煤样罐出口的一氧化碳浓度 C_{CO}^{2} 为

$$C_{CO}^{2} = \frac{V_{CO}^{0}(t)}{V_{O_2}^{0}(t)} \cdot \left(C_{O_2}^{1} - C_{O_2}^{2}\right) \tag{2.14}$$

从而推导出标准 CO 生成速率的计算公式：

$$V_{CO}^{0}(t) = \frac{C_{CO}^{2}}{C_{O_2}^{1} - C_{O_2}^{2}} \cdot V_{O_2}^{0}(t) \tag{2.15}$$

2.2.3　标准放热强度

目前，常用常数阿伦尼乌斯公式来计算煤的放热率，但煤低温下的氧化反应是复杂的，从物理吸附氧开始，然后生成气态产物，主要包括二氧化碳（CO_2）、一氧化碳（CO）和水蒸气（H_2O）。其中，大部分的水蒸气来自煤中的水分，但水分的蒸发和凝结对煤的热量释放有两种相互矛盾的影响。水蒸气的吸附可以提高煤的氧化速率，被 Smith 和 Glasser（2005）描述为“促进剂”，而水蒸气的解吸却是吸热的，但是 Smith 和 Glasser 认为水分对地下采空区煤自燃的影响可以忽略，因为水分不能再从煤中蒸发到地下饱和湿空气中。此外，由于毛细管柱可能被水损坏，一般的气相色谱法不能检测到水蒸气。因此，水分和湿度对煤自燃的影响可以被忽略，然后煤和氧之间的简化反应可以表示为

$$煤+O_2 \longrightarrow CO+CO_2+热量 \tag{2.16}$$

根据煤氧复合理论（秦跃平等，2012），煤氧反应分为三阶段，第一阶段是煤表面分子对氧分子进行物理吸附，第二阶段是煤表面的活性结构对氧分子进行化学吸附（邓存宝等，2009），第三阶段是在部分已发生了化学吸附的活性结构中发生化学反应并生成 CO 或 CO_2。这三个阶段都会释放热量，但物理吸附阶段所放的热量很少，可忽略。因此，在计算煤的放热量时，可以假定温度 t 时煤样罐进、出口所减少的氧气，除反应生成 CO 或

CO_2外，其余部分全部发生化学吸附，这样根据化学键能守恒原理（徐精彩等，1999）来建立煤的放热强度（陈晓坤等，2005）计算公式，见式（2.17）~式（2.22）。

$$Q(t) = Q_{O_2}(t) + Q_{CO}(t) + Q_{CO_2}(t) \tag{2.17}$$

$$Q_{O_2}(t) = q_{O_2}(V_{O_2}^t - V_{CO}^t - V_{CO_2}^t) \tag{2.18}$$

$$Q_{CO}(t) = V_{CO}^t[(\Delta h_{298}^0)_{CO} + \Delta h_{CO}^0] \tag{2.19}$$

$$\Delta h_{CO}^0 = C_{CO}M_{CO}(t - t_{25}) \tag{2.20}$$

$$Q_{CO_2}(t) = V_{CO_2}^t[(\Delta h_{298}^0)_{CO_2} + \Delta h_{CO_2}^0] \tag{2.21}$$

$$\Delta h_{CO_2}^0 = C_{CO_2}M_{CO_2}(t - t_{25}) \tag{2.22}$$

式中，$Q(t)$、$Q_{O_2}(t)$、$Q_{CO}(t)$、$Q_{CO_2}(t)$ 分别为温度 t 时的煤放热强度、氧的化学吸附放热、CO 的生成热、CO_2的生成热，$J/(m^3 \cdot s)$；q_{O_2} 为煤对氧的化学吸附热，J/mol，取 58800 J/mol；$V_{O_2}^t$、V_{CO}^t、$V_{CO_2}^t$ 为温度 t 时的标准耗氧速率，以及 CO、CO_2 的生成速率，$mol/(m^3 \cdot s)$；$(\Delta h_{298}^0)_{CO}$、$(\Delta h_{298}^0)_{CO_2}$ 分别为压力 1atm（1atm=101325Pa）、温度 298K 时 CO、CO_2的标准生成热，J/mol，约为 110540J/mol 和 393510J/mol；Δh_{CO}^0、$\Delta h_{CO_2}^0$ 分别为 CO、CO_2在温度 t 时与标准生成热的差值，J/mol；C_{CO}、C_{CO_2} 分别为 CO、CO_2 的定压比热容，$J/(g \cdot K)$；M_{CO}、M_{CO_2} 分别为 CO、CO_2 的摩尔质量，g/mol；t_{25} 为基准温度 25℃。

2.3　遗煤粒度分布特征

绝大多数的煤低温氧化实验采用的是单一粒度的煤样，即使使用了混合煤样，也是按均匀比例配比的，其粒度分布与现场情况并不吻合，这样得出的煤样在低温阶段的氧化规律并不能真实地反映实际。因此，需要对采空区实际的粒度分布进行研究。

井下采空区遗煤破碎程度受多种影响因素的制约，如工作面参数、地质构造、矿压参数、采煤工艺及煤本身的硬度（Qin *et al.*，2012）等，由此造成了采空区遗煤分布的随机性与不均匀性，但可以认为一定时期内的采空区某一小区域内的煤粒度的分布不变，据此取样来研究实际采空区的粒度分布。本节所用煤样采集于马兰矿 18103 工作面，较为干燥，属易自燃煤，该工作面长 150m，采用一次采全高生产工艺，仅在底板处流有很薄的一层遗煤且多为粉碎状的煤粒。于4#支架处取煤样 5 份，现场封存，运至实验室。在每份煤样中随机取出大约 750g 的煤样，然后筛分出 0 ~ 1mm、1 ~ 2mm、2 ~ 4mm、4 ~ 8mm、8 ~ 20mm 5 种不同单一粒度的煤样，分别计算各粒度阶段内煤粒占整体煤样分布的概率。筛分的结果（宋怀涛，2013）见表 2.1。

表 2.1　粒度筛分结果

类别	1#/g	2#/g	3#/g	4#/g	5#/g	平均比例/%
总质量	768.7	748.6	769.9	782.8	755.1	—
0 ~ 1mm	111.0	133.3	120.6	120.6	125.6	16
1 ~ 2mm	193.7	163.5	168.0	168.0	167.0	22.5
2 ~ 4mm	184.5	164.7	170.6	180.6	170.6	22.8
4 ~ 8mm	108.3	113.2	139.0	136.0	131.0	16.3
8 ~ 20mm	171.2	173.9	171.7	177.6	160.9	22.4

对以上5组实验数据进行分析，求出原煤中各粒度比例分布及所在阶段的权重值，结果（宋怀涛，2013）见表2.2。权重值（W）的计算公式为

$$W = V/B \tag{2.23}$$

式中，B 为粒度区间，即筛分粒度 0～1mm，代表阶段值为1，筛分粒度 2～4mm，代表阶段为2，其他类推；V 为原煤粒度区间所占的概率；W 为权重值，代表一定阶段内原煤粒度区间的概率所占权重的大小。

表 2.2　粒度分布表

粒度/mm	阶段/B	平均粒度 D/mm	比例值 V/%	权重值 W
0～1	1	0.5	16	0.1600
1～2	1	1.5	22.5	0.2250
2～4	2	3	22.8	0.1140
4～8	4	6	16.3	0.04075
8～20	12	14	22.4	0.01867

依据表2.2中的数据分别绘制不同平均粒度下的累计比例值及权重值变化曲线，如图2.4所示。

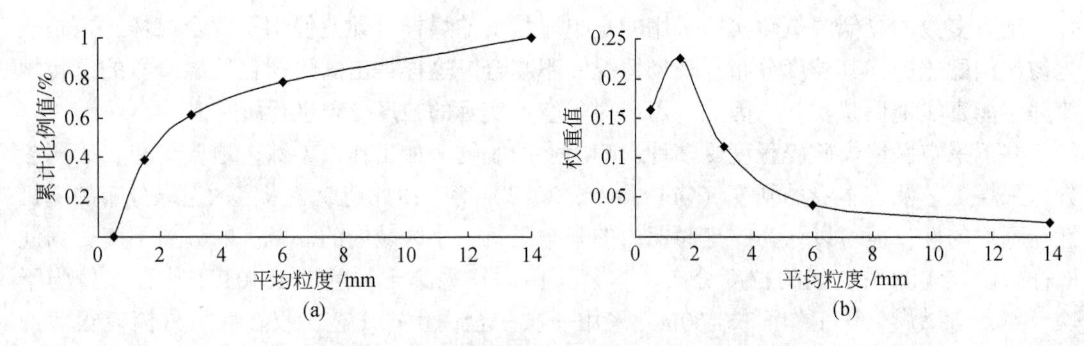

图2.4　不同粒度的累计比例值、权重值曲线

从图2.4中可以看出所取样本的粒度分布随着粒度的增大先增加后减少，符合对数正态分布特点。根据对数正态分布性质，利用 Origin 工具软件依据式（2.24）对图2.4（b）中的数据进行拟合，拟合结果如图2.5所示。

$$f(x) = y_0 + \frac{A}{\sqrt{2\pi}wx}\exp\left\{-\frac{[\ln(x/x_c)]^2}{2w^2}\right\} \tag{2.24}$$

可得 $y_0 = 0.01851$、$x_c = 1.9958$、$w = 0.7888$、$A = 0.6524$，拟合系数为 $R = 0.99947$；$\sigma = 0.9945$，$\mu = 0.985$。

依据对数正态分布的性质，可以求出对应的中位数、众数、期望、方差、偏态、峰态和熵值，见表2.3。

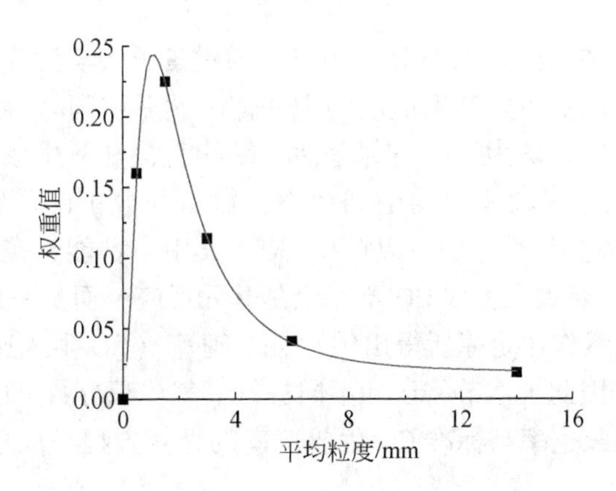

图2.5　煤样粒度分布数据拟合

表2.3　正态分布数据

参数	期望	中位数	众数	方差	偏态	峰态	熵值
对应值	4.39	2.68	0.995	31.58	6.09	106.81	2.43

表2.3中，样本粒度分布的中位数是混合粒度大小的分界点，其值为2.68，表明有一半的粒度大于2.68和一半的粒度小于2.68；偏态值为6.09，属于极右偏态函数，说明采空区遗煤集中于小粒度；分布的众数表示粒度的集中程度，其值为0.995，说明采空区遗煤的粒度99.5%在0～20mm。因此，研究遗煤的升温氧化规律，选取粒度0～20mm作为研究对象是合理的。

2.4　氧气浓度的影响

煤自燃是良好蓄热环境下煤氧化反应的最终结果（Lu *et al.*，2004a）。煤的氧化会消耗环境中的氧气，同时生产H_2O、CO、CO_2等气体，氧气的消耗速率能反映煤自燃的激烈程度，而CO是煤自燃的主要指标气体（Lu *et al.*，2004b），因此耗氧速率与CO生成速率一直是研究热点。宋泽阳等（2014）根据阿伦尼乌斯式建立了地下煤火在贫氧燃烧时的耗氧速率方程；Wang等（2003a）利用阿伦尼乌斯式建立了煤低温阶段CO生成量的预测方程；Zhang等（2015）研究了煤低温氧化生成CO的动力学过程；而徐精彩等（2000a）、王从陆等（2006）、秦跃平等（2010）、朱红青等（2014b）等则通过煤自燃模拟实验测算了煤低温阶段的耗氧情况。

目前常用煤低温氧化实验来研究煤的自燃过程，所得数据可用于计算耗氧速率与CO生成速率。但这其中仍有两点值得深入探讨：一是实验过程中样品罐内的煤温是否均匀相同，若温差很大，则实验结果是在罐内各处的温度、氧气体积分数都差异比较大的情况下获得的，便不能通过沿罐轴向积分来计算某一温度下的标准耗氧速率；二是煤氧反应速率与反应物氧气的物质的量浓度（简称氧气浓度）之间是否存在正比关系，现阶段的耗氧速率计算都是以化学动力学中的质量作用定律（许越，2004）为基础的，该定律认为化学反应速率与反应物浓度成正比，但仅适用于基元反应（指反应物分子在碰撞中直接转化为生成物分子）。王继仁等（2008）、石婷等（2004）通过量子力学计算认为煤氧反应生成 CO 是氧分子攻击煤中的活性基团先产生活泼的中间体，然后中间体再进一步反应生成 H_2O、CO_2、CO；戚绪尧（2011）认为煤中一部分活性结构直接和氧生成 CO，如自由基，还有一部分活性结构与氧先形成较稳定的中间产物，然后部分中间产物再生成 CO；翟小伟（2012）则认为煤中有 4 类活性基团可以产生 CO，其中一种能直接生成 CO，其他的都是间接生成 CO。这说明，煤氧化生成 CO 不完全是基元反应，而是一个多途径、多阶段的复杂化学反应，因此由质量作用定律所得出的“耗氧速率（CO 生成速率）与环境氧气浓度成正比”还只是假设。因此，本节将设计不同进气氧气体积分数下的煤低温氧化实验，推导实验过程中的标准耗氧速率与标准 CO 生成速率的计算方程，根据实验及计算结果对上述假设进行论证。

2.4.1 煤样制备及实验过程

本次实验的煤样来自潞宁煤矿和马兰煤矿，自燃倾向均为Ⅱ级。由于粒度对煤自燃的影响较大，为了更接近真实情况，实验中的各组煤样均按相关文献（秦跃平等，2015）中的工作面遗煤粒度分布（表 2.2）进行粒度筛分和配比，共制备潞宁矿煤样 10 组、马兰矿煤样 4 组，每组质量约 140g，孔隙率约为 0.42。实验中煤样罐的进气氧气体积分数是由纯氮气和纯氧气按不同比例混合配制的，分别控制在 5.9%、10.2%、15.6%、21.2% 和 32% 左右。潞宁矿的煤样在每个氧气体积分数下做两组实验，用以分析实验误差，马兰矿的煤样在每个氧气体积分数只做一组实验，用以验证潞宁矿煤样的实验规律。

实验开始前，利用质量流量计将纯氮气和纯氧气按一定比例通入混气室，总流量控制在 50mL/min，对混气室出口的氧气体积分数使用气相色谱每隔一段时间检测一次，待氧气体积分数达到预期且稳定后，再将气体通入装有煤样的样品罐，然后开始实验。

2.4.2 实验结果及分析

1）实验结果

实验测得了不同条件下 14 个煤样的样品罐出口的氧气及 CO 体积分数，结果如图 2.6 所示。

从图 2.6 中可以看出：①随着温度升高，各煤样出口的氧气体积分数逐渐下降，整个曲线近似 S 型。②整个低温氧化阶段都会产生 CO 气体，温度越高，CO 体积分数越大，整个曲线近似指数上升。③相同温度下，进气氧气体积分数越大，出口的氧气体积分数及 CO 体积分数也越大。④相同进气氧气体积分数下，潞宁矿煤样的两组实验数据的差异很小，其变化曲线都基本重合，表明煤的低温氧化实验是可重复的，从而排除了实验结果存在较大随机性的可能，保证了本次实验的可靠性。

2）标准耗氧速率

式（2.7）是煤的标准耗氧速率计算公式，反映了单位时间单位体积煤样在新鲜风流中所消耗的氧气量。根据实验数据计算得到不同条件下的标准耗氧速率，如图 2.7 所示。

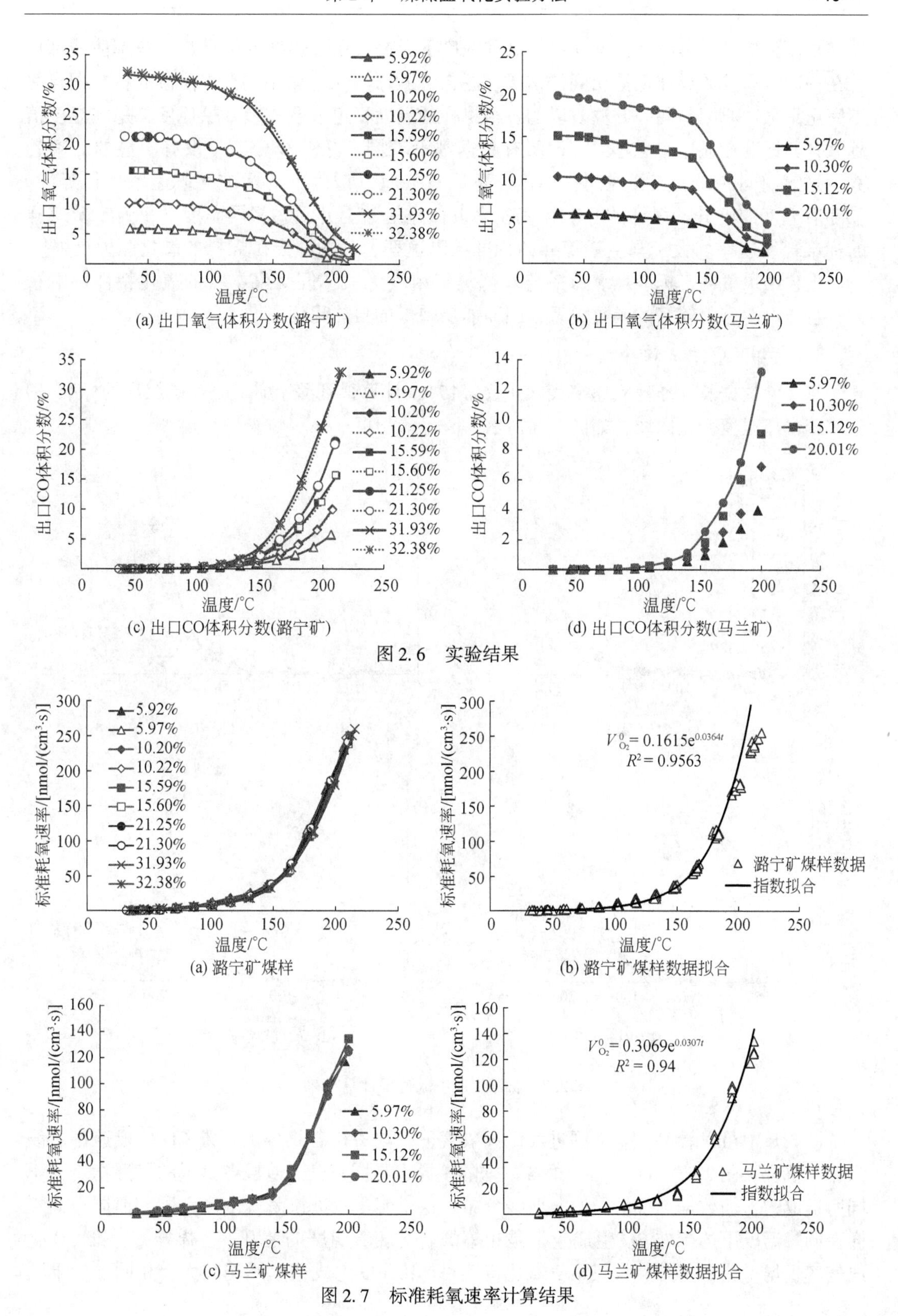

图 2.6　实验结果

图 2.7　标准耗氧速率计算结果

从图 2.7 可以得出：①不同进气氧气浓度下，潞宁矿各煤样的标准耗氧速率曲线都重合在一起，马兰矿煤样也是相同的结果。图 2.7（b）、（d）中不同升温阶段的各数据点并不完全重合，原因是同一升温阶段的各组煤样的温度稳定值会相差几摄氏度，稳定温度值越大，其标准耗氧速率也越大，但所有数据都沿着同一条曲线分布，没有明显的分离趋势。这表明同一矿的煤样在同一温度、不同进气氧气浓度下的标准耗氧速率是相等的。②随着温度的上升，煤样的标准耗氧速率近似呈指数上升。③相同温度下，潞宁矿煤样的标准耗氧速率均大于马兰矿煤样的标准耗氧速率，表明潞宁矿煤样的氧化能力更强。

上述结果说明，标准耗氧速率与环境氧气浓度无关，但受煤本身的氧化特性影响很大，且与温度有着较好的函数关系，因而能反映煤的自热程度。

3）标准 CO 生成速率

将实验数据及标准耗氧速率代入式（2.15），计算得到潞宁矿、马兰矿煤样的标准 CO 生成速率随温度变化曲线，如图 2.8 所示。

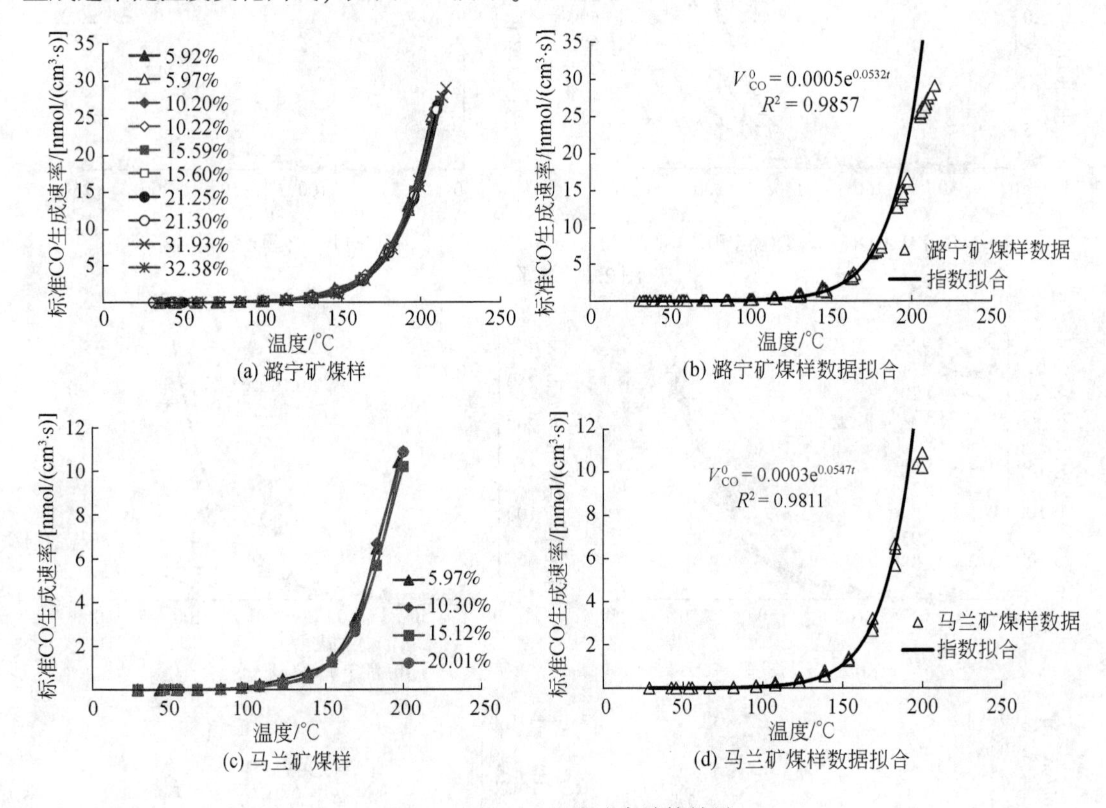

图 2.8　标准 CO 生成速率计算结果

图 2.8 中可以看出：①不同进气氧气浓度下，同一矿各煤样的标准 CO 生成速率曲线都相互重合。图 2.8（b）、（d）中各数据的差异也是同一升温阶段各试样的煤温稳定值不同所造成的，但数据点都沿同一条曲线分布。这说明虽然进口氧气浓度不同，但同一矿煤样在同一温度下的标准 CO 生成速率是相等的。②随着温度的上升，各煤样的标准 CO 生成速率也均呈指数上升。③煤本身氧化特性对标准 CO 生成速率影响较大，相同温度下潞

宁矿煤样的标准 CO 生成速率均大于马兰矿的标准耗氧速率。这些结果表明，标准 CO 生成速率也与环境氧气浓度无关，而与煤的氧化特性及温度有关。

2.4.3　讨论及验证

煤氧复合理论认为煤与氧气所发生的化学反应是煤自燃的根本原因。虽然煤的氧化反应不完全属于基元反应，但为了计算耗氧速率，2.2.1 节中仍由化学反应动力学作推论Ⅰ：煤氧反应中耗氧速率与环境氧气浓度成正比，即当温度一定时，环境氧气浓度越高，单位体积煤所消耗的氧气越多；反之，氧气浓度越小，消耗的就越少。因此，对于煤的低温氧化实验，当煤温一定时，虽然进气氧气浓度不同，但氧气被消耗的比例总是一定的，因此煤样罐进、出口的氧气浓度比值将是定值，否则推论Ⅰ不成立。本节在推论Ⅰ的基础上建立了实验过程中的标准耗氧速率计算公式［式（2.7）］，该式表明在温度、进气量、煤粒配比及装煤量都一定的情况下，标准耗氧速率的大小取决于煤样罐进、出口氧气浓度的比值。将实验数据代入后计算发现，同一温度下同一矿煤样的标准耗氧速率都相等，由此得到相同温度、不同进气氧气浓度下煤样罐进、出口氧气浓度的比值相等，从而验证了推论Ⅰ的正确性。

同理，2.2.2 节中作推论Ⅱ：煤氧反应中 CO 生成速率与环境氧气浓度也成正比。也就是说，同一温度下，CO 总的生成量与氧气总的消耗量成正比。因此，对于煤的低温氧化实验，在其他条件都一定时，煤样罐出口一氧化碳浓度与进、出口氧气浓度差的比值也应该是一个定值，否则推论Ⅱ不成立。本节根据推论Ⅱ建立了实验中标准 CO 生成速率的计算式［式（2.15）］，该式表明，当温度、标准耗氧速率都相等时，标准 CO 生成速率的大小取决于实验出口一氧化碳浓度与进、出口氧气浓度差的比值。随后的结果表明：相同温度下，同一矿各煤样的标准 CO 生成速率也都相等。由于同一温度下的标准耗氧速率是定值，因此同一温度下的出口一氧化碳浓度与进、出口氧气浓度差的比值也是定值，由此证明推论Ⅱ也成立。

研究表明，对于确定的煤样，同一温度下的标准耗氧速率或标准 CO 生成速率都是定值，而与环境氧气浓度无关，但煤自身的氧化特性对其影响很大，煤样不同，其值也不同。因此，在前述正比关系的基础上，根据标准耗氧速率与标准 CO 生成速率便能计算出实际氧气浓度下的耗氧速率与 CO 生成速率，可用于确定采空区各处的耗氧量与生成 CO 量，从而为采空区自然发火的数值计算提供关键参数。但需要强调的是，本节的实验数据都是在样品罐内煤温都基本均匀相同的情况下获取的，然后通过建模计算发现了“同一温度下，相同煤样的标准耗氧速率或标准 CO 生成速率都相等”这一规律的。若样品罐内煤温相差较大，则所得到的标准耗氧速率或标准 CO 生成速率不是同一温度下的，那么很可能没有上述规律。

2.4.4　采空区耗氧速率与 CO 生成速率

煤矿井下采空区是煤自燃的易发地点，主要原因是有漏风存在。漏风在流经这些区域时，因松散煤体的氧化耗氧作用，其氧气浓度沿风流线路不断降低，从而导致区域内各处的氧气浓度不尽相同。目前多采用数值模拟的方法来研究采空区自然发火的时空演化规律，在构建采空区氧气或CO气体的运移模型时，需要知道不同温度、不同氧气浓度下的煤耗氧速率或CO生成速率。根据本节研究，通过煤的低温氧化实验可以计算获得煤样的标准耗氧速率与标准CO生成速率，再结合前述的两个推论（推论Ⅰ、推论Ⅱ），得到实际采空区漏风流动路径上任意点的耗氧速率和CO生成速率为

$$\begin{cases} U_{O_2}(t)=\dfrac{C_{O_2}^X}{C_{O_2}^0}k_b V_{O_2}^0(t) \\ U_{CO}(t)=\dfrac{C_{O_2}^X}{C_{O_2}^0}k_b V_{CO}^0(t) \end{cases} \tag{2.25}$$

式中，U_{O_2}（t）、U_{CO}（t）分别为耗氧速率与CO生成速率，mol/(m^3 · s)；$C_{O_2}^X$为采空区任意点上的氧气浓度值，mol/m^3；k_b为采空区遗煤的粒度影响系数。

2.5 粒度的影响

不同粒度的煤样，其自燃特性是不同的。这主要是因为粒度会影响煤与氧气的接触面积，从而影响煤的氧化反应。因此，本节将研究粒度对煤自燃的影响。

2.5.1 煤样及实验过程

实验所用煤样取自马兰矿18103工作面，现场密封后运至实验室。在煤样破碎后，筛分出0～1mm、1～2mm、2～4mm、4～8mm、8～20mm 5种粒度。每种粒度的煤样为一种试样，质量为130g。同时制备混合煤样1组，质量为130g，其中5种粒度的煤样按表2.2进行配比，具体参数见表2.4。实验过程与2.3.1节相同。

表2.4 各个粒度参数

参数	煤样1	煤样2	煤样3	煤样4	煤样5	煤样6
粒度/mm	0～1	1～2	2～4	4～8	8～20	0～20
装煤体积/mL	191.1	195.5	202.3	214.5	230.4	205.3
煤质量/g	130.1	130.2	130.1	129.9	129.9	130.1
真密度/(g/cm^3)	1.337	1.337	1.337	1.337	1.337	1.337
空隙率/%	0.488	0.513	0.553	0.556	0.559	0.542

2.5.2 实验结果及分析

1）实验结果

将所测得的出口氧气体积分数换算为标准进气条件下（21%）的氧气体积分数，如

图2.9（a）所示，一氧化碳的体积分数变化曲线如图2.9（b）所示。

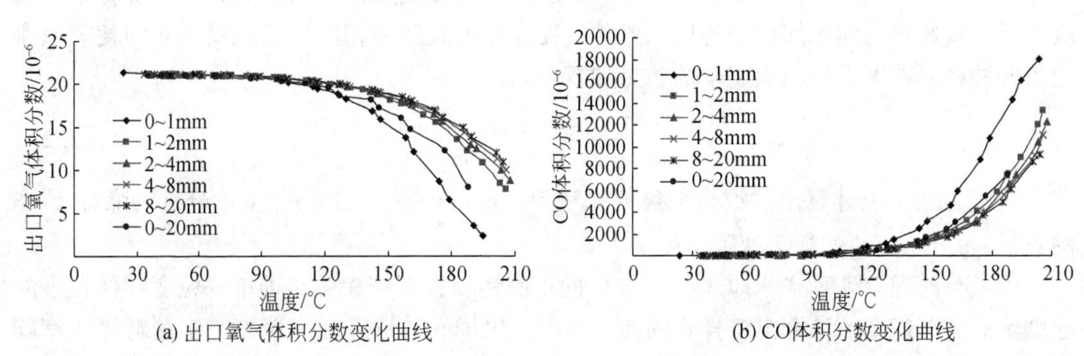

图2.9　不同煤样出口中各气体的体积分数

由图2.9可知，随着温度升高，煤样罐出口处的氧气体积分数逐渐降低，一氧化碳体积分数逐渐上升；在同一温度下，粒度越大，出口的氧气体积分数越高，一氧化碳体积分数越低；而混合粒度的各气体体积分数变化曲线均在最大曲线与最小曲线之间，这是符合定性规律的。

2）耗氧速率

根据式（2.7）来处理实验数据，得到各煤样的标准耗氧速率随温度上升的变化曲线，如图2.10所示。

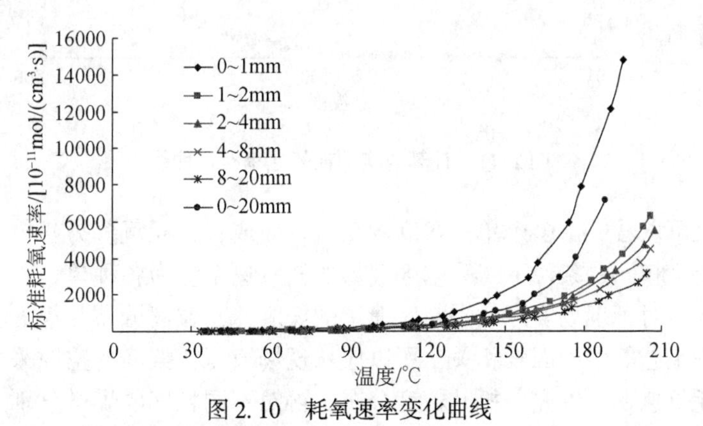

图2.10　耗氧速率变化曲线

图2.10表明，煤的温度越高，煤的耗氧速率越大，且标准耗氧速率与温度呈指数变化关系，拟合得到式（2.26）；煤样的粒度增大后，同一温度下的耗氧速率明显降低，且温度越高，粒度小的煤样与粒度大的煤样之间的耗氧速率差值越大。

$$V_0(t) = ae^t + b \tag{2.26}$$

式中，a、b 为指数拟合的系数，可由实验数据求得。

2.5.3　混合煤样耗氧速率

在此次实验中，煤样6是由5种单一粒度煤样混合配比而成，该煤样的氧化罐内耗氧量等于其中各种粒度煤耗氧量的总和。所以理论上可得到煤样 6 的耗氧速率为各种单一粒度煤样耗氧速率的体积加权平均值。各种粒度煤样的真密度相同，因此煤样 6 的耗氧速率应为各种单一粒度煤样耗氧速率的质量加权平均值：

$$v_{0n} = \frac{m_1 v_{01} + m_2 v_{02} + m_3 v_{03} + m_4 v_{04} + m_5 v_{05}}{m_1 + m_2 + m_3 + m_4 + m_5} \tag{2.27}$$

式中，v_{0n}为理论上计算出的混合粒度耗氧速率，mol/(cm^3 · s)；$m_1 \sim m_5$分别为煤样 1 ~ 5 的质量，g；$v_{01} \sim v_{05}$的耗氧速率，mol/(cm^3 · s)。

为了验证理论计算式，即式（2.27）的正确性，根据表 3 中 5 种单一粒度煤样在不同温度下的耗氧速率，计算出煤样 6 的耗氧速率。煤样 6 的计算耗氧速率与实测耗氧速率随温度变化曲线如图 2.11 所示。

由图 2.11 可以看出，理论计算和实测的混合煤样耗氧速率在各个温度下都非常接近，从而可以证实式（2.27）的正确性。也说明式（2.27）能准确地计算出遗煤的耗氧速率。

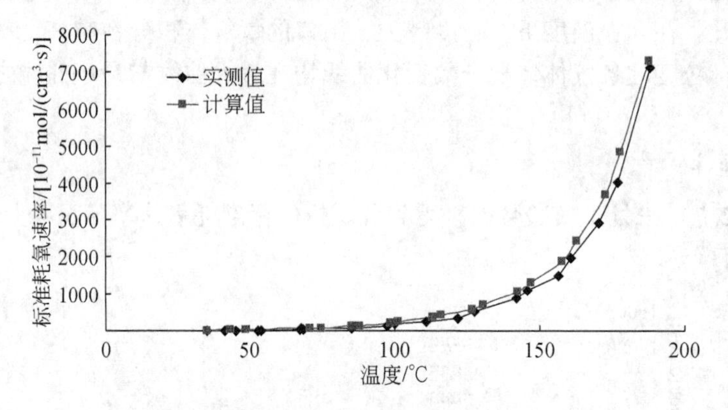

图 2.11　计算与实测耗氧速率对比曲线

采空区遗煤可以看成由多个单一粒度的煤混合而成，其耗氧量为各单一粒度煤的耗氧量之和。在真密度相同的条件下，采空区遗煤的耗氧速率应为各种单一粒度煤样耗氧速率的质量加权平均。对于现场实际的采空区遗留的煤炭，其粒度分布与煤的种类、物理力学性质及开采方法工艺等多种因素相关，所以应从现场液压支架间的空隙采集煤样。为了得到所得煤样的耗氧速率，首先分析其粒度分布，再对不同粒度的煤样分别进行升温氧化实验，得到耗氧速率与温度的回归关系式，最后根据混合煤样的标准耗氧速率计算式［式(2.28)］计算得出得该处煤样的标准耗氧速率：

$$V_0(t) = \frac{1}{m}\sum_{i=1}^{n}(m_i a e^t + b) \tag{2.28}$$

式中，m 为混合煤样的质量，g；m_i为第 i 种单一粒度煤样的质量，g。

漏风中的氧气在采空区流动过程中不间断地与遗煤发生低温氧化反应而被消耗，因此氧气浓度沿风流路线逐渐降低。可根据式（2.27）和式（2.28)，得到任意氧气浓度下该处遗煤的实际耗氧速率，见式（2.29）。

$$V(t) = \frac{C}{mC_0}\sum_{i=1}^{n}(m_i a e^t + b) \tag{2.29}$$

2.5.4　讨论

完整的煤层和大块的煤堆一般不会发生自燃，这是因为氧气不易进入完整的煤层，而大块的煤与氧气接触面积有限，所以破碎状的煤才容易自燃。这说明采空区遗煤的粒度大小也是其自然发火的一个重要影响因素。因此，首先分析得到了采空区某点上的遗煤粒度分布符合对数正态分布；根据这一特征配比了混合煤样，通过对不同粒度及混合粒度的煤样进行低温氧化实验，发现随着煤样的粒度的增大，同一温度下的煤样的氧化能力明显降低。这是因为粒度越大，与氧气接触的煤的表面积就越小，所能吸附反应的氧气也就越小。而混合粒度煤样的氧化能力处于粒度最大和最小的煤样之间，且更接近于最小的粒度的氧化能力。这是因为煤粒度的分布更集中在较小的粒度，也就是说混合粒度中小粒度的煤比重更高。

为了对采空区各处的氧气浓度进行研究，提出了不同氧环境中的遗煤耗氧速率计算公式（2.29），并通过实验验证了其正确性。这样，在工作面或支架附近取大量样本后，通过公式（2.29）便可以迅速地计算出各样本的耗氧速度，从而对采空区整体耗氧情况进行评估，为定量研究采空区内遗煤耗氧量与自然发火程度之间的关系提供依据。

2.6　挥发分的影响

煤燃烧过程中，其表面的活性结构会热解生成多种气体（傅维镳，2003），如羧基裂解产生 CO_2，羟基裂解产生 H_2O，醚键裂解产生 CO，脂肪烃裂解产生 CH_4、C_2H_6、C_2H_2，芳香烃裂解产生 H_2，这些气相产物统称为挥发分（朱学栋等，2000）。挥发分能在较低温度下析出并燃烧，剩下固定碳与灰分的混合物称为焦炭。挥发分对煤的燃烧至关重要（夏允庆等，2007），一方面挥发分燃烧放热，迅速提高焦炭的温度，为其着火和燃烧提供条件；另一方面挥发分的析出使得炭粒的内部孔隙与反应面积增大，有利于加快焦炭的燃烧速度。然而，目前对煤中挥发分一直停留在“煤的挥发分含量越高，越容易自燃”这一定性的认识上（朱红青等，2012a），而对挥发分对煤自燃特性的影响，特别是对于同一煤样，减小其挥发分含量后，它本身的自燃能力是否会降低及降低程度都有待实验检验。为此，本节将通过煤低温氧化实验来研究不同挥发分含量下煤本身的自燃特性变化。

2.6.1　煤样及实验过程

实验煤样来自唐山沟矿 8201 工作面，属不黏煤，易自燃。依据《煤的工业分析方法》（GB/T 212—2008）中有关挥发分测定的要求，筛分出粒度为 0 ~ 0.2mm 的煤，制备出煤样 1 ~ 5。其中，煤样 1 为干燥后的原煤，煤样 2 ~ 4 则是利用 GF-A2000 型自动工业分析仪分别在 300℃、600℃、900℃下灼烧 7min 获得的，煤样 5 则是在 900℃灼烧 4min 获得的。灼烧过程通入纯氮，避免了煤样与氧气接触而发生反应。各煤样的挥发分含量及具体参数见表 2.5。实验过程与 2.3.1 节相同。

表 2.5 煤样的具体参数

参数	煤样 1	煤样 2	煤样 3	煤样 4	煤样 5
处理过程	105℃干燥 40min	300℃灼烧 7min	600℃灼烧 7min	900℃灼烧 7min	900℃灼烧 4min
粒度/mm	0 ~ 0.2	0 ~ 0.2	0 ~ 0.2	0 ~ 0.2	0 ~ 0.2
装煤体积/mL	241.3	241.1	240.8	241.1	241.0
煤质量/g	150.1	150.2	149.8	150.1	149.9
真密度/(g/cm^3)	1.494	1.453	1.431	1.412	1.419
空隙率/%	0.580	0.576	0.563	0.556	0.559
空气干燥基挥发分 V_{ad}/%	23.624	19.229	10.810	2.877	3.329
进口氧气体积分数/%	20.08	19.31	19.87	19.9	19.44

从表 2.5 可以看出，煤的挥发分析出量主要受灼烧温度高低的影响，相同灼烧时间下，灼烧温度越高，煤中剩余的挥发分越少。

2.6.2 实验结果及分析

将所测得的出口氧气浓度换算为标准进气条件下（氧气浓度为 21%）的氧气浓度，得到图 2.12（a），同时得到其他气体的浓度变化曲线，如图 2.12（b）~（d）所示。由于煤样3 ~ 5 的挥发分含量过低，实验过程中基本检测不到乙烯（C_2H_4）、乙烷（C_2H_6）。

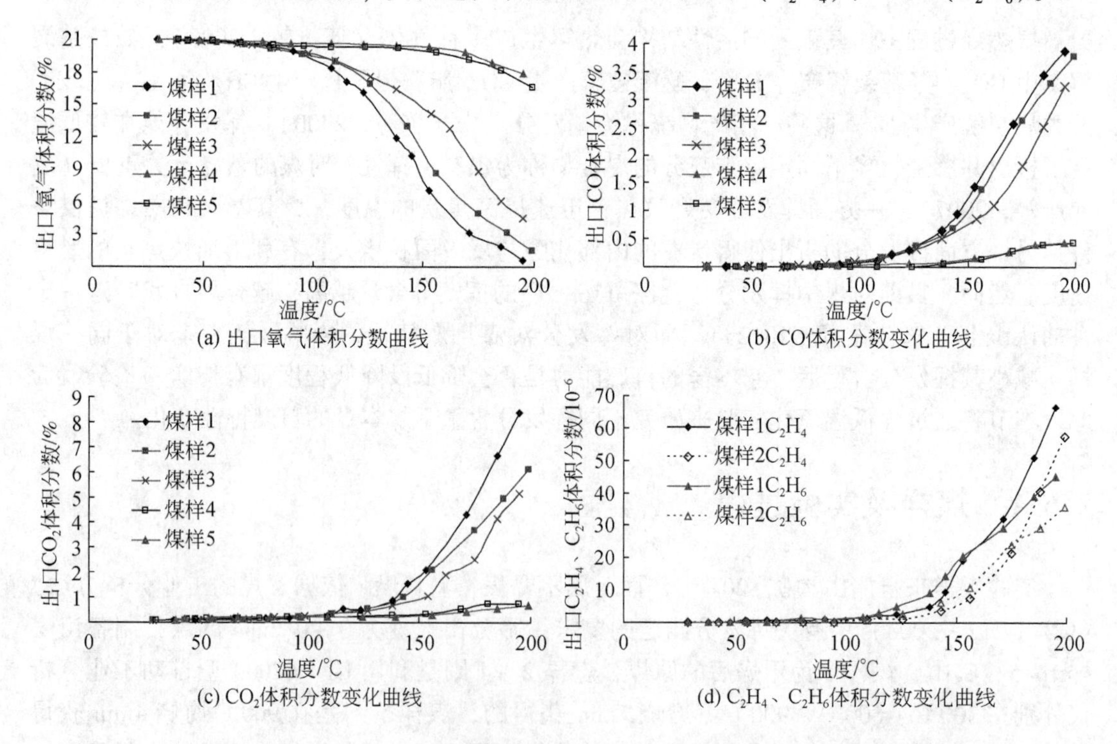

图 2.12 不同煤样出口中各气体的体积分数

图2.12中，随着温度升高，煤样罐出口处的氧体积分数逐渐降低，CO、CO_2、C_2H_4及C_2H_6体积分数逐渐上升；在同一温度下，挥发分含量越低，出口的氧气体积分数越高，CO、CO_2、C_2H_4及C_2H_6体积分数越低；随着挥发分的降低，出口氧气体积分数的降幅及各气体体积分数的增幅显著变缓。

1）耗氧速率

根据式（2.7）来处理实验数据，得到各煤样的标准耗氧速率随温度上升的变化曲线，如图2.13所示。

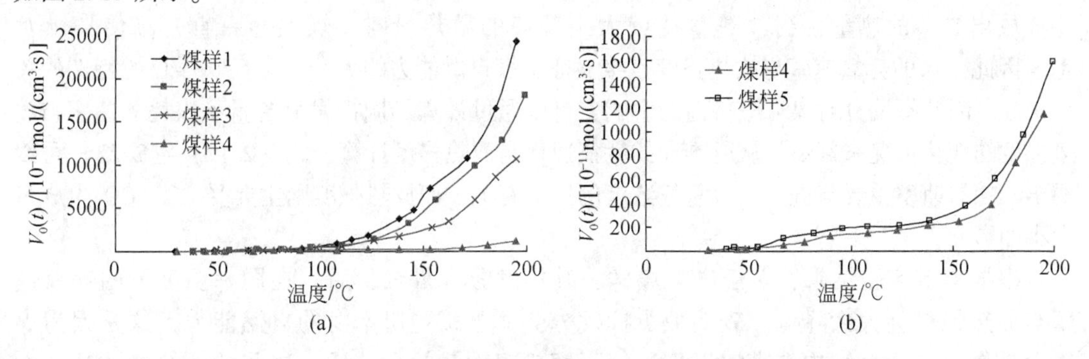

图2.13　耗氧速率随温度上升的变化曲线

图2.13（a）中可以看出，煤温越高，煤的耗氧速率越大，且耗氧速率与温度呈指数变化关系；减少挥发分含量后，同一温度下的耗氧速率明显降低，且温度越高，挥发分含量高与含量低的煤样之间的耗氧速率差值越大，特别是煤样4，相对于煤样1～3，其耗氧速率上升趋势很平缓；图2.13（b）则表明虽然煤样4、煤样5的灼烧时间不同，但由于它们的挥发分含量接近，其耗氧速率差距较小且变化趋势相同，都在140℃前上升趋势较缓，在140℃后开始加速上升。

2）放热强度

按式（2.17）～式（2.22）对实验数据进行处理，得到各煤样的放热强度随温度上升的变化曲线，如图2.14所示。

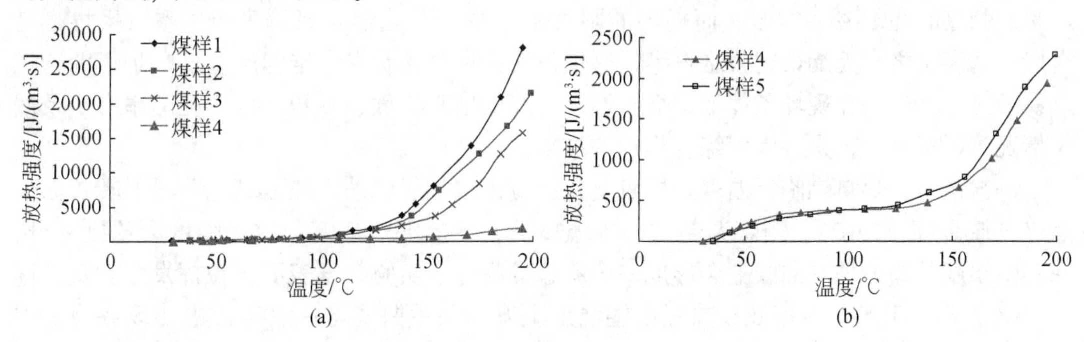

图2.14　放热强度随温度变化曲线

图2.14（a）中可以看出，与耗氧速率的变化类似，煤的放热强度随温度增大呈指数上升；同一温度下，煤的挥发分越少，其放热强度也越小；减少挥发分后，放热强度随温

度上升的变化会趋于平缓；图 2.14（b）则表明挥发分含量相近的煤样 4、煤样 5 的放热强度，在 140℃前基本相同、上升趋势较缓，但在 140℃后差距增大并开始加速上升。

2.6.3 讨论

煤表面与氧气分子发生化学吸附、化学反应时所放出的热量是煤温上升的根本原因（Tevrucht and Griffiths，1989），而温度的升高又会加速煤氧复合反应，消耗更多的氧气并释放出更多的热量，当放热量持续大于环境的散热量时，煤温会一直升高使自燃发生。因此，煤的耗氧速率与放热强度直接表征了煤自燃能力的大小，是反映煤自燃特性的关键参数，因此挥发分对煤自燃特性的影响，可以通过计算不同挥发分含量下煤耗氧速率与放热强度的变化情况来判断。从所推导的耗氧速率与放热强度计算公式（2.17）~（2.22）可以看出，耗氧速率主要与进、出口氧气浓度的比值有关，而放热强度则主要受 CO、CO_2生成量大小的影响。

根据本节实验结果，对于同一煤样，其挥发分含量减少后，在同一温度下的耗氧速率与放热强度会大大降低，表明减少挥发分会显著减弱煤本身的自燃能力。这是因为煤表面易氧化的活性结构在高温无氧环境下解析出大量挥发分后，这些活性结构的数量大大减少，从而减小了与煤发生化学吸附、化学反应的氧气总量，所以实验中挥发分越低，煤样罐出口的氧气体积分数越高，从而煤的氧化放热总量也大大减少、煤温难以持续升高至自燃着火点。而对于变质程度不同的煤，朱红青等（2012a）通过热重实验对来自 8 个矿的 8 个煤样进行研究，也得到了挥发分含量越低的煤样越难以自燃这一结论。事实上，煤表面的活性结构（如各种活泼的侧链、桥链和官能团）的总数量才是煤自燃特性的决定性因素，这些活性结构氧化裂解或热裂解生成大量的挥发分，因此挥发分的大小反映了这些活性结构数量的多少，因此，挥发分含量间接地反映了煤自燃能力的强弱。

随着煤变质程度的加深，煤中稳定性较好的苯环数量增多，而较活泼、易氧化的侧链和桥键逐渐减少，导致煤中的挥发分含量也在减少。例如，无烟煤的挥发分含量一般低于 10%，烟煤的在 10% ~37%，而褐煤的则大于 37%。从自燃难易程度上来看，褐煤最易自燃，烟煤次之，无烟煤则很难自燃。这也说明挥发分含量在一定程度上反映了煤的自燃难易程度。当然，在现场条件下，煤自燃还与煤的破碎程度、堆积厚度、孔隙率大小及漏风情况等因素有关，是各因素综合作用的结果。

一般认为，煤自燃临界温度是煤氧复合反应由缓慢氧化进入加速氧化阶段的转折温度点（仲晓星等，2010），当煤温超过临界温度后，煤的耗氧速率与放热强度会急剧上升，在其随温度升高的关系曲线上会形成一个明显的拐点。实验数据表明，在挥发分含量较高（>10%）时，其耗氧速率及放热强度随温度上升的关系曲线均在 80℃左右出现拐点，但当挥发分降低到 3% 时，曲线拐点则出现在 140℃左右。说明煤的挥发分大幅减少后，其自燃临界温度值会显著提高，需要更多的热量才能进入自加速反应阶段，而挥发分降低后，煤的氧化放热量却在减少，因此很难达到自燃临界温度。这也从另一个角度说明挥发分减少后的煤更难以自燃。

2.7 本章小结

本章研制了油浴式煤升温氧化实验系统，提高了实验的精度；推导了煤的标准耗氧速率、标准CO生成速率及标准放热强度等煤自燃特性参数的计算公式；通过现场取样，研究得到采空区遗煤粒度分布符合对数正态分布；定量研究了氧气浓度、粒度及挥发分等参数对煤自燃特性的影响。

第3章　采空区自然发火多场耦合致灾机理

氧气浓度、粒度、挥发分等是影响煤自燃的主要因素，但对于空间范围巨大的采空区来说，其自然发火还受工作面推进速度、供风量等宏观条件的影响。因此，首先要清楚采空区产热与散热的影响因素，然后将各因素归结到采空区流场、氧气浓度场和温度场的影响参数中，再分析这几个场相互耦合作用的过程，最后建立多场相耦合的自然发火数学模型。

3.1　采空区自然发火的能量迁移理论

采空区自然发火是能量积聚与迁移这对矛盾相互作用的结果，可以从能量变化这个角度来研究采空区自燃。本节将根据能量守恒原理提出采空区自然发火的能量迁移理论，建立采空区能量平衡方程，推导出采空区最高温度预判方程，以及工作面最小安全推进速度计算方程，结合某矿工作面现场情况，分析推进速度、工作面风量及注氮等因素对采空区最高温度和工作面最小安全推进速度的影响。

3.1.1　采空区移动坐标系

长壁工作面开采中，液压支架支撑着煤层顶板。随着回采的进行，工作面不断推进，支架前移，顶板岩石随之垮落，造成采空区空间范围不断扩大。如果将直角坐标系的原点设定在开切眼处（图3.1），那么采空区内靠近支架的 Γ_1 边界将随着工作面推进而不断向前移动。这种在静态坐标系［stationary coordinates（X，Y，Z）］下所建立的采空区自然发

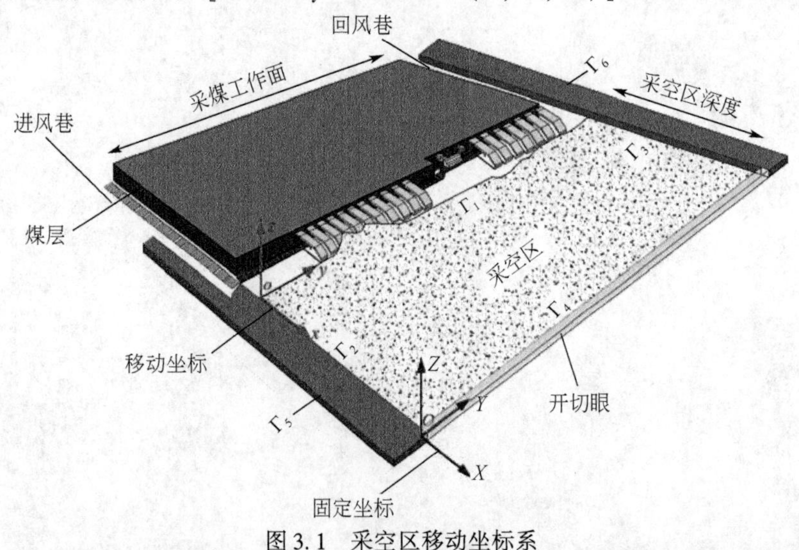

图3.1　采空区移动坐标系

火数学模型是一个边界动态变化的非稳态模型，很难被求解。因此，本节提出了采空区移动坐标系［moving coordinates（x，y，z）］以简化数学模型，如图 3.1 所示，以进风口为原点，y 轴设置在工作面的切顶线上，x 轴则沿采空区走向。由于切顶线是随着工作面向前移动的，新建立的坐标系将以工作面同样的速度向前移动。尽管工作面的移架、放顶是间续进行的，但从宏观的时间角度来看，正常开采过程中工作面的日进刀数相对固定，因此可近似将工作面的移动速度看作一个固定常数。

当移动坐标随工作面而向前运动时，采空区任何静态坐标系下处于位置固定的点，在移动坐标系下都将沿其 x 轴正向移动，并离工作面越来越远。例如，静态坐标系的原点 O（0，0，0），其在移动坐标系下将变为 O（$v_0\tau$，0，0）。因此，任一静态坐标系下的点 P（X，Y，Z），其移动坐标系中的坐标值将变为 P（$X+v_0\tau$，y，z）（图 3.2），从而建立静态坐标到移动坐标的变换公式：

$$\begin{cases} x = X + v_0\tau \\ y = Y \end{cases} \tag{3.1}$$

式中，v_0 为工作面推进速度，m/s，其方向与移动坐标系 x 轴正向相反，两者相差一个负号；τ 为时间，s。

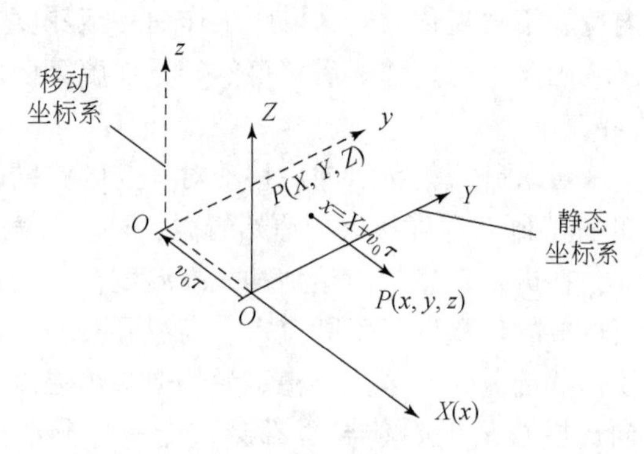

图 3.2　静态坐标系到移动坐标系的变换公式

推进速度 v_0 与时间 τ 相互独立，且两者又都与坐标系无关。假设 φ（X，Y，Z，τ）是静态坐标系下 X、Y、Z 和 τ 的函数，它可以表示密度、氧气浓度及温度等物理量。利用复合函数的求导法则，可以进一步推导 φ（X，Y，Z，τ）在动坐标下的求偏微分导数准则：

$$\begin{cases} \dfrac{\partial\varphi}{\partial X} = \dfrac{\partial\varphi}{\partial x}\cdot\dfrac{dx}{dX} = \dfrac{\partial\varphi}{\partial x};\ \dfrac{\partial\varphi}{\partial Y} = \dfrac{\partial\varphi}{\partial y};\ \dfrac{\partial\varphi}{\partial Z} = \dfrac{\partial\varphi}{\partial z} \\ \dfrac{\partial^2\varphi}{\partial X^2} = \dfrac{\partial}{\partial x}\left(\dfrac{\partial\varphi}{\partial X}\right)\cdot\dfrac{\mathrm{d}x}{\mathrm{d}X} = \dfrac{\partial^2\varphi}{\partial x^2};\ \dfrac{\partial^2\varphi}{\partial Y^2} = \dfrac{\partial^2\varphi}{\partial y^2};\ \dfrac{\partial^2\varphi}{\partial Z^2} = \dfrac{\partial^2\varphi}{\partial z^2} \\ \dfrac{\partial\varphi}{\partial\tau} = \dfrac{\partial\varphi}{\partial x}\cdot\dfrac{\mathrm{d}x}{\mathrm{d}\tau} = v_0\dfrac{\partial\varphi}{\partial x} \end{cases} \tag{3.2}$$

式（3.2）说明静态坐标系下的函数 φ（X，Y，Z，τ）可以被转换为移动坐标系下的函数 φ（x，y，z），但是这并不意味着时间效应消失了，而只是隐匿了。这里，时间效应是显性或隐性取决于所选择的坐标系。例如，随着工作面的推进，根据采空区自燃“三带”理论，静态坐标系下温度场里任一点的温度都将经历先上升后下降的过程，但当转换到移动坐标系下来看，如果距离工作面同一深度的产热和散热等外部环境条件不变，那么该点上的温度也将保持一定，其值只与工作面推进速度相关。据此，可以将静态坐标系下非稳态的数学模型转化为移动坐标系下的稳态模型。也就是说，使用采空区移动坐标系可以回避时间效应的影响，从而简化了数学建模及其求解。

另外，煤自燃总是发生在距离工作面一定深度的采空区内的。这是因为采空区窒息带总是在离工作面几十米远的深处，其氧气浓度极低，煤体进入后不再氧化放热。将采空区计算的深部边界Γ_4设置在窒息带内并以工作面同样的速度向前移动，则采空区解算区域便可固定在一个大小相对稳定的范围内，从而简化了采空区自然发火数学模型的边界条件。

总体来说，采用移动坐标系来处理采空区的动态移动问题，同时忽略工作面推进的间续性及推进速度的大小变化，对采空区内各种物理参数的计算并不会产生多大的差异，但却使问题大大得到简化。简化之一是采空区的各种物理量在移动坐标系中是不随时间变化的，各种物理量场由地理坐标系下的非稳态问题转化为移动坐标系下的稳态问题，避免了时间过程的迭代，计算时间缩短为原来的数万分之一到数千分之一。简化之二是将采空区不断移动的边界转换为固定边界。在以开切眼为y轴的固定坐标系下，工作面的推进会造成采空区的Γ_1边界不断向前移动，而移动坐标系中，采空区的Γ_4边界也是移动的，但由于采空区深部的窒息带内遗煤不再氧化放热，取距工作面一定深度与高度内的采空区作为研究区域，从而将解算区域固定下来。移架后冒落的矸石在解算区域内是移动的，不断地从Γ_1边界流入、从Γ_4边界流出。

移动坐标系下，采空区冒落矸石的相对向后移动对采空区温度的变化产生了至关重要的影响。从Γ_1边界流入的冒落矸石温度接近于原始岩温，移动过程中这些矸石受氧化放热的作用，其温度缓慢上升，在进入窒息带前达到其最高温度，之后温度不再上升。这样采空区冒落矸石相对移动而造成的低温矸石不断流入、高温矸石不断流出，使得研究区域内的热量不断减少，从而使得这部分采空区持续稳定受热但整体温度却未必升高。另外，采空区漏风的流入流出、向周围煤岩的热传导也都会带走一部分热量。因此，移动坐标系下，遗煤氧化产生的热量主要通过移动的固体矸石、流动的空气，以及向周围煤岩的热传导这三种途径散失。

3.1.2 采空区自然发火的能量迁移理论

国内外学者就采空区自燃火灾的发生机理及防治手段提出了一系列重要理论，如煤氧复合理论（徐精彩等，2000d）、煤自由基反应理论（李增华，1996）、煤自燃量子化学理论（邓存宝等，2009）、采空区自燃“三带”理论（张国枢，2007）、煤层自燃胶体防灭火理论（徐精彩等，2003b），以及煤炭自燃防治的三相泡沫理论（秦波涛等，2005）等。这其中，以煤氧复合理论最为基础，它阐述了煤炭发生自燃的根本原因，而采空区自燃“三带”理论则是一系列采空区自燃火灾防治措施的理论基础。

采空区自然发火是能量积聚与迁移这对矛盾相互作用的结果，可以从能量变化这个角度来研究采空区自燃。移动坐标系下，当工作面匀速推进、生产地质条件和通风条件不变且采空区内各处温度保持不变时，由能量守恒原理可知，单位时间内采空区遗煤氧化产生

的总热量 Q_0 等于采空区冒落煤岩的流入和流出而净带走的热量 Q_1、采空区漏风带走的热量 Q_2 及采空区向周围煤岩传递的热量 Q_3 之和。这就是采空区自然发火的能量迁移理论。作者对采空区的数值模拟计算证实了 Q_3 相对其他两项很小（秦跃平、曲方，1998），可以忽略。因此，可建立采空区能量平衡方程，见式（3.3）~式（3.6）。

$$Q_0 = Q_1 + Q_2 \tag{3.3}$$

$$Q_0 = k_0 q Q_L (1 - C_N) \tag{3.4}$$

$$Q_1 = k_1 v_0 h l \rho_s C_s (t_c - t_0) \tag{3.5}$$

$$Q_2 = Q_l \rho_g C_g (t_2 - t_1) \tag{3.6}$$

式中，k_0 为采空区的氧气消耗系数，数值研究（秦跃平等，2012）表明有自燃危险的采空区内的氧气消耗系数为 0.5 ~ 0.6，其值在注氮后会有一定程度的减小；q 为 1mol 氧气与煤反应所释放的热量，J/mol；Q_L 为采空区漏风量，m^3/s，$1m^3$ 空气中氧气含量约为 9.375mol；C_N 为漏风的氮气浓度，%，取 79%；k_1 为采空区温度的不均衡系数，其值为采空区平均温度与最高温度之比；v_0 为工作面推进速度，m/s，此处不为 0；h 为不再发生热传递的煤岩垮落高度，m；l 为工作面长度，m；ρ_s 为冒落煤岩的密度，kg/m^3；C_s 为冒落煤岩的比热容，J/(kg·K)；t_c 为采空区冒落煤岩的最高温度，℃；t_0 为原始岩温，℃；ρ_g 为空气密度，kg/m^3；C_g 为空气的比热容，J/(kg·K)；t_1、t_2 为进、回风温度，℃。

采空区注氮通常不会影响采空区的总漏风量。假定采空区的漏风总量不变，也就是注氮前的采空区漏风总量等于注氮量及注氮后的采空区漏风量之和。因此，注氮后采空区内产生的总热量 Q_0 为

$$Q_0 = k_0 q [Q_L (1 - C_N) - M_N (C_L - C_N)] \tag{3.7}$$

式中，M_N 为注氮量，m^3/s；C_L 为注氮浓度，%。可见，当注氮量 M_N 和注氮浓度 C_L 提高时，采空区氧化放热量将减少。

3.1.3　采空区最高温度预判方程

1）理论方程

数值模拟方法是预测采空区高温区域及最高温度、预报自燃程度的重要技术手段。国内外学者基于有限单元法（李宗翔、秦书玉，1999）、有限体积法（王月红，2009）自主开发了采空区自然发火仿真软件，还有学者在 FLUENT（朱红青等，2012b）、METLAB（余明高等，2010）等大型商业软件的基础上进行二次开发也实现了采空区自燃的数值模拟。但这些模拟的结果差异很大，即便是对同一采空区的模拟，其最高温度的结果也不尽一致。为判断模拟结果是否可靠，本节根据采空区能量平衡方程推导出注氮前后的采空区最高温度预判方程，见式（3.8）、式（3.9），在理论上实现了对采空区最高温度的预测。

$$t_c = t_0 + \frac{Q_L [k_0 q (1 - C_N) - \rho_g C_g (t_2 - t_1)]}{k_1 v_0 h l \rho_s C_s} \tag{3.8}$$

$$t_{cN} = t_0 + \frac{k_0 q [Q_L (1 - C_N) - M_N (C_L - C_N)] - Q_l \rho_g C_g (t_2 - t_1)}{k_1 v_0 h l \rho_s C_s} \tag{3.9}$$

式中，t_{cN} 为注氮后的采空区最高温度，℃。由式（3.8）可知，增大推进速度 v_0 或减小漏风

量 Q_L 都能降低采空区最高温度。式（3.9）则表明，采空区最高温度随注氮量 M_N 和注氮浓度 C_L 的提高而降低。

通常情况下，煤氧化反应的产物可能为 CO，也可能为 CO_2。对取自河东矿和同忻矿的煤样分别进行了升温氧化实验。图 3.3 为不同温度下的煤样罐出口的 CO 与 CO_2 体积分数。

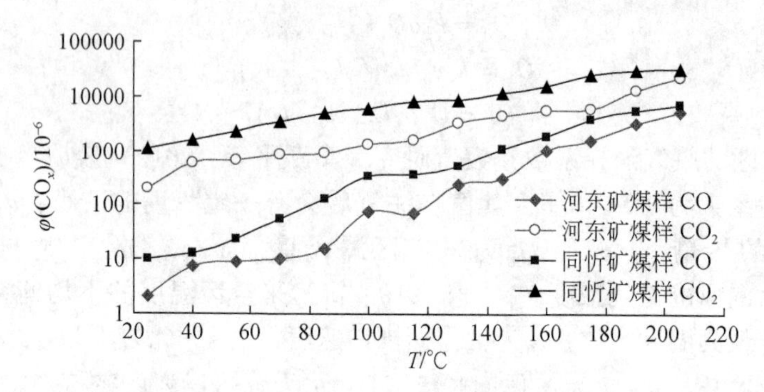

图 3.3　CO 与 CO_2 体积分数与温度的关系曲线

可以看出，整个煤低温氧化过程中，CO 的生成量远小于 CO_2，其生成热也相对较小。因此，可认为煤氧化反应的产物全部为 CO_2，这样既简化了问题也接近于实际情况。因此 1mol 氧气与遗煤的反应生成热表示为

$$q = (h_{298}^0)_{CO_2} + C_{CO_2}M_{CO_2}(t_c - t_{25}) \tag{3.10}$$

式中，$(h_{298}^0)_{CO_2}$ 为 1atm、298K 下的 CO_2 的标准生成热，等于 393510J/mol；C_{CO_2} 为 CO_2 的定压比热容，J/(g·K)；M_{CO_2} 为 CO 或 CO_2 的摩尔质量，g/mol；t_{25} 为基准温度 25℃。

将式（3.10）代入式（3.8）和式（3.9）得

$$t_c = \frac{At_0 - Bt_{25} + C - D}{A - B} \tag{3.11}$$

$$t_{cN} = \frac{At_0 - (B - E)t_{25} + C - D - F}{A - (B - E)} \tag{3.12}$$

式中，$A=k_1v_0hl\rho_sC_s$；$B=k_0Q_L(1-C_N)C_{CO_2}M_{CO_2}$；$C=k_0Q_L(1-C_N)(h_{298}^0)_{CO_2}$；$D=Q_l\rho_gC_g\cdot(t_2-t_1)$；$E=k_0M_N(C_L-C_N)C_{CO_2}M_{CO_2}$；$F=k_0M_N(C_L-C_N)(h_{298}^0)_{CO_2}$。

2）应用实例

河东矿 10#煤层自开采以来，一直面临着采空区自燃火灾危险。现以该煤层 31005 工作面采空区为例进行分析。h 取 7m，平均密度 ρ_s 为 2600kg/m³，平均比热容 C_s 为 956 J/(kg·K)，l 为 190m，t_0、t_1、t_2 分别为 23.1℃、20.5℃、25.2℃，k_0 注氮前取 0.58、注氮后取 0.5，k_1 取 0.86。

对不同工作面风量下的采空区漏风量进行了数值模拟，结果如图 3.4 所示。然后拟合得到了工作面风量与漏风量的关系，见式（3.13）。

$$Q_L = 0.0003Q_g^2(R^2 = 0.99) \tag{3.13}$$

式中，Q_g 为工作面风量，m³/min。31005 工作面现场实测供风量约为 660 m³/min 时的漏风

总量约为2.3 m^3/s，式（3.13）的计算结果为2.2 m^3/s，因此认为式（3.13）能较准确地反映该工作面的漏风情况。

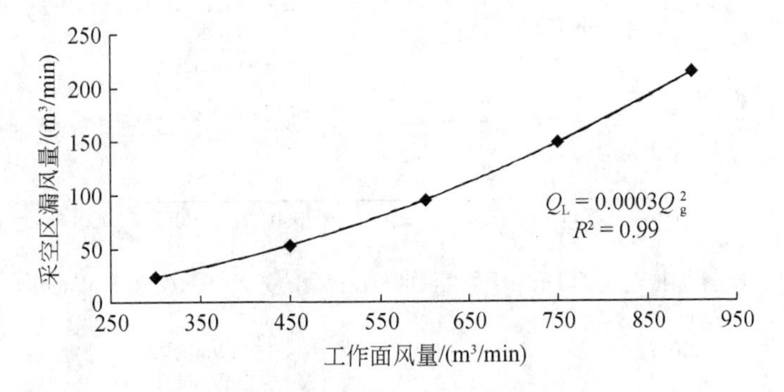

图3.4　采空区漏风量与工作面风量关系

将31005工作面及采空区的各参数代入式（3.11）与式（3.12），可以计算得出推进速度、工作面风量及注氮量等因素对采空区最高温度的影响，各关系曲线结果如图3.5所示。

图3.5（a）、（b）中的注氮量为2000m^3/h、浓度为98%。结果表明，加快工作面推进速度、减小工作面风量及采空区注氮都能有效抑制采空区最高温度的升高。加快推进速度会使冒落煤岩以更快的速度进入窒息带，从而缩短了其氧化放热的时间；减小工作面风量会减少采空区漏风，从而减小了漏入的氧气总量；注氮能减小工作面漏风、降低采空区氧气浓度，从而抑制煤氧化放热反应。图3.5（c）、（d）表明，在工作面风量或推进速度

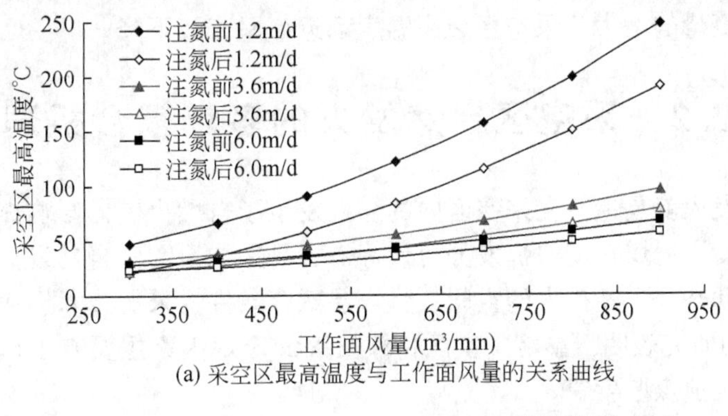

(a) 采空区最高温度与工作面风量的关系曲线

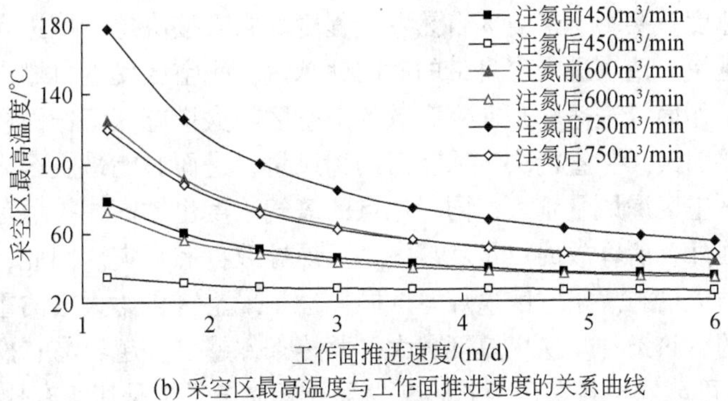

(b) 采空区最高温度与工作面推进速度的关系曲线

图3.5　注氮前后采空区最高温度变化

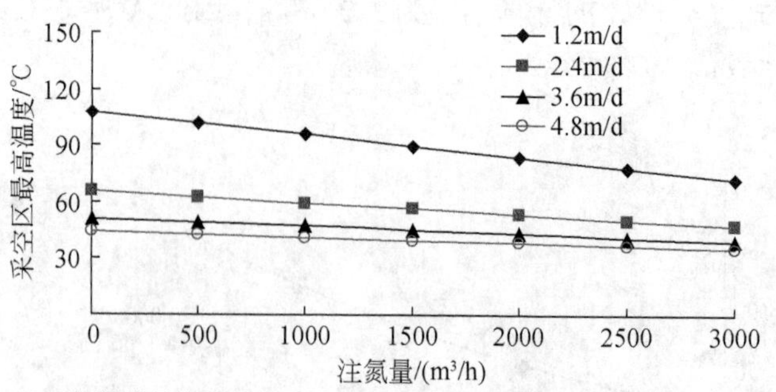

(c) 不同推进速度时采空区最高温度与注氮量的关系曲线(Q_g=600m³/min)

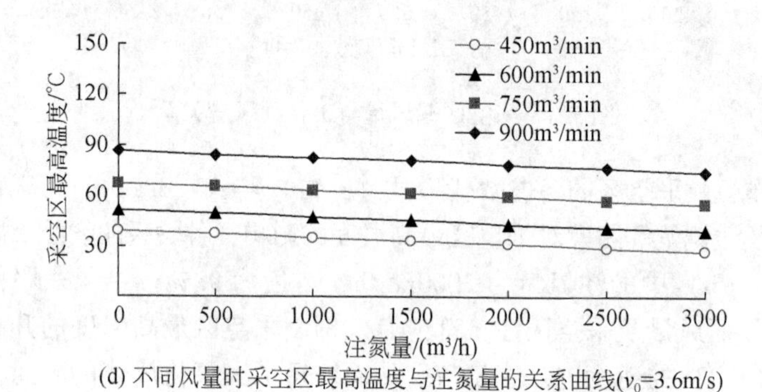

(d) 不同风量时采空区最高温度与注氮量的关系曲线(v_0=3.6m/s)

图 3.5　注氮前后采空区最高温度变化（续）

一定时，随着注氮量的增大，采空区最高温度都近似呈直线下降。

3.2　采空区自然发火的多场耦合机理

采空区自然发火就是遗留在采空区内的煤炭发生了自燃火灾，影响煤自燃的几个主要因素，如氧气浓度、遗煤粒度、挥发分含量等，也是影响采空区自然发火的重要因素。但采空区作为一个动态、不断扩大的空间，受煤层赋存条件、采掘技术、通风管理等多因素的影响。3.1 节的研究表明，影响采空区自然发火的宏观因素主要有工作面推进速度、工作面风量及采空区遗煤厚度等。

工作面推进速度直接影响采空区自然发火程度。它直接决定遗煤进入采空区窒息带的时间，推进速度越快，遗煤进入窒息带的时间就越短，采空区发生自燃火灾的可能性就越小。因此，加快工作面推进速度是非常有效的采空区防火措施。工作面风量也是影响采空区自然发火的重要因素。它直接决定采空区的漏风量，进而影响采空区内的氧气总量。工作面供风越大、采空区漏风量越大，同一地点的氧气浓度也越高、扩散范围也越广，因此煤的氧化反应越强烈，所释放的热量就越大，更易导致自燃火灾。因此，控制工作面风量也是积极有效的防火措施。采空区遗煤厚度同样也是采空区自燃火灾的重要影响因素。它直接决定采空区的蓄热条件。遗煤厚度越大，蓄热条件越好，越容易自燃，一般认为遗煤厚度超过 0.4m 才可能发生自燃。因此，减少采空区遗煤量也是切实有效的防火措施。

事实上，影响采空区自燃火灾发生的主要因素都可以归结到影响采空区内的某一个或几个场，如煤的自燃倾向性、粒度分布等影响遗煤的氧化放热从而影响氧气浓度场和温度场，工作面风量影响流场，环境中的氧气浓度影响氧气浓度场，工作面推进速度及遗煤厚度影响温度场，因而可以将众多影响因素归结到压力场、氧气浓度场及温度场的影响参数中，那么研究采空区自然发火的发生、发展就可以归结到研究这几个场的变化。本节将就此进行探讨。

3.2.1　采空区中“场”的概念

“场”是物理学中的概念，一般是指某个物理量在空间位置函数表述下的空间分布情况，以便研究该物理量在空间内的分布与变化规律。若物理量为标量，且空间内的每一点都对应该物理量的一个确定数值，则称此空间为标量场，如温度场等；若物理量是矢量，且空间内的每一点上都有它的大小和方向，则称为矢量场，如速度场等。另外，“场”还被认为是以时空为变量的某个物理量的分布函数。该物理量在所占据的空间区域内，除了有限个点或某些表面外，处处连续，其物理状态与空间和时间有关。若物理状态与时间无关，则为稳态场；反之，则为非稳态场。

就采空区而言，工作面两端存在压差，且采空区孔隙“O”型圈的存在，造成了流经工作面的部分风流流入、流出采空区，将直接导致采空区内形成压力场和速度场，氧气也随着漏风流入采空区从而形成氧气浓度场。遗煤与氧气反应产热，导致采空区各处温度随空间、时间变化而变化，从而形成了温度场。因为漏风与遗煤间有热交换，且两者温度存在一定差异，所以温度场可以区分为气体温度场与固体温度场。如此，采空区内便同时存在有压力场、速度场、氧气浓度场、气体温度场及冒落煤岩固体温度场等，而漏风速度、氧气浓度、温度等正是影响采空区自然发火的关键因素，因此采空区自然发火必须放在多场条件下来研究。

3.2.2　采空区内的产热与散热规律

对于采空区内某一点上的遗煤来说，在氧气浓度和温度到达一定条件时便会氧化放热，其温度上升速率受制于环境中的氧气浓度和自身温度的大小。若释放的热量一直大于向周围环境的散热，那么热量便会积聚使煤温上升，若外界供氧和蓄热条件一直有利于煤的氧化放热，则遗煤自燃势必会发生。但是，采空区内存在三种散热方式，一是空气流入流出带走部分热量，二是冒落的固体矸石进入窒息带会带走一定热量，三是采空区向周围岩体的热传导，目前的研究表明这种热传导所散失的热量很小，可以忽略。因此，采空区内遗煤氧化产生的热量主要通过漏风流动及移动坐标下的冒落矸石流动而散失。

采空区漏风的存在，一方面为遗煤氧化提供氧气，另一方面带走遗煤氧化所释放的部分热量。刚流入采空区的空气，其氧气浓度高但温度低，当与煤表面接触时氧化放热，导致空气和冒落矸石的温度升高。由于氧化作用会耗氧，空气沿着其流动方向氧气浓度逐渐下降，但空气温度却不会因氧化放热而持续升温。这是因为空气与冒落矸石进行热交换，将部分热量传递给冒落矸石，当氧化放热强度大时，空气温度呈上升趋势，当氧化放热强度小时，温度较高的空气向冒落矸石放热，其温度不升反而下降，最后高温空气流出采空区，带走热量。

移动坐标系下，采空区冒落的矸石可视为相对工作面向后移动，其移动速度的快慢将直接影响采空区的自然发火程度。刚垮落进入采空区的冒落矸石温度较低，在移动过程中，这些矸石受氧化放热的作用，其温度缓慢上升，在进入窒息带前达到最高温度值，由于窒息带内漏风小、氧气浓度低，遗煤的氧化作用将会停止，矸石的温度不再升高。这样由于移动坐标而造成的低温矸石不断流入、高温矸石不断流出现象，将对采空区自燃火灾意义重大。工作面推进越快，矸石向后流动越快，进入窒息带时间就越短，矸石的温度上升幅度越小，采空区发生自燃的可能性就越小。

虽然采空区内遗煤的厚度、粒度分布是随机的、不均匀的，这意味着各处的氧化放热量、蓄热条件也是不同的，但有一点是可以肯定的，那就是采空区自然发火是遗煤产热与散热这对矛盾失去平衡所造成的结果。

3.2.3 采空区多场耦合作用的机理及过程

对于上万平方米的实际采空区，各处的供氧、散热条件不同且相互制约。这种制约有两重含意：一是采空区内的流场、氧气浓度场及温度场相互制约；二是空间中不同地点的氧气浓度和温度相互制约。气体的流动和移动坐标系中冒落矸石的相对运动，均造成热量的迁移。任意一点的气流温度受制于其上游的气流温度，也影响到其下游的气体温度，而采空区深部冒落矸石的温度受制于浅部的冒落矸石温度，同时也会影响其周围的矸石温度。于是，冒落矸石间存在导热，气体自身存在热量弥散，气固两相物质间还存在对流换热，这就是采空区的热量传递过程。在采空区固定的空间里，遗煤不断氧化耗氧从而引起氧气浓度变化，而理论和实验都证实，在该固定空间内耗氧速度既取决于其氧气浓度，又取决于遗煤与空气的温度。因此，氧气浓度与温度相互耦合，上游气流的氧气浓度影响到下游气流的氧气浓度。另外，气流在多孔介质内流动时，会产生机械弥散。只要出现了浓度差，就会伴随着氧气弥散，而且流动速度越大，弥散系数也越大，氧气的扩散范围也越广。

空气的流动造成采空区内各处的氧气浓度及气体温度发生改变，而氧气浓度与空气温度、冒落矸石温度的改变会影响遗煤的耗氧从而影响氧气的分布，当遗煤氧化而温度上升后，其周边的空气密度会发生改变，导致流场重新分布。在煤的低温氧化过程中，采空区遗煤与氧气发生氧化反应并释放出大量热量，这些热量作用于空气及冒落矸石，使其温度上升，但温度的升幅取决于氧化产热量，而产热量的多少又受限于周围环境的氧气浓度和温度的大小。温度较高的冒落矸石向温度较低的矸石进行热传递，而气体则与冒落矸石通过热传递相互影响温度。当气体温度变化后，会使空气的密度改变，进而影响采空区流场分布，流场重新分布后，又会导致氧气浓度场与温度场发生改变。如此反复下去，若该过程一直都朝着有利于自然发火的方向发展时，最终会导致采空区遗煤自燃。

因此，采空区自然发火是其内部压力场、速度场、氧气浓度场、气体温度场及冒落煤岩固体温度场等相互影响、耦合作用的结果，其过程可概括为（图 3.6）：气体因流动而影响氧气及气体温度的迁移与扩散；氧气浓度影响遗煤氧化反应的放热量而对气体温度和冒落煤岩固体温度产生作用；气体与固体表面发生对流换热而互相影响；气体的温度变化导致空气密度改变，又反过来影响采空区的压力与速度分布。

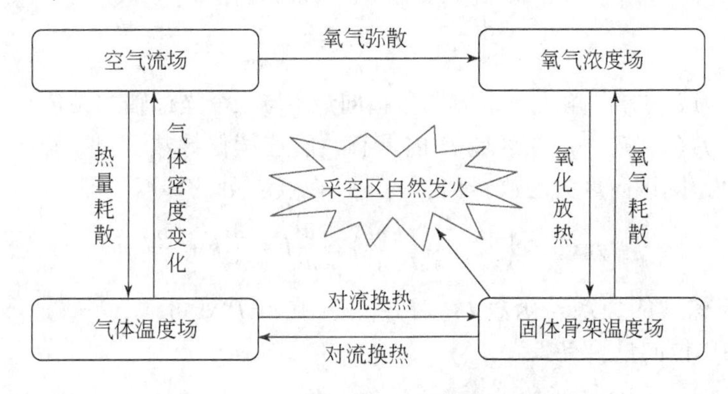

图 3.6　采空区自然发火的多场耦合机理

综上可知，单独研究采空区自然发火过程中某一个场的变化情况，而不考虑其他场对它的影响，或者只从一个场的角度来研究采空区自燃火灾，而不考虑采空区内的多场叠加作用，是不科学、不可取的，都无法展现采空区自然发火的全过程。在采空区多场耦合的基础上，本书将流场、氧气浓度场、气体温度场及滑落煤岩固体温度场的模型联立，从而建立采空区自然发火的多场耦合数学模型，通过耦合求解来找出采空区自燃火灾发展过程中各场的时空演化规律。

3.3　采空区自然发火的多场耦合数学模型

在采空区自然发火的多场耦合理论的基础上，本节将利用移动坐标系来建立边界位置固定的采空区自然发火三维数学模型。根据达西定律和质量守恒定律来建立采空区流场方程，表述采空区气体流动运移过程；根据菲克定律和质量守恒定律来建立采空区氧气浓度场方程，表述采空区内氧气的运移和扩散过程；根据傅里叶定律、能量守恒定律及牛顿冷却方程来建立采空区气体和冒落煤岩固体温度场方程，表述采空区内热量的传递和散失过程，同时给定各场的边界条件。

3.3.1　方向导数与梯度

在采空区各场模型的建立过程中，会用到压力梯度、浓度梯度及温度梯度的相关概念和计算公式，因此有必要先对方向导数与梯度的相关概念进行说明。

方向导数是空间函数沿任一指定方向的变化率。若函数 $f(x, y, z)$ 在点 $P(x, y, z)$ 沿方向 l 存在极限：

$$\lim_{t\to 0}\frac{\Delta f}{t}=\lim_{t\to 0}\frac{f(x+\Delta x,\ y+\Delta y,\ z+\Delta z)-f(x,\ y,\ z)}{t}=\frac{\partial f}{\partial l} \tag{3.14}$$

则称 $\frac{\partial f}{\partial l}$ 为函数在点 P 处沿方向 l 的方向导数。当函数 $f(x, y, z)$ 在点 P 处可微分时，有

$$\frac{\partial f}{\partial l}=\frac{\partial f}{\partial x}\cos\alpha+\frac{\partial f}{\partial y}\cos\beta+\frac{\partial f}{\partial z}\cos\gamma \tag{3.15}$$

式中，α、β、γ 为 l 的方向角。所谓方向角指向量 l 与三个坐标轴的夹角。

梯度若函数 $f(x, y, z)$ 在区域 D 内具有一阶连续偏导数，对于点 $P(x, y, z)$ 可以定出一个向量，则该向量为函数 $f(x, y, z)$ 在点 P 处的梯度，即

$$\mathrm{grad}f=\left(\frac{\partial f}{\partial x}, \frac{\partial f}{\partial y}, \frac{\partial f}{\partial z}\right)=\frac{\partial f}{\partial x}\boldsymbol{i}+\frac{\partial f}{\partial y}\boldsymbol{j}+\frac{\partial f}{\partial z}\boldsymbol{k} \tag{3.16}$$

方向导数与梯度的关系若函数 $f(x, y, z)$ 在点 P 处可微，$\boldsymbol{e}=(\cos\alpha, \cos\beta, \cos\gamma)$ 是方向向量 l 的单位向量，有

$$\frac{\partial f}{\partial l}=\frac{\partial f}{\partial x}\cos\alpha+\frac{\partial f}{\partial y}\cos\beta+\frac{\partial f}{\partial z}\cos\gamma=\mathrm{grad}f\cdot\boldsymbol{e} \tag{3.17}$$

也就是说，方向导数是梯度向量与单位方向向量的数量积。

3.3.2 采空区流场数学模型

1）达西定律

1856 年，法国工程师 H. Darcy 在大量实验研究的基础上，总结出流体在多孔介质中的渗流速度与水力梯度呈线性变化关系，称为达西定律。在三维坐标系下，可表示为

$$\boldsymbol{v}=-K\boldsymbol{J}=-K\mathrm{grad}H \tag{3.18}$$

$$\boldsymbol{J}=\mathrm{grad}H=\frac{\partial H}{\partial x}\boldsymbol{i}+\frac{\partial H}{\partial y}\boldsymbol{j}+\frac{\partial H}{\partial z}\boldsymbol{k} \tag{3.19}$$

式中，$\boldsymbol{v}$ 为渗流速度，m/s；K 为多孔介质的渗透系数，又称为水力传导系数，m/s；H 为测压水头，m；$\boldsymbol{J}=\mathrm{grad}\ H$ 为水力梯度，是一个向量，负号则表示水力梯度与渗流速度相反；$\partial H/\partial x$、$\partial H/\partial y$、$\partial H/\partial z$ 分别为测压水头在坐标 x，y，z 方向上的分量。

与多孔介质渗透系数相关的一个概念是渗透率，它是表明多孔介质渗透能力的参数。研究表明（徐精彩等，2003b），多孔介质的渗透率与平均颗粒直径的平方成正比。即

$$k=cd^2 \tag{3.20}$$

式中，k 为多孔介质的渗透率；c 为比例系数；d 为多孔介质中固体颗粒的平均直径，m。

多孔介质中各处渗透系数 K 与渗透率 k 的关系为

$$K=\frac{k\rho g}{\mu} \tag{3.21}$$

式中，ρ 为流体的密度，kg/m^3；g 为重力加速度，m/s^2；μ 为流体的动力黏性系数，kg/(s·m)。

这里对多孔介质的渗透率 k 和渗透系数 K 做出说明。渗透率 k 是表征多孔介质传导流体能力的参数，仅与固体骨架的属性有关，也称为渗透性系数，单位是 m^2。而渗透系数 K 是表示多孔介质运输流体能力的标量，与流体和固体骨架的属性有关，其中流体的属性是

指密度、运动黏度，固体骨架的属性主要指粒度分布、孔隙率、比表面积及颗粒或孔隙形状等。

采空区范围很大，可以看做由散体岩石所构成的整体连续的多孔介质来研究。采空区内不同位置上的渗透系数是不同的，但就采空区某一点来说，气体在 x，y，z 方向上的渗透能力是相同的，因此采空区是各向同性的均质的多孔介质，也就是说渗透系数与空间坐标有关，而与方向无关，即 $K_x=K_y=K_z=K$。那么采空区内某点速度在 x，y，z 方向上的分量可表示为

$$\begin{cases} v_x=-K\dfrac{\partial H}{\partial x} \\ v_y=-K\dfrac{\partial H}{\partial y} \\ v_z=-K\dfrac{\partial H}{\partial z} \end{cases} \tag{3.22}$$

达西定律是在总结直立均质砂柱中水流动规律的基础上提出的，仅考虑了位压的作用。但对于采空区来说，空气的流动不仅受位压作用，还受静压和速压的影响，它的全压为位压、静压和速压之和。即

$$H=\frac{p_s}{\rho_g g}+\frac{v^2}{2g}+z \tag{3.23}$$

式中，p_s 为静压，Pa；ρ_g 为空气密度，kg/m^3；z 为以某水平面为基准面的标高，即位能，m。

由式（3.23）和式（3.22）可得

$$\begin{aligned} \boldsymbol{v}&=-K\mathrm{grad}H \\ &=-K\mathrm{grad}\left(\frac{p_s}{\rho_g g}+\frac{v^2}{2g}+z\right) \\ &=-\frac{K}{\rho_g g}\mathrm{grad}\left(p_s+\frac{\rho_g\cdot v^2}{2}+\rho_g gz\right) \end{aligned} \tag{3.24}$$

设 P 为静压和速压之和，则

$$\begin{aligned} \boldsymbol{v}&=-\frac{K}{\rho_g g}\mathrm{grad}(P+\rho_g gz) \\ &=-\frac{K}{\rho_g g}\left[\frac{\partial P}{\partial x}\boldsymbol{i}+\left(\frac{\partial P}{\partial y}+\rho g\sin\alpha\right)\boldsymbol{j}+\left(\frac{\partial P}{\partial z}+\rho_g g\cos\alpha\right)\boldsymbol{k}\right] \end{aligned} \tag{3.25}$$

式中，α 为煤层的倾角，（°）。

由式（3.25）可得

$$\begin{cases} v_x=-\dfrac{K}{\rho_g g}\dfrac{\partial P}{\partial x} \\ v_y=-\dfrac{K}{\rho_g g}\left(\dfrac{\partial P}{\partial y}+\rho_g g\sin\alpha\right) \\ v_z=-\dfrac{K}{\rho_g g}\left(\dfrac{\partial P}{\partial z}+\rho_g g\cos\alpha\right) \end{cases} \tag{3.26}$$

2）流场积分方程

设采空区流场中有一点 M，任取包含 M 的封闭曲面 F，所围面积为 D，体积为 V，n 为 F 的单位法线向量，其指向朝外，那么封闭曲面 F 可称为流场的控制体。所选取的采空区控制体内含有足够多的浮煤碎石，构成多孔隙结构，同时该控制体足够小，相对于采空区而言可将其看作一个质点。如此，采空区可以看作由孔隙介质的质点所组成的连续介质，那么有关物理量在采空区内便成为连续可微的函数。

就采空区流场来说，其控制体内的气体质量变化主要影响因素有空气流动和气体的密度变化。在此基础上根据质量守恒原理建立采空区流场方程。

（1）在控制体边界面上任取面积微元 ΔS，则单位时间内，空气流入与流出控制体的质量差 W_1 为

$$W_1 = -\rho_g \oiint_D v \cdot n \mathrm{d}S \tag{3.27}$$

式中，ρ_g 为控制体内的气体密度，$\mathrm{kg/m^3}$；$\boldsymbol{n}$ 为面积微元 ΔS 的单位外法线向量，表示为

$$\boldsymbol{n} = (\cos\alpha,\ \cos\beta,\ \cos\gamma) \tag{3.28}$$

而 v 为面积微元 ΔS 处的渗流速度，m/s，是一个矢量，用压力梯度表示为

$$\begin{aligned}\boldsymbol{v} &= -\frac{K}{\rho_g g}\mathrm{grad}(P + \rho_g gh)\\ &= -\frac{K}{\rho_g g}\left(\frac{\partial P}{\partial x},\ \frac{\partial P}{\partial y} + \rho_g g\sin\theta,\ \frac{\partial P}{\partial z} + \rho_g g\cos\theta\right)\end{aligned} \tag{3.29}$$

结合 3.3.1 节中方向导数与梯度的相关知识，可得

$$\begin{aligned}\boldsymbol{v} \cdot \boldsymbol{n} &= -\frac{K}{\rho_g g}\left[\frac{\partial P}{\partial x}\cos\alpha + \left(\frac{\partial P}{\partial y} + \rho_g g\sin\theta\right)\cos\beta + \left(\frac{\partial P}{\partial z} + \rho_g g\cos\theta\right)\cos\gamma\right]\\ &= -\frac{K}{\rho_g g}\frac{\partial(P + \rho_g gh)}{\partial \boldsymbol{n}}\end{aligned} \tag{3.30}$$

将式（3.30）代入式（3.27）可得

$$W_1 = \oiint_D \frac{K}{g} \cdot \frac{\partial(P + \rho_g gh)}{\partial \boldsymbol{n}}\mathrm{d}S \tag{3.31}$$

（2）控制体的体积不变，因此控制体内气体质量的变化实质是气体的密度发生了改变，在单位时间内，由空气密度变化而引起的控制体内的气体质量变化 W_2 为

$$W_2 = \iiint_V n \frac{\partial \rho_g}{\partial t}\mathrm{d}V \tag{3.32}$$

式中，n 为采空区内浮煤的孔隙率，%。

移动坐标系下，与时间相关的非稳态项可以由式（3.33）转换为稳态项。

$$\frac{\partial \phi}{\partial \tau} = v_0 \frac{\partial \phi}{\partial x} \tag{3.33}$$

式中，ϕ 为通用变量，可以代表压力、温度、氧气浓度等；v_0 为工作面平均推进速度，m/s。

那么 W_2 可以转换为

$$W_2 = \iiint_V v_0 n \frac{\partial \rho_g}{\partial x} \mathrm{d}V \tag{3.34}$$

根据上述分析，由质量守恒定律可得：单位时间内空气流入流出控制体的净增质量W_1等于控制体内气体质量增量W_2：

$$W_1 = W_2 \tag{3.35}$$

即

$$-\rho_g \oint_D \boldsymbol{v} \cdot \boldsymbol{n} \mathrm{d}S = \iiint_V v_0 n \frac{\partial \rho_g}{\partial x} \mathrm{d}V \tag{3.36}$$

由于工作面推进速度远小于气体渗流速度，即$v_0 \ll v$，则涉及v_0的项可以忽略不计。将式（3.31）代入式（3.36），得到采空区流场方程为

$$\oint_D \frac{K}{g} \cdot \frac{\partial (P + \rho_g g h)}{\partial \boldsymbol{n}} \mathrm{d}S = 0 \tag{3.37}$$

3）边界条件

移动坐标系下，采空区内的气体流动是与时间无关的稳态流动，它的解算区域是距工作面一定深度的采空区空间，其大小随这个工作面的推进是固定不变的，这样流场的边界条件如图3.7所示，靠近工作面的边界为Γ_1，上下两行煤柱为Γ_2、Γ_3边界，顶板边界为Γ_5，底板边界为Γ_6，深部边界为Γ_4，θ为顶板垮落角。

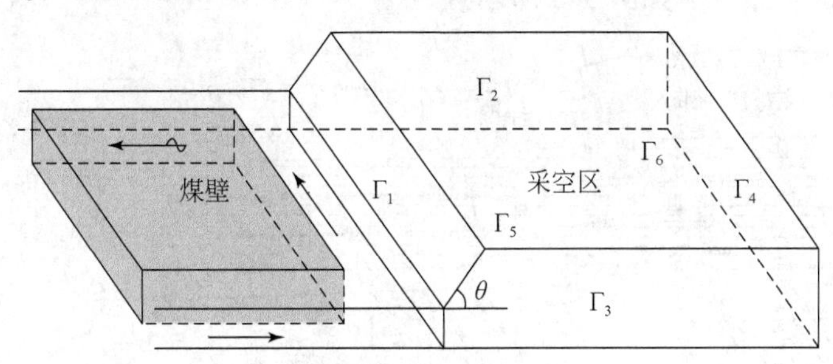

图3.7　三维采空区边界图

对于边界Γ_1，其每一点的全风压值可以现场测定，是第一类边界条件。表示为

$$P(x, y, z)\big|_{\Gamma_1} = p(x, y, z)\big|_{(x, y, z)\in\Gamma_1} \tag{3.38}$$

式中，$p(x, y, z)$为已知边界Γ_1上的风压函数。

对于边界Γ_2、Γ_3、Γ_4、Γ_5、Γ_6，虽然风压值不能确定，但单位长度上的流量q可以现场测得，是第二类边界条件。表示为

$$KM \frac{\partial P}{\partial \boldsymbol{n}}\bigg|_{\Gamma_2, \Gamma_3, \Gamma_4, \Gamma_5, \Gamma_6} = \pm q(x, y, z) \tag{3.39}$$

式中，K为采空区渗透系数，m/s；M为采空区渗流层的厚度，m；$q(x, y, z)$为边界单位长度的漏风量，$m^3/(s \cdot m)$，依据封闭曲面外法线方向的规定，流出为正、流入为负。若边界Γ_2、Γ_3、Γ_4、Γ_5、Γ_6上没有漏风，则垂直于边界的流量为0，其压力降也为0。

4）采空区流场数学模型

采空区流场积分方程与边界条件合起来就是采空区流场数学模型。即

$$
\begin{cases}
\oint\!\!\oint_D \dfrac{K}{g} \cdot \dfrac{\partial (P + \rho_g g h)}{\partial \boldsymbol{n}} \mathrm{d}S = 0 \\
P\big|_{\Gamma_1} = p(x,\ y,\ z)\big|_{(x,\ y,\ z) \in \Gamma_1} \\
\left(\dfrac{\partial P}{\partial y} + \rho g \sin\alpha\right)\Big|_{\Gamma_2,\ \Gamma_3} = 0 \\
\left(\dfrac{\partial P}{\partial z} + \rho g \cos\alpha\right)\Big|_{\Gamma_5,\ \Gamma_6} = 0 \\
\dfrac{\partial P}{\partial x}\Big|_{\Gamma_4} = 0
\end{cases}
\tag{3.40}
$$

3.3.3 采空区渗流参数

采空区自然发火不仅取决于原煤本身的自燃氧化性，而且与采空区内的漏风状况有密切关系，而采空区的漏风状况又取决于采空区内冒落的岩石和浮煤的堆积与压实状态，所以要研究采空区自然发火情况必须搞清楚采空区内岩石冒落特征。根据经典矿压理论可以知道，受回采工作面的采动影响，它的上覆岩层垮落变形具有明显的分带特征，即在垂直方向上形成冒落带Ⅰ、裂隙带Ⅱ和弯曲下沉带Ⅲ，水平方向形成煤壁支撑影响带 A、岩层离层带 B 和重新压实带 C，如图 3.8 所示。

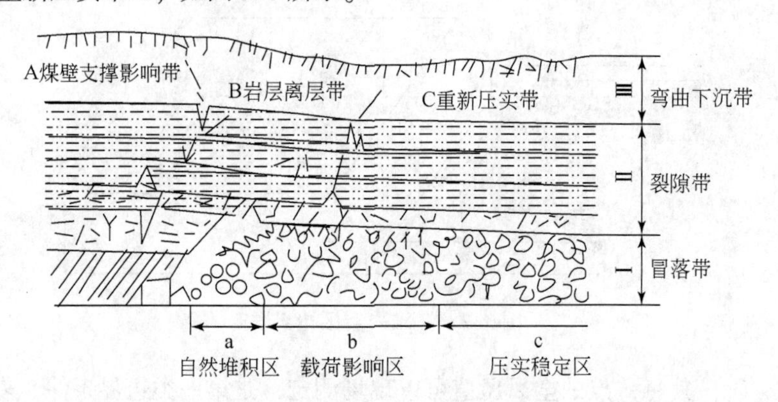

图 3.8　采空区上三带及水平分区

随着回采工作面的推进，采空区的范围逐渐扩大，采空区上覆岩层呈现周期性的破坏和跨落，在采空区周边由于煤柱及工作面回采支架支撑的影响，采空区四周煤层老顶及部分直接顶形成悬臂梁结构，如图 3.8 所示。而采空区内远离煤柱的中间部分，由于没有悬臂梁结构的支撑受到上覆岩层自身重力作用较大，相对于采空区周边受悬臂梁影响的区域来说这部分采空区的密实程度要好，这样实际上采空区四周的悬臂梁结构与煤壁、底板之间形成“松散三角区”。在工作面回采的初期，采空区四周的这些“松散三角区”互相连通就构成了所谓的“O”型圈，由于采空区“O”型圈内煤岩的孔隙率较大，它的风流通过能力较强，是回采工作面开采初期的主要漏风通道。而随着回采工作面逐渐远离切眼位置，切眼位置的“松散三角区”受到回采工作面两端风压的作用逐渐减小，当工作面推进达到一定距离后，如果采空区内没有其他的漏风源和漏风汇的作用，则该位置就不再是采空区内的主要漏风通道，也就不具备煤自燃发生的条件了。但这时，采空区的上、下两巷位置依然是自燃发生的主要位置。

在采空区中间部分，根据上覆岩层移动理论，分析工作面开采后采空区顶板岩性和冒落岩体的破坏特性，采空区内也可划分为三个区域，如图3.8所示，其中a为自然堆积区，b为载荷影响区，c为压实稳定区。在自然堆积区内冒落的煤岩受到采空区上覆岩层的作用力最小，该带的孔隙率最大，漏风风流的通过能力最强；在载荷影响区已经受到的上覆岩层的作用，但由于煤岩的蠕变特性，有些大颗粒的煤岩块还没有受到破坏而在采空区内起到支撑作用，煤岩还没有完全被压实，该区的孔隙率比自然堆积区要小，但比压实稳定区要大；在压实稳定区内，受上覆岩层长时间的作用，采空区内起支撑作用的大部分煤岩块都已经受到破坏，该带内的孔隙率也已基本稳定在某个数值不再出现大的变化，这里的孔隙率最小。

1）采空区孔隙率分布

本节借鉴了相关文献（刘宏波，2012）中的采空区孔隙分布函数：

$$n = n_x n_y n_z = \begin{cases} (0.2\mathrm{e}^{-0.0223x} + 0.1) \cdot (\mathrm{e}^{-0.15y} + 1) \cdot 1.05^z (y \leq L/2) \\ (0.2\mathrm{e}^{-0.0223x} + 0.1) \cdot (\mathrm{e}^{-0.15(L-y)} + 1) \cdot 1.05^z (y > L/2) \end{cases} \tag{3.41}$$

式中，n_x，n_y，n_z为沿工作面长度（y轴）、沿采空区深度（x轴）、沿采空区高度（z轴）的孔隙率，%；L为工作面的总长度，m。

以河东矿31005工作面为例，工作面长190m、采空区深度取300m，顶板冒落角取60°。根据式（3.41）编制软件，得到该采空区孔隙率三维空间分布，如图3.9所示。

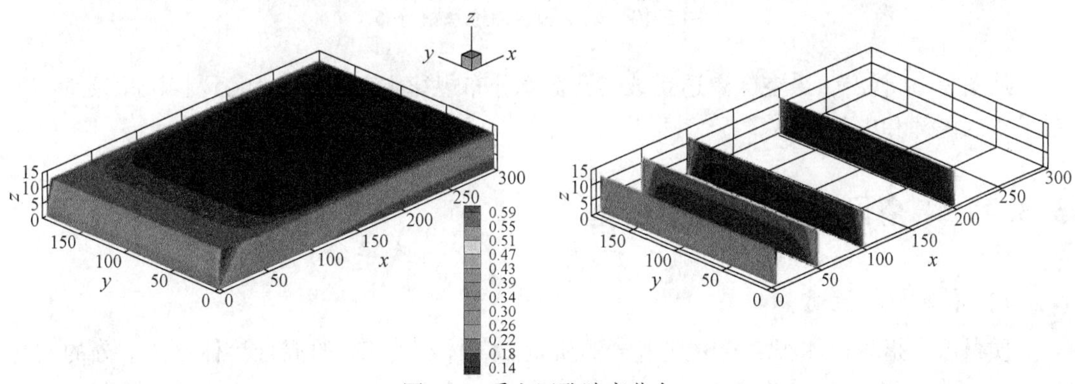

图3.9　采空区孔隙率分布

从图3.9中可以清楚地看到采空区孔隙率分布的“O”型圈，靠近工作面处的孔隙率较大，在进、回风处达到最大值0.6，越往采空区深处和中部，孔隙率越小，而沿着高度方向孔隙率则逐渐变大。

2）渗透系数分布

渗透系数主要与孔隙率和粒度大小相关。刘伟（2012，2015）对几种不同平均粒度的破碎岩样分别进行了稳态渗流实验，再对得到的数据分别按非达西渗流和达西渗流处理，然后二元拟合得到非达西渗透系数与孔隙率和粒度的关系式、非达西流因子与孔隙率和粒度的关系式，以及达西渗透系数与孔隙度和粒度的关系式；依据流体动力相似准则的雷诺准则将这些关系式推广应用到实际采空区，结合采空区孔隙率分布，分别得到达西渗流与非达西渗流下的采空区渗透参数分布公式，最后建立了二维的采空区自然发火数学模型并进行了解算；模拟结果表明达西渗流与非达西渗流下的采空区自然发火差异不大，认为采空区可以简化为达西渗透来处理。因此，本节参考了该文献给出的达西渗流下的采空区渗透系数 K，即

$$K = 0.2 \times n^{1.47} d^{0.19} \tag{3.42}$$

式中，n 为采空区孔隙率，%；d 为冒落煤岩平均粒度，m。

现场勘察认为 31005 采空区冒落煤岩的平均粒度为 0.3m。同理解算得到采空区渗透系数的三维空间分布，如图 3.10 所示。

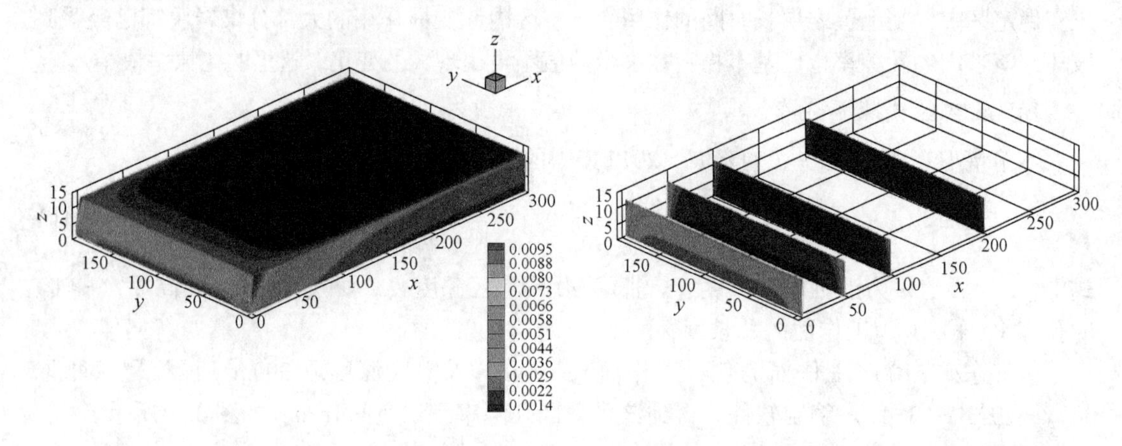

图 3.10　采空区内渗透系数分布

从图 3.10 看出，采空区渗透系数与孔隙率分布规律类似，在工作面及煤柱附近较大，在采空区深部和中部较小。

3.3.4　采空区氧气浓度场模型

1）浓度与扩散通量

质量浓度指单位体积溶液中某组分的质量。若体积为 $\mathrm{d}V$ 的混合溶体中 i 组分的质量为 $\mathrm{d}m_i$，则 i 组分的质量浓度为

$$\rho_i = \frac{\mathrm{d}m_i}{\mathrm{d}V} \tag{3.43}$$

式中，ρ_i为质量浓度，$\mathrm{kg/m^3}$，与密度的量纲相同。

摩尔浓度指单位体积溶液中某组分 i 的物质的量，计算公式为

$$c_i = \frac{\rho_i}{M_i} = \frac{\mathrm{d}m_i}{M_i \mathrm{d}V} \tag{3.44}$$

式中，c_i为摩尔浓度，$\mathrm{mol/m^3}$；M_i为 i 组分的摩尔质量，kg/mol。

扩散通量指单位时间内通过垂直于浓度梯度方向的单位截面积的扩散物质的物质流量，简称通量。对于溶液中的 i 组分，其分子扩散摩尔通量用 J_i表示，而其分子扩散质量

通量则用j_i表示。

2）菲克定律

气体扩散是气体分子运动的随机性引起的。生理学家 Fick 于 1855 年发现了气体扩散现象的宏观规律，即菲克第一定律：单位时间内的物质扩散通量与该处的浓度梯度成正比。即

$$\boldsymbol{J}_i = -D\mathrm{grad}c_i \tag{3.45}$$

三维表达式为

$$\boldsymbol{J}_i = -D\left(\frac{\partial c_i}{\partial x} + \frac{\partial c_i}{\partial y} + \frac{\partial c_i}{\partial z}\right) \tag{3.46}$$

式中，$\boldsymbol{J}_i$为 i 组分的扩散通量，mol/(s · m^2)；D 为扩散系数，m^2/s，是反映分子扩散速度的物理量；$\partial c_x/\partial x$、$\partial c_y/\partial y$、$\partial c_z/\partial z$ 分别为 i 组分浓度梯度在坐标 x，y，z 方向上的分量，mol/m^4；负号表示扩散通量与浓度梯度方向相反，指向浓度减小的方向。

3）氧气浓度场方程

采空区自然发火过程也是氧气吸附、消耗及扩散的过程。这个过程不仅满足质量守恒、能量守恒定律，还满足菲克扩散定律。对于采空区氧气浓度场来说，其控制体内的氧气质量变化主要影响因素有：①氧气的流动；②氧气的消耗；③氧气的扩散；④氧气的密度变化。这个过程中的氧气变化满足质量守恒定律，在此基础上根据质量守恒原理建立采空区氧气浓度场方程。

对于采空区氧气浓度场中的点 M，任取包含点 M 的封闭曲面 F，视为氧气浓度场的控制体，其所围面积为 D、体积为 V，$\boldsymbol{n}$ 为 F 边界面上的单位法线向量且指向朝外。具体如下。

（1）任取控制体边界面上的面积微元 ΔS，那么单位时间内，氧气流入与流出控制体造成的质量差为 M_1：

$$\begin{aligned} M_1 &= -\rho_{O_2}\oiint_D \boldsymbol{v}\cdot\boldsymbol{n}\mathrm{d}S \\ &= -\rho_{O_2}\oiint_D (v_x\cos\alpha + v_y\cos\beta + v_z\cos\gamma)\mathrm{d}S \\ &= -\oiint_D \rho_{O_2}\frac{\partial v}{\partial \boldsymbol{n}}\mathrm{d}S \end{aligned} \tag{3.47}$$

式中，ρ_{O_2}为氧气浓度的质量浓度，kg/m^3。

（2）单位时间内，扩散作用所造成的氧气进出控制体的质量差为 M_2：

$$M_2 = -n\oiint_D j_{O_2}\cdot\boldsymbol{n}\mathrm{d}S \tag{3.48}$$

式中，j_{O_2}为氧气的散通量，mol/(s · m^2)。

采空区冒落煤岩可以视为多孔介质来研究。氧气进入采空区后，会不断被孔隙骨架所分流，导致氧气的局部速度不断改变，从而使氧气在采空区逐渐分散开来。这就是氧气在采空区多孔介质中的机械弥散现象。与此同时发生还有氧气的分子扩散作用，这是多孔介质中各处氧气浓度差异而引起的。有关研究（Bear，1983）认为，在达西定律成立的范围

内，机械弥散占主要地位，而分子扩散可以忽略，因而在采空区风流渗流运动时，氧气的机械弥散占主要地位。一般认为，机械弥散系数与渗流的风流速度成正比，表示为

$$D_{O_2} = vk_{O_2} \tag{3.49}$$

式中，D_{O_2}为多孔介质中的氧气弥散系数，m^2/s；k_{O_2}为氧气的扩散系数常数。那么氧气的散通量$\boldsymbol{j}_{O_2}$可表示为

$$\boldsymbol{j}_{O_2} = -D_{O_2}\mathrm{gard}\rho_{O_2} = -vk_{O_2}\left(\frac{\partial\rho_{O_2}}{\partial x}, \frac{\partial\rho_{O_2}}{\partial y}, \frac{\partial\rho_{O_2}}{\partial z}\right) \tag{3.50}$$

将式（3.50）代入式（3.48）中，可得

$$\begin{aligned} M_2 &= -n\oiint_D \boldsymbol{j}_{O_2}\cdot\boldsymbol{n}\mathrm{d}S \\ &= -\oiint_D n\left[-vk_{O_2}\left(\frac{\partial\rho_{O_2}}{\partial x}\cos\alpha + \frac{\partial\rho_{O_2}}{\partial y}\cos\beta + \frac{\partial\rho_{O_2}}{\partial z}\cos\gamma\right)\right]\mathrm{d}S \\ &= \oiint_D nvk_{O_2}\frac{\partial\rho_{O_2}}{\partial\boldsymbol{n}}\mathrm{d}S \end{aligned} \tag{3.51}$$

（3）单位时间内，控制体内遗煤氧化所消耗的氧气质量为M_3：

$$M_3 = -\iiint_V u(t)\mathrm{d}V \tag{3.52}$$

式中，u（t）为单位时间单位体积的耗氧量，$mol/(m^3 \cdot s)$。

（4）单位时间内，控制体内部的气体质量变化为M_4：

$$M_4 = \iiint_V n\frac{\partial\rho_{O_2}}{\partial t}\mathrm{d}V \tag{3.53}$$

移动坐标系下，根据式（3.33），M_4可以转化为

$$M_4 = \iiint_V v_0 n\frac{\partial\rho_{O_2}}{\partial x}\mathrm{d}V \tag{3.54}$$

根据上述分析，由质量守恒定律可得：单位时间内，流入控制体的氧气净质量M_1、扩散作用下进入控制体的氧气净质量M_2及控制体内的耗氧M_3之和等于控制体内氧气的质量变化M_4，即

$$M_1 + M_2 + M_3 = M_4 \tag{3.55}$$

将式（3.47）、式（3.51）、式（3.52）和式（3.54）代入式（3.55）可得

$$\oiint_D nvk_{O_2}\frac{\partial\rho_{O_2}}{\partial\boldsymbol{n}}\mathrm{d}S - \oiint_D \rho_{O_2}\frac{\partial v}{\partial\boldsymbol{n}}\mathrm{d}S - \iiint_V u(t)\mathrm{d}V = \iiint_V v_0 n\frac{\partial\rho_{O_2}}{\partial x}\mathrm{d}V \tag{3.56}$$

为了与菲克定律保持一致，将质量浓度转换为摩尔浓度：

$$\oiint_D nvk_{O_2}\frac{\partial C_{O_2}}{\partial\boldsymbol{n}}\mathrm{d}S - \oiint_D C_{O_2}\frac{\partial v}{\partial\boldsymbol{n}}\mathrm{d}S - \iiint_V u(t)\mathrm{d}V = \iiint_V v_0 n\frac{\partial C_{O_2}}{\partial x}\mathrm{d}V \tag{3.57}$$

由于工作面推进速度远小于气体渗流速度，则式（3.57）等号的右边项因含有v_0而被忽略不计，从而得到采空区氧气浓度方程为

$$\oiint_D nvk_{O_2}\frac{\partial C_{O_2}}{\partial\boldsymbol{n}}\mathrm{d}S - \oiint_D C_{O_2}\frac{\partial v}{\partial\boldsymbol{n}}\mathrm{d}S - \iiint_V u(t)\mathrm{d}V = 0 \tag{3.58}$$

4）边界条件

对于“U”型后退式开采的工作面，其采空区氧气浓度场的解算范围如图3.7所示。边界Γ_1与工作面相连接，其需要根据漏风的流入与流出分为上下两段，对于下半段（流入段）的氧气浓度可以通过抽取气样直接测定，为第一类边界条件，即

$$C_{O_2}\big|_{\Gamma_{1下}} = c(x,\ y,\ z)\big|_{(x,\ y,\ z)\in\Gamma_{1下}} \tag{3.59}$$

式中，$c(x, y, z)$为边界上的氧气浓度函数，mol/m^3。

对于Γ_1上半段（流出段）、Γ_2、Γ_3两边界上的氧气浓度，若工作面推进过程中沿进、回风巷布置有束管并进行抽气监测氧气浓度的变化，则边界上的氧气浓度可以确定，仍属于第一类边界。但如果没有进行埋管检测，那么可以认为两边界上无漏风，即氧气的扩散通量为零，从而按第二类边界条件来处理。对于Γ_4、Γ_5、Γ_6边界，一般都设为第二类边界条件，即认为采空区深部和顶底板处无漏风：

$$-k_{O_2}\frac{\mathrm{d}C_{O_2}}{\mathrm{d}\boldsymbol{n}}\bigg|_{\Gamma_{1上},\ \Gamma_2,\ \Gamma_3,\ \Gamma_4,\ \Gamma_5,\ \Gamma_6} = 0 \tag{3.60}$$

5）采空区氧气浓度场模型

采空区氧气浓度场积分方程与边界条件一起构成采空区氧气浓度场模型。即

$$\begin{cases}\oiint\limits_D nvk_{O_2}\dfrac{\partial C_{O_2}}{\partial \boldsymbol{n}}\mathrm{d}S - \oiint\limits_D C_{O_2}\dfrac{\partial v}{\partial \boldsymbol{n}}\mathrm{d}S - \iiint\limits_V u(t)\,\mathrm{d}V = 0 \\ C_{O_2}\big|_{\Gamma_{1下}} = c(x,\ y,\ z)\big|_{(x,\ y,\ z)\in\Gamma_{1下}} \\ \dfrac{\mathrm{d}C_{O_2}}{\mathrm{d}y}\bigg|_{\Gamma_2,\ \Gamma_3} = 0 \\ \dfrac{\mathrm{d}C_{O_2}}{\mathrm{d}z}\bigg|_{\Gamma_5,\ \Gamma_6} = 0 \\ \dfrac{\mathrm{d}C_{O_2}}{\mathrm{d}x}\bigg|_{\Gamma_{1上},\ \Gamma_4} = 0\end{cases} \tag{3.61}$$

3.3.5　采空区冒落煤岩固体温度场模型

1）傅里叶定律

1822年，法国数学家、物理学家傅里叶（Fourier）在大量导热实验的基础上总结出：单位时间内，通过指定截面的热量，与该界面垂直方向上的温度变化率和截面积的乘积成正比。即傅里叶定律，用热流密度表示如下：

$$\boldsymbol{q} = -\lambda\,\mathrm{grad}T \tag{3.62}$$

式中，$\boldsymbol{q}$热流密度，W/m^2；grad$T$为温度梯度，℃/m，λ为导热系数，W/(m·℃)。

温度梯度是矢量，方向为从温度较低的等值面指向温度较高的等值面。热流密度也是矢量，与温度梯度处于等温面的同一法向量上，但方向为从高温等值面指向低温等值面，因此与温度梯度方向相反，在式中用负号表示。在三维空间直角坐标系内，热流密度可以用沿x，y，z轴方向的分量表示为

$$\begin{cases} q_x = -\lambda \dfrac{\partial T}{\partial x} \\ q_y = -\lambda \dfrac{\partial T}{\partial y} \\ q_z = -\lambda \dfrac{\partial T}{\partial z} \end{cases} \tag{3.63}$$

2）采空区冒落煤岩能量方程

采空区内的热力过程非常复杂，与采空区漏风量、工作面推进速度，以及区域的风流状态、遗煤粒度和厚度分布、遗煤氧化放热能力、围岩的温度、冒落矸石的导热能力等密切相关。尽管影响因素众多、变化复杂，但该热力过程满足能量守恒定律、傅里叶导热定律。对于采空区冒落煤岩固体温度场来说，其控制体内的热传递主要包括：①固体颗粒内的热传导及颗粒间的相互热传导；②遗煤的氧化放热；③固体颗粒与间隙气体的热对流；④移动坐标下的冒落岩石流动。由于在低温氧化阶段，辐射换热量极小，可以忽略采空区内的热辐射。在此基础上，利用传热学理论、多孔介质理论等相关知识，结合能量守恒定律、傅里叶定律来建立采空区冒落煤岩固体温度场方程。

对于采空区冒落煤岩固体温度场中的点 M，取包含点 M 的封闭曲面 F 作为固体温度场的控制体，其所围面积为 D、体积为 V，$\boldsymbol{n}$ 为控制体边界面上的单位法线向量且指向朝外。具体如下。

（1）单位时间内，导入与导出控制体内固体颗粒的热量差为 Q_s：

$$Q_s = -\oint\!\!\!\oint_D (1-n)\boldsymbol{q}\cdot\boldsymbol{n}\mathrm{d}S \tag{3.64}$$

热流密度的向量可表示为

$$\boldsymbol{q} = -\lambda_s \mathrm{grad}T = \left(-\lambda_s\frac{\partial T_s}{\partial x},\ -\lambda_s\frac{\partial T_s}{\partial y},\ -\lambda_s\frac{\partial T_s}{\partial z}\right) \tag{3.65}$$

式中，λ_s为冒落煤岩固体的导热系数，W/(m·℃)；T_s为固体颗粒的温度，K。

则可得

$$\begin{aligned} Q_s &= -\oint\!\!\!\oint_D (1-n)\boldsymbol{q}\cdot\boldsymbol{n}\mathrm{d}S \\ &= -\oint\!\!\!\oint_D (1-n)\left[-\lambda_s\left(\frac{\partial T_s}{\partial x}\cos\alpha + \frac{\partial T_s}{\partial y}\cos\beta + \frac{\partial T_s}{\partial z}\cos\gamma\right)\right]\mathrm{d}S \\ &= \oint\!\!\!\oint_D (1-n)\lambda_s\frac{\partial T_s}{\partial \boldsymbol{n}}\mathrm{d}S \end{aligned} \tag{3.66}$$

（2）单位时间内，控制体内固体颗粒与间隙气体之间的对流换热为 Q_d：

$$Q_d = \iiint_V K_e S_e (T_s - T_g)\mathrm{d}V \tag{3.67}$$

式中，K_e为对流换热系数，J/(m²·s·K)；S_e为控制体内固体颗粒与气体对流换热的表面积，m²；T_g为气体温度，K。

（3）单位时间内，控制体内遗煤氧化的放热量为 Q_f：

$$Q_f = \iiint_V q(t)\mathrm{d}V \tag{3.68}$$

式中，$q(t)$ 为单位时间内控制体内遗煤的放热量，kJ/(mol·s)。

(4) 单位时间内，控制体内固体颗粒的内能变化为 Q_{E}：

$$Q_{\mathrm{E}} = \iiint_V (1-n)\rho_{\mathrm{s}} C_{\mathrm{s}} \frac{\partial T_{\mathrm{s}}}{\partial t} \mathrm{d}V \tag{3.69}$$

式中，ρ_{s}为固体颗粒的密度，kg/m³；C_{s}为固体颗粒的比热容，kJ/(kg·K)。

移动坐标系下，冒落的矸石不断流入、流出控制体，造成控制体内能转变为冒落煤岩进、出控制体的热量差，根据式 (3.33) 与高斯定理，Q_{E}转化为

$$\begin{aligned} Q_{\mathrm{E}} &= \iiint_V (1-n)\rho_{\mathrm{s}} C_{\mathrm{s}} \frac{\partial T_{\mathrm{s}}}{\partial t} \mathrm{d}V \\ &= \iiint_V (1-n) v_0 \rho_{\mathrm{s}} C_{\mathrm{s}} \frac{\partial T_{\mathrm{s}}}{\partial x} \mathrm{d}V \\ &= \oint_D (1-n) v_0 \rho_{\mathrm{s}} C_{\mathrm{s}} T_{\mathrm{s}} \cos\alpha \mathrm{d}S \end{aligned} \tag{3.70}$$

根据上述分析，由能量守恒定律可得：单位时间内，导入控制体内固体颗粒的净热量 Q_{s}，加上控制体内遗煤氧化放热量 Q_{f}，减去控制体固体颗粒与气体的对流换热量 Q_{d}，等于冒落煤岩流动造成的控制体热量净增量 Q_{E}，即

$$Q_{\mathrm{s}} - Q_{\mathrm{d}} + Q_{\mathrm{f}} = Q_{\mathrm{E}} \tag{3.71}$$

将式 (3-66) ~式 (3-69) 代入式 (3–70)，得

$$\begin{aligned} &\oint_D (1-n)\lambda_{\mathrm{s}} \frac{\partial T_{\mathrm{s}}}{\partial \boldsymbol{n}} \mathrm{d}S - \iiint_V K_{\mathrm{e}} S_{\mathrm{e}} (T_{\mathrm{s}} - T_{\mathrm{g}}) \mathrm{d}V + \iiint_V q(t) \mathrm{d}V \\ &= \oint_D (1-n)\rho_{\mathrm{s}} C_{\mathrm{s}} v_0 T_{\mathrm{s}} \cos\alpha \mathrm{d}S \end{aligned} \tag{3.72}$$

3) 边界条件

采空区固体温度场的边界比较复杂，这是因为遗煤氧化产生的热量不仅在采空区的实际边界内传递，还会向采空区的四周煤壁、顶底板进行散热，而采空区实际边界上的热流通量是无法确定的，则实际边界不能作为固体温度场的解算边界，而需要扩展到两侧的保护煤柱里，即将两侧边界外推到热流通量几乎为 0 的位置，从而可以设定为第二类边界条件。在采空区高度方向，以热流通量为 0 水平作为顶部边界，这个高度一般为采高的 2.5 ~3 倍。采空区固体温度场边界如图 3.11 所示。边界 Γ_1与工作面相连接，其温度等于冒落煤岩的原始岩温，为第一类边界条件，即

$$t_{\mathrm{s}}\big|_{\Gamma_1} = t_0\big|_{(x,\,y,\,z)\in\Gamma_1} \tag{3.73}$$

式中，t_0为原始岩温，一般认为移架后刚进入采空区冒落矸石的温度等于原始岩温,℃。

边界 Γ_7 ~ Γ_{16}是固体温度场的扩展边界，在保护煤柱内，假定这些边界上的热流通量为 0，视为绝热边界来处理。同理，处理边界 Γ_5和 Γ_6，则有

$$-\frac{\partial t_{\mathrm{s}}}{\partial \boldsymbol{n}}\bigg|_{\Gamma_5 \sim \Gamma_{16}} = 0 \tag{3.74}$$

4) 采空区冒落煤岩固体场模型

采空区冒落煤岩固体场积分方程与边界条件构成了采空区冒落煤岩固体场模型。即

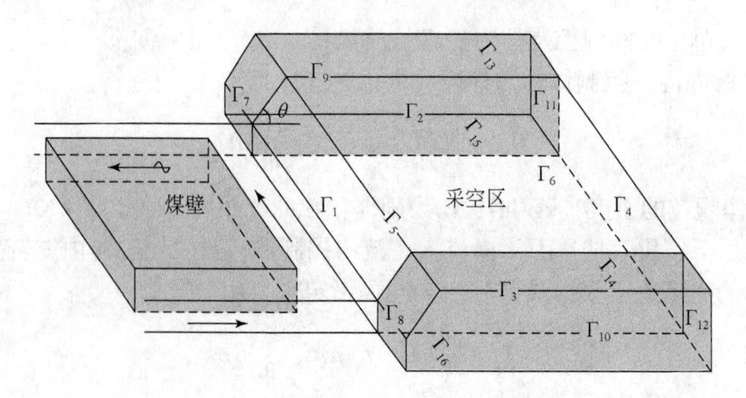

图 3.11　采空区固体温度场边界

$$
\begin{cases}
\oint_D (1-n)\lambda_s \dfrac{\partial T_s}{\partial \boldsymbol{n}} \mathrm{d}S - \iiint_V K_e S_e (T_s - T_g)\mathrm{d}V + \iiint_V q(t)\mathrm{d}V = \oint_D (1-n)\rho_s C_s v_0 T_s \cos\alpha \mathrm{d}S \\
t_s \big|_{\Gamma_1} = t_0 \big|_{(x,\ y,\ z)\in\Gamma_1} \\
\dfrac{\mathrm{d}t_s}{\mathrm{d}y}\Big|_{\Gamma_9,\ \Gamma_{10}} = 0 \\
\dfrac{\mathrm{d}t_s}{\mathrm{d}z}\Big|_{\Gamma_5,\ \Gamma_6,\ \Gamma_{13},\ \Gamma_{14},\ \Gamma_{15},\ \Gamma_{16}} = 0 \\
\dfrac{\mathrm{d}t_s}{\mathrm{d}x}\Big|_{\Gamma_4,\ \Gamma_7,\ \Gamma_8,\ \Gamma_{11},\ \Gamma_{12}} = 0
\end{cases}
\tag{3.75}
$$

3.3.6　采空区气体温度场数学模型

1）气体温度场方程

采空区气体温度场的控制体内的热传递过程主要有：①气体间的热传导；②气体流动；③固体颗粒与间隙气体的热对流。在此基础上，利用传热学理论、多孔介质理论等相关知识，结合能量守恒定律、傅里叶定律来建立采空区冒落煤岩固体温度场方程。

对于采空区气体温度场中的点 M，取包含点 M 的封闭曲面 F 作为气体温度场的控制体，其所围面积为 D、体积为 V，n 为控制体边界面上的单位法线向量且指向朝外。具体如下。

（1）单位时间内，导入与导出控制体内气体的热量差为 Q_g：

$$
Q_g = -\oint_D n\boldsymbol{q} \cdot \boldsymbol{n} \mathrm{d}S \tag{3.76}
$$

同理可得

$$
Q_g = \oint_D n\lambda_g \frac{\partial T_g}{\partial \boldsymbol{n}} \mathrm{d}S \tag{3.77}
$$

式中，λ_g为固体颗粒间气体的导热系数，W/(m · ℃)；T_g为气体温度，K。

（2）单位时间内，控制体内固体煤粒与间隙气体之间的对流换热为 Q_d：

$$Q_{\mathrm{d}} = \iiint_{V} K_{\mathrm{e}} S_{\mathrm{e}} (T_{\mathrm{s}} - T_{\mathrm{g}}) \mathrm{d}V \tag{3.78}$$

（3）单位时间内，气体流入、流出控制体的热量差为 Q_{h}

$$\begin{aligned} Q_{\mathrm{h}} &= - n\rho_{\mathrm{g}} C_{\mathrm{g}} t_{\mathrm{g}} \oiint_{D} \boldsymbol{v} \cdot \boldsymbol{n} \mathrm{d}S \\ &= - n\rho_{\mathrm{g}} C_{\mathrm{g}} t_{\mathrm{g}} \oiint_{D} (v_x \cos\alpha + v_y \cos\beta + v_z \cos\gamma) \mathrm{d}S \\ &= - n\rho_{\mathrm{g}} C_{\mathrm{g}} t_{\mathrm{g}} \oiint_{D} \frac{\partial v}{\partial \boldsymbol{n}} \mathrm{d}S \end{aligned} \tag{3.79}$$

式中，ρ_{g}为气体的密度，kg/m^3；C_{g}为气体的比热，kJ/(kg·K)。

（4）单位时间内，控制体内气体的内能变化为 Q_{E}：

$$Q_{\mathrm{E}} = \iiint_{V} n\rho_{\mathrm{g}} C_{\mathrm{g}} \frac{\partial T_{\mathrm{g}}}{\partial t} \mathrm{d}V \tag{3.80}$$

根据式（3.33）转换为移动坐标系下的形式，表示为

$$Q_{\mathrm{E}} = \oiint_{D} n v_0 \rho_{\mathrm{g}} C_{\mathrm{g}} T_{\mathrm{g}} \cos\alpha \mathrm{d}S \tag{3.81}$$

根据上述分析，由能量守恒定律可得：单位时间内，导入控制体气体的净热量 Q_{g}，加上控制体内固体与气体的对流换热量 Q_{d}，加上气体流动所带入控制体的净热量 Q_{h}，等于移动坐标下控制体内气体内能的净增量 Q_{E}，即

$$Q_{\mathrm{s}} + Q_{\mathrm{d}} + Q_{\mathrm{h}} = Q_{\mathrm{E}} \tag{3.82}$$

将式（3.77）~式（3.79）、式（3.81）代入式（3.82）中得

$$\oiint_{D} n\lambda_{\mathrm{g}} \frac{\partial T_{\mathrm{g}}}{\partial \boldsymbol{n}} \mathrm{d}S + \iiint_{V} K_{\mathrm{e}} S_{\mathrm{e}} (T_{\mathrm{s}} - T_{\mathrm{g}}) \mathrm{d}V - n\rho_{\mathrm{g}} C_{\mathrm{g}} t_{\mathrm{g}} \oiint_{D} \frac{\partial v}{\partial \boldsymbol{n}} \mathrm{d}S = \oiint_{D} (1 - n) \rho_{\mathrm{s}} C_{\mathrm{s}} v_0 T_{\mathrm{s}} \cos\alpha \mathrm{d}S \tag{3.83}$$

由于工作面推进速度远小于气体渗流速度，移动坐标造成的影响可以忽略，得到气体温度的积分方程为

$$\oiint_{D} n\lambda_{\mathrm{g}} \frac{\partial T_{\mathrm{g}}}{\partial n} \mathrm{d}S + \iiint_{V} K_{\mathrm{e}} S_{\mathrm{e}} (T_{\mathrm{s}} - T_{\mathrm{g}}) \mathrm{d}V - n\rho_{\mathrm{g}} C_{\mathrm{g}} t_{\mathrm{g}} \oiint_{D} \frac{\partial v}{\partial \boldsymbol{n}} \mathrm{d}S = 0 \tag{3.84}$$

2）边界条件

气体温度场的边界如图3.11所示。边界 Γ_1 与工作面相连接，其温度同样需要根据漏风的流入、流出而分为上下两段，下半段（流入段）上的温度可沿工作面直接测定，为第一类边界条件，即

$$t_{\mathrm{g}} \big|_{\Gamma_{1下}} = t(x, y, z) \big|_{(x, y, z) \in \Gamma_{1下}} \tag{3.85}$$

式中，$t(x, y, z)$ 为边界的温度函数，mol/m^3。

由于气体与煤壁间的热交换量很小，可以忽略，可以设定边界 Γ_1 上半段、Γ_2、Γ_3、Γ_4,、Γ_5及 Γ_6等边界上的热量通量为0，为绝热边界。即

$$- \frac{\partial t_{\mathrm{g}}}{\partial \boldsymbol{n}} \bigg|_{\Gamma_{1上}, \Gamma_2, \Gamma_3, \Gamma_4, \Gamma_5, \Gamma_6} = 0 \tag{3.86}$$

3）采空区气体温度场模型

采空区气体温度场积分方程与边界条件构成了采空区气体温度场模型。即

$$\begin{cases}\oint\!\!\!\oint_D n\lambda_{\mathrm{g}}\dfrac{\partial T_{\mathrm{g}}}{\partial \boldsymbol{n}}\mathrm{d}S+\iiint_V K_{\mathrm{e}}S_{\mathrm{e}}(T_{\mathrm{s}}-T_{\mathrm{g}})\mathrm{d}V-n\rho_{\mathrm{g}}C_{\mathrm{g}}t_{\mathrm{g}}\oint\!\!\!\oint_D\dfrac{\partial v}{\partial \boldsymbol{n}}\mathrm{d}S=\oint\!\!\!\oint_D(1-n)\rho_{\mathrm{s}}C_{\mathrm{s}}v_0T_{\mathrm{s}}\cos\alpha\mathrm{d}S\\ t_{\mathrm{g}}\big|_{\Gamma_1下}=t(x,\ y,\ z)\big|_{(x,\ y,\ z)\in\Gamma_1下}\\ \left.\dfrac{\mathrm{d}t_{\mathrm{g}}}{\mathrm{d}y}\right|_{\Gamma_2,\ \Gamma_3}=0\\ \left.\dfrac{\mathrm{d}t_{\mathrm{g}}}{\mathrm{d}z}\right|_{\Gamma_5,\ \Gamma_6}=0\\ \left.\dfrac{\mathrm{d}t_{\mathrm{g}}}{\mathrm{d}x}\right|_{\Gamma_1上,\ \Gamma_4}=0\end{cases}\tag{3.87}$$

3.3.7 采空区自然发火的多场耦合三维模型

根据3.3节中的相关说明，采空区自然发火是流场、氧气浓度场、冒落煤岩固体温度场和气体温度场等多场耦合作用的结果，因此需要联立这几个场的模型，即将式（3.37）、式（3.61）、式（3.72）与式（3.84）联立：

$$\begin{cases}\oint\!\!\!\oint_D\dfrac{K}{g}\cdot\dfrac{\partial(P+\rho_{\mathrm{g}}gh)}{\partial \boldsymbol{n}}\mathrm{d}S=0\\ \oint\!\!\!\oint_D nvk_{\mathrm{O_2}}\dfrac{\partial C_{\mathrm{O_2}}}{\partial \boldsymbol{n}}\mathrm{d}S-\oint\!\!\!\oint_D C_{\mathrm{O_2}}\dfrac{\partial v}{\partial \boldsymbol{n}}\mathrm{d}S-\iiint_V u(t)\mathrm{d}V=0\\ \oint\!\!\!\oint_D(1-n)\lambda_{\mathrm{s}}\dfrac{\partial T_{\mathrm{s}}}{\partial \boldsymbol{n}}\mathrm{d}S-\iiint_V K_{\mathrm{e}}S_{\mathrm{e}}(T_{\mathrm{s}}-T_{\mathrm{g}})\mathrm{d}V+\iiint_V q(t)\mathrm{d}V=\oint\!\!\!\oint_D(1-n)\rho_{\mathrm{s}}C_{\mathrm{s}}v_0T_{\mathrm{s}}\cos\alpha\mathrm{d}S\\ \oint\!\!\!\oint_D n\lambda_{\mathrm{g}}\dfrac{\partial T_{\mathrm{g}}}{\partial \boldsymbol{n}}\mathrm{d}S+\iiint_V K_{\mathrm{e}}S_{\mathrm{e}}(T_{\mathrm{s}}-T_{\mathrm{g}})\mathrm{d}V-n\rho_{\mathrm{g}}C_{\mathrm{g}}t_{\mathrm{g}}\oint\!\!\!\oint_D\dfrac{\partial v}{\partial \boldsymbol{n}}\mathrm{d}S=0\end{cases}\tag{3.88}$$

边界条件为

$$\begin{cases}P\big|_{\Gamma_1}=p(x,\ y,\ z)\big|_{(x,\ y,\ z)\in\Gamma_1};\ \dfrac{\partial P}{\partial x}\Big|_{\Gamma_4}=0;\ \left(\dfrac{\partial P}{\partial y}+\rho g\sin\alpha\right)\Big|_{\Gamma_2,\ \Gamma_3}=0;\ \dfrac{\partial P}{\partial x}\Big|_{\Gamma_4}=0\\ C_{\mathrm{O_2}}\big|_{\Gamma_1下}=c(x,\ y,\ z)\big|_{(x,\ y,\ z)\in\Gamma_1下};\ \dfrac{\mathrm{d}C_{\mathrm{O_2}}}{\mathrm{d}x}\Big|_{\Gamma_1上,\ \Gamma_4}=0;\ \dfrac{\mathrm{d}C_{\mathrm{O_2}}}{\mathrm{d}y}\Big|_{\Gamma_2,\ \Gamma_3}=0;\ \dfrac{\mathrm{d}C_{\mathrm{O_2}}}{\mathrm{d}z}\Big|_{\Gamma_5,\ \Gamma_6}=0\\ t_{\mathrm{s}}\big|_{\Gamma_1}=t_0\big|_{(x,\ y,\ z)\in\Gamma_1};\ \dfrac{\mathrm{d}t_{\mathrm{s}}}{\mathrm{d}x}\Big|_{\Gamma_4,\ \Gamma_7,\ \Gamma_8,\ \Gamma_{11},\ \Gamma_{12}}=0;\ \dfrac{\mathrm{d}t_{\mathrm{s}}}{\mathrm{d}y}\Big|_{\Gamma_9,\ \Gamma_{10}}=0;\ \dfrac{\mathrm{d}t_{\mathrm{s}}}{\mathrm{d}z}\Big|_{\Gamma_5,\ \Gamma_6,\ \Gamma_{13},\ \Gamma_{14},\ \Gamma_{15},\ \Gamma_{16}}=0\\ t_{\mathrm{g}}\big|_{\Gamma_1下}=t(x,\ y,\ z)\big|_{(x,\ y,\ z)\in\Gamma_1下};\ \dfrac{\mathrm{d}t_{\mathrm{g}}}{\mathrm{d}x}\Big|_{\Gamma_1上,\ \Gamma_4}=0;\ \dfrac{\mathrm{d}t_{\mathrm{g}}}{\mathrm{d}y}\Big|_{\Gamma_2,\ \Gamma_3}=0;\ \dfrac{\mathrm{d}t_{\mathrm{g}}}{\mathrm{d}z}\Big|_{\Gamma_5,\ \Gamma_6}=0\end{cases}\tag{3.89}$$

式（3.88）、式（3.89）便是完整的采空区自然发火多场耦合三维数学模型。该模型是根据质量守恒、能量守恒原理建立起来的，描述了采空区遗煤自燃过程中的空气流动、氧气消耗与扩散、遗煤放热及温度上升的基本规律，是采空区自然发火数值模拟的基础。

本书后面的研究，包括方程离散、解算，都是围绕这个耦合模型来进行的。

3.4 本章小结

本章分析了影响采空区自然发火的主要因素；研究了采空区热量的产生和变迁规律，提出了采空区自然发火的能量迁移理论；阐述了采空区流场、氧气浓度场。气体温度场及冒落煤岩固体温度场等多场之间的耦合作用机理与过程，在此基础上建立了采空区自然发火的多场耦合数学模型。

第4章　三维模型离散方法

第3章建立了采空区自然发火的三维数学模型方程，要求解方程，先要进行方程离散。为此，本章将就三维模型离散的方法进行研究，重点讨论有限单元法与有限体积法，以空间导热问题为例，推导四面体网格的有限单元与有限体积计算通式，最后通过分析比较以确定三维自然发火模型适用的离散方法。

4.1　导热微分方程

导热现象是热力学中经典的物理问题，它是物体内部微观粒子的热运动将热量从高温区传到低温区的过程，但物体的组成物质并不发生宏观的位移。它所遵守的基本规律为傅里叶定律，本节将基于微元体来推导它的数学物理方程。

4.1.1　控制方程

现考虑空间固体材料中有一微元体，如图4.1所示。微元体是边长分别为 dx，dy，dz 的立方体。根据能量守恒定律，单位时间 dt 内，流入微元体的热量与微元体内的放热量之和等于流出微元体热量与微元体内能变化之和，建立方程式如下：

$$(Q_x + Q_y + Q_z)\mathrm{d}t + q_v \mathrm{d}V\mathrm{d}t = (Q_{x+\mathrm{d}x} + Q_{y+\mathrm{d}y} + Q_{z+\mathrm{d}z})\mathrm{d}t + \rho C_p T\mathrm{d}V \tag{4.1}$$

式中，Q_x、Q_y、Q_z 分别为微元体 x、y、z 表面的流入热量，W/m^2；Q_{x+dx}、Q_{y+dy}、Q_{z+dz} 分别为微元体 $x+dx$，$y+dy$，$z+dz$ 表面的流出热量，W/m^2；q_v 为微元体的内热源强度，W/m^3；ρ 为固体材料的密度，kg/m^3；C_p 为固体材料的比热容，J/(kg · ℃)；T 为微元体的温度，℃。

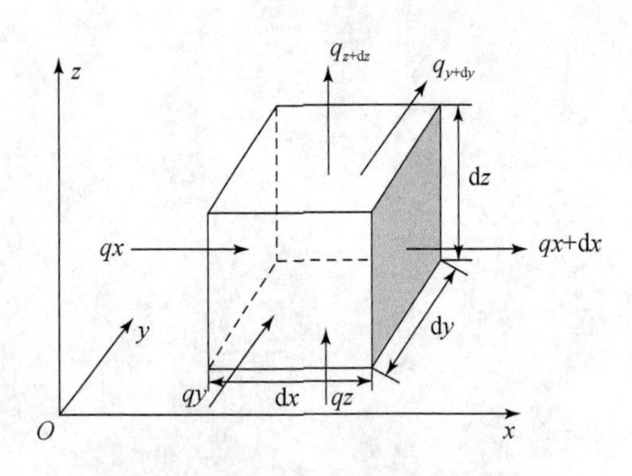

图4.1　空间微元体

热流密度与温度梯度满足傅里叶定律：

$$
\begin{cases}
q_x = -\lambda_x \dfrac{\partial T}{\partial x} \\
q_y = -\lambda_y \dfrac{\partial T}{\partial y} \\
q_z = -\lambda_z \dfrac{\partial T}{\partial z}
\end{cases}
\tag{4.2}
$$

式中，λ_x、λ_y、λ_z分别为固体材料在x、y、z方向上的导热系数，W/(m·℃)。

则沿x轴方向，微元体流入热量为

$$Q_x = q_x \mathrm{d}y\mathrm{d}z = -\lambda_x \frac{\partial T}{\partial x}\mathrm{d}y\mathrm{d}z \tag{4.3}$$

沿x轴方向的流出的热量为

$$Q_{x+\mathrm{d}x} \approx Q_x + \frac{Q_x}{\partial x}\mathrm{d}x = -\lambda_x \frac{\partial T}{\partial x}\mathrm{d}y\mathrm{d}z - \frac{\partial}{\partial x}\left(\lambda_x \frac{\partial T}{\partial x}\right)\mathrm{d}x\mathrm{d}y\mathrm{d}z \tag{4.4}$$

因此$\mathrm{d}t$时间内，x轴方向流入与流出的热量差为：

$$Q_x - Q_{x+\mathrm{d}x} = \frac{\partial}{\partial x}\left(\lambda_x \frac{\partial T}{\partial x}\right)\mathrm{d}x\mathrm{d}y\mathrm{d}z \tag{4.5}$$

同理得到y轴和z轴方向的净热量为

$$Q_y - Q_{y+\mathrm{d}y} = \frac{\partial}{\partial y}\left(\lambda_y \frac{\partial T}{\partial y}\right)\mathrm{d}x\mathrm{d}y\mathrm{d}z \tag{4.6}$$

$$Q_z - Q_{z+\mathrm{d}z} = \frac{\partial}{\partial z}\left(\lambda_z \frac{\partial T}{\partial z}\right)\mathrm{d}x\mathrm{d}y\mathrm{d}z \tag{4.7}$$

将式（4.5）~（4.7）代入式（4.1），得到正交各向异性体中的导热方程：

$$\frac{\partial}{\partial x}\left(\lambda_x \frac{\partial T}{\partial x}\right) + \frac{\partial}{\partial y}\left(\lambda_y \frac{\partial T}{\partial y}\right) + \frac{\partial}{\partial z}\left(\lambda_z \frac{\partial T}{\partial z}\right) + q_\mathrm{v} = \rho C_\mathrm{p} \frac{\partial T}{\partial t} \tag{4.8}$$

各方向的热导率相同时，即$\lambda_x = \lambda_y = \lambda_z = \lambda$，得到各向同性体中的导热方程：

$$\frac{\partial T^2}{\partial x} + \frac{\partial T^2}{\partial y} + \frac{\partial T^2}{\partial z} + \frac{q_\mathrm{v}}{\lambda} = \frac{1}{\alpha_0}\frac{\partial T}{\partial t} \tag{4.9}$$

式中，λ为导热系数，W/(m·℃)；α_0为导温系数，$\alpha_0 = \lambda/\rho C_\mathrm{p}$，$\mathrm{m}^2/\mathrm{s}$。

4.1.2　边界条件

为了使导热微分方程只有唯一确定解，必须附加边界条件，一般有三类边界条件，如图4.2所示。

第一类边界条件：边界面上的温度函数为已知。表示为

$$
\begin{aligned}
&T|_D = \boldsymbol{T}_\mathrm{w} \\
&\text{或 } T|_D = f(x,y,z,t)
\end{aligned}
\tag{4.10}
$$

式中，D为物体的边界面，其法线$\boldsymbol{n}$的方向朝外；$\boldsymbol{T}_\mathrm{w}$为边界面上的温度，℃；$f(x,y,z,t)$为边界面上的温度函数。

第二类边界条件：边界面上的热流密度q为已知。对于封闭曲面，边界上的热流量方

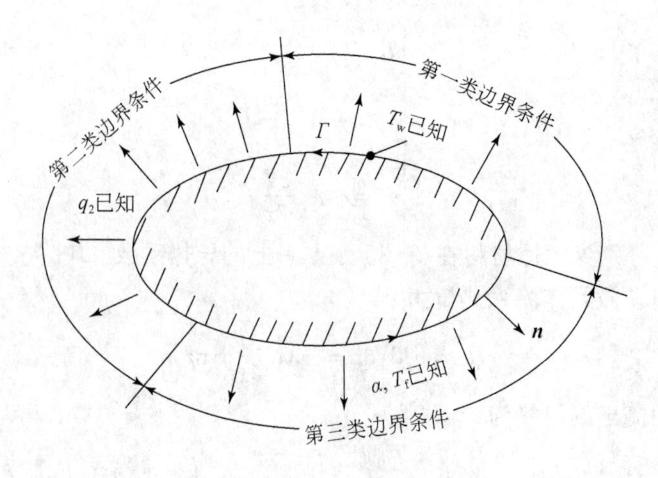

图 4.2　温度场的三类边界条件

向为从物体流出，与边界面处外法线 $\boldsymbol{n}$ 的方向相同，则第二类边界可表示为

$$
\begin{aligned}
&-\lambda\frac{\partial T}{\partial \boldsymbol{n}}\Big|_D=q_2\\
&\text{或}\ -\lambda\frac{\partial T}{\partial \boldsymbol{n}}\Big|_D=g(x,y,z,t)
\end{aligned}
\tag{4.11}
$$

式中，q_2为边界面上的热流密度，W/m^2；$g(x,y,z,t)$ 为边界面上的热流密度函数。

第三类边界条件：已知与边界面相接触的流体的温度及换热系数。表示为

$$
-\lambda\frac{\partial T}{\partial \boldsymbol{n}}\Big|_D=\alpha(T-T_{\mathrm{f}})\Big|_D \tag{4.12}
$$

式中，α 为边界面上的对流换热系数，W/(m^2 · ℃)；T_{f} 为与边界面接触的流体的温度，℃。

4.2　有限单元法离散

1943 年柯朗（Courant）在其应用数学论文中提出了一种与有限单元法类似的方法，而现在所用的有限单元法是特纳（Turner）、克拉夫（Clough）等 1956 年提出的，并首次利用三角形单元求解平面应力问题。1960 年，克拉夫（Clough）利用三角形单元在进一步研究弹性问题时第一次提出了“有限单元法”的名称。此后，伴随着计算机技术的快速发展，有限单元法在工程领域的应用也越来越广泛，如固体力学、流体力学及传热学等领域。

有限单元方法是一种近似的求解方法，数学基础是变分原理和加权余量法。首先，对泛函进行变分计算或利用加权余量法求得待解微分方程所对应的有限单元基本方程；然后，将解算区域划分为有限个相互独立、互不重叠的网格单元体；再在单元中选择合适的插值函数，计算每个单元对各单元顶点的待求函数的“贡献”，从而将有限单元基本方程改写为插值函数系数与顶点值所组成的表达式，最后在计算区域内将各单元对共用顶点的“贡献”进行总体合成，完成待解微分方程的离散。权函数和插值函数的具体形式都不是

固定的，常用的权函数法有最小二乘法和伽辽金法，而插值函数主要有线性插值函数和高次插值函数。

变分原理实际就是泛函求极值的过程，而加权余量法可以理解为从微分方程出发的“变分”方法，由于不需要寻找泛函，且数理推导过程更为简单，被广泛采用。现对加权余量法进行介绍。

设某物理问题的控制微分方程及边界条件分别为

$$
\begin{aligned}
&f[F(x,y,z)]=0(\text{在空间区域 } V \text{ 内})\\
&g[F(x,y,z)]=0(\text{在空间区域 } V \text{ 的边界 } D \text{ 上})
\end{aligned}
\tag{4.13}
$$

式中，$F(x,y,z)$ 为待求函数。选定一个满足 $g[F(x,y,z)]=0$ 的试探函数：

$$
\tilde{F}(x,y,z)=\sum_{i=1}^{n}C_iR_i \tag{4.14}
$$

式中，C_i为待定常数；R_i为试探函数项。

将式（4.14）代入式（4.13），一般来说并不能满足式（4.13），会产生误差。即

$$
f[\tilde{F}(x,y,z)]=Q(x,y,z) \tag{4.15}
$$

式中，R 成为余量或误差残量。这样就必须对余量进行限制，促使它尽可能得小，要在域 V 上寻找 n 个线性无关的函数 W_l，使得 R 在加权平均的意义上等于0，即

$$
\iiint_V W_lQ(x,y,z)\mathrm{d}V=0(l=1,2,\cdots,n) \tag{4.16}
$$

式中，W_l为加权函数。

4.2.1　导热的有限单元方程

1）温度场的有限单元方程

利用有限单元法来求解导热问题，首先要建立温度场的有限单元基本方程。由于导热微分方程含有非稳态项，无法找到与时间对应的泛函表达式，一般采用加权余量法。伽辽金法是加权余量法中应用最广的方法，其得到的有限单元方程更易使用插值函数来离散，所以下面利用伽辽金法来推导三维的导热有限单元方程。

由4.1节可知，空间非稳态有内热源温度场的微分方程为

$$
V[T(x,y,z,t)]=\lambda\left(\frac{\partial^2T}{\partial x^2}+\frac{\partial^2T}{\partial y^2}+\frac{\partial^2T}{\partial z^2}\right)+q_{\mathrm{v}}-\rho C_{\mathrm{p}}\frac{\partial T}{\partial t}=0 \tag{4.17}
$$

式中，V 为空间温度场的定义域。

取试探函数：

$$
\tilde{T}(x,y,z,t)=\tilde{T}(x,y,z,t,T_1,T_2,\cdots,T_n) \tag{4.18}
$$

式中，$T_1,T_2,\cdots,T$ 为 n 个待定系数。

根据加权余量的概念，要求满足式（4.16）可得下式：

$$
\iiint_V W_l\cdot V[\tilde{T}(x,\ y,\ z,\ t)]\cdot\mathrm{d}V=0 \tag{4.19}
$$

式中，W_l为加权函数。

将式（4.18）代入式（4.17），得

$$\iiint_V W_l\left[\lambda\left(\frac{\partial^2 \tilde{T}}{\partial x^2}+\frac{\partial^2 \tilde{T}}{\partial y^2}+\frac{\partial^2 \tilde{T}}{\partial z^2}\right)+q_{\mathrm{v}}-\rho C_{\mathrm{p}}\frac{\partial \tilde{T}}{\partial t}\right]\mathrm{d}V=0\quad(l=1,2,3,\cdots,n) \tag{4.20}$$

由伽辽金法定义加权函数为

$$W_l=\frac{\partial \tilde{T}}{\partial T_l}(l=1,2,3,\cdots,n) \tag{4.21}$$

为书写方便，在以后的推导中都用 T 来代替 $\tilde{T}$。由于试探函数 $\tilde{T}$（x,y,z,t）是三维函数，而导热方程的边界条件是二维的，不满足边界条件。这里引用高斯公式把区域内的体积积分与面积分联系起来，从而在面积分中满足边界条件。

为了应用高斯定理，式（4.20）要做如下改写：

$$\begin{aligned}&\iiint_V \lambda\left[\frac{\partial}{\partial x}\left(W_l\frac{\partial T}{\partial x}\right)+\frac{\partial}{\partial y}\left(W_l\frac{\partial T}{\partial y}\right)+\frac{\partial}{\partial z}\left(W_l\frac{\partial T}{\partial z}\right)\right]\mathrm{d}V\\&-\iiint_V\left[\lambda\left(\frac{\partial W_l}{\partial x}\frac{\partial T}{\partial x}+\frac{\partial W_l}{\partial y}\frac{\partial T}{\partial y}+\frac{\partial W_l}{\partial y}\frac{\partial T}{\partial y}\right)-q_{\mathrm{v}}W_l-W_l\rho C_{\mathrm{p}}\frac{\partial T}{\partial t}\right]\mathrm{d}V=0\end{aligned} \tag{4.22}$$

根据高斯公式，式（4.22）中第一积分可变为

$$\begin{aligned}&\iiint_V \lambda\left[\frac{\partial}{\partial x}\left(W_l\frac{\partial T}{\partial x}\right)+\frac{\partial}{\partial y}\left(W_l\frac{\partial T}{\partial y}\right)+\frac{\partial}{\partial z}\left(W_l\frac{\partial T}{\partial z}\right)\right]\mathrm{d}V\\&=\oint_D \lambda\left[W_l\frac{\partial T}{\partial x}\cos\alpha+W_l\frac{\partial T}{\partial y}\cos\beta+W_l\frac{\partial T}{\partial z}\cos\gamma\right]\mathrm{d}S\end{aligned} \tag{4.23}$$

又因为在封闭曲面的边界面 D 上有如下关系：

$$\frac{\partial T}{\partial x}\cos\alpha+\frac{\partial T}{\partial y}\cos\beta+\frac{\partial T}{\partial z}\cos\gamma=\frac{\partial T}{\partial \boldsymbol{n}} \tag{4.24}$$

将式代（4.24）入式（4.23），得

$$\begin{aligned}&\iiint_V \lambda\left(\frac{\partial W_l}{\partial x}\frac{\partial T}{\partial x}+\frac{\partial W_l}{\partial y}\frac{\partial T}{\partial y}+\frac{\partial W_l}{\partial z}\frac{\partial T}{\partial z}-q_{\mathrm{v}}W_l+\rho C_{\mathrm{p}}W_l\frac{\partial T}{\partial t}\right)\mathrm{d}V-\oint_D \lambda W_l\frac{\partial T}{\partial \boldsymbol{n}}\mathrm{d}S=0\\&(l=1,2,3,\cdots,n)\end{aligned} \tag{4.25}$$

式（4.25）就是空间温度场的有限单元法计算的基本方程。

2）不同边界下的导热有限单元方程

将4.1.2节中的边界条件代入式（4.25）可以得到不同边界条件下的导热有限单元方程。

对于第一类边界条件，$T|_D$ 为已知常数，因此泛函中面积积分项为0，可得

$$\begin{aligned}&\iiint_V \lambda\left(\frac{\partial W_l}{\partial x}\frac{\partial T}{\partial x}+\frac{\partial W_l}{\partial y}\frac{\partial T}{\partial y}+\frac{\partial W_l}{\partial z}\frac{\partial T}{\partial z}-q_{\mathrm{v}}W_l+\rho C_{\mathrm{p}}W_l\frac{\partial T}{\partial t}\right)\mathrm{d}V=0\\&(l=1,2,3,\cdots,n)\end{aligned} \tag{4.26}$$

对于第二类边界条件，把 $-\lambda\frac{\partial T}{\partial \boldsymbol{n}}|_D=q_2$ 代入式（4.25），可得

$$\begin{aligned}&\iiint_V \lambda\left(\frac{\partial W_l}{\partial x}\frac{\partial T}{\partial x}+\frac{\partial W_l}{\partial y}\frac{\partial T}{\partial y}+\frac{\partial W_l}{\partial z}\frac{\partial T}{\partial z}-q_{\mathrm{v}}W_l+\rho C_{\mathrm{p}}W_l\frac{\partial T}{\partial t}\right)\mathrm{d}V+\oint_D q_2W_l\mathrm{d}S=0\\&(l=1,2,3,\cdots,n)\end{aligned} \tag{4.27}$$

对于第三类边界条件，把 $-\lambda\left.\frac{\partial T}{\partial \boldsymbol{n}}\right|_D=\alpha(T-T_f)\Big|_D$ 代入式（4.25），可得

$$\iiint_V \lambda\left(\frac{\partial W_l}{\partial x}\frac{\partial T}{\partial x}+\frac{\partial W_l}{\partial y}\frac{\partial T}{\partial y}+\frac{\partial W_l}{\partial z}\frac{\partial T}{\partial z}-q_{\mathrm{v}}W_l+\rho C_{\mathrm{p}}W_l\frac{\partial T}{\partial t}\right)\mathrm{d}V+\oint_D \alpha(T-T_{\mathrm{f}})W_l\mathrm{d}S=0$$

$$(l=1,2,3,\cdots,n) \tag{4.28}$$

3）四面体单元的有限单元方程

若温度场空间区域被划分为 m 个单元和 n 个节点，则温度场 T（x，y，z，t）可离散为 T_1，T_2，T_3，…，T_n等 n 个节点上待定的温度值。如此，伽辽金法的求解过程可以在单元中进行：

$$J_l^e=\iiint_V \lambda\left(\frac{\partial W_l}{\partial x}\frac{\partial T}{\partial x}+\frac{\partial W_l}{\partial y}\frac{\partial T}{\partial y}+\frac{\partial W_l}{\partial z}\frac{\partial T}{\partial z}-q_{\mathrm{v}}W_l+\rho C_{\mathrm{p}}W_l\frac{\partial T}{\partial t}\right)\mathrm{d}V-\iint_D \lambda W_l\frac{\partial T}{\partial \boldsymbol{n}}\mathrm{d}S$$

$$(l=i,j,k,m) \tag{4.29}$$

式中，e 为单元；V、S 为所在单元的体积和边界面积，每个单元的边界面积只是整个区域边界面积的一部分，因此线性积分不再是封闭的；i、j、k、m 是四面体单元的局部节点编号，也是四面体的四个顶点；l 既表示在整体区域中的节点号，也表示在单元中的局部编号，两者有着严格的对应关系。

将式（4.29）代入式（4.25），得到总体合成的温度场有限单元方程组，即

$$J^V=\sum_{e=1}^{n}J_l^e=0(l=1,2,\cdots,n) \tag{4.30}$$

式（4.30）是一个方程组，其中有 n 个代数式，可以求解得到 n 个节点的温度值。在实际求解过程中，多项式的试探函数可以用构造简单的插值函数来代替，以方便离散求解。

4.2.2　插值函数

对于三维空间问题，其网格划分主要有四面体单元和六面体单元。由于四面体网格更灵活，在边界复杂区域的适应性更好，本节选用四面体来离散温度场空间，同时用线性的插值函数来求解。只要划分的单元足够小，这种线性的插值函数误差就越小。下面介绍四面体单元的线性插值函数。

空间四面体单元是三维单纯型单元，其每个角都是一个节点，共四节点、四平面，且每个面都是平面，如图4.3所示。节点依次为 i（x_i，y_i，z_i），j（x_j，y_j，z_j），k（x_k，y_k，z_k）和 m（x_m，y_m，z_m），其中 i、j、k 在任意一个平面上，该面所对的顶点为 m，从 m 点来看 i、j、k 是按逆时针方向标记，而从 i 点来看 j、k、m 是按顺时针标记，如此就确定了4个点的编号。温度场中节点的值分别为 T_i、T_j、T_k和 T_m。设 T（x，y，z）沿三个方向均成线性变化，即

$$T=\alpha_1+\alpha_2 x+\alpha_3 y+\alpha_4 z \tag{4.31}$$

代入四面体的四个顶点坐标，得到方程组：

$$\begin{aligned}
T_i&=\alpha_1+\alpha_2 x_i+\alpha_3 y_i+\alpha_4 z_i\\
T_j&=\alpha_1+\alpha_2 x_j+\alpha_3 y_j+\alpha_4 z_j\\
T_k&=\alpha_1+\alpha_2 x_k+\alpha_3 y_k+\alpha_4 z_k\\
T_m&=\alpha_1+\alpha_2 x_m+\alpha_3 y_m+\alpha_4 z_m
\end{aligned} \tag{4.32}$$

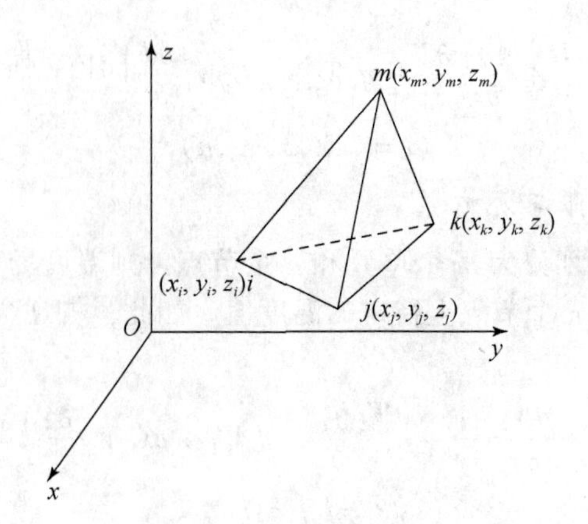

图 4.3　空间四面体单元

利用逆矩阵求解 α_1，α_2，α_3，α_4：

$$\begin{Bmatrix}\alpha_1\\\alpha_2\\\alpha_3\\\alpha_4\end{Bmatrix}=\begin{bmatrix}1 & x_i & y_i & z_i\\1 & x_j & y_j & z_j\\1 & x_k & y_k & z_k\\1 & x_m & y_m & z_m\end{bmatrix}^{-1}\begin{Bmatrix}T_i\\T_j\\T_k\\T_m\end{Bmatrix}=\frac{1}{\begin{vmatrix}1 & x_i & y_i & z_i\\1 & x_j & y_j & z_j\\1 & x_k & y_k & z_k\\1 & x_m & y_m & z_m\end{vmatrix}}\begin{bmatrix}a_i & a_j & a_k & a_m\\b_i & b_j & b_k & b_m\\c_i & c_j & c_k & c_m\\d_i & d_j & d_k & d_m\end{bmatrix}\begin{Bmatrix}T_i\\T_j\\T_k\\T_m\end{Bmatrix}\tag{4.33}$$

利用相关文献（Rao，1991）中的证明，得

$$\begin{vmatrix}1 & x_i & y_i & z_i\\1 & x_j & y_j & z_j\\1 & x_k & y_k & z_k\\1 & x_m & y_m & z_m\end{vmatrix}=6V\tag{4.34}$$

可得

$$\begin{cases}\alpha_1=\dfrac{1}{6V}(a_iT_i+a_jT_j+a_jT_j+a_mT_m)\\\alpha_2=\dfrac{1}{6V}(b_iT_i+b_jT_j+b_jT_j+b_mT_m)\\\alpha_3=\dfrac{1}{6V}(c_iT_i+c_jT_j+c_jT_j+c_mT_m)\\\alpha_4=\dfrac{1}{6V}(d_iT_i+d_jT_j+d_jT_j+d_mT_m)\end{cases}\tag{4.35}$$

式中，$a_i=\begin{vmatrix}x_j & y_j & z_j\\x_k & y_k & z_k\\x_m & y_m & z_m\end{vmatrix}$；$a_j=-\begin{vmatrix}x_i & y_i & z_i\\x_k & y_k & z_k\\x_m & y_m & z_m\end{vmatrix}$；$a_k=\begin{vmatrix}x_i & y_i & z_i\\x_j & y_j & z_j\\x_m & y_m & z_m\end{vmatrix}$；$a_m=-\begin{vmatrix}x_i & y_i & z_i\\x_j & y_j & z_j\\x_k & y_k & z_k\end{vmatrix}$；

$$b_i = -\begin{vmatrix} 1 & y_j & z_j \\ 1 & y_k & z_k \\ 1 & y_m & z_m \end{vmatrix};\ b_j = \begin{vmatrix} 1 & y_i & z_i \\ 1 & y_k & z_k \\ 1 & y_m & z_m \end{vmatrix};\ b_k = -\begin{vmatrix} 1 & y_i & z_i \\ 1 & y_j & z_j \\ 1 & y_m & z_m \end{vmatrix};\ b_m = \begin{vmatrix} 1 & y_i & z_i \\ 1 & y_j & z_j \\ 1 & y_k & z_k \end{vmatrix};$$

$$c_i = \begin{vmatrix} 1 & x_j & z_j \\ 1 & x_k & z_k \\ 1 & x_m & z_m \end{vmatrix};\ c_j = -\begin{vmatrix} 1 & x_i & z_i \\ 1 & x_k & z_k \\ 1 & x_m & z_m \end{vmatrix};\ c_k = \begin{vmatrix} 1 & x_i & z_i \\ 1 & x_j & z_j \\ 1 & x_m & z_m \end{vmatrix};\ c_m = -\begin{vmatrix} 1 & x_i & z_i \\ 1 & x_j & z_j \\ 1 & x_k & z_k \end{vmatrix};$$

$$d_i = -\begin{vmatrix} 1 & x_j & y_j \\ 1 & x_k & y_k \\ 1 & x_m & y_m \end{vmatrix};\ d_j = \begin{vmatrix} 1 & x_i & y_i \\ 1 & x_k & y_k \\ 1 & x_m & y_m \end{vmatrix};\ d_k = -\begin{vmatrix} 1 & x_i & y_i \\ 1 & x_j & y_j \\ 1 & x_m & y_m \end{vmatrix};\ d_m = \begin{vmatrix} 1 & x_i & y_i \\ 1 & x_j & y_j \\ 1 & x_k & y_k \end{vmatrix}$$

将式（4.35）代入式（4.31），可以得到温度的差值函数：

$$T = \frac{1}{6V}[(a_i + b_i x + c_i y + d_i z)T_i + (a_j + b_j x + c_j y + d_j z)T_j + (a_k + b_k x + c_k y + d_k z)_k T_k + (a_m + b_m x + c_m y + d_m z)T_m] \tag{4.36}$$

可简写为

$$T = N_i T_i + N_j T_j + N_k T_k + N_m T_m \tag{4.37}$$

且有

$$N_l = \frac{1}{6V}(a_l + b_l x + c_l y + d_l z)(l = i,j,k,m) \tag{4.38}$$

4.2.3　第一类边界及内部单元的离散化

对于第一类边界及内部单元的导热有限单元方程为

$$J_l = \iiint_V \lambda\left(\frac{\partial W_l}{\partial x}\frac{\partial T}{\partial x} + \frac{\partial W_l}{\partial y}\frac{\partial T}{\partial y} + \frac{\partial W_l}{\partial z}\frac{\partial T}{\partial z} - q_v W_l + \rho C_p W_l \frac{\partial T}{\partial t}\right)dV \quad (l = i,j,k,m) \tag{4.39}$$

根据伽辽金法，定义加权函数 W_l如下：

$$W_l = \frac{\partial T}{\partial T_l} = N_l(l = i,j,k,m) \tag{4.40}$$

可得

$$\begin{aligned} W_i &= \frac{\partial T}{\partial T_i} = N_i = \frac{1}{6V}(a_i + b_i x + b_i y + d_i z) \\ W_j &= \frac{\partial T}{\partial T_j} = N_j = \frac{1}{6V}(a_j + b_j x + c_j y + d_j z) \\ W_k &= \frac{\partial T}{\partial T_k} = N_k = \frac{1}{6V}(a_k + b_k x + c_k y + d_k z) \\ W_m &= \frac{\partial T}{\partial T_m} = N_m = \frac{1}{6V}(a_m + b_m x + c_m y + d_m z) \end{aligned} \tag{4.41}$$

四面体单元对顶点 m 的贡献为

$$J_m = \iiint_V \lambda\left(\frac{\partial W_m}{\partial x}\frac{\partial T}{\partial x} + \frac{\partial W_m}{\partial y}\frac{\partial T}{\partial y} + \frac{\partial W_m}{\partial z}\frac{\partial T}{\partial z} - q_{\mathrm{v}} W_m + \rho C_{\mathrm{p}} W_m \frac{\partial T}{\partial t}\right)\mathrm{d}V \tag{4.42}$$

式中，

$$\begin{aligned}
&W_m = \frac{\partial T}{\partial T_i} = N_m \\
&\frac{\partial W_m}{\partial x} = \frac{1}{6V}b_m;\ \frac{\partial W_m}{\partial y} = \frac{1}{6V}c_m;\ \frac{\partial W_m}{\partial z} = \frac{1}{6V}d_m \\
&\frac{\partial T}{\partial x} = \frac{1}{6V}(b_iT_i + b_jT_j + b_kT_k + b_mT_m) \\
&\frac{\partial T}{\partial y} = \frac{1}{6V}(b_iT_i + b_jT_j + b_kT_k + b_mT_m) \\
&\frac{\partial T}{\partial z} = \frac{1}{6V}(b_iT_i + b_jT_j + b_kT_k + b_mT_m)
\end{aligned} \tag{4.43}$$

式（4.42）中的第一项表示单元体的热量流入流出之差，将式（4.43）代入得

$$\begin{aligned}
&\iiint_V \lambda\left(\frac{\partial W_m}{\partial x}\frac{\partial T}{\partial x} + \frac{\partial W_m}{\partial y}\frac{\partial T}{\partial y} + \frac{\partial W_m}{\partial z}\frac{\partial T}{\partial z}\right)\mathrm{d}V \\
&= \iiint_V \lambda\ \frac{\partial W_m}{\partial x}\frac{\partial T}{\partial x}\mathrm{d}V + \iiint_V \lambda\ \frac{\partial W_m}{\partial y}\frac{\partial T}{\partial y}\mathrm{d}V + \iiint_V \lambda\ \frac{\partial W_m}{\partial z}\frac{\partial T}{\partial z}\mathrm{d}V \\
&= \lambda V\left[\frac{b_m}{6V}\cdot\frac{1}{6V}(b_iT_i + b_jT_j + b_kT_k + b_mT_m)\right] + \lambda V\left[\frac{c_m}{6V}\cdot\frac{1}{6V}(c_iT_i + c_jT_j + c_kT_k + c_mT_m)\right] \\
&\quad + \lambda V\left[\frac{d_m}{6V}\cdot\frac{1}{6V}(d_iT_i + d_jT_j + d_kT_k + d_mT_m)\right] \\
&= \frac{\lambda}{36V}\left[\begin{aligned}&(b_ib_mT_i + b_ib_mT_j + b_ib_mT_k + b_m^2T_m) + (c_ic_mT_i + c_jc_mT_j + c_kc_mT_k + c_m^2T_m) \\ &+ (d_id_mT_i + d_jd_mT_j + d_kd_mT_k + d_m^2T_m)\end{aligned}\right] \\
&= \frac{\lambda}{36V}\left[\begin{aligned}&(b_ib_m + c_ic_m + d_id_m)T_i + (b_jb_m + c_jc_m + d_jd_m)T_j \\ &+ (b_kb_m + c_kc_m + d_kd_m)T_k + (b_m^2 + c_m^2 + d_m^2)T_m\end{aligned}\right]
\end{aligned} \tag{4.44}$$

相关文献（Rao，1991）中建立了四面体体积坐标，给出了体积坐标下四面体的形函数，据此将笛卡儿坐标转换为体积坐标，通过矩阵变化与微分计算，最后对用四面体坐标表示的多项式进行积分，得到计算公式：

$$\iiint_V N_i^{\alpha_1}N_j^{\alpha_2}N_k^{\alpha_3}N_m^{\alpha_3}\mathrm{d}V = \frac{\alpha_1!\ \alpha_2!\ \alpha_3!\ \alpha_4!}{(\alpha_1 + \alpha_2 + \alpha_3 + \alpha_4 + 3)!}\cdot 6V \tag{4.45}$$

式中，α_1、α_2、α_3、α_4 分别为形函数 N_l 的幂次。通过式（4.45），可以方便地计算 $\iiint_V N_l\mathrm{d}V$、$\iiint_V N_l^2\mathrm{d}V$ 及 $\iiint_V N_lN_n\mathrm{d}V$ 的值，$l,\ n = i,\ j,\ k,\ m$ 。

式（4.42）中的第二项为单元体的放热量，可以通过式（4.45）计算得

$$\iiint_V q_{\mathrm{v}}W_m\mathrm{d}V = q_{\mathrm{v}}\iiint_V N_m\mathrm{d}V = \frac{q_{\mathrm{v}}V}{4} \tag{4.46}$$

式（4.42）中的第三项是单元体内能的变化项，用单位时间内单元体的温度变化来表

示，一般通过单元体上各节点温度变化的加权之和来计算，即

$$\frac{\partial T}{\partial t} = N_i \frac{\partial T_i}{\partial t} + N_j \frac{\partial T_j}{\partial t} + N_k \frac{\partial T_k}{\partial t} + N_m \frac{\partial T_m}{\partial t} \tag{4.47}$$

则式（4.42）中的第三项表示为

$$\iiint_V \rho C_p W_m \frac{\partial T}{\partial t} \mathrm{d}V = \rho C_p \left[\frac{\partial T_i}{\partial t} \iiint_V N_i N_m \mathrm{d}V + \frac{\partial T_j}{\partial t} \iiint_V N_j N_m \mathrm{d}V + \frac{\partial T_k}{\partial t} \iiint_V N_k N_m \mathrm{d}V + \frac{\partial T_m}{\partial t} \iiint_V N_m^2 \mathrm{d}V \right] \tag{4.48}$$

同样利用式（4.45）来求解：

$$\iiint_V N_m^2 \mathrm{d}x\mathrm{d}y\mathrm{d}z = \frac{V}{10} \tag{4.49}$$

$$\iiint_V N_i N_m \mathrm{d}x\mathrm{d}y\mathrm{d}z = \iiint_V N_j N_m \mathrm{d}x\mathrm{d}y\mathrm{d}z = \iiint_V N_k N_m \mathrm{d}x\mathrm{d}y\mathrm{d}z = \frac{V}{20} \tag{4.50}$$

将式（4.49）和式（4.50）代入式（4.48）中计算得

$$\iiint_V \rho C_p W_m \frac{\partial T}{\partial t} \mathrm{d}V = \frac{V}{20} \rho C_p \left[\frac{\partial T_i}{\partial t} + \frac{\partial T_j}{\partial t} + \frac{\partial T_k}{\partial t} + 2 \cdot \frac{\partial T_m}{\partial t} \right] \tag{4.51}$$

将式（4.44）、式（4.46）和式（4.51）代入式（4.42）中得到单元体对顶点 i 的贡献为

$$\begin{aligned} J_m &= \iiint_V \lambda \left(\frac{\partial W_m}{\partial x} \frac{\partial T}{\partial x} + \frac{\partial W_m}{\partial y} \frac{\partial T}{\partial y} + \frac{\partial W_m}{\partial z} \frac{\partial T}{\partial z} - q_v W_m + \rho C_p W_m \frac{\partial T}{\partial t} \right) \mathrm{d}V \\ &= \frac{\lambda}{36V} \left\{ \begin{bmatrix} (b_i b_m + c_i c_m + d_i d_m) T_i + (b_j b_m + c_j c_m + d_j d_m) T_j \\ + (b_k b_m + c_k c_m + d_k d_m) T_k + (b_m^2 + c_m^2 + d_m^2) T_m \end{bmatrix} \right. \\ &\quad \left. - \frac{q_v V}{4} + \frac{\rho C_p V}{20} \left[\frac{\partial T_i}{\partial t} + \frac{\partial T_j}{\partial t} + \frac{\partial T_k}{\partial t} + 2 \cdot \frac{\partial T_m}{\partial t} \right] \right\} \end{aligned} \tag{4.52}$$

同理单元对于顶点 i、j、k 的贡献为

$$\begin{aligned} J_i &= \iiint_V \lambda \left(\frac{\partial W_i}{\partial x} \frac{\partial T}{\partial x} + \frac{\partial W_i}{\partial y} \frac{\partial T}{\partial y} + \frac{\partial W_i}{\partial z} \frac{\partial T}{\partial z} - q_v W_i + \rho C_p W_i \frac{\partial T}{\partial t} \right) \mathrm{d}V \\ &= \frac{\lambda}{36V} \left\{ \begin{bmatrix} (b_i^2 + c_i^2 + d_i^2) T_i + (b_i b_j + c_i c_j + d_i d_j) T_j \\ + (b_i b_k + c_i c_k + d_i d_k) T_k + (b_i b_m + b_i c_m + b_i d_m) T_m \end{bmatrix} \right. \\ &\quad \left. - \frac{q_v V}{4} + \frac{\rho C_p V}{20} \left[2 \cdot \frac{\partial T_i}{\partial t} + \frac{\partial T_j}{\partial t} + \frac{\partial T_k}{\partial t} + \frac{\partial T_m}{\partial t} \right] \right\} \end{aligned} \tag{4.53}$$

$$\begin{aligned} J_j &= \iiint_V \lambda \left(\frac{\partial W_j}{\partial x} \frac{\partial T}{\partial x} + \frac{\partial W_j}{\partial y} \frac{\partial T}{\partial y} + \frac{\partial W_j}{\partial z} \frac{\partial T}{\partial z} - q_v W_j + \rho C_p W_j \frac{\partial T}{\partial t} \right) \mathrm{d}V \\ &= \frac{\lambda}{36V} \left\{ \begin{bmatrix} (b_i b_j + c_i c_j + d_i d_j) T_i + (b_j^2 + c_j^{\ 2} + d_j^{\ 2}) T_j \\ + (b_j b_k + c_j c_k + d_j d_k) T_k + (b_j b_m + b_j c_m + b_j d_m) T_m \end{bmatrix} \right. \\ &\quad \left. - \frac{q_v V}{4} + \frac{\rho C_p V}{20} \left[\frac{\partial T_i}{\partial t} + 2 \cdot \frac{\partial T_j}{\partial t} + \frac{\partial T_k}{\partial t} + \frac{\partial T_m}{\partial t} \right] \right\} \end{aligned} \tag{4.54}$$

$$J_k = \iiint_V \lambda\left(\frac{\partial W_k}{\partial x}\frac{\partial T}{\partial x} + \frac{\partial W_k}{\partial y}\frac{\partial T}{\partial y} + \frac{\partial W_k}{\partial z}\frac{\partial T}{\partial z} - q_v W_k + \rho C_p W_k \frac{\partial T}{\partial t}\right)dV$$
$$= \frac{\lambda}{36V}\left\{\begin{bmatrix}(b_i b_k + c_i c_k + d_i d_k)T_i + (b_j b_k + c_j c_k + d_j d_k)T_j \\ + (b_k^2 + c_k^2 + d_k^2)T_k + (b_k b_m + c_k c_m + d_k d_m)T_m\end{bmatrix}\right.$$
$$\left. - \frac{q_v V}{4} + \frac{\rho C_p V}{20}\left[\frac{\partial T_i}{\partial t} + \frac{\partial T_j}{\partial t} + 2\cdot\frac{\partial T_k}{\partial t} + \frac{\partial T_m}{\partial t}\right]\right\} \tag{4.55}$$

则第一类边界及内部单元对于顶点 i、j、k、m 的贡献矩阵为

$$\begin{Bmatrix}J_i\\J_j\\J_k\\J_m\end{Bmatrix} = \begin{pmatrix}k_{ii} & k_{ij} & k_{ik} & k_{im}\\ k_{ji} & k_{jj} & k_{jk} & k_{jm}\\ k_{ki} & k_{kj} & k_{kk} & k_{km}\\ k_{mi} & k_{mj} & k_{mk} & k_{mm}\end{pmatrix}\begin{Bmatrix}T_i\\T_j\\T_k\\T_m\end{Bmatrix} - \begin{Bmatrix}p_i\\p_j\\p_k\\p_m\end{Bmatrix} + \begin{pmatrix}u_{ii} & u_{ij} & u_{ik} & u_{im}\\ u_{ji} & u_{jj} & u_{jk} & u_{jm}\\ u_{ki} & u_{kj} & u_{kk} & u_{km}\\ u_{mi} & u_{mj} & u_{mk} & u_{mm}\end{pmatrix}\begin{Bmatrix}\dfrac{\partial T_i}{\partial t}\\ \dfrac{\partial T_j}{\partial t}\\ \dfrac{\partial T_k}{\partial t}\\ \dfrac{\partial T_m}{\partial t}\end{Bmatrix} \tag{4.56}$$

式中，　$k_{ll} = \frac{C_1\lambda}{V}(b_l^2 + c_l^2 + d_l^2)$；$k_{ln} = k_{nl} = \frac{C_1\lambda}{V}(b_l b_n + c_l c_n + d_l d_n)$；$C_1 = \frac{1}{36}$；

$u_{ll} = C_2 V\rho C_p$；$C_2 = \frac{1}{10}$；$u_{ln} = u_{nl} = C_3 V\rho C_p$；$C_3 = \frac{1}{20}$；

$p_i = p_j = p_k = p_m = C_4 V q_v$；$C_4 = \frac{1}{4}$　（l，$n = i$，j，k，m，且 $l \neq n$）

4.2.4　第二类边界单元的离散化

第二类边界单元的导热有限单元方程为

$$J'_l = \iiint_V \lambda\left(\frac{\partial W_l}{\partial x}\frac{\partial T}{\partial x} + \frac{\partial W_l}{\partial y}\frac{\partial T}{\partial y} + \frac{\partial W_l}{\partial z}\frac{\partial T}{\partial z} - q_v W_l + \rho C_p W_l \frac{\partial T}{\partial t}\right)dV + \oiint_D q_2 W_l dS$$
$$(l = i,j,k,m) \tag{4.57}$$

如图 4.4 所示，四面体顶点 m 与平面 ijm，jkm，ikm 相关，实际解算过程中这 3 个面都可能处于边界上。因此，需要研究节点 m 所在面处于边界时的离散方程。

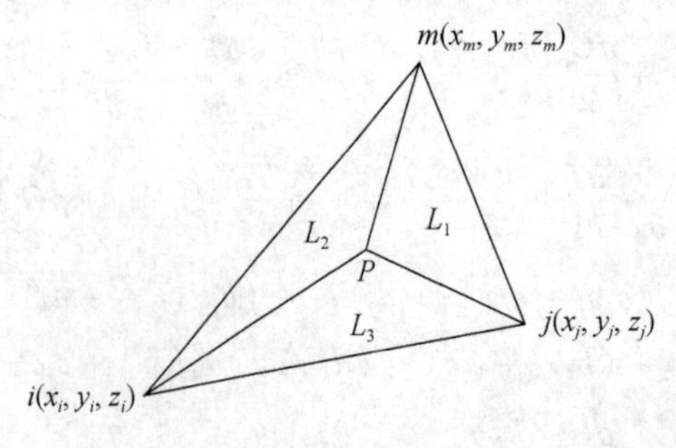

图 4.4　边界面 ijm

现假设三角形平面 ijm 处于第二类边界条件，则该平面上的温度与顶点 k 无关。4.2.3 节的插值函数适用于整个单元区域，当然也适用于单元边界。但对于平面 ijm 来说可以构建更为简单的温度差值函数。如图 4.4 所示，$\triangle ijm$ 面积为 S_{ijm}，P 为 $\triangle ijm$ 内以动点，将 P 点与 3 个顶点相连得到 3 个小三角形 $\triangle iPm$，$\triangle iPj$，$\triangle jPm$，其面积分别为 S_1，S_2，S_3，显然有

$$S_1 + S_2 + S_3 = S_{ijm} \tag{4.58}$$

$$S_{ijm} = \frac{1}{2}\sqrt{b_k^2 + c_k^2 + d_k^2} \tag{4.59}$$

现定义

$$\frac{S_1}{S_{ijm}} = L_1\text{；}\ \frac{S_2}{S_{ijm}} = L_2\text{；}\ \frac{S_3}{S_{ijm}} = L_3 \tag{4.60}$$

则有

$$\frac{S_1}{S_{ijm}} + \frac{S_2}{S_{ijm}} + \frac{S_3}{S_{ijm}} = L_1 + L_2 + L_3 = 1 \tag{4.61}$$

那么构造 $\triangle ijm$ 的温度差值函数为

$$T = \frac{S_1}{S_{ijm}}T_i + \frac{S_2}{S_{ijm}}T_j + \frac{S_3}{S_{ijm}}T_m = L_1 T_i + L_2 T_j + L_3 T_m \tag{4.62}$$

重新定义权重函数为

$$W_i = \frac{\partial T}{\partial T_i} = L_1\text{；}\ W_j = \frac{\partial T}{\partial T_j} = L_2\text{；}\ W_m = \frac{\partial T}{\partial T_m} = L_3 \tag{4.63}$$

由于顶点 k 与 Δijm 上的温度与无关，$W_k = 0$。

相关文献（Rao，1991）中给出了权重函数面积积分的计算公式：

$$\iint\limits_D L_1^{\alpha_1} L_2^{\alpha_2} L_3^{\alpha_3} \mathrm{d}S = \frac{\alpha_1!\ \alpha_2!\ \alpha_3!}{(\alpha_1 + \alpha_2 + \alpha_3 + 2)!} \cdot 2S \tag{4.64}$$

式中，α_1、α_2、α_3 分别为形函数 L_l 的幂次。

计算得到如下结果。

对于 J'_i：

$$\iint\limits_D q_2 W_i \mathrm{d}S = q_2 \iint\limits_D L_1 \mathrm{d}S = \frac{1}{3 \times 2 \times 1} \cdot 2S_{ijm} = \frac{q_2 S_{ijm}}{3} \tag{4.65}$$

对于 J'_j：

$$\iint\limits_D q_2 W_j \mathrm{d}S = q_2 \iint\limits_D L_2 \mathrm{d}S = \frac{1}{3 \times 2 \times 1} \cdot 2S_{ijm} = \frac{q_2 S_{ijm}}{3} \tag{4.66}$$

对于 J'_k：

$$\iint\limits_D q_2 W_k \mathrm{d}S = 0 \tag{4.67}$$

对于 J'_m：

$$\iint_D q_2 W_m \mathrm{d}S = q_2 \iint_D L_3 \mathrm{d}S = \frac{1}{3 \times 2 \times 1} \cdot 2S_{ijm} = \frac{q_2 S_{ijm}}{3} \tag{4.68}$$

第二类边界单元对于顶点 i、j、k、m 的贡献矩阵为

$$\begin{Bmatrix} J'_i \\ J_j' \\ J'_k \\ J'_m \end{Bmatrix} = \begin{pmatrix} k_{ii} & k_{ij} & k_{ik} & k_{im} \\ k_{ji} & k_{jj} & k_{jk} & k_{jm} \\ k_{ki} & k_{kj} & k_{kk} & k_{km} \\ k_{mi} & k_{mj} & k_{mk} & k_{mm} \end{pmatrix} \begin{Bmatrix} T_i \\ T_j \\ T_k \\ T_m \end{Bmatrix} - \begin{Bmatrix} p_i \\ p_j \\ p_k \\ p_m \end{Bmatrix} + \begin{pmatrix} u_{ii} & u_{ij} & u_{ik} & u_{im} \\ u_{ji} & u_{jj} & u_{jk} & u_{jm} \\ u_{ki} & u_{kj} & u_{kk} & u_{km} \\ u_{mi} & u_{mj} & u_{mk} & u_{mm} \end{pmatrix} \begin{Bmatrix} \dfrac{\partial T_i}{\partial t} \\ \dfrac{\partial T_j}{\partial t} \\ \dfrac{\partial T_k}{\partial t} \\ \dfrac{\partial T_m}{\partial t} \end{Bmatrix} + \begin{Bmatrix} s_i \\ s_j \\ s_k \\ s_m \end{Bmatrix} \tag{4.69}$$

式中，$k_{ll} = \frac{\lambda}{36V}(b_l^2 + c_l^2 + d_l^2)$；$k_{ln} = k_{nl} = \frac{\lambda}{36V}(b_l b_n + c_l c_n + d_l d_n)$；$u_{ll} = \frac{V}{10}\rho C_{\mathrm{p}}$；$u_{ln} = u_{nl} = \frac{V}{20}\rho C_{\mathrm{p}}$；$p_i = p_j = p_k = p_m = \frac{V}{4}q_{\mathrm{v}}$；$s_i = s_j = s_m = C_5 q_2 S_{ijm}$；$C_5 = \frac{1}{3}$；$s_k = 0$ （$l,n = i,j,k,m$，且 $l \neq n$）。

4.2.5 第三类边界单元的离散化

第三类边界单元的导热有限单元方程为

$$J''_l = \iiint_V \lambda \left(\frac{\partial W_l}{\partial x}\frac{\partial T}{\partial x} + \frac{\partial W_l}{\partial y}\frac{\partial T}{\partial y} + \frac{\partial W_l}{\partial z}\frac{\partial T}{\partial z} - q_{\mathrm{v}} W_l + \rho C_{\mathrm{p}} W_l \frac{\partial T}{\partial t} \right) \mathrm{d}V + \oint_D \alpha (T - T_{\mathrm{f}}) W_l \mathrm{d}S$$

$$(l = i,j,k,m) \tag{4.70}$$

若图 4.4 中的 $\triangle ijm$ 处于第三类边界条件，顶点 k 仍然与 $\triangle ijm$ 的温度无关，构造与第二类边界相同的温度差值函数为

$$T = L_1 T_i + L_2 T_j + L_3 T_m \tag{4.71}$$

权重函数为

$$W_i = \frac{\partial T}{\partial T_i} = L_1；\ W_j = \frac{\partial T}{\partial T_j} = L_2；\ W_k = \frac{\partial T}{\partial T_k} = 0；\ W_m = \frac{\partial T}{\partial T_m} = L_3 \tag{4.72}$$

可以计算得到。

对于 J''_i:

$$\begin{aligned} \oint_D \alpha (T - T_{\mathrm{f}}) W_i \mathrm{d}S &= \oint_D \alpha [(L_1 T_i + L_2 T_j + L_3 T_m) - T_{\mathrm{f}}] W_i \mathrm{d}S \\ &= \oint_D \alpha [(L_1^2 T_i + L_1 L_2 T_j + L_1 L_3 T_m) - L_1 T_{\mathrm{f}}] \mathrm{d}S \\ &= \alpha T_i \oint_D L_1^2 \mathrm{d}S + \alpha T_j \oint_D L_1 L_2 \mathrm{d}S + \alpha T_m \oint_D L_1 L_3 \mathrm{d}S - \alpha T_{\mathrm{f}} \oint_D L_1 \mathrm{d}S \\ &= \frac{\alpha S_{ijm}}{6} T_i + \frac{\alpha S_{ijm}}{12} T_j + \frac{\alpha S_{ijm}}{12} T_m - \frac{\alpha S_{ijm}}{3} T_{\mathrm{f}} \end{aligned} \tag{4.73}$$

对于 J''_j:

$$\oiint_D \alpha(T - T_f) W_j \mathrm{d}S = \oiint_D \alpha[(L_1T_i + L_2T_j + L_3T_m) - T_f] W_j \mathrm{d}S$$
$$= \oiint_D \alpha[(L_1L_2T_i + L_1^2T_j + L_2L_3T_m) - L_2T_f] \mathrm{d}S$$
$$= \frac{\alpha S_{ijm}}{12}T_i + \frac{\alpha S_{ijm}}{6}T_j + \frac{\alpha S_{ijm}}{12}T_m - \frac{\alpha S_{ijm}}{3}T_f \tag{4.74}$$

对于 J_k'':

$$\oiint_D \alpha(T - T_f) W_k \mathrm{d}S = \oiint_D \alpha[(L_1T_i + L_2T_j + L_3T_m) - T_f] W_k \mathrm{d}S = 0 \tag{4.75}$$

对于 J_m'' :

$$\oiint_D \alpha(T - T_f) W_m \mathrm{d}S = \oiint_D \alpha[(L_1T_i + L_2T_j + L_3T_m) - T_f] W_m \mathrm{d}S$$
$$= \oiint_D \alpha[(L_1L_3T_i + L_1L_3T_j + L_3^2T_m) - L_3T_f] \mathrm{d}S$$
$$= \frac{\alpha S_{ijm}}{12}T_i + \frac{\alpha S_{ijm}}{12}T_j + \frac{\alpha S_{ijm}}{6}T_m - \frac{\alpha S_{ijm}}{3}T_f \tag{4.76}$$

第三类边界单元对于顶点 i、j、k、m 的贡献矩阵为

$$\begin{Bmatrix} J_i'' \\ J_j'' \\ J_k'' \\ J_m'' \end{Bmatrix} = \begin{pmatrix} k_{ii} & k_{ij} & k_{ik} & k_{im} \\ k_{ji} & k_{jj} & k_{jk} & k_{jm} \\ k_{ki} & k_{kj} & k_{kk} & k_{km} \\ k_{mi} & k_{mj} & k_{mk} & k_{mm} \end{pmatrix} \begin{Bmatrix} T_i \\ T_j \\ T_k \\ T_m \end{Bmatrix} - \begin{Bmatrix} p_i \\ p_j \\ p_k \\ p_m \end{Bmatrix} + \begin{pmatrix} u_{ii} & u_{ij} & u_{ik} & u_{im} \\ u_{ji} & u_{jj} & u_{jk} & u_{jm} \\ u_{ki} & u_{kj} & u_{kk} & u_{km} \\ u_{mi} & u_{mj} & u_{mk} & u_{mm} \end{pmatrix} \begin{Bmatrix} \frac{\partial T_i}{\partial t} \\ \frac{\partial T_j}{\partial t} \\ \frac{\partial T_k}{\partial t} \\ \frac{\partial T_m}{\partial t} \end{Bmatrix} + \begin{Bmatrix} r_i \\ r_j \\ r_k \\ r_m \end{Bmatrix} \tag{4.77}$$

式中，$k_{ii} = \frac{\lambda}{36V}(b_i^2 + c_i^2 + d_i^2) + C_6\alpha S_{ijm}$； $k_{jj} = \frac{\lambda}{36V}(b_j^2 + c_j^2 + d_j^2) + C_6\alpha S_{ijm}$；

$k_{kk} = \frac{\lambda}{36V}(b_k^2 + c_k^2 + d_k^2)$； $k_{mm} = \frac{\lambda}{36V}(b_m^2 + c_m^2 + d_m^2) + C_6\alpha S_{ijm}$；

$k_{ij} = k_{ji} = \frac{\lambda}{36V}(b_ib_j + c_ic_j + d_id_j) + C_7\alpha S_{ijm}$； $k_{ik} = k_{ki} = \frac{\lambda}{36V}(b_ib_k + c_ic_k + d_id_k)$；

$k_{im} = k_{mi} = \frac{\lambda}{36V}(b_ib_m + b_ic_m + b_id_m) + C_7\alpha S_{ijm}$； $k_{jk} = k_{kj} = \frac{\lambda}{36V}(b_jb_k + c_jc_k + d_jd_k)$；

$k_{jm} = k_{mj} = \frac{\lambda}{36V}(b_jb_m + b_jc_m + b_jd_m) + C_7\alpha S_{ijm}$； $k_{km} = k_{mk} = \frac{\lambda}{36V}(b_kb_m + c_kc_m + d_kd_m)$；

$u_{ll} = \frac{V}{10}\rho C_p$； $u_{ln} = u_{nl} = \frac{V}{20}\rho C_p$； $p_i = p_j = p_k = p_m = \frac{V}{4}q_v$； $C_6 = \frac{1}{6}$； $C_7 = \frac{1}{12}$；

$r_i = r_j = r_m = - C_8\alpha S_{ijm}T_f$； $C_8 = \frac{1}{3}$； $r_k = 0$　($l, n = i, j, k, m$, 且 $l \neq n$)

4.2.6 有向曲面的热通量

温度场中的热流密度 $\boldsymbol{q}$ 是矢量（图4.5），表示为

$$\boldsymbol{q}=q_x\boldsymbol{i}+q_y\boldsymbol{j}+q_z\boldsymbol{k} \tag{4.78}$$

D 为温度场中的一有向曲面，面积为 S，q_x，q_y，q_z 在 D 上连续，单位时间内流经 D 的热流通量为 Φ，$\boldsymbol{n}$ 为 D 的单位法向量，取法线向量指向朝右，即取有向曲面 D 右侧为正侧。

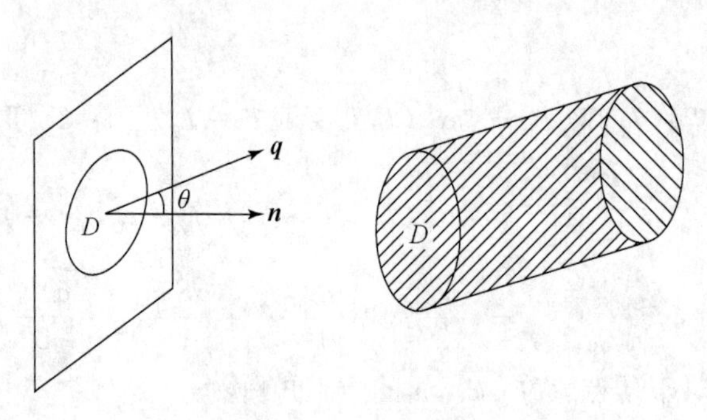

图4.5 热流通量

假设 D 上各点处的法向量方向相同，$\boldsymbol{q}$ 与 $\boldsymbol{n}$ 存在夹角 θ，热流通量 Φ 有以下几种可能。

当 $\theta<\pi/2$，$\Phi=S|\boldsymbol{q}|\cos\theta = S\boldsymbol{q}\cdot\boldsymbol{n}$，表示单位时间内流过 D 上侧的热量为 $S\boldsymbol{q}\cdot\boldsymbol{n}$。

当 $\theta=\pi/2$，$\Phi=S|\boldsymbol{q}|\cos\theta = S\boldsymbol{q}\cdot\boldsymbol{n}=0$，表示单位时间内流过 D 上侧的热量为0。

当 $\theta>\pi/2$，$\Phi=S|\boldsymbol{q}|\cos\theta = -S\boldsymbol{q}\cdot\boldsymbol{n}$，表示单位时间内流过 D 上侧的热量为 $-S\boldsymbol{q}\cdot\boldsymbol{v}$。

对于有向曲面 D，若其各点的法向量方向相同，则 $\boldsymbol{n}$ 可表示为

$$\boldsymbol{n}=\cos\alpha\boldsymbol{i}+\cos\beta\boldsymbol{j}+\cos\gamma\boldsymbol{k} \tag{4.79}$$

这里 $\cos\alpha$，$\cos\beta$，$\cos\gamma$ 分别为 D 的法线方向与 x，y，z 轴夹角 α，β，γ 的余弦，那么可以用曲面积分来表示单位时间内 $\boldsymbol{q}$ 流经曲面 D 上侧的总热通量 Φ：

$$\begin{aligned}\Phi &= \iint_D \boldsymbol{q}\cdot\boldsymbol{n}\mathrm{d}S\\ &= \iint_D (q_x\cos\alpha + q_y\cos\beta + q_z\cos\gamma)\mathrm{d}S\\ &= \iint_D q_x\cos\alpha\mathrm{d}S + \iint_D q_y\cos\beta\mathrm{d}S + \iint_D q_z\cos\gamma\mathrm{d}S\end{aligned} \tag{4.80}$$

设 D_{xy} 为 D 在 xoy 上的投影，则有

$$\iint_D q_z\cos\gamma\mathrm{d}S = \pm\iint_{D_{xy}} q_z\mathrm{d}x\mathrm{d}y \tag{4.81}$$

式中，当曲面积分取 D 上侧时，$\cos\gamma>0$，取正号；当 D 取下侧时，$\cos\gamma<0$，取负号。

同理可得

$$\begin{cases}\iint\limits_{D} q_x\cos\alpha \mathrm{d}S = \pm \iint\limits_{D_{yz}} q_x \mathrm{d}y\mathrm{d}z \\ \iint\limits_{D} q_y\cos\beta \mathrm{d}S = \pm \iint\limits_{D_{xz}} q_y \mathrm{d}x\mathrm{d}z\end{cases} \tag{4.82}$$

当有向曲面 D 被任意划分为 n 个小块曲面，其中第 i 个小曲面的面积为 ΔS_i，则单位时间内流经 D 的热流通量 $\boldsymbol{\Phi}$ 为

$$\begin{aligned}\boldsymbol{\Phi} &= \iint\limits_{D} \boldsymbol{q}\cdot\boldsymbol{n}\mathrm{d}S \\ &= \iint\limits_{D} q_x\cos\alpha\mathrm{d}S + \iint\limits_{D} q_y\cos\beta\mathrm{d}S + \iint\limits_{D} q_z\cos\gamma\mathrm{d}S \\ &= \sum_{i=1}^{n}(q_x\cos\alpha\Delta S_i + q_y\cos\beta\Delta S_i + q_z\cos\gamma\Delta S_i)\end{aligned} \tag{4.83}$$

设 ΔS_i在 yoz，xoz，xoy 上的投影面积依次为 $(\Delta S_i)_{yz}$，$(\Delta S_i)_{xz}$，$(\Delta S_i)_{xy}$，则其在 x，y，z 轴方向的热流通量面积为

$$\begin{cases}\cos\alpha\Delta S_i = \pm(\Delta S_i)_{yz} \\ \cos\beta\Delta S_i = \pm(\Delta S_i)_{xz} \\ \cos\gamma\Delta S_i = \pm(\Delta S_i)_{xy}\end{cases} \tag{4.84}$$

式中，当夹角的余弦值为正时，取正号；反之，当夹角的余弦值为负时，取负号。

可以看出，在坐标系中求有向曲面 ΔS_i的通量面积时，要考虑其上、下侧，也就是正负号的问题。实际求解过程中，若能利用空间向量的相关知识将会大大简化夹角余弦值的求解过程。本节提出了一种更简单实用的夹角余弦计算方法，即利用空间向量积来计算空间平面三角形的法向量和面积，再将其代入夹角余弦计算公式，得到空间三角形与任意坐标轴的夹角余弦值。

以下是详细求解过程。

对于 ΔS_i来说，其法向量可以通过三角形上两条边的向量积来表示。如图 4.6 所示，有空间三角形 ABC，边 $\boldsymbol{AB}$ 与 $\boldsymbol{AC}$ 为向量，$\boldsymbol{n}$ 为△ABC 平面的法向量，要注意的是，在用向量积计算三角形的法向量时，其方向应与规定的法线方向保持一致。

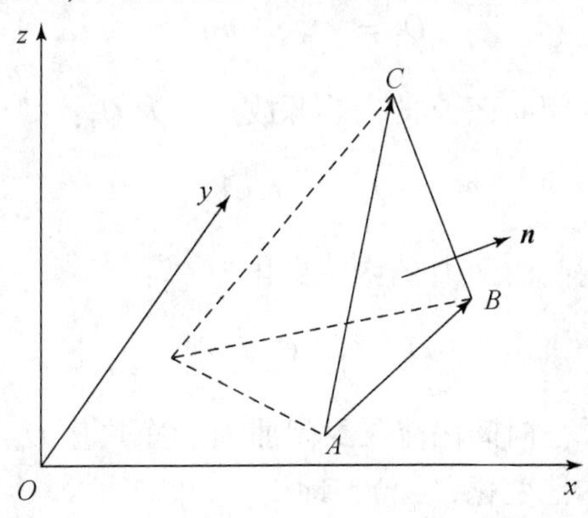

图 4.6　空间三角形

$\triangle ABC$ 平面的法向量 $\boldsymbol{n}$ 可以表示为

$$\boldsymbol{n} = \boldsymbol{AB} \times \boldsymbol{AC} = l_x\boldsymbol{i} + l_y\boldsymbol{j} + l_z\boldsymbol{k} \tag{4.85}$$

即，$\boldsymbol{n}$（l_x，l_y，l_z）为 ΔS_i的法向量，其向量模为

$$|\boldsymbol{n}| = \sqrt{l_x^2 + l_y^2 + l_z^2} \tag{4.86}$$

利用向量积的计算结果，ΔS_i的面积可表示为

$$\Delta S_i = \frac{1}{2}\sqrt{l_x^2 + l_y^2 + l_z^2} \tag{4.87}$$

则 ΔS_i的法向量与 z 轴的夹角的余弦值为

$$\cos\gamma = \frac{l_z}{\sqrt{l_x^2 + l_y^2 + l_z^2}} = \frac{l_z}{2\Delta S_i} \tag{4.88}$$

代入式（4.84）得到 z 轴方向的热流通量面积为

$$\cos\gamma \Delta S_i = \frac{l_z}{2\Delta S_i} \cdot \Delta S_i = \frac{l_z}{2} \tag{4.89}$$

同理可计算 x，y 轴方向的热流通量面积为

$$\begin{cases} \cos\alpha \Delta S_i = \dfrac{l_x}{2\Delta S_i} \cdot \Delta S_i = \dfrac{l_x}{2} \\ \cos\beta \Delta S_j = \dfrac{l_y}{2\Delta S_i} \cdot \Delta S_j = \dfrac{l_y}{2} \end{cases} \tag{4.90}$$

4.2.7 导热积分方程的推导

设有温度场 $T(A,t) = T(x,y,z,t)$，A 为温度场中任意一点，取包含 A 的任意封闭曲面 D（以四面体为例），所包围的体积为 V、边界面积为 D。封闭曲面是有向曲面，有内侧和外侧之分，现规定封闭曲面的外侧为正侧，则封闭曲面的法线方向朝外，那么流入封闭曲面的热流密度 $\boldsymbol{q}$ 的方向与法线方向相反。任取封闭曲面上的面积微元 $\mathrm{d}S$ 分析，单位时间内流入流出封闭曲面 D 的热量差为 Q_1（与流入方向相同、法线方向相反）：

$$Q_1 = -\oiint_D \boldsymbol{q} \cdot \boldsymbol{n}\mathrm{d}S \tag{4.91}$$

同时，单位时间内，封闭曲面 D 的内热源放热量为 Q_2：

$$Q_2 = \iiint_V q_{\mathrm{v}}\mathrm{d}V \tag{4.92}$$

同时，单位时间内，封闭曲面 D 的内能变化为 Q_3：

$$Q_3 = \iiint_V \rho C_{\mathrm{p}} \frac{\partial T}{\partial t}\mathrm{d}V \tag{4.93}$$

根据能量守恒原理，单位时间内流入封闭曲面的净热量 Q_1与内热源放热量 Q_2之和等于单位时间内的封闭曲面内能变化（Q_3），即

$$Q_1 + Q_2 = Q_3 \tag{4.94}$$

把式（4.91）~式（4.93）代入式（4.94），得

$$-\oint\!\!\!\!\!\!\!\!\iint_D \boldsymbol{q}\cdot\boldsymbol{n}\mathrm{d}S+\iiint_V q_{\mathrm{v}}\mathrm{d}V=\iiint_V \rho C_{\mathrm{p}}\frac{\partial T}{\partial t}\mathrm{d}V \tag{4.95}$$

$$-\oint\!\!\!\!\!\!\!\!\iint_D (q_x\cos\alpha+q_y\cos\beta+q_z\cos\gamma)\mathrm{d}S+\iiint_V q_{\mathrm{v}}\mathrm{d}V=\iiint_V \rho C_{\mathrm{p}}\frac{\partial T}{\partial t}\mathrm{d}V \tag{4.96}$$

式中，$\boldsymbol{q}$ 为热流密度，与封闭曲面 D 的外法线平行，但方向相反，W/m^2。

根据傅里叶定律，在三维空间直角坐标系内，热流密度可以用沿 x、y、z 轴方向的分量为

$$\begin{cases} q_x=-\lambda\dfrac{\partial T}{\partial x}\\ q_y=-\lambda\dfrac{\partial T}{\partial y}\\ q_z=-\lambda\dfrac{\partial T}{\partial z}\end{cases} \tag{4.97}$$

将式（4.97）代入式（4.96）为

$$\lambda\oint\!\!\!\!\!\!\!\!\iint_D\left(\frac{\partial T}{\partial x}\cos\alpha+\frac{\partial T}{\partial y}\cos\beta+\frac{\partial T}{\partial z}\cos\gamma\right)\mathrm{d}S+\iiint_V q_{\mathrm{v}}\mathrm{d}V=\iiint_V \rho C_{\mathrm{p}}\frac{\partial T}{\partial t}\mathrm{d}V \tag{4.98}$$

式（4.98）就是导热的积分方程。

另外，根据 4.1 节中的导热微分方程可以推导出：

$$\frac{\partial}{\partial x}\left(\lambda\frac{\partial T}{\partial x}\right)+\frac{\partial}{\partial y}\left(\lambda\frac{\partial T}{\partial y}\right)+\frac{\partial}{\partial z}\left(\lambda\frac{\partial T}{\partial z}\right)+q_{\mathrm{v}}=\rho C_{\mathrm{p}}\frac{\partial T}{\partial t} \tag{4.99}$$

对微分方程式（4.9）在封闭曲面区域内进行三重积分得

$$\lambda\iiint_V\left[\frac{\partial}{\partial x}\left(\frac{\partial T}{\partial x}\right)+\frac{\partial}{\partial y}\left(\frac{\partial T}{\partial y}\right)+\frac{\partial}{\partial z}\left(\frac{\partial T}{\partial z}\right)\right]\mathrm{d}V+\iiint_V q_{\mathrm{v}}\mathrm{d}V=\iiint_V \rho C_{\mathrm{p}}\frac{\partial T}{\partial t}\mathrm{d}V \tag{4.100}$$

由高斯定理得

$$\lambda\oint\!\!\!\!\!\!\!\!\iint_D\left(\frac{\partial T}{\partial x}\cos\alpha+\frac{\partial T}{\partial y}\cos\beta+\frac{\partial T}{\partial z}\cos\gamma\right)\mathrm{d}S+\iiint_V q_{\mathrm{v}}\mathrm{d}V=\iiint_V \rho C_{\mathrm{p}}\frac{\partial T}{\partial t}\mathrm{d}V \tag{4.101}$$

可见，导热微分方程经过三重积分与高斯定理变换后，能得到与导热积分方程相同的导热公式。

4.2.8 边界条件

与导热微分方程的边界条件一样，积分方程的边界条件如下。

第一类边界条件：

$$T|_D=T_{\mathrm{w}}$$

$$\text{或}T|_D=f(x,y,z,t) \tag{4.102}$$

第二类边界条件：

$$-\lambda\frac{\partial T}{\partial n}\Big|_D=q_2$$

$$\text{或}-\lambda\frac{\partial T}{\partial n}\Big|_D=g(x,y,z,t) \tag{4.103}$$

第三类边界条件：

$$-\lambda\frac{\partial T}{\partial n}\Big|_D=\alpha(T-T_f)\Big|_D \tag{4.104}$$

4.3　有限体积法离散

有限体积法又称为控制体积法，是20世纪60年代后逐步发展起来的计算方法，也是一种典型的守恒型问题的离散方法。作为当前求解偏微分方程数值解的重要方法，有限体积法一方面具有有限单元方法的灵活性，即积分网格单元划分较为灵活，不单是四边形单元或者三角形单元，有人采用任意多边形单元求解浅水方程也得到了较为理想的结果，而且适用于处理复杂区域及边界问题；另一方面，其最重要的性质是，在保持质量、动量、能量等物理量守恒的同时，又类似于有限差分方法离散，简单易于计算。一般而言，可以将有限体积方法看作介于有限单元和有限差分方法的第三类离散方法，也被称为积分有限差分方法、盒式方法或广义差分方法，因而它在很多实际计算和理论研究中越来越受到人们的重视，广泛应用于科学工程计算领域中，如流体力学、热传导、物质运移及石油工业等。

利用有限体积法生成离散方程的原理比较简单，可以看作微分方程在应用加权余量法时令权函数 $W_i=1$ 而推导出的积分方程，因而属于加权余量法中的子区域法。但积分方程物理意义发生了变化，首先积分区域是与节点相关的控制容积；其次积分方程表述的物理意义是控制容积的通量平衡。利用有限体积法离散的方程的物理意义是待求变量在控制体积中守恒，类似微分方程表示待求变量在无限小的控制体积中的守恒原理。有限体积法的积分守恒性在任一控制体内都得到满足，因而在整个计算区域上也是满足的。

有限体积法也是一种近似的求解方法。首先，将计算区域划分为有限个相互独立的单元；其次，在节点所相关的各单元内划分控制容积，形成以节点为中心的封闭的控制体，而每个网格单元内所含有的部分控制体成为单元控制体，对待解微分方程在控制体区域内积分得到有限体积积分方程；再次，在单元控制体中选择合适的插值函数，计算每个单元控制体对各网格单元顶点的积分方程的“贡献”，从而将有限体积积分方程改写为插值函数系数与顶点值所组成的表达式；最后在计算区域内将各单元控制体对共用顶点的“贡献”进行总体合成，完成待解积分方程的离散。选取的控制体划分方案不同，得到的有限体积离散方程的各项系数也是不同的，而这些系数直接决定计算的精度。因此选择合理的有限体积法划分方案是使用有限体积法的关键步骤。

4.3.1　四面体网格节点的控制体

本节采用的是结构化网格划分，在利用四面体对空间体划分网格时，先要在空间体上剖分出六面体，然后再在六面体内划分四面体。对任意六面体，如图4.7（a）所示，过顶点 m 可以划分6个四面体，如此，每一个四面体就是一个网格单元，每一个四面体单元与4个顶点（节点）相关联，如图4.7（b）~（d）所示。

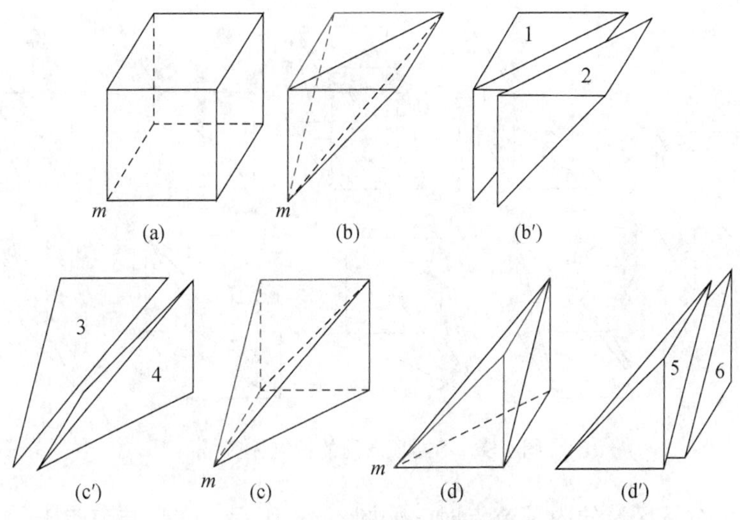

图4.7　六面体内划分四面体

对于任意空间四面体单元 $ijkm$ 而言，过其重心作与底面 $\triangle ijk$ 相平行的平面，分别与边 mi，mj，mk 相交于点 A_m，B_m，C_m，得到 $\triangle A_mB_mC_m$，且 $mA_m : A_mi = mB_m : B_mj = mC_m : C_mk = 3:1$，$\triangle A_mB_mC_m : \triangle ijk = 9:16$。则小四面体 $mA_mB_mC_m$ 是顶点 m 在四面体单元 $ijkm$ 内的控制体，称为顶点 m 的单元控制体，如图4.8所示。相同的划分方法，可以得到四面体内顶点 i，j，k 的单元控制体。

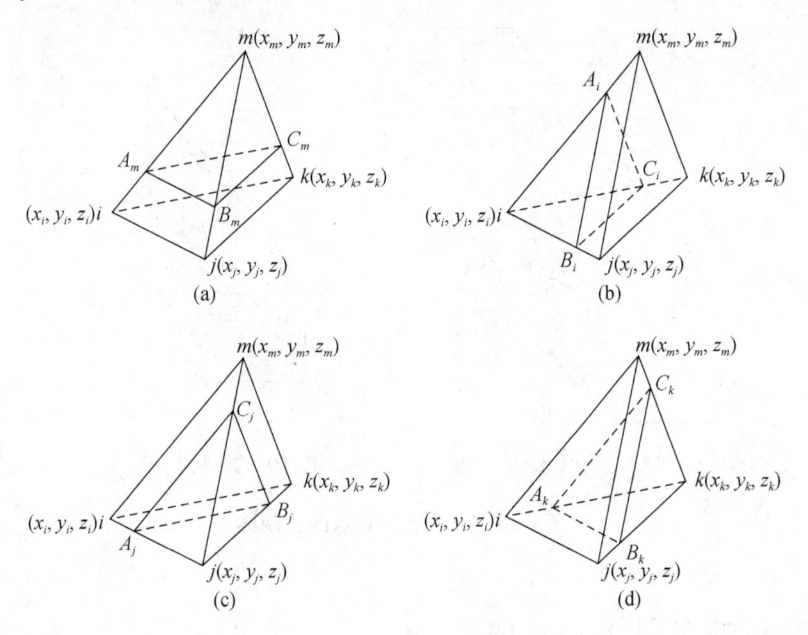

图4.8　四面体的单元控制

上述对四面体中任意一个顶点进行了单元控制体划分，但在空间解算区域里，节点 P 是24个四面体单元共有的，即节点 P 与24个四面体相关联。如图4.9所示，当 P 处于六面体的不同顶点位置时，对其所关联的控制体区域进行了划分。

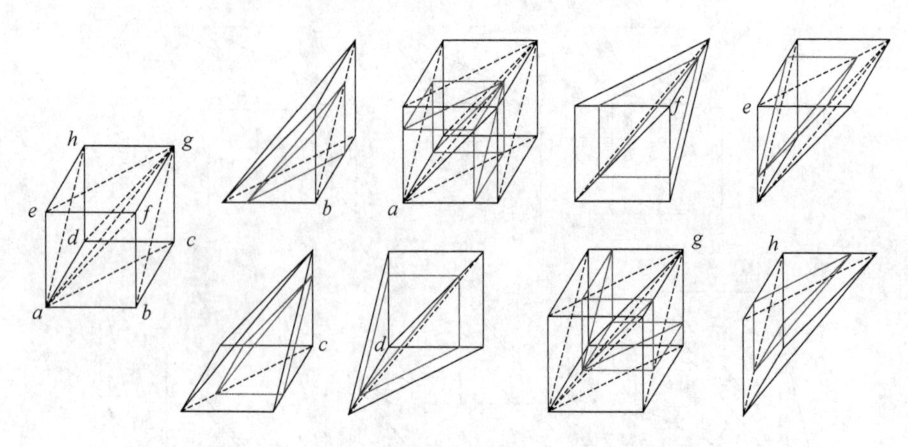

图 4.9　不同顶点处的控制体区域

当节点 P 为解算区域的内部节点时，如图 4.10 所示，它只与节点 1～14 相邻，则与 P 点关联的四面体单元共 24 个，关联到区域如图 4.10（a）所示。在关联的四面体单元内以 P 为顶点划分单元控制体，共 24 个，再对所有单元控制体进行总体合成，得到封闭曲面 $ABCDEFGHIJKLMN$，称为节点 P 点的控制体，如图 4.10（b）所示。如此，图 4.8（a）中的 $\triangle A_mB_mC_m$ 是控制体的通量边界，而 $\triangle mB_mC_m$，$\triangle A_mmC_m$，$\triangle A_mB_mm$ 则是控制体的内部边界，在计算总通量时不需要考虑。

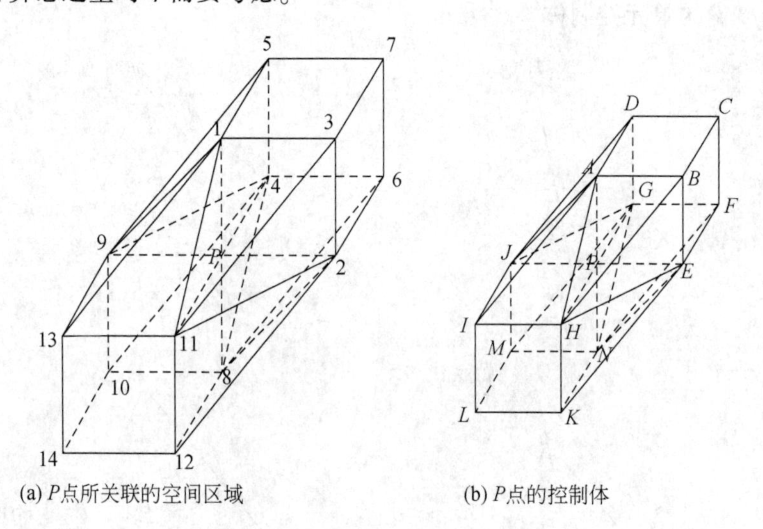

图 4.10　内部节点 P 点的控制体

4.3.2　导热的有限体积方程

图中 4.10 中，顶点 P 的控制体为封闭曲面 $ABCDEFGHIJKLMN$，所围体积为 V、边界面积为 D。在该控制体（区域）内对导热微分方程进行积分，可以得到 4.3 节中导热积分方程，即

$$\oiint_D (q_x\cos\alpha + q_y\cos\beta + q_z\cos\gamma)\mathrm{d}S - \iiint_V q_\mathrm{v}\mathrm{d}V + \iiint_V \rho C_\mathrm{p}\frac{\partial T}{\partial t}\mathrm{d}V = 0 \tag{4.105}$$

控制体 *ABCDEFGHIJKLMN* 中共有 24 个以 P 点为顶点的小四面体，每个小四面体都是一个单元，用 e 表示。根据积分定义，式（4.105）可以离散为

$$\sum_{e=1}^{24}(q_x\cos\alpha + q_y\cos\beta + q_z\cos\gamma)\Delta S - \sum_{e=1}^{24}q_\mathrm{v}\Delta V + \sum_{e=1}^{24}\rho C_\mathrm{p}\frac{\partial \bar{T}}{\partial t}\Delta V = 0 \tag{4.106}$$

式中，ΔS 为单元 e 的边界面积，m^2；ΔV 为单元 e 的体积，m^3。

将式（4.106）推广到一般情况，设空间体内任意一节点 l，与 n 个四面体单元相关联，是这 n 个四面体单元的公共顶点，则控制体区域的能量守恒方程为

$$\sum_{e=1}^{n}(q_x\cos\alpha + q_y\cos\beta + q_z\cos\gamma)\Delta S - \sum_{e=1}^{n}q_\mathrm{v}\Delta V + \sum_{e=1}^{n}\rho C_\mathrm{p}\frac{\partial \bar{T}}{\partial t}\Delta V = 0 \tag{4.107}$$

式（4.107）就是导热的有限体积方程。简写为

$$\sum_{e=1}^{n}J_l = 0(l = 1,2,\cdots,n) \tag{4.108}$$

式（4.108）说明，任意节点在其控制体区域内的能量守恒方程（质量守恒方程），可以分解为所有单元控制体对该节点能量方程的贡献之和。也就是说，控制体中的每个单元控制体都对该节点的能量方程有一个贡献。对于四面体单元来说，在该节点的控制体内，每个顶点的单元控制体都对该顶点有一个贡献，因而分别计算每个顶点的单元控制体对该顶点的贡献，以完成导热方程在控制体区域的离散。

将 4.2.8 节中的边界条件代入式（4.106）得到不同边界条件下四面体网格的导热有限体积方程。

（1）对于第一类边界条件，$T|_D$为已知常数，则控制体区域的能量平衡方程为

$$\sum_{e=1}^{n}(q_x\cos\alpha + q_y\cos\beta + q_z\cos\gamma)\Delta S - \sum_{e=1}^{n}q_\mathrm{v}\Delta V + \sum_{e=1}^{n}\rho C_\mathrm{p}\frac{\partial \bar{T}}{\partial t}\Delta V = 0 \tag{4.109}$$

则四面体的单元控制体对 l 点能量方程的贡献 J_l为

$$J_l = (q_x\cos\alpha + q_y\cos\beta + q_z\cos\gamma)\Delta S - q_\mathrm{v}\Delta V + \rho C_\mathrm{p}\frac{\partial \bar{T}}{\partial t}\Delta V(l = i,j,k,m) \tag{4.110}$$

（2）对于第二类边界条件，即边界面 D'上的热流密度 q_2已知，则单位时间内，外界环境导入与导出控制体的净热量 Q_4为

$$Q_4 = -\oiint_{D'} q_2\mathrm{d}S \tag{4.111}$$

则第二类边界下的导热积分方程为

$$-\oiint_D \boldsymbol{q}\cdot\boldsymbol{n}\mathrm{d}S + \iiint_V q_\mathrm{v}\mathrm{d}S - \oiint_{D'} q_2\mathrm{d}S = \iiint_V \rho C_\mathrm{p}\frac{\partial T}{\partial t}\mathrm{d}V \tag{4.112}$$

得到第二类边界控制体区域的能量平衡方程为

$$\sum_{e=1}^{n}(q_x\cos\alpha + q_y\cos\beta + q_z\cos\gamma)\Delta S - \sum_{e=1}^{n}q_\mathrm{v}\Delta V + \sum_{e=1}^{n}\rho C_\mathrm{p}\frac{\partial \bar{T}}{\partial t}\Delta V + \sum_{e=1}^{n}q_2\Delta S' = 0 \tag{4.113}$$

式中，$\Delta S'$为边界单元 e 的边界面积，m^2。

则边界四面体的单元控制体对节点 l 能量方程的贡献 J'_l 为

$$J'_l = (q_x\cos\alpha + q_y\cos\beta + q_z\cos\gamma)\Delta S - q_v\Delta V + \rho C_p \frac{\partial \bar{T}}{\partial t}\Delta V + q_2\Delta S' \quad (l = i,j,k,m) \tag{4.114}$$

(3) 对于第三类边界条件，即外界环境温度 T_f 与换热系数 α 已知，则单位时间内外界环境导入与导出控制体的净热量 Q'_4 为

$$Q'_4 = -\oint\!\!\!\oint_{D'} \alpha(\bar{T}_{D'} - T_f)\,dS \tag{4.115}$$

式中，$\bar{T}_{D'}$ 为边界面 D' 平均温度，℃。

则第三类边界下的导热积分方程为

$$-\oint\!\!\!\oint_D (q_x\cos\alpha + q_y\cos\beta + q_z\cos\gamma)\,dS + \iiint_V q_v\,dS - \oint\!\!\!\oint_{D'} \alpha(\bar{T}_{D'} - T_f)\,dS = \iiint_V \rho C_p \frac{\partial T}{\partial t}dV \tag{4.116}$$

得到第三类边界控制体的能量平衡方程为

$$\sum_{e=1}^{n}(q_x\cos\alpha + q_y\cos\beta + q_z\cos\gamma)\Delta S - \sum_{e=1}^{n} q_v\Delta V + \sum_{e=1}^{n}\rho C_p \frac{\partial \bar{T}}{\partial t}\Delta V + \sum_{e=1}^{n}\alpha(\bar{T}_{D'} - T_f)\Delta S' = 0 \tag{4.117}$$

则边界四面体的单元控制体对 l 点能量方程的贡献 J''_l 为

$$J''_l = (q_x\cos\alpha + q_y\cos\beta + q_z\cos\gamma)\Delta S - q_v\Delta V + \rho C_p \frac{\partial \bar{T}}{\partial t}\Delta V + \alpha(\bar{T}_{D'} - T_f)\Delta S' \quad (l = i,j,k,m) \tag{4.118}$$

4.3.3 插值函数

任取四面体单元，其顶点依次为 $i\ (x_i, y_i, z_i)$，$j\ (x_j, y_j, z_j)$，$k\ (x_k, y_k, z_k)$，$m\ (x_m, y_m, z_m)$，温度场中节点的值分别为 T_i，T_j，T_k，T_m。设单元中温度 T 沿 3 个轴方向均成线性变化，则可以用 T_i，T_j，T_k，T_m 来表示单元温度 T，推导过程见 4.2.3 节，关系式如下：

$$T = \frac{1}{6V}[(a_i + b_i x + c_i y + d_i z)T_i + (a_j + b_j x + c_j y + d_j z)T_j + (a_k + b_k x + c_k y + d_k z)_k T_k + (a_m + b_m x + c_m y + d_m z)T_m] \tag{4.119}$$

简写为

$$T = N_i T_i + N_j T_j + N_k T_k + N_m T_m \tag{4.120}$$

且有

$$N_l = \frac{1}{6V}(a_l + b_l x + c_l y + d_l z) \quad (l = i,\ j,\ k,\ m) \tag{4.121}$$

根据傅里叶定律，并对式（4.119）求偏导数，可得

$$
\begin{cases}
q_x = -\lambda \dfrac{\partial T}{\partial x} = -\dfrac{\lambda}{6V}[b_iT_i + b_jT_j + b_kT_k + b_mT_m] \\
q_y = -\lambda \dfrac{\partial T}{\partial y} = -\dfrac{\lambda}{6V}[c_iT_i + c_jT_j + c_kT_k + c_mT_m] \\
q_z = -\lambda \dfrac{\partial T}{\partial z} = -\dfrac{\lambda}{6V}[d_iT_i + d_jT_j + d_kT_k + d_mT_m]
\end{cases} \tag{4.122}
$$

4.3.4 第一类边界及内部单元控制体的离散化

依据4.3.2节中的四面体控制体圈划方法，过四面体重心作与底面$\triangle ijk$相平行的平面，分别与边mi，mj，mk相交于点A，B，C，且$mA:Ai = mB:Bj = mC:Ck = 3:1$，得到小四面体$mABC$，如图4.11所示，它是节点$m$的控制体的24个单元中的某一个单元，称为单元控制体。根据4.3.3节所述，单元控制体$mABC$对m点能量方程的贡献J_m为

$$
J_m = (q_x\cos\alpha + q_y\cos\beta + q_z\cos\gamma)\Delta S_{ABC} - q_v\Delta V_{mABC} + \rho C_p \frac{\partial \bar{T}}{\partial t}\Delta V_{mABC} \tag{4.123}
$$

式中，ΔS_{ABC}为单元控制体$mABC$的边界面；V_{mABC}为单元控制体$mABC$的体积。

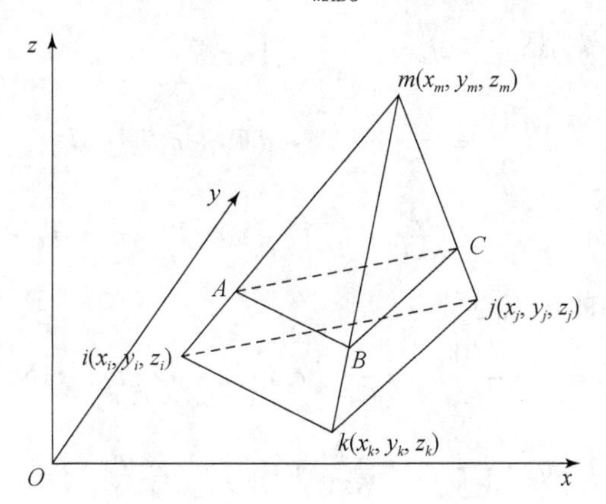

图4.11　m点的单元控制体

由比例关系可得平面$\triangle ABC$的面积为

$$
\Delta S_{ABC} = \frac{9}{16}\Delta S_{ijk} \tag{4.124}
$$

4.2.8节中规定了封闭曲面D的法线方向指向朝外，则$\triangle ijk$所在平面的法向量指向朝下。为了与该法线方向一致，Δijk的法线向量$\boldsymbol{n}$用向量积表示为

$$
\begin{aligned}
\boldsymbol{n} = \boldsymbol{ki} \times \boldsymbol{jk} &= \begin{vmatrix} i & j & k \\ x_i - x_k & y_i - y_k & z_i - z_k \\ x_k - x_j & y_k - y_j & z_k - z_j \end{vmatrix} \\
&= [(y_i - y_k)(z_k - z_j) - (y_k - y_j)(z_i - z_k),\ -(x_i - x_k)(z_k - z_j) + (x_k - x_j)(z_i - z_k), \\
&\quad (x_i - x_k)(y_k - y_j) - (x_k - x_j)(y_i - y_k)] \\
&= (-b_m,\ -c_m,\ -d_m)
\end{aligned} \tag{4.125}
$$

式中，b_m，c_m，d_m的实际值可以为正值也可以是负值，但其前面跟有负号。这里采用了$\boldsymbol{n} = \boldsymbol{ki} \times \boldsymbol{jk}$ 求△ijk 的法向量，事实上 $\boldsymbol{n} = \boldsymbol{ik} \times \boldsymbol{ji}$，$\boldsymbol{n} = \boldsymbol{ji} \times \boldsymbol{kj}$ 的计算结果都为 $\boldsymbol{n} = (-b_m, -c_m, -d_m)$。

△ijk 的法线向量 $\boldsymbol{n}$ 的模为

$$|\boldsymbol{n}| = \sqrt{(-b_m)^2 + (-c_m)^2 + (-d_m)^2} = \sqrt{b_m^2 + c_m^2 + d_m^2} \tag{4.126}$$

而△ijk 的面积可以表示为

$$\Delta S_{ijk} = \frac{1}{2}\sqrt{(-b_m)^2 + (-c_m)^2 + (-d_m)^2} = \frac{1}{2}\sqrt{b_m^2 + c_m^2 + d_m^2} \tag{4.127}$$

则有

$$|\boldsymbol{n}| = 2\Delta S_{ijk} \tag{4.128}$$

平面△ABC 与平面△ijk 相平行，则这两个三角形平面的法向量方向相同，其与 z 轴夹角的余弦值也相同。根据 4.2.7 节介绍的夹角余弦计算方法，可得

$$\cos\gamma\Delta S_{ABC} = \frac{-d_m}{|\boldsymbol{n}|}\cdot\Delta S_{ABC} = \frac{-d_m}{2\Delta S_{ijk}}\cdot\Delta S_{ABC} = \frac{-d_m}{2\Delta S_{ijk}}\cdot\frac{9}{16}\Delta S_{ijk} = -\frac{9}{32}d_m \tag{4.129}$$

可以得到 z 轴方向的热流通量为

$$\begin{aligned} q_z\cos\gamma\Delta S_{ABC} &= q_z\cdot\left(-\frac{9}{32}d_m\right) \\ &= -\frac{\lambda}{6V}[d_iT_i + d_jT_j + d_kT_k + d_mT_m]\cdot\left(-\frac{9}{32}d_m\right) \\ &= \frac{3\lambda}{64V}[d_id_mT_i + d_jd_mT_j + d_kd_mT_k + d_m^2T_m] \end{aligned} \tag{4.130}$$

同理，得到 x，y 轴方向的热流通量为

$$q_x\cos\alpha\Delta S_{ABC} = q_x\cdot -\frac{9}{32}b_m = \frac{3\lambda}{64V}[b_ib_mT_i + b_jb_mT_j + b_kb_mT_k + b_m^2T_m] \tag{4.131}$$

$$q_y\cos\beta\Delta S_{ABC} = q_y\cdot -\frac{9}{32}c_m = \frac{3\lambda}{64V}[c_ic_mT_i + c_jc_mT_j + c_kc_mT_k + c_m^2T_m] \tag{4.132}$$

则顶点 m 在控制单元边界上的热流通总量为

$$\begin{aligned} \Phi_m &= q_x\cos\alpha\Delta S_{ABC} + q_y\cos\beta\Delta S_{ABC} + q_z\cos\gamma\Delta S_{ABC} \\ &= \frac{3\lambda}{64V}[(b_ib_m + c_ic_m + d_id_m)T_i + (b_jb_m + c_jc_m + d_jd_m)T_j \\ &\quad + (b_kb_m + c_kc_m + d_kd_m)T_k + (b_m^2 + c_m^2 + d_m^2)T_m] \end{aligned} \tag{4.133}$$

由图 4.11 中的单元控制体 $mABC$ 的体积为

$$\Delta V_{mABC} = \frac{27}{64}\Delta V \tag{4.134}$$

则单元控制体 $mABC$ 的内热源为

$$q_vV_{mABC} = q_v\frac{27}{64}V \tag{4.135}$$

由于 A，B，C 点分别位于 mi，mj，mk 之间的 3/4 处，由温度插值函数来计算单元控制体内的平均温度，得

$$T_A = \frac{3T_i + T_m}{4},\ T_B = \frac{3T_j + T_m}{4},\ T_C = \frac{3T_k + T_m}{4} \tag{4.136}$$

则单元控制体 $mABC$ 内的平均温度值为

$$\bar{T} = \frac{1}{4}(T_m + T_A + T_B + T_C) = \frac{1}{16}(3T_i + 3T_j + 3T_k + 7T_m) \tag{4.137}$$

则单元控制体 $mABC$ 内的平均温度值为

$$\rho C_{\mathrm{p}} \frac{\partial \bar{T}}{\partial t}\Delta V_{mABC} = \frac{27}{64}\rho C_{\mathrm{p}} \frac{\partial \bar{T}}{\partial t} V = \frac{81V}{1024}\rho C_{\mathrm{p}}\left(\frac{\partial T_i}{\partial t} + \frac{\partial T_j}{\partial t} + \frac{\partial T_k}{\partial t} + \frac{7}{3}\frac{\partial T_m}{\partial t}\right) \tag{4.138}$$

综上所述，单元控制体 $mABC$ 对 m 点能量方程的贡献 J_m 为

$$\begin{aligned} J_m &= q_x \cos\alpha \Delta S_{ABC} + q_y \cos\beta \Delta S_{ABC} + q_z \cos\gamma \Delta S_{ABC} - q_v V_{mABC} + \rho C_p \frac{\partial \bar{T}}{\partial t} V_{mABC} \\ &= \frac{3\lambda}{64V}[(b_i b_m + c_i c_m + d_i d_m)T_i + (b_j b_m + c_j c_m + d_j d_m)T_j + (b_k b_m + c_k c_m + d_k d_m)T_k \\ &\quad + (b_m^2 + c_m^2 + d_m^2)T_m] - \frac{27q_{\mathrm{v}}V}{64} + \frac{81V}{1024}\rho C_{\mathrm{p}}\left(\frac{\partial T_i}{\partial t} + \frac{\partial T_j}{\partial t} + \frac{\partial T_k}{\partial t} + \frac{7}{3}\frac{\partial T_m}{\partial t}\right) \end{aligned} \tag{4.139}$$

同理，单元控制体 $iABC$、$jABC$、$kABC$ 对 i，j，k 点能量方程的贡献为

$$\begin{aligned} J_i &= \frac{3\lambda}{64V}[(b_i^2 + c_i^2 + d_i^2)T_i + (b_i b_j + c_i c_j + d_i d_j)T_j + (b_i b_k + c_i c_k + d_i d_k)T_k \\ &\quad + (b_i b_m + b_i c_m + b_i d_m)T_m] - \frac{27q_{\mathrm{v}}V}{64} + \frac{81V}{1024}\rho C_{\mathrm{p}}\left(\frac{7}{3}\frac{\partial T_i}{\partial t} + \frac{\partial T_j}{\partial t} + \frac{\partial T_k}{\partial t} + \frac{\partial T_m}{\partial t}\right) \end{aligned} \tag{4.140}$$

$$\begin{aligned} J_j &= \frac{3\lambda}{64V}[(b_i b_j + c_i c_j + d_i d_j)T_i + (b_j^2 + c_j^2 + d_j^2)T_j + (b_j b_k + c_j c_k + d_j d_k)T_k \\ &\quad + (b_j b_m + b_j c_m + b_j d_m)T_m] - \frac{27q_{\mathrm{v}}V}{64} + \frac{81V}{1024}\rho C_{\mathrm{p}}\left(\frac{\partial T_i}{\partial t} + \frac{7}{3}\frac{\partial T_j}{\partial t} + \frac{\partial T_k}{\partial t} + \frac{\partial T_m}{\partial t}\right) \end{aligned} \tag{4.141}$$

$$\begin{aligned} J_k &= \frac{3\lambda}{64V}[(b_i b_k + c_i c_k + d_i d_k)T_i + (b_j b_k + c_j c_k + d_j d_k)T_j + (b_k^2 + c_k^2 + d_k^2)T_k \\ &\quad + (b_k b_m + c_k c_m + d_k d_m)T_m] - \frac{27q_{\mathrm{v}}V}{64} + \frac{81V}{1024}\rho C_{\mathrm{p}}\left(\frac{\partial T_i}{\partial t} + \frac{\partial T_j}{\partial t} + \frac{7}{3}\frac{\partial T_k}{\partial t} + \frac{\partial T_m}{\partial t}\right) \end{aligned} \tag{4.142}$$

综合上述分析，得到四面体单元控制体在第一类边界时的计算通式：

$$\begin{Bmatrix} J_i \\ J_j \\ J_k \\ J_m \end{Bmatrix} = \begin{pmatrix} k_{ii} & k_{ij} & k_{ik} & k_{im} \\ k_{ji} & k_{jj} & k_{jk} & k_{jm} \\ k_{ki} & k_{kj} & k_{kk} & k_{km} \\ k_{mi} & k_{mj} & k_{mk} & k_{mm} \end{pmatrix} \begin{Bmatrix} T_i \\ T_j \\ T_k \\ T_m \end{Bmatrix} - \begin{Bmatrix} p_i \\ p_j \\ p_k \\ p_m \end{Bmatrix} + \begin{pmatrix} u_{ii} & u_{ij} & u_{ik} & u_{im} \\ u_{ji} & u_{jj} & u_{jk} & u_{jm} \\ u_{ki} & u_{kj} & u_{kk} & u_{km} \\ u_{mi} & u_{mj} & u_{mk} & u_{mm} \end{pmatrix} \begin{Bmatrix} \dfrac{\partial T_i}{\partial t} \\ \dfrac{\partial T_j}{\partial t} \\ \dfrac{\partial T_k}{\partial t} \\ \dfrac{\partial T_m}{\partial t} \end{Bmatrix} \tag{4.143}$$

式中， $k_{ll}=\frac{C_1\lambda}{V}(b_l^2+c_l^2+d_l^2)$； $k_{ln}=k_{nl}=\frac{C_1\lambda}{V}(b_lb_n+c_lc_n+d_ld_n)$； $C_1=\frac{3}{64}$；

$u_{ll}=C_2V\rho C_{\mathrm{p}}$； $C_2=\frac{189}{1024}$； $u_{ln}=u_{nl}=C_3V\rho C_{\mathrm{p}}$； $C_3=\frac{81V}{1024}$；

$p_i=p_j=p_k=p_m=C_4Vq_{\mathrm{v}}$； $C_4=\frac{27}{64}(l,\ n=i,\ j,\ k,\ m,\ 且\ l\neq n)$

4.3.5 第二类边界单元控制体的离散化

图4.11中，四面体顶点 m 与平面 ijm，jkm，ikm 相关，这3个面都可能处于边界上。现假设三角形平面 ijm 处于第二类边界条件，则该平面上的温度与顶点 k 无关。则有

$$S_{ijm}=\frac{1}{2}\sqrt{(-b_k)^2+(-c_k)^2+(-d_k)^2}=\frac{1}{2}\sqrt{b_k^2+c_k^2+d_k^2} \tag{4.144}$$

则边界面 S_{ijm} 上的热流通量为

$$q_2\Delta S_{iAB}=\frac{9}{16}q_2S_{ijm} \tag{4.145}$$

边界四面体的单元控制体对节点 l 能量方程的贡献 J'_l 为

$$J'_l=(q_x\cos\alpha+q_y\cos\beta+q_z\cos\gamma)\Delta S-q_{\mathrm{v}}\Delta V+\rho C_{\mathrm{p}}\frac{\partial\bar{T}}{\partial t}\Delta V+q_2\Delta S'\quad(l=i,j,k,m) \tag{4.146}$$

那么对于 J'_m：

$$q_2\Delta S_{mAB}=\frac{9}{16}q_2S_{ijm} \tag{4.147}$$

对于 J'_i：

$$q_2\Delta S_{iAB}=\frac{9}{16}q_2S_{ijm} \tag{4.148}$$

对于 J'_j：

$$q_2\Delta S_{jAB}=\frac{9}{16}q_2S_{ijm} \tag{4.149}$$

对于 J'_k：

$$q_2\Delta S_{kAB}=0 \tag{4.150}$$

综合上述分析，得到四面体的单元控制体在第二类边界时的计算通式：

$$\begin{Bmatrix}J'_i\\J'_j\\J'_k\\J'_m\end{Bmatrix}=\begin{pmatrix}k_{ii}&k_{ij}&k_{ik}&k_{im}\\k_{ji}&k_{jj}&k_{jk}&k_{jm}\\k_{ki}&k_{kj}&k_{kk}&k_{km}\\k_{mi}&k_{mj}&k_{mk}&k_{mm}\end{pmatrix}\begin{Bmatrix}T_i\\T_j\\T_k\\T_m\end{Bmatrix}-\begin{Bmatrix}p_i\\p_j\\p_k\\p_m\end{Bmatrix}+\begin{pmatrix}u_{ii}&u_{ij}&u_{ik}&u_{im}\\u_{ji}&u_{jj}&u_{jk}&u_{jm}\\u_{ki}&u_{kj}&u_{kk}&u_{km}\\u_{mi}&u_{mj}&u_{mk}&u_{mm}\end{pmatrix}\begin{Bmatrix}\frac{\partial T_i}{\partial t}\\\frac{\partial T_j}{\partial t}\\\frac{\partial T_k}{\partial t}\\\frac{\partial T_m}{\partial t}\end{Bmatrix}+\begin{Bmatrix}s_i\\s_j\\s_k\\s_m\end{Bmatrix} \tag{4.151}$$

式中，
$$k_{ll}=\frac{3\lambda}{64V}(b_l^2+c_l^2+d_l^2)；\ k_{ln}=k_{nl}=\frac{3\lambda}{64V}(b_lb_n+c_lc_n+d_ld_n)；$$
$$u_{ll}=\frac{189V}{1024}\rho C_{\mathrm{p}}；\ u_{ln}=u_{nl}=\frac{81V}{1024}\rho C_{\mathrm{p}}；$$
$$p_i=p_j=p_k=p_m=\frac{27V}{64}q_{\mathrm{v}}；$$
$$s_i=s_j=s_m=C_5q_2S_{ijm}；\ s_k=0；\ C_5=\frac{9}{16}\quad(l,n=i,j,k,m，且\ l\neq n)$$

4.3.6 第三类边界单元控制体的离散化

如图4.11所示，现假设三角形平面 ijm 处于第三类边界条件，那么该平面上的温度与顶点 k 无关。

由于 A，B 点分别位于 mi，mj 之间的3/4处，由温度插值得
$$T_A=\frac{3T_i+T_m}{4},\ T_B=\frac{3T_j+T_m}{4}\tag{4.152}$$
则现在求 $\triangle ijm$ 的平均温度 $\overline{T}_{mAB}$：
$$\overline{T}_{mAB}=\frac{1}{3}(T_m+T_A+T_B)=\frac{1}{4}(T_i+T_j+2T_m)\tag{4.153}$$
那么边界四面体的单元控制体对 l 点能量方程的贡献 J_l'' 为
$$J_l''=(q_x\cos\alpha+q_y\cos\beta+q_z\cos\gamma)\Delta S-q_{\mathrm{v}}\Delta V+\rho C_{\mathrm{p}}\frac{\partial\overline{T}}{\partial t}\Delta V+\alpha(\overline{T}_{D'}-T_{\mathrm{f}})\Delta S'$$
$$(l=i,\ j,\ k,\ m)\tag{4.154}$$
对于 J_m''：
$$\alpha\left[\frac{1}{4}(T_i+T_j+2T_m)-T_{\mathrm{f}}\right]\Delta S_{mAB}=\alpha\frac{9}{16}S_{ijm}\left[\frac{1}{4}(T_i+T_j+2T_m)-T_{\mathrm{f}}\right]$$
$$=\frac{9\alpha S_{ijm}}{64}T_i+\frac{9\alpha S_{ijm}}{64}T_j+\frac{9\alpha S_{ijm}}{32}T_m-\frac{9\alpha S_{ijm}}{16}T_{\mathrm{f}}\tag{4.155}$$
对于 J_i''：
$$\alpha\left[\frac{1}{4}(T_i+T_j+2T_m)-T_{\mathrm{f}}\right]\Delta S_{iAB}=\alpha\frac{9}{16}S_{ijm}\left[\frac{1}{4}(2T_i+T_j+T_m)-T_{\mathrm{f}}\right]$$
$$=\frac{9\alpha S_{ijm}}{32}T_i+\frac{9\alpha S_{ijm}}{64}T_j+\frac{9\alpha S_{ijm}}{64}T_m-\frac{9\alpha S_{ijm}}{16}T_{\mathrm{f}}\tag{4.156}$$
对于 J_j''：
$$\alpha\left[\frac{1}{4}(T_i+T_j+2T_m)-T_{\mathrm{f}}\right]\Delta S_{jAB}=\alpha\frac{9}{16}S_{ijm}\left[\frac{1}{4}(T_i+2T_j+T_m)-T_{\mathrm{f}}\right]$$
$$=\frac{9\alpha S_{ijm}}{64}T_i+\frac{9\alpha S_{ijm}}{32}T_j+\frac{9\alpha S_{ijm}}{64}T_m-\frac{9\alpha S_{ijm}}{16}T_{\mathrm{f}}\tag{4.157}$$
对于 J_k''：
$$\alpha\left[\frac{1}{4}(T_i+T_j+2T_m)-T_{\mathrm{f}}\right]\Delta S_{kAB}=0\tag{4.158}$$

综合上述分析，得到四面体的单元控制体在第三类边界时的计算通式：

$$\begin{Bmatrix} J''_i \\ J''_j \\ J''_k \\ J''_m \end{Bmatrix} = \begin{pmatrix} k_{ii} & k_{ij} & k_{ik} & k_{im} \\ k_{ji} & k_{jj} & k_{jk} & k_{jm} \\ k_{ki} & k_{kj} & k_{kk} & k_{km} \\ k_{mi} & k_{mj} & k_{mk} & k_{mm} \end{pmatrix} \begin{Bmatrix} T_i \\ T_j \\ T_k \\ T_m \end{Bmatrix} - \begin{Bmatrix} p_i \\ p_j \\ p_k \\ p_m \end{Bmatrix} + \begin{pmatrix} u_{ii} & u_{ij} & u_{ik} & u_{im} \\ u_{ji} & u_{jj} & u_{jk} & u_{jm} \\ u_{ki} & u_{kj} & u_{kk} & u_{km} \\ u_{mi} & u_{mj} & u_{mk} & u_{mm} \end{pmatrix} \begin{Bmatrix} \dfrac{\partial T_i}{\partial t} \\ \dfrac{\partial T_j}{\partial t} \\ \dfrac{\partial T_k}{\partial t} \\ \dfrac{\partial T_m}{\partial t} \end{Bmatrix} + \begin{Bmatrix} r_i \\ r_j \\ r_k \\ r_m \end{Bmatrix} \tag{4.159}$$

式中，$k_{ii} = \dfrac{3\lambda}{64V}(b_i^2 + c_i^2 + d_i^2) + C_6\alpha S_{ijm}$；$k_{jj} = \dfrac{3\lambda}{64V}(b_j^2 + c_j^2 + d_j^2) + C_6\alpha S_{ijm}$；

$k_{kk} = \dfrac{3\lambda}{64V}(b_k^2 + c_k^2 + d_k^2)$；$k_{mm} = \dfrac{3\lambda}{64V}(b_m^2 + c_m^2 + d_m^2) + C_6\alpha S_{ijm}$；

$k_{ij} = k_{ji} = \dfrac{3\lambda}{64V}(b_ib_j + c_ic_j + d_id_j) + C_7\alpha S_{ijm}$；$k_{ik} = k_{ki} = \dfrac{3\lambda}{64V}(b_ib_k + c_ic_k + d_id_k)$；

$k_{im} = k_{mi} = \dfrac{3\lambda}{64V}(b_ib_m + b_ic_m + b_id_m) + C_7\alpha S_{ijm}$；$k_{jk} = k_{kj} = \dfrac{3\lambda}{64V}(b_jb_k + c_jc_k + d_jd_k)$；

$k_{jm} = k_{mj} = \dfrac{3\lambda}{64V}(b_jb_m + b_jc_m + b_jd_m) + C_7\alpha S_{ijm}$；$k_{km} = k_{mk} = \dfrac{3\lambda}{64V}(b_kb_m + c_kc_m + d_kd_m)$

$u_{ll} = \dfrac{189V}{1024}\rho C_{\mathrm{p}}$；$u_{ln} = u_{nl} = \dfrac{81V}{1024}\rho C_{\mathrm{p}}$；$p_i = p_j = p_k = p_m = \dfrac{27V}{64}q_{\mathrm{v}}$；$C_6 = \dfrac{9}{32}$；$C_7 = \dfrac{9}{64}$；

$r_i = r_j = r_m = -C_8\alpha S_{ijm}T_{\mathrm{f}}$；$r_k = 0$；$C_8 = \dfrac{9}{16}(l, n = i, j, k, m$，且 $l \neq n)$

4.4 有限单元法与有限体积法对比

上述的推导结果可以总结出，在差值函数相同的情况下，有限体积法与有限单元法所得到的空间导热离散方程除了各项前的系数不同，其他方面均相同。因此，为了研究这两种离散方法计算结果的异同，将导热方程的有限单元法与有限体积法离散通式的各项系数列在表 4.1 里。

表 4.1 两种方法的各项系数对比

项目 \ 各项系数	有限单元法系数		有限体积法系数（控制体边界面过四面体重心且与底面平行）		有限体积法系数×(16/27)
热传导项 C_1	1/36		3/64		1/36
内能变化项	C_2	C_3	C_2	C_3	—
	1/10	1/20	189/1024	81/1024	
	合计为 1/4		合计为 27/64		1/4
内热源项 C_4	1/4		27/64		1/4
第二类边界项 C_5	1/3		9/16		1/3

续表

各项系数 / 项目	有限单元法系数			有限体积法系数（控制体边界面过四面体重心且与底面平行）			有限体积法系数×(16/27)
第三类边界项	C_6	C_7	C_8	C_6	C_7	C_8	与有限单元相同
	1/6	1/12	1/3	9/32	9/64	9/16	
	合计为2/3			合计为9/8			2/3

从表4.1中可以看出，利用有限体积法新算法得到的导热离散方程中的稳态项（热传导项和内热源项）的系数乘以16/27后，与有限单元法的系数相同。非稳态项（内能变化项）的系数是不成对应比例的，这是有限单元法对非稳态项采用时间差分求解所造成的。但两种方法的内能项的各系数之和也相差16/27倍。同时，第二、第三类边界的各项系数也相差16/27倍。这表明，在利用四面体网格求解稳态的空间问题时，有限体积法所得到的各个方程，乃至整个矩阵方程组的系数，均与有限单元法的相差16/27倍。在实际解算过程中，有限体积法的离散方程两边同乘以16/27，则可以得到与有限单元法完全相同的系数矩阵，因而在网格划分一致时，两种方法所得到的最终解算结果也是相同的。一般都认为有限单元法的解算精度最高，因此本章所推导的有限体积法新算法精度也是很高的。

需要突出说明的是，控制体的圈划方案不同，所得到的有限体积离散方程各项的系数也是不同的。若控制体选取不合适，各项的系数将与有限单元法的各项系数不成比例，得到的计算结果将与真实差距很大，因此选择合理的控制体是有限体积法计算的第一步。在四面体控制体的选取上，本作者经过了多次尝试，最后确定了控制体边界面通过四面体重心且与底面平行的圈划方案，从而推导了精度很高的四面体网格的有限体积法新算法。

本书之所以选择有限体积法，而不用有限单元法，是基于以下几点考虑。

（1）有限体积法是利用物理的方法离散方程，离散过程中各项的物理意义明确、直观，并且离散过程能保持方程各物理量的守恒，因而计算机编程中出现的错误能通过物理意义来进行分析，从而迅速发现问题、纠正错误；而有限单元法是一种数学的离散方法，很依赖于数学公式，重视推导过程，并且不能保证物理量的守恒性，其方程离散过程也只是简单地套用数学公式，不够直接，出现错误也不能及时发现。

（2）有限单元法在非稳态问题的离散上存在缺陷。因为时间变量所对应的泛函难以找到，所以采取了在时间上差分、空间上变分的方法来处理非稳态问题，但这在数学理论上不是十分完备的，计算结果会出现偏差，只有对含时间的泛函在空间、时间上进行变分才准确。有限体积法则在任何一个时间段内都是根据同一插值函数来推导方程的，因而结果更为准确。

（3）对于采空区多物理量场相互耦合作用这类复杂问题的求解，应用有限单元法分析会变得复杂，而有限体积法，由于其方程中物理量的守恒性，分析起来更直观，更有利于解算程序调试过程中的纠错，从而使得复杂问题更容易通过编程来求解。在稳态问题上，有限体积法与有限单元法的解算结果是一样的，而移动坐标系下的采空区自然发火模型就是一个稳态的数学模型。此外，使用有限体积法可以避开寻找遗煤耗氧、放热等项的泛函，从而简化了离散过程。

综上所述，鉴于有限体积法的优势，本书将采用所提出的四面体网格的有限体积法新算法来离散采空区自然发火的多场耦合模型，得到各场的线性方程组，然后进行求解。

4.5 本章小结

本章确定了边界过四面体重心且与底面平行的有限体积法控制体圈划方案，然后提出了四面体网格的有限体积法新算法。通过对比分析导热问题的有限体积法与有限单元法离散通式的系数，结果表明：两通式中稳态项的系数都相差16/27倍。由此说明对于稳态问题，两种方法的计算结果相同，也就说明控制体的圈划方案合理可行，所推导的有限体积法新算法精度很高。

第5章　自然发火模型的离散及求解

第4章以空间导热问题为对象，进行了离散方法方面的研究，利用四面体划分网格，提出了解算精度与有限单元法相同的有限体积法新算法，并分析了有限体积法的优势，说明了利用有限体积法离散采空区自然发火三维模型的先进性和必要性。因此，本章将采用所推导的新算法对自然发火模型进行离散。

5.1　模型中的参数离散处理

采空区气体密度及采空区孔隙率、渗透率是采空区自然发火多场耦合数学模型的重要参数。这些参数在各个节点上的值不尽相同，需要先行进行离散化处理。本节将对此进行介绍。

5.1.1　采空区气体密度

密度是流场的重要影响参数。假定采空区内压力稳定不变、空气成分变化不大，则采空区内空气密度与气体温度成反比关系。即

$$\rho_{\mathrm{g}} = \rho_0 T_0 / T \tag{5.1}$$

式中，ρ_{g}为采空区空气密度，kg/m^3；ρ_0为标况下空气密度，kg/m^3；T_0为273℃；T为空气温度,℃。

在解算区域内，每个节点上都有一个温度值，节点上的气体密度随之确定，但有些解算中会用到单元的平均密度，在这里统一采用单元控制体的平均密度来表示，如图5.1中节点m的单元控制体$mABC$的平均密度为

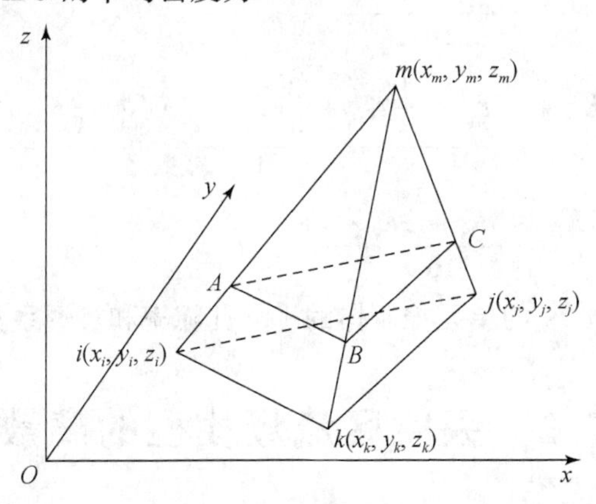

图5.1　四面体单元控制体

$$\bar{\rho}_g = \frac{\rho_m + \rho_A + \rho_B + \rho_C}{4} \tag{5.2}$$

由于气体密度 ρ_g 沿各坐标轴呈线性变化，则有

$$\begin{cases} \rho_A = \dfrac{3}{4}\rho_i + \dfrac{1}{4}\rho_m \\ \rho_B = \dfrac{3}{4}\rho_j + \dfrac{1}{4}\rho_m \\ \rho_C = \dfrac{3}{4}\rho_k + \dfrac{1}{4}\rho_m \end{cases} \tag{5.3}$$

将式（5.3）代入式（5.2）得到节点 m 的单元控制体的平均气体密度为

$$\begin{aligned} \bar{\rho}_g &= \frac{\rho_m + \frac{3}{4}\rho_i + \frac{1}{4}\rho_m + \frac{3}{4}\rho_j + \frac{1}{4}\rho_m + \frac{3}{4}\rho_k + \frac{1}{4}\rho_m}{4} \\ &= \frac{7\rho_m + 3\rho_i + 3\rho_j + 3\rho_k}{16} \end{aligned} \tag{5.4}$$

同理可得，节点 i，j，k 的单元控制体的平均气体密度。

5.1.2 采空区孔隙率、渗透率

采空区中任意地点的孔隙率、渗透率与位置坐标有关。在采空区划分网格后，每个节点上的孔隙率、渗透率也随之确定。若解算过程中需要单元的平均孔隙率或渗透系数，参照 5.1.1 的式（5.4），可得节点 m 的单元控制体的平均孔隙率 $\bar{n}_m$ 和渗透系数 $\bar{K}_m$。

$$\begin{aligned} \bar{n}_m &= \frac{n_m + \frac{3}{4}n_i + \frac{1}{4}n_m + \frac{3}{4}n_j + \frac{1}{4}n_m + \frac{3}{4}n_k + \frac{1}{4}n_m}{4} \\ &= \frac{7n_m + 3n_i + 3n_j + 3n_k}{16} \end{aligned} \tag{5.5}$$

$$\begin{aligned} \bar{K}_m &= \frac{K_m + \frac{3}{4}K_i + \frac{1}{4}K_m + \frac{3}{4}K_j + \frac{1}{4}K_m + \frac{3}{4}K_k + \frac{1}{4}K_m}{4} \\ &= \frac{7K_m + 3K_i + 3K_j + 3K_k}{16} \end{aligned} \tag{5.6}$$

同理可得，节点 i，j，k 的单元控制体的平均孔隙率和渗透系数。

5.2 采空区流场模型的离散

选取合理的插值函数与控制体是模型离散的第一步，本节利用四面体有限体积法对采空区流场方程及其边界条件进行离散化处理，得到采空区流场线性方程组。

5.2.1　控制体与插值函数选取

在采空区流场空间任取四面体单元，顶点依次为 $P_i\ (x_i, y_i, z_i)$，$P_j\ (x_j, y_j, z_j)$，$P_k\ (x_k, y_k, z_k)$和 $P_m\ (x_m, y_m, z_m)$。如图5.2所示，设单元中压力 P 是 x，y，z 的线性函数，单元的压力 P 可用四面体单元4个顶点的压力值 P_i，P_j，P_k，P_m表示。

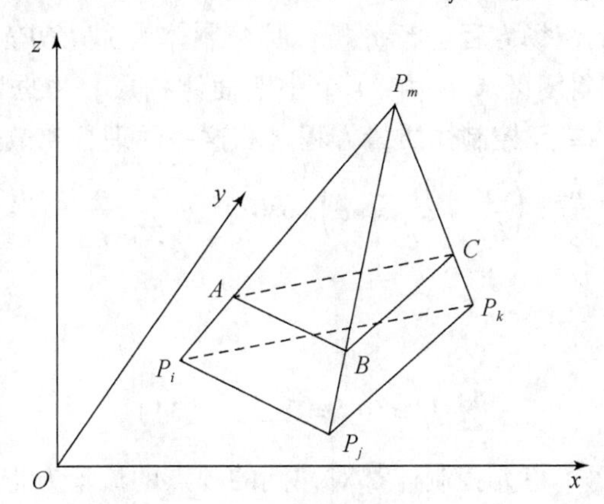

图5.2　压力场的四面体单元控制体

$$P = \frac{1}{6V}[(a_i + b_i x + c_i y + d_i z)P_i + (a_j + b_j x + c_j y + d_j z)P_j + (a_k + b_k x + c_k y + d_k z)P_k + (a_m + b_m x + c_m y + d_m z)P_m] \tag{5.7}$$

式中，$b_i = -\begin{vmatrix} 1 & y_j & z_j \\ 1 & y_k & z_k \\ 1 & y_m & z_m \end{vmatrix}$；$b_j = \begin{vmatrix} 1 & y_i & z_i \\ 1 & y_k & z_k \\ 1 & y_m & z_m \end{vmatrix}$；$b_k = -\begin{vmatrix} 1 & y_i & z_i \\ 1 & y_j & z_j \\ 1 & y_m & z_m \end{vmatrix}$；$b_m = \begin{vmatrix} 1 & y_i & z_i \\ 1 & y_j & z_j \\ 1 & y_k & z_k \end{vmatrix}$；

$c_i = \begin{vmatrix} 1 & x_j & z_j \\ 1 & x_k & z_k \\ 1 & x_m & z_m \end{vmatrix}$；$c_j = -\begin{vmatrix} 1 & x_i & z_i \\ 1 & x_k & z_k \\ 1 & x_m & z_m \end{vmatrix}$；$c_k = \begin{vmatrix} 1 & x_i & z_i \\ 1 & x_j & z_j \\ 1 & x_m & z_m \end{vmatrix}$；$c_m = -\begin{vmatrix} 1 & x_i & z_i \\ 1 & x_j & z_j \\ 1 & x_k & z_k \end{vmatrix}$；

$d_i = -\begin{vmatrix} 1 & x_j & y_j \\ 1 & x_k & y_k \\ 1 & x_m & y_m \end{vmatrix}$；$d_j = \begin{vmatrix} 1 & x_i & y_i \\ 1 & x_k & y_k \\ 1 & x_m & y_m \end{vmatrix}$；$d_k = -\begin{vmatrix} 1 & x_i & y_i \\ 1 & x_j & y_j \\ 1 & x_m & y_m \end{vmatrix}$；$d_m = \begin{vmatrix} 1 & x_i & y_i \\ 1 & x_j & y_j \\ 1 & x_k & y_k \end{vmatrix}$

式（5.7）可简写为

$$P = N_i P_i + N_j P_j + N_k P_k + N_m P_m \tag{5.8}$$

式中，

$$N_l = \frac{1}{6V}(a_l + b_l x + c_l y + d_l z)\ (l = i, j, k, m) \tag{5.9}$$

5.2.2 采空区流场方程离散

根据第3章中的推导结果，采空区流场方程为

$$\oiint_D \frac{K}{g} \cdot \frac{\partial(P+\rho_g gh)}{\partial \boldsymbol{n}} \mathrm{d}S = 0 \tag{5.10}$$

对图5.2中节点 P 的流场方程进行分析，其控制体为 $ABCDEFGHIJKLMN$，有24个单元控制体（四面体），即封闭区域 D 由24个小四面体构成。根据以任意节点控制体建立的质量方程可以分解为各单元控制体质量方程之和这一原理，离散式（5.10）为

$$\sum_{e=1}^{24} \frac{K}{g} \cdot \frac{\partial P}{\partial x}\cos\alpha \Delta S + \sum_{e=1}^{24} \frac{K}{g} \cdot \left(\frac{\partial P}{\partial y} + \rho_g g\sin\theta\right)\cos\beta \Delta S + \sum_{e=1}^{24} \frac{K}{g} \cdot \left(\frac{\partial P}{\partial y} + \rho_g g\cos\theta\right)\cos\gamma \Delta S = 0 \tag{5.11}$$

可以简写为

$$\sum_{e=1}^{24} J_l = 0(l = 1, 2, \cdots, 24) \tag{5.12}$$

式（5.12）说明，每个单元控制体都对共同的顶点的流场方程有一个贡献，那么在控制体内，每个节点的单元控制体都对该节点有一个贡献，因此可分别计算每个单元控制体对这4个顶点的贡献，从而实现流场方程在整个解算区域内的离散。

现对控制体中第 e 个单元控制体（即小四面体 $mABC$）进行分析。单元控制体对节点 m 的流场方程贡献为 J_m：

$$J_m = \frac{K}{g} \cdot \frac{\partial P}{\partial x}\cos\alpha \Delta S_{ABC} + \frac{K}{g} \cdot \left(\frac{\partial P}{\partial y} + \rho_g g\sin\theta\right)\cos\beta \Delta S_{ABC} + \frac{K}{g} \cdot \left(\frac{\partial P}{\partial y} + \rho_g g\cos\theta\right)\cos\gamma \Delta S_{ABC} \tag{5.13}$$

式中，

$$\begin{aligned}\frac{K}{g} \cdot \left(\frac{\partial P}{\partial y} + \rho_g g\cos\theta\right)\cos\gamma \Delta S_{ABC} &= \frac{K}{g} \cdot \left(\frac{\partial P}{\partial y} + \rho_g g\cos\theta\right) \cdot \left(-\frac{9}{32}d_m\right) \\ &= \frac{K}{g} \cdot \frac{1}{6V}[d_i P_i + d_j P_j + d_k P_k + d_m P_m + \rho_g g\cos\theta] \cdot \left(-\frac{9}{32}d_m\right) \\ &= -\frac{3K}{64gV}[d_i d_m P_i + d_j d_m P_j + d_k d_m P_k + d_m^2 P_m] - \frac{9}{32}d_m K\rho_g\cos\theta\end{aligned} \tag{5.14}$$

$$\frac{K}{g} \cdot \left(\frac{\partial P}{\partial y} + \rho_g g\sin\theta\right)\cos\beta \Delta S_{ABC} = -\frac{3K}{64gV}[c_i c_m P_i + c_j c_m P_j + c_k c_m P_k + c_m^2 P_m] - \frac{9}{32}c_m K\rho_g\sin\theta \tag{5.15}$$

$$\frac{K}{g} \cdot \frac{\partial P}{\partial x}\cos\alpha \Delta S_{ABC} = -\frac{3K}{64gV}[b_i b_m P_i + b_j b_m P_j + b_k b_m P_k + b_m^2 P_m] \tag{5.16}$$

将式（5.14）~式（5.16）代入式（5.13），得到单元控制体 $mABC$ 对节点 m 流场方程的贡献为

$$\begin{aligned}J_m &= \rho_g v_x \cos\alpha \Delta S_{ABC} + \rho_g v_y \cos\beta \Delta S_{ABC} + \rho_g v_z \cos\gamma \Delta S_{ABC} \\ &= -\frac{3K}{64gV}[(b_i b_m + c_i c_m + d_i d_m)P_i + (b_j b_m + c_j c_m + d_j d_m)P_j\end{aligned}$$

$$+(b_kb_m+c_kc_m+d_kd_m)P_k+(b_m^2+c_m^2+d_m^2)P_m]$$

$$-\frac{9}{32}K\rho_g(c_m\sin\theta+d_m\cos\theta) \tag{5.17}$$

同理得到，单元控制体对节点 i，j，k 流场方程的贡献分别为

$$J_i=-\frac{3K}{64gV}[(b_i^2+c_i^2+d_i^2)T_i+(b_ib_j+c_ic_j+d_id_j)T_j$$
$$+(b_ib_k+c_ic_k+d_id_k)T_k+(b_ib_m+b_ic_m+b_id_m)T_m]$$
$$-\frac{9}{32}K\rho_g(c_i\sin\theta+d_i\cos\theta) \tag{5.18}$$

$$J_j=-\frac{3K}{64gV}[(b_ib_j+c_ic_j+d_id_j)T_i+(b_j^2+c_j^2+d_j^2)T_j$$
$$+(b_jb_k+c_jc_k+d_jd_k)T_k+(b_jb_m+b_jc_m+b_jd_m)T_m]$$
$$-\frac{9}{32}K\rho_g(c_j\sin\theta+d_j\cos\theta) \tag{5.19}$$

$$J_k=-\frac{3K}{64gV}[(b_ib_k+c_ic_k+d_id_k)T_i+(b_jb_k+c_jc_k+d_jd_k)T_j$$
$$+(b_k^2+c_k^2+d_k^2)T_k+(b_kb_m+c_kc_m+d_kd_m)T_m]$$
$$-\frac{9}{32}K\rho_g(c_k\sin\theta+d_k\cos\theta) \tag{5.20}$$

综上所述，单元控制体对节点 i，j，k，m 流场方程贡献的矩阵表达式为

$$\begin{Bmatrix}J_i\\J_j\\J_k\\J_m\end{Bmatrix}=\begin{pmatrix}k_{ii}&k_{ij}&k_{ik}&k_{im}\\k_{ji}&k_{jj}&k_{jk}&k_{jm}\\k_{ki}&k_{kj}&k_{kk}&k_{km}\\k_{mi}&k_{mj}&k_{mk}&k_{mm}\end{pmatrix}\begin{Bmatrix}P_i\\P_j\\P_k\\P_m\end{Bmatrix}+\begin{Bmatrix}p_i\\p_j\\p_k\\p_m\end{Bmatrix} \tag{5.21}$$

式中，$k_{ll}=-\frac{3K}{64gV}(b_l^2+c_l^2+d_l^2)$；$k_{ln}=k_{nl}=-\frac{3K}{64gV}(b_lb_n+c_lc_n+d_ld_n)$

$p_l=-\frac{9}{32}K\rho_g(c_l\sin\alpha+d_l\cos\alpha)(l,n=i,j,k,m \text{ 且 } l\neq n)$。

5.2.3 流场边界处理

对于边界 Γ_1，其沿线的压力值可以现场测定，在对测量数据分析拟合处理后可以得到边界上的全风压函数，因而可以按第一类边界条件处理，其离散方程与内部边界节点的方程相同。

对于边界 Γ_2、Γ_3，虽然为第二类边界条件，但认为边界面上没有漏风，也就是垂直于边界的风速为0，即 $v_y=0$，这样仍可以按内部节点来离散方程，同理处理边界 Γ_5、Γ_6。

对于边界 Γ_4，认为垂直于边界的风速 v_x 为0，按内部节点处理。

因此，在实际解算中，采空区流场模型的边界除边界 Γ_1 外都视为不漏风边界。如此，采空区解算区域内的节点均按第一类边界或内部节点来离散流场方程。

5.2.4　采空区速度方程的离散

根据达西定律，采空区内各处的速度由压力值决定。当采空区网格划分完毕后，区域内各个节点上的压力值是可以先行求出的，再通过压力与速度的关系求解出每个节点上的速度。又因为各节点之间的压力是按线性变化的，这样在压力一定的情况下，每个四面体网格的单元速度（v_D）是一个定值，表示为

$$v_D = \sqrt{v_x^2 + v_y^2 + v_z^2} \tag{5.22}$$

那么 x，y，z 方向的速度分量用压力表示为

$$\begin{cases} v_x = -\dfrac{K}{\rho_g g}\dfrac{\partial P}{\partial x} = -\dfrac{K}{\rho_g g}\left[\dfrac{1}{6V}(b_i P_i + b_j P_j + b_k P_k + b_m P_m)\right] \\ v_y = -\dfrac{K}{\rho_g g}\left(\dfrac{\partial P}{\partial y} + \rho_g g\sin\alpha\right) = -\dfrac{K}{\rho_g g}\left[\dfrac{1}{6V}(c_i P_i + c_j P_j + c_k P_k + c_m P_m) + \rho_g g\sin\alpha\right] \\ v_z = -\dfrac{K}{\rho_g g}\left(\dfrac{\partial P}{\partial z} + \rho_g g\cos\alpha\right) = -\dfrac{K}{\rho_g g}\left[\dfrac{1}{6V}(d_i P_i + d_j P_j + d_k P_k + d_m P_m) + \rho_g g\cos\alpha\right] \end{cases} \tag{5.23}$$

5.3　采空区氧气浓度场模型的离散

本节将选取合理的插值函数与控制体，利用四面体有限体积法对采空区氧气浓度场方程及其边界条件进行离散化处理，得到采空区氧气浓度场线性方程组。

5.3.1　控制体与插值函数选取

在采空区氧气浓度场空间任取四面体单元，顶点依次为 C_{O_2i}（x_i, y_i, z_i），C_{O_2j}（x_j, y_j, z_j），C_{O_2k}（x_k, y_k, z_k）和 C_{O_2m}（x_m, y_m, z_m），如图 5.3 所示。

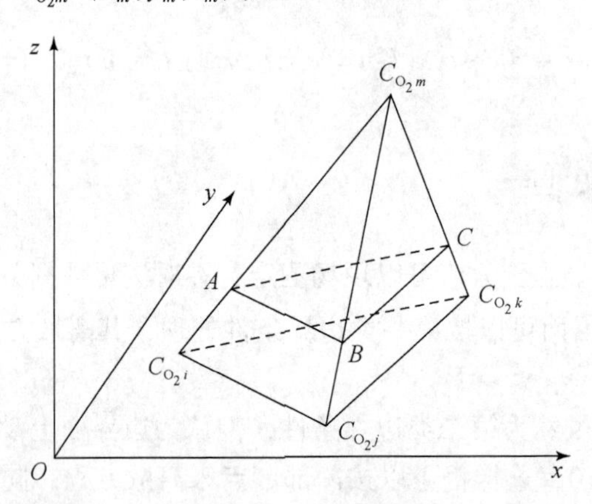

图 5.3　氧气浓度场的四面体单元控制体

设单元中氧气浓度 C_{O_2}是 x，y，z 的线性函数，则单元的氧气浓度 C_{O_2} 可用四面体单元 4 个顶点的压力值 C_{O_2i}，C_{O_2j}，C_{O_2k}，C_{O_2m}表示为

$$C_{O_2}=\frac{1}{6V}[(a_i+b_ix+c_iy+d_iz)C_{O_2i}+(a_j+b_jx+c_jy+d_jz)C_{O_2j}$$
$$+(a_k+b_kx+c_ky+d_kz)_kC_{O_2k}+(a_m+b_mx+c_my+d_mz)C_{O_2m}] \tag{5.24}$$

式中，$b_i=-\begin{vmatrix}1 & y_j & z_j\\1 & y_k & z_k\\1 & y_m & z_m\end{vmatrix}$；$b_j=\begin{vmatrix}1 & y_i & z_i\\1 & y_k & z_k\\1 & y_m & z_m\end{vmatrix}$；$b_k=-\begin{vmatrix}1 & y_i & z_i\\1 & y_j & z_j\\1 & y_m & z_m\end{vmatrix}$；$b_m=\begin{vmatrix}1 & y_i & z_i\\1 & y_j & z_j\\1 & y_k & z_k\end{vmatrix}$；

$c_i=\begin{vmatrix}1 & x_j & z_j\\1 & x_k & z_k\\1 & x_m & z_m\end{vmatrix}$；$c_j=-\begin{vmatrix}1 & x_i & z_i\\1 & x_k & z_k\\1 & x_m & z_m\end{vmatrix}$；$c_k=\begin{vmatrix}1 & x_i & z_i\\1 & x_j & z_j\\1 & x_m & z_m\end{vmatrix}$；$c_m=-\begin{vmatrix}1 & x_i & z_i\\1 & x_j & z_j\\1 & x_k & z_k\end{vmatrix}$；

$d_i=-\begin{vmatrix}1 & x_j & y_j\\1 & x_k & y_k\\1 & x_m & y_m\end{vmatrix}$；$d_j=\begin{vmatrix}1 & x_i & y_i\\1 & x_k & y_k\\1 & x_m & y_m\end{vmatrix}$；$d_k=-\begin{vmatrix}1 & x_i & y_i\\1 & x_j & y_j\\1 & x_m & y_m\end{vmatrix}$；$d_m=\begin{vmatrix}1 & x_i & y_i\\1 & x_j & y_j\\1 & x_k & y_k\end{vmatrix}$

可得

$$\begin{cases}\dfrac{\partial C_{O_2}}{\partial x}=\dfrac{1}{6V}(b_iC_{O_2i}+b_jC_{O_2j}+b_kC_{O_2k}+b_mC_{O_2m})\\[2ex]\dfrac{\partial C_{O_2}}{\partial y}=\dfrac{1}{6V}(c_iC_{O_2i}+c_jC_{O_2j}+c_kC_{O_2k}+c_mC_{O_2m})\\[2ex]\dfrac{\partial C_{O_2}}{\partial z}=\dfrac{1}{6V}(d_iC_{O_2i}+d_jC_{O_2j}+d_kC_{O_2k}+d_mC_{O_2m})\end{cases} \tag{5.25}$$

5.3.2　采空区氧气浓度场方程离散

根据第 3 章中的推导结果，采空区氧气浓度场方程为

$$\oiint_D nvk_{O_2}\frac{\partial C_{O_2}}{\partial \boldsymbol{n}}\mathrm{d}S-\oiint_D C_{O_2}v_n\mathrm{d}S-\iiint_V u(t)\,\mathrm{d}V=0 \tag{5.26}$$

现对图 5.3 中的节点 P 的氧气浓度方程进行分析，其控制体依然为 $ABCDEFGHIJKLMN$，仍包括 24 个单元控制体（四面体）。同理，可以离散为

$$\sum_{l=1}^{24}nvk_{O_2}\frac{\partial C_{O_2}}{\partial \boldsymbol{n}}\Delta S-\sum_{l=1}^{24}C_{O_2}(v_x\cos\alpha+v_y\cos\beta+v_z\cos\gamma)\Delta S-\sum_{l=1}^{24}u(t)\Delta V=0 \tag{5.27}$$

可以简写为

$$\sum_{e=1}^{24}J_l=0(l=1,2,\cdots,24) \tag{5.28}$$

现对控制体中第 e 个单元控制体（四面体 $mABC$）进行分析。单元控制体对节点 m 的流场方程贡献为 J_m：

$$J_m=nvk_{O_2}\frac{\partial C_{O_2}}{\partial \boldsymbol{n}}\Delta S-C_{O_2}(v_x\cos\alpha+v_y\cos\beta+v_z\cos\gamma)\Delta S-u(t)\Delta V \tag{5.29}$$

式中，

$$
\begin{aligned}
nvk_{O_2}\frac{\partial C_{O_2}}{\partial \boldsymbol{n}}\Delta S &= nvk_{O_2}\left(\frac{\partial C_{O_2}}{\partial x}\cos\alpha + \frac{\partial C_{O_2}}{\partial y}\cos\beta + \frac{\partial C_{O_2}}{\partial z}\cos\gamma\right)\Delta S_{ABC} \\
&= -\frac{3nvk_{O_2}}{64V}[(b_ib_m + c_ic_m + d_id_m)C_{O_2i} + (b_jb_m + c_jc_m + d_jd_m)C_{O_2j} \\
&\quad + (b_kb_m + c_kc_m + d_kd_m)C_{O_2k} + (b_m^2 + c_m^2 + d_m^2)C_{O_2m}]
\end{aligned} \tag{5.30}
$$

$$
\begin{aligned}
&- C_{O_2}(v_x\cos\alpha + v_y\cos\beta + v_z\cos\gamma)dS_{ABC} - u(t)V_{mABC} \\
&= \frac{9}{128}\cdot(C_{O_2i} + C_{O_2j} + C_{O_2k} + C_{O_2m})\cdot(v_xb_m + v_yc_m + v_zd_m) - \frac{27}{64}u(t)V_{mABC}
\end{aligned} \tag{5.31}
$$

将式（5.30）和式（5.31）代入式（5.29），得到单元控制体 $mABC$ 对节点 m 氧气浓度方程的贡献为

$$
\begin{aligned}
J_m &= \left[-\frac{3nvk_{O_2}}{64V}(b_ib_m + c_ic_m + d_id_m) + \frac{9}{128}(v_xb_m + v_yc_m + v_zd_m)\right]C_{O_2i} \\
&\quad + \left[-\frac{3nvk_{O_2}}{64V}(b_jb_m + c_jc_m + d_jd_m) + \frac{9}{128}(v_xb_m + v_yc_m + v_zd_m)\right]C_{O_2j} \\
&\quad + \left[-\frac{3nvk_{O_2}}{64V}(b_kb_m + c_kc_m + d_kd_m) + \frac{9}{128}(v_xb_m + v_yc_m + v_zd_m)\right]C_{O_2k} \\
&\quad + \left[-\frac{3nvk_{O_2}}{64V}(b_m^2 + c_m^2 + d_m^2) + \frac{9}{128}(v_xb_m + v_yc_m + v_zd_m)\right]C_{O_2m} - \frac{27}{64}u(t)V
\end{aligned} \tag{5.32}
$$

同理得到，单元控制体对节点 i，j，k 氧气浓度方程的贡献为

$$
\begin{aligned}
J_i &= \left[-\frac{3nvk_{O_2}}{64V}(b_i^2 + c_i^2 + d_i^2) + \frac{9}{128}(v_xb_i + v_yc_i + v_zd_i)\right]C_{O_2i} \\
&\quad + \left[-\frac{3nvk_{O_2}}{64V}(b_ib_j + c_ic_j + d_id_j) + \frac{9}{128}(v_xb_i + v_yc_i + v_zd_i)\right]C_{O_2j} \\
&\quad + \left[-\frac{3nvk_{O_2}}{64V}(b_ib_k + c_ic_k + d_id_k) + \frac{9}{128}(v_xb_i + v_yc_i + v_zd_i)\right]C_{O_2k} \\
&\quad + \left[-\frac{3nvk_{O_2}}{64V}(b_ib_m + b_ic_m + b_id_m) + \frac{9}{128}(v_xb_i + v_yc_i + v_zd_i)\right]C_{O_2m} - \frac{27}{64}u(t)V
\end{aligned} \tag{5.33}
$$

$$
\begin{aligned}
J_j &= \left[-\frac{3nvk_{O_2}}{64V}(b_ib_j + c_ic_j + d_id_j) + \frac{9}{128}(v_xb_j + v_yc_j + v_zd_j)\right]C_{O_2i} \\
&\quad + \left[-\frac{3nvk_{O_2}}{64V}(b_j^2 + c_j^2 + d_j^2) + \frac{9}{128}(v_xb_j + v_yc_j + v_zd_j)\right]C_{O_2j} \\
&\quad + \left[-\frac{3nvk_{O_2}}{64V}(b_jb_k + c_jc_k + d_jd_k) + \frac{9}{128}(v_xb_j + v_yc_j + v_zd_j)\right]C_{O_2k} \\
&\quad + \left[-\frac{3nvk_{O_2}}{64V}(b_jb_m + b_jc_m + b_jd_m) + \frac{9}{128}(v_xb_j + v_yc_j + v_zd_j)\right]C_{O_2m} - \frac{27}{64}u(t)V
\end{aligned} \tag{5.34}
$$

$$J_k = \left[-\frac{3nvk_{O_2}}{64V}(b_ib_k + c_ic_k + d_id_k) + \frac{9}{128}(v_xb_k + v_yc_k + v_zd_k)\right]C_{O_2i}$$
$$+ \left[-\frac{3nvk_{O_2}}{64V}(b_jb_k + c_jc_k + d_jd_k) + \frac{9}{128}(v_xb_k + v_yc_k + v_zd_k)\right]C_{O_2j}$$
$$+ \left[-\frac{3nvk_{O_2}}{64V}(b_k^2 + c_k^2 + d_k^2) + \frac{9}{128}(v_xb_k + v_yc_k + v_zd_k)\right]C_{O_2k}$$
$$+ \left[-\frac{3nvk_{O_2}}{64V}(b_kb_m + c_kc_m + d_kd_m) + \frac{9}{128}(v_xb_k + v_yc_k + v_zd_k)\right]C_{O_2m} - \frac{27}{64}u(t)V \tag{5.35}$$

综上所述，单元控制体对节点 i，j，k，m 氧气浓度场方程贡献的矩阵表达式为

$$\begin{Bmatrix} J_i \\ J_j \\ J_k \\ J_m \end{Bmatrix} = \begin{pmatrix} k_{ii} & k_{ij} & k_{ik} & k_{im} \\ k_{ji} & k_{jj} & k_{jk} & k_{jm} \\ k_{ki} & k_{kj} & k_{kk} & k_{km} \\ k_{mi} & k_{mj} & k_{mk} & k_{mm} \end{pmatrix} \begin{Bmatrix} C_{O_2i} \\ C_{O_2j} \\ C_{O_2k} \\ C_{O_2m} \end{Bmatrix} + \begin{Bmatrix} p_i \\ p_j \\ p_k \\ p_m \end{Bmatrix} \tag{5.36}$$

式中，$k_{ln} = -\dfrac{3nvk_{O_2}}{64V}(b_lb_n + c_lc_n + d_ld_n) + \dfrac{9}{128}(v_xb_l + v_yc_l + v_zd_l)$；

$p_l = -\dfrac{27}{64}u(t)V(l,n = i,j,k,m)$

5.3.3　氧气浓度场边界处理

边界 Γ_1 是第一类边界条件，其沿线的氧气浓度值可以现场取样通过色谱分析确定，同样经拟合处理后得到边界上的氧气浓度分布函数，其离散方程与内部边界节点的方程相同。

边界 Γ_2、Γ_3 是第二类边界条件，但前述已经认为边界面上没有漏风，那么边界面上的氧气扩散通量也为 0，如此可以按内部节点来离散方程；同理处理边界 Γ_5、Γ_6。

边界 Γ_4 处于采空区窒息带，这里风速很小、氧气浓度很低，按内部节点处理。

因此，在实际解算中，采空区氧气浓度场模型的边界除 Γ_1 边界外都视为氧扩散通量为 0 的边界。这样，采空区区域内的节点都按第一类边界或内部节点来离散氧气浓度场方程。

5.4　采空区温度场模型离散

本节将选取合理的插值函数与控制体，利用四面体有限体积法对采空区气体温度场方程、冒落煤岩固体温度场方程及它们的边界条件进行离散化处理，得到采空区气体温度场线性方程组和冒落煤岩固体温度场线性方程组。

5.4.1　控制体与插值函数选取

在采空区温度场空间任取四面体单元，顶点依次为 T_i（x_i，y_i，z_i），T_j（x_j，y_j，z_j），T_k（x_k，y_k，z_k）和 T_m（x_m，y_m，z_m），如图 5.4 所示。

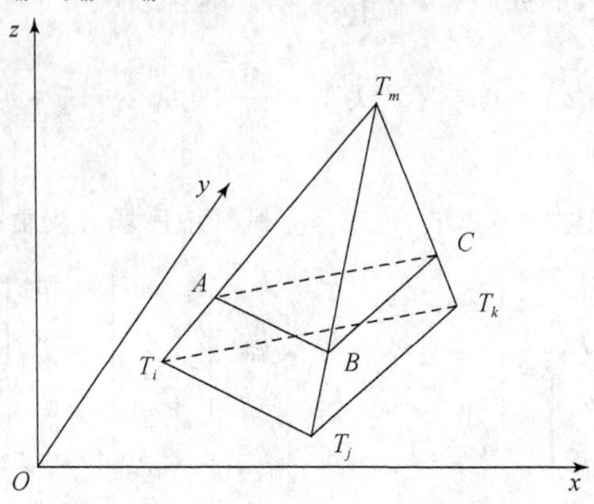

图 5.4　温度场的四面体单元控制体

设单元中温度 T 是 x，y，z 的线性函数，单元的温度 T 可用四面体单元 4 个顶点的温度值 T_i，T_j，T_k，T_m 表示。即

$$T=\frac{1}{6V}[(a_i+b_ix+c_iy+d_iz)T_i+(a_j+b_jx+c_jy+d_jz)T_j+(a_k+b_kx+c_ky+d_kz)T_k+(a_m+b_mx+c_my+d_mz)T_m] \tag{5.37}$$

式中，$b_i=-\begin{vmatrix}1 & y_j & z_j\\ 1 & y_k & z_k\\ 1 & y_m & z_m\end{vmatrix}$；$b_j=\begin{vmatrix}1 & y_i & z_i\\ 1 & y_k & z_k\\ 1 & y_m & z_m\end{vmatrix}$；$b_k=-\begin{vmatrix}1 & y_i & z_i\\ 1 & y_j & z_j\\ 1 & y_m & z_m\end{vmatrix}$；$b_m=\begin{vmatrix}1 & y_i & z_i\\ 1 & y_j & z_j\\ 1 & y_k & z_k\end{vmatrix}$；

$c_i=\begin{vmatrix}1 & x_j & z_j\\ 1 & x_k & z_k\\ 1 & x_m & z_m\end{vmatrix}$；$c_j=-\begin{vmatrix}1 & x_i & z_i\\ 1 & x_k & z_k\\ 1 & x_m & z_m\end{vmatrix}$；$c_k=\begin{vmatrix}1 & x_i & z_i\\ 1 & x_j & z_j\\ 1 & x_m & z_m\end{vmatrix}$；$c_m=-\begin{vmatrix}1 & x_i & z_i\\ 1 & x_j & z_j\\ 1 & x_k & z_k\end{vmatrix}$；

$d_i=-\begin{vmatrix}1 & x_j & y_j\\ 1 & x_k & y_k\\ 1 & x_m & y_m\end{vmatrix}$；$d_j=\begin{vmatrix}1 & x_i & y_i\\ 1 & x_k & y_k\\ 1 & x_m & y_m\end{vmatrix}$；$d_k=-\begin{vmatrix}1 & x_i & y_i\\ 1 & x_j & y_j\\ 1 & x_m & y_m\end{vmatrix}$；$d_m=\begin{vmatrix}1 & x_i & y_i\\ 1 & x_j & y_j\\ 1 & x_k & y_k\end{vmatrix}$

5.4.2　冒落煤岩固体温度场离散

根据第 3 章中的推导结果式（3.75），采空区冒落煤岩温度场的方程为

$$\oiint_D (1-n)\lambda_s \frac{\partial T_s}{\partial \boldsymbol{n}} \mathrm{d}S - \iiint_V K_e S_e (T_s - T_g)\mathrm{d}V + \iiint_V q(t)\mathrm{d}V = \oiint_D (1-n)\rho_s C_s v_0 T_s \cos\alpha \mathrm{d}S \tag{5.38}$$

同理可离散为

$$\sum_{e=1}^{24}(1-n)\lambda_s \frac{\partial T_s}{\partial \boldsymbol{n}}\Delta S - \sum_{e=1}^{24} K_e S_e (T_s - T_g)\Delta V + \sum_{e=1}^{24} q(t)\Delta V - \sum_{e=1}^{24}(1-n)\rho_s C_s v_0 T_s \cos\alpha \Delta S = 0 \tag{5.39}$$

简写为

$$\sum_{e=1}^{24} J_l = 0 (l = 1, 2, \cdots, 24) \tag{5.40}$$

现对控制体中第 e 个单元控制体（四面体 $mABC$）进行分析。单元控制体对节点 m 的固体温度方程贡献为 J_m：

$$J_m = (1-n)\lambda_s \frac{\partial T_s}{\partial \boldsymbol{n}}\Delta S - K_e S_e (T_s - T_g)\Delta V + q(t)\Delta V - (1-n)\rho_s C_s v_0 T_s \cos\alpha \Delta S \tag{5.41}$$

式中，

$$\begin{aligned}\lambda_s \frac{\partial T_s}{\partial \boldsymbol{n}}\Delta S_{ABC} &= (1-n)\lambda_s\left(\frac{\partial T_s}{\partial x}\cos\alpha + \frac{\partial T_s}{\partial y}\cos\beta + \frac{\partial T_s}{\partial z}\cos\gamma\right)\Delta S_{ABC} \\ &= -\frac{3\lambda_s(1-n)}{64V}[(b_i b_m + c_i c_m + d_i d_m)T_{si} + (b_j b_m + c_j c_m + d_j d_m)T_{sj} \\ &\quad + (b_k b_m + c_k c_m + d_k d_m)T_{sk} + (b_m^2 + c_m^2 + d_m^2)T_{sm}]\end{aligned} \tag{5.42}$$

$$-K_e S_e (T_s - T_g)V = -\frac{27}{64}K_e S_e V\left[\left(\frac{3}{16}T_{si} + \frac{3}{16}T_{sj} + \frac{3}{16}T_{sk} + \frac{7}{16}T_{sz}\right) - T_g\right] \tag{5.43}$$

$$\begin{aligned}-(1-n)v_0\rho_s C_s T_s \cos\alpha \Delta S_{ABC} &= -(1-n)v_0\rho_s C_s (T_{si} + T_{sj} + T_{sk} + T_{sz})\cos\alpha \Delta S_{ABC} \\ &= (1-n)v_0\rho_s C_s \frac{(T_{si} + T_{sj} + T_{sk} + T_{sz})}{4} \cdot \frac{9}{32}b_m\end{aligned} \tag{5.44}$$

将式（5.42）~式（5.44）代入式（5.41），得到单元控制体 $mABC$ 对节点 m 固体温度场方程的贡献为

$$\begin{aligned}J_m = &\left[-\frac{3\lambda_s(1-n)}{64V}(b_i b_m + c_i c_m + d_i d_m) + \frac{9}{128}(1-n)v_0\rho_s C_s b_m - \frac{81}{1024}K_e S_e V\right]T_{si} \\ &+ \left[-\frac{3\lambda_s(1-n)}{64V}(b_j b_m + c_j c_m + d_j d_m) + \frac{9}{128}(1-n)v_0\rho_s C_s b_m - \frac{81}{1024}K_e S_e V\right]T_{sj} \\ &+ \left[-\frac{3\lambda_s(1-n)}{64V}(b_k b_m + c_k c_m + d_k d_m) + \frac{9}{128}(1-n)v_0\rho_s C_s b_m - \frac{81}{1024}K_e S_e V\right]T_{sk} \\ &+ \left[-\frac{3\lambda_s(1-n)}{64V}(b_m^2 + c_m^2 + d_m^2) + \frac{9}{128}(1-n)v_0\rho_s C_s b_m - \frac{189}{1024}K_e S_e V\right]T_{sm} \\ &+ \frac{27V}{64}[K_e S_e T_g + q(t)]\end{aligned} \tag{5.45}$$

同理得到，单元控制体对节点 i，j，k 固体温度场方程的贡献为

$$J_i = \left[-\frac{3\lambda_s(1-n)}{64V}(b_i^2 + c_i^2 + d_i^2) + \frac{9}{128}(1-n)v_0\rho_s C_s b_i - \frac{189}{1024}K_e S_e V\right]T_{si}$$

$$
\begin{aligned}
&+\left[-\frac{3\lambda_{s}(1-n)}{64V}(b_ib_j+c_ic_j+d_id_j)+\frac{9}{128}(1-n)v_0\rho_sC_sb_i-\frac{81}{1024}K_eS_eV\right]T_{sj}\\
&+\left[-\frac{3\lambda_{s}(1-n)}{64V}(b_ib_k+c_ic_k+d_id_k)+\frac{9}{128}(1-n)v_0\rho_sC_sb_i-\frac{81}{1024}K_eS_eV\right]T_{sk}\\
&+\left[-\frac{3\lambda_{s}(1-n)}{64V}(b_ib_m+b_ic_m+b_id_m)+\frac{9}{128}(1-n)v_0\rho_sC_sb_i-\frac{81}{1024}K_eS_eV\right]T_{sm}\\
&+\frac{27V}{64}[K_eS_eT_g+q(t)]
\end{aligned}
\tag{5.46}
$$

$$
\begin{aligned}
J_j=&\left[-\frac{3\lambda_{s}(1-n)}{64V}(b_ib_j+c_ic_j+d_id_j)+\frac{9}{128}(1-n)v_0\rho_sC_sb_j-\frac{81}{1024}K_eS_eV\right]T_{si}\\
&+\left[-\frac{3\lambda_{s}(1-n)}{64V}(b_j^2+c_j^2+d_j^2)+\frac{9}{128}(1-n)v_0\rho_sC_sb_j-\frac{189}{1024}K_eS_eV\right]T_{sj}\\
&+\left[-\frac{3\lambda_{s}(1-n)}{64V}(b_jb_k+c_jc_k+d_jd_k)+\frac{9}{128}(1-n)v_0\rho_sC_sb_j-\frac{81}{1024}K_eS_eV\right]T_{sk}\\
&+\left[-\frac{3\lambda_{s}(1-n)}{64V}(b_jb_m+b_jc_m+b_jd_m)+\frac{9}{128}(1-n)v_0\rho_sC_sb_j-\frac{81}{1024}K_eS_eV\right]T_{sm}\\
&+\frac{27V}{64}[K_eS_eT_g+q(t)]
\end{aligned}
\tag{5.47}
$$

$$
\begin{aligned}
J_k=&\left[-\frac{3\lambda_{s}(1-n)}{64V}(b_ib_k+c_ic_k+d_id_k)+\frac{9}{128}(1-n)v_0\rho_sC_sb_k-\frac{81}{1024}K_eS_eV\right]T_{si}\\
&+\left[-\frac{3\lambda_{s}(1-n)}{64V}(b_jb_k+c_jc_k+d_jd_k)+\frac{9}{128}(1-n)v_0\rho_sC_sb_k-\frac{81}{1024}K_eS_eV\right]T_{sj}\\
&+\left[-\frac{3\lambda_{s}(1-n)}{64V}(b_k^2+c_k^2+d_k^2)+\frac{9}{128}(1-n)v_0\rho_sC_sb_k-\frac{189}{1024}K_eS_eV\right]T_{sk}\\
&+\left[-\frac{3\lambda_{s}(1-n)}{64V}(b_kb_m+c_kc_m+d_kd_m)+\frac{9}{128}(1-n)v_0\rho_sC_sb_k-\frac{81}{1024}K_eS_eV\right]T_{sm}\\
&+\frac{27V}{64}[K_eS_eT_g+q(t)]
\end{aligned}
\tag{5.48}
$$

综上所述，单元控制体对节点 i，j，k，m 固体温度场方程贡献的矩阵表达式为

$$
\begin{Bmatrix}J_i\\J_j\\J_k\\J_m\end{Bmatrix}=\begin{pmatrix}k_{ii}&k_{ij}&k_{ik}&k_{im}\\k_{ji}&k_{jj}&k_{jk}&k_{jm}\\k_{ki}&k_{kj}&k_{kk}&k_{km}\\k_{mi}&k_{mj}&k_{mk}&k_{mm}\end{pmatrix}\begin{Bmatrix}T_{si}\\T_{sj}\\T_{sk}\\T_{sm}\end{Bmatrix}+\begin{Bmatrix}p_i\\p_j\\p_k\\p_m\end{Bmatrix}
\tag{5.49}
$$

式中，$k_{ll}=-\frac{3\lambda_{s}(1-n)}{64V}(b_l^2+c_l^2+d_l^2)+\frac{9}{128}(1-n)v_0\rho_sC_sb_l-\frac{189}{1024}K_eS_eV$；

$k_{ln}=k_{nl}=-\frac{3\lambda_{s}(1-n)}{64V}(b_lb_n+c_lc_n+d_ld_n)+\frac{9}{128}(1-n)v_0\rho_sC_sb_l-\frac{81}{1024}K_eS_eV$；

$p_l=\frac{27V}{64}[K_eS_eT_g+q(t)](l,n=i,j,k,m)$。

5.4.3 气体温度场离散

根据第 3 章中的推导结果，采空区冒落煤岩温度场的方程为

$$\oiint_D n\lambda_g \frac{\partial T_g}{\partial n} dS + \iiint_V K_e S_e (T_s - T_g) \mathrm{d}V - n\rho_g C_g t_g \oiint_D \boldsymbol{v} \cdot \boldsymbol{n} \mathrm{d}S = 0 \tag{5.50}$$

同理可离散为

$$\sum_{e=1}^{24} n\lambda_g \frac{\partial T_g}{\partial n} \Delta S + \sum_{e=1}^{24} K_e S_e (T_s - T_g) \Delta V - \sum_{e=1}^{24} n\rho_g C_g t_g \frac{\partial v}{\partial n} \Delta S = 0 \tag{5.51}$$

简写为

$$\sum_{e=1}^{24} J_l = 0 (l = 1, 2, \cdots, 24) \tag{5.52}$$

现对控制体中第 e 个单元控制体进行分析。单元控制体对节点 m 的气体温度方程贡献为 J_m：

$$J_m = n\lambda_g \frac{\partial T_g}{\partial \boldsymbol{n}} \Delta S + K_e S_e (T_s - T_g) \Delta V - n\rho_g C_g t_g \frac{\partial v}{\partial \boldsymbol{n}} \Delta S \tag{5.53}$$

式中，

$$\begin{aligned} n\rho_g C_g t_g \frac{\partial v}{\partial n} \Delta S_{ABC} &= n\rho_g C_g t_g (v_x \cos\alpha + v_y \cos\beta + v_z \cos\gamma) \Delta S_{ABC} \\ &= -\frac{9n\rho_g C_g t_g}{32} (-v_x b_m - v_y c_m - v_z d_m) \\ &= \frac{9}{128} \cdot (t_{gi} + t_{gj} + t_{gk} + t_{gm}) \cdot (v_x b_m + v_y c_m + v_z d_m) \end{aligned} \tag{5.54}$$

$$-K_e S_e (T_s - T_g) V = -\frac{27}{64} K_e S_e V \left[\left(\frac{3}{16} T_{si} + \frac{3}{16} T_{sj} + \frac{3}{16} T_{sk} + \frac{7}{16} T_{sm} \right) - T_g \right] \tag{5.55}$$

将式（5.54）和式（5.55）代入式（5.53），得到单元控制体 $mABC$ 对节点 m 气体温度场方程的贡献为

$$\begin{aligned} J_m = &\left[-\frac{3n\lambda_g}{64V} (b_i b_m + c_i c_m + d_i d_m) + \frac{9}{128} n\rho_g C_g (v_x b_m + v_y c_m + v_z d_m) - \frac{81}{1024} K_e S_e V \right] T_{gi} \\ &+ \left[-\frac{3n\lambda_g}{64V} (b_j b_m + c_j c_m + d_j d_m) + \frac{9}{128} n\rho_g C_g (v_x b_m + v_y c_m + v_z d_m) - \frac{81}{1024} K_e S_e V \right] T_{gj} \\ &+ \left[-\frac{3n\lambda_g}{64V} (b_k b_m + c_k c_m + d_k d_m) + \frac{9}{128} n\rho_g C_g (v_x b_m + v_y c_m + v_z d_m) - \frac{81}{1024} K_e S_e V \right] T_{gk} \\ &+ \left[-\frac{3n\lambda_g}{64V} (b_m^2 + c_m^2 + d_m^2) + \frac{9}{128} n\rho_g C_g (v_x b_m + v_y c_m + v_z d_m) - \frac{189}{1024} K_e S_e V \right] T_{gm} \\ &+ \frac{27}{64} K_e S_e V T_s \end{aligned} \tag{5.56}$$

同理得到，单元控制体对节点 i，j，k 气体温度场方程的贡献为

$$J_i = \left[-\frac{3n\lambda_g}{64V} (b_i^2 + c_i^2 + d_i^2) + \frac{9}{128} n\rho_g C_g (v_x b_i + v_y c_i + v_z d_i) - \frac{189}{1024} K_e S_e V \right] T_{gi}$$

$$+\left[-\frac{3n\lambda_{g}}{64V}(b_ib_j+c_ic_j+d_id_j)+\frac{9}{128}n\rho_{g}C_{g}(v_xb_i+v_yc_i+v_zd_i)-\frac{81}{1024}K_eS_eV\right]T_{gj}$$
$$+\left[-\frac{3n\lambda_{g}}{64V}(b_ib_k+c_ic_k+d_id_k)+\frac{9}{128}n\rho_{g}C_{g}(v_xb_i+v_yc_i+v_zd_i)-\frac{81}{1024}K_eS_eV\right]T_{gk}$$
$$+\left[-\frac{3n\lambda_{g}}{64V}(b_ib_m+b_ic_m+b_id_m)+\frac{9}{128}n\rho_{g}C_{g}(v_xb_i+v_yc_i+v_zd_i)-\frac{81}{1024}K_eS_eV\right]T_{gm}$$
$$+\frac{27V}{64}K_eS_eT_s \tag{5.57}$$

$$J_j=\left[-\frac{3n\lambda_{g}}{64V}(b_ib_j+c_ic_j+d_id_j)+\frac{9}{128}n\rho_{g}C_{g}(v_xb_j+v_yc_j+v_zd_j)-\frac{81}{1024}K_eS_eV\right]T_{gi}$$
$$+\left[-\frac{3n\lambda_{g}}{64V}(b_j^2+c_j^2+d_j^2)+\frac{9}{128}n\rho_{g}C_{g}(v_xb_j+v_yc_j+v_zd_j)-\frac{189}{1024}K_eS_eV\right]T_{gj}$$
$$+\left[-\frac{3n\lambda_{g}}{64V}(b_jb_k+c_jc_k+d_jd_k)+\frac{9}{128}n\rho_{g}C_{g}(v_xb_j+v_yc_j+v_zd_j)-\frac{81}{1024}K_eS_eV\right]T_{gk}$$
$$+\left[-\frac{3n\lambda_{g}}{64V}(b_jb_m+b_jc_m+b_jd_m)+\frac{9}{128}n\rho_{g}C_{g}(v_xb_j+v_yc_j+v_zd_j)-\frac{81}{1024}K_eS_eV\right]T_{gm}$$
$$+\frac{27V}{64}[K_eS_eT_g+q(t)] \tag{5.58}$$

$$J_k=\left[-\frac{3n\lambda_{g}}{64V}(b_ib_k+c_ic_k+d_id_k)+\frac{9}{128}n\rho_{g}C_{g}(v_xb_k+v_yc_k+v_zd_k)-\frac{81}{1024}K_eS_eV\right]T_{gi}$$
$$+\left[-\frac{3n\lambda_{g}}{64V}(b_jb_k+c_jc_k+d_jd_k)+\frac{9}{128}n\rho_{g}C_{g}(v_xb_k+v_yc_k+v_zd_k)-\frac{81}{1024}K_eS_eV\right]T_{gj}$$
$$+\left[-\frac{3n\lambda_{g}}{64V}(b_k^2+c_k^2+d_k^2)+\frac{9}{128}n\rho_{g}C_{g}(v_xb_k+v_yc_k+v_zd_k)-\frac{189}{1024}K_eS_eV\right]T_{gk}$$
$$+\left[-\frac{3n\lambda_{g}}{64V}(b_kb_m+c_kc_m+d_kd_m)+\frac{9}{128}n\rho_{g}C_{g}(v_xb_k+v_yc_k+v_zd_k)-\frac{81}{1024}K_eS_eV\right]T_{gm}$$
$$+\frac{27V}{64}K_eS_eT_s \tag{5.59}$$

综上所述，单元控制体对节点 i，j，k，m 气体温度场方程贡献的矩阵表达式为

$$\begin{Bmatrix}J_i\\J_j\\J_k\\J_m\end{Bmatrix}=\begin{pmatrix}k_{ii}&k_{ij}&k_{ik}&k_{im}\\k_{ji}&k_{jj}&k_{jk}&k_{jm}\\k_{ki}&k_{kj}&k_{kk}&k_{km}\\k_{mi}&k_{mj}&k_{mk}&k_{mm}\end{pmatrix}\begin{Bmatrix}T_{gi}\\T_{gj}\\T_{gk}\\T_{gm}\end{Bmatrix}+\begin{Bmatrix}p_i\\p_j\\p_k\\p_m\end{Bmatrix} \tag{5.60}$$

式中，$k_{ll}=-\frac{3n\lambda_{g}}{64V}(b_l^2+c_l^2+d_l^2)+\frac{9}{128}n\rho_{g}C_{g}(v_xb_l+v_yc_l+v_zd_l)-\frac{189}{1024}K_eS_eV$；

$k_{ln}=k_{nl}=-\frac{3n\lambda_{g}}{64V}(b_lb_n+c_lc_n+d_ld_n)+\frac{9}{128}n\rho_{g}C_{g}(v_xb_l+v_yc_l+v_zd_l)-\frac{81}{1024}K_eS_eV$；

$p_l=\frac{27V}{64}K_eS_eT_s(l,n=i,j,k,m)$

5.4.4　温度场边界处理

对于气体温度场，边界$\Gamma_{1下}$半段是第一类边界，可以使用干湿温度计沿工作面走向现场测定气体温度的变化，处理后得到边界上的气体温度分布函数；边界Γ_1上半段，以及边界$\Gamma_2 \sim \Gamma_6$是第二类边界条件，但气体与煤壁间的热交换值很小，可以视为绝热边界，即边界面上的热扩散通量为0。

对固体温度场，由于移架后垮落的岩石会进入采空区，认为边界Γ_1的温度等于原始岩温；边界$\Gamma_5 \sim \Gamma_{16}$是第二类边界条件，但认为这些边界上的热流通量为0，同样视为绝热边界。这样，这些边界条件都可以按内部节点处理。边界Γ_4比较复杂，移动坐标系下的边界Γ_4是不断向前移动的，导致冒落的矸石不断流出边界Γ_4，这样会从采空区解算区域带走大量的热量，是第二类边界，且不能按绝热边界处理，但是边界上的热流密度不容易确定，为此本节提出移动坐标系下的第二类边界处理方法。

为方便理解，先对二维的三角形单元情况进行说明，然后类推到三维的四面体单元情况。

如图5.5所示，多边形*HIJKLM*是节点*O*的控制体，$\triangle OIJ$是其中的一个单元控制体，且边*IJ*是外部边界，边*OI*、*OJ*是控制体内部边界。在移动坐标系下，假定冒落矸石沿水平方向从左边流向右边，那么对于$\triangle OIJ$来说，其边*IJ*上有热量流入，而边*OI*、*OJ*则有热量流出。$\triangle OCD$、$\triangle OAB$与$\triangle OIJ$相邻，分别共用边*OJ*、*OI*，那么$\triangle OIJ$所流出的热量便会流入$\triangle OCD$、$\triangle OAB$，这部分热量再流过边*OK*、*OL*及边*OH*、*OM*，然后汇聚到单元控制体$\triangle OIJ$内，最后由边*EF*流出。这样，在计算移动坐标系造成的单元控制体的热通量时，可以计算出单元的每个边上流通的热量，然后在控制体区域内总体合成。如此，若点*O*为内部节点，其相关的单元控制体的内部边界上的热流量实际都传导到外部边界上了，而不会对控制体的热量变化产生影响；若点*O*为边界节点，那么原来的部分内部边界会转换成外边边界，热量会从该边界上流入或流出，从而对控制体热量造成影响，但本书已经对单元控制体的每个边的热量情况都进行了计算，所以这种情况下不需要将新的外部边界单独拿出来分析。也就是说，一开始就对单元控制体所有的边界进行处理，从而避免了在程序中寻找边界的情况。

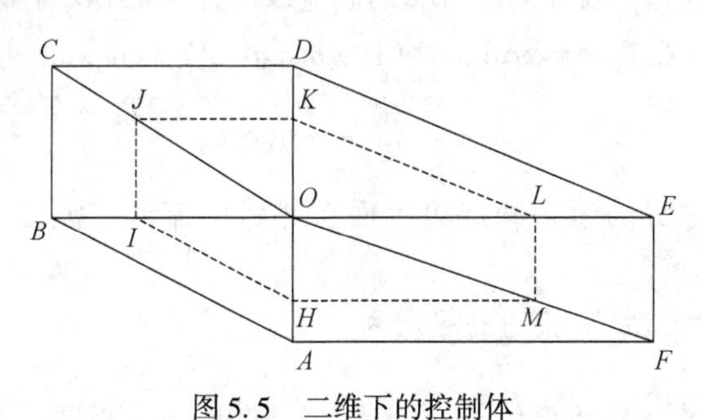

图5.5　二维下的控制体

在二维的基础上推导三维情况。以节点*i*的某一个单元控制体进行研究说明。移动坐标系下，图 5.6 中所示的单元控制体 $iABC$ 的内部边界面（两个单元控制体相邻的边界面）iAC、iAB、iBC 上的热量是不断流入的，外部边界 ABC 上的热量是不断流出的。这些内部边界也是某些以节点 i 为顶点且与单元 $iABC$ 相邻的单元控制体的边界面，对于这些相邻的单元控制体来说，其边界面 iAC、iAB、iBC 上的热量是流出的，而这部分流出的热量是这些控制单元的外边界所流进的。如此，从整个控制体区域来看，内部边界上热量的流入、流出实际就是对外边界所流入热量的传导，对整个控制体热量的增加或减少没有影响，而控制体外边界上热量的流入、流出之差才是控制体内部热量的净增值。若边界面 iAB 为第二类边界，它就由原来的控制体内部边界转换为外部边界，这时边界面 iAB 上的热量流入或流出就会直接影响整个控制体的热量变化。因此，在实际求解第二类边界条件时，不需要确定哪个面是边界面，而是先计算每个单元控制体各面上的热流通量，然后在控制体区域内总体合成。如此，若是内部边界节点，热量会传导到其他单元；若是边界，热量则会流出。

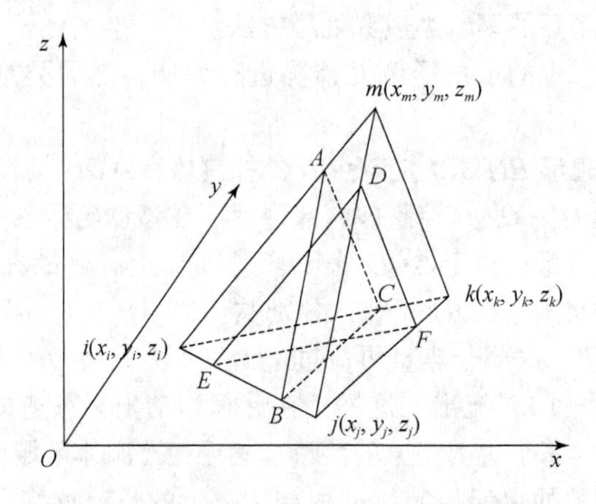

图 5.6　三维下的单元控制体

移动坐标系下，冒落矸石从边界面 ABC 流出带走的热量为

$$-(1-n)v_0\rho_s C_s \overline{T}_{ABC}\cos\alpha\Delta S_{ABC} = (1-n)v_0\rho_s C_s \cdot \frac{T_{si}+T_{sj}+T_{sk}+T_{sm}}{4}\cdot\frac{9}{32}b_i \quad (5.61)$$

边界面面积 $S_{iAC}=S_{DEF}$，因冒落矸石移动而造成的边界面 iAC 上的热量为

$$\begin{aligned}-(1-n)v_0\rho_s C_s \overline{T}_{iAC}\cos\alpha\Delta S_{iAC} &= (1-n)v_0\rho_s C_s T_{iAC}\cos\alpha\Delta S_{DEF} \\ &= (1-n)v_0\rho_s C_s \cdot \frac{2T_{si}+T_{sk}+T_{sm}}{4}\cdot\frac{9}{32}b_j \end{aligned}\quad (5.62)$$

由式（5.62）中的 b_j 的值来确定边界面上热量的流入或流出，b_i 为正值时是流出，为负值时是流入。

同理，边界面 iAC、iBC 上流通的热量为

$$-(1-n)v_0\rho_s C_s \overline{T}_{iAB}\cos\alpha\Delta S_{iAB} = (1-n)v_0\rho_s C_s \cdot \frac{2T_{si}+T_{sj}+T_{sm}}{4}\cdot\frac{9}{32}b_k \quad (5.63)$$

$$-(1-n)v_0\rho_s C_s \overline{T}_{iBC}\cos\alpha\Delta S_{iAC} = (1-n)v_0\rho_s C_s \cdot \frac{2T_{si}+T_{sj}+T_{sk}}{4}\cdot\frac{9}{32}b_m \quad (5.64)$$

在考虑单元控制体上各个边界上的热流通后，单元控制体对节点 i 的固体温度方程贡献 J_i 修正为

$$
\begin{aligned}
J_i &= (1-n)\lambda_s \frac{\partial T_s}{\partial n}\Delta S_{ABC} - K_e S_e (T_s - T_g) V_{iABC} + q(t) V_{iABC} - (1-n) v_0 \rho_s C_s T_s \cos\alpha \Delta S_{ABC} \\
&\quad - (1-n) v_0 \rho_s C_s \bar{T}_{iAC} \cos\alpha \Delta S_{iAC} - (1-n) v_0 \rho_s C_s \bar{T}_{iAB} \cos\alpha \Delta S_{iAB} \\
&\quad - (1-n) v_0 \rho_s C_s \bar{T}_{iBC} \cos\alpha \Delta S_{iAC} \\
&= -\frac{3\lambda_s(1-n)}{64V}[(b_i^2 + c_i^2 + d_i^2) T_{si} + (b_i b_j + c_i c_j + d_i d_j) T_{sj} + (b_i b_k + c_i c_k + d_i d_k) T_{sk} \\
&\quad + (b_i b_m + c_i c_m + d_i d_m) T_{sm}] + \frac{27}{64} q(t) V + (1-n) v_0 \rho_s C_s \frac{(T_{si} + T_{sj} + T_{sk} + T_{sm})}{4} \frac{9}{32} b_i \\
&\quad + (1-n) v_0 \rho_s C_s \cdot \frac{2T_{si} + T_{sk} + T_{sm}}{4} \cdot \frac{9}{32} b_j + (1-n) v_0 \rho_s C_s \cdot \frac{2T_{si} + T_{sj} + T_{sm}}{4} \cdot \frac{9}{32} b_k \\
&\quad + (1-n) v_0 \rho_s C_s \cdot \frac{2T_{si} + T_{sj} + T_{sk}}{4} \cdot \frac{9}{32} b_m - \frac{27}{64} K_e S_e V \left[\frac{1}{16}(7T_{si} + 3T_{sj} + 3T_{sk} + 3T_{sm}) - T_g\right] \\
&= \left[-\frac{3\lambda_s(1-n)}{64V}(b_i^2 + c_i^2 + d_i^2) + \frac{9}{128}(1-n) v_0 \rho_s C_s (b_i + 2b_j + 2b_k + 2b_m) - \frac{81}{1024} K_e S_e V\right] T_{si} \\
&\quad + \left[-\frac{3\lambda_s(1-n)}{64V}(b_i b_j + c_i c_j + d_i d_j) + \frac{9}{128}(1-n) v_0 \rho_s C_s (b_i + b_k + b_m) - \frac{81}{1024} K_e S_e V\right] T_{sj} \\
&\quad + \left[-\frac{3\lambda_s(1-n)}{64V}(b_i b_k + c_i c_k + d_i d_k) + \frac{9}{128}(1-n) v_0 \rho_s C_s (b_i + b_j + b_m) - \frac{81}{1024} K_e S_e V\right] T_{sk} \\
&\quad + \left[-\frac{3\lambda_s(1-n)}{64V}(b_i b_m + c_i c_m + d_i d_m) + \frac{9}{128}(1-n) v_0 \rho_s C_s (b_i + b_j + b_k) - \frac{189}{1024} K_e S_e V\right] T_{sm} \\
&\quad + \frac{27}{64}[K_e S_e V T_g + q(t) V]
\end{aligned} \tag{5.65}
$$

同理可以求得单元控制体对节点 i，j，k，m 的固体温度场的贡献，矩阵表达式为

$$
\begin{Bmatrix} J_i \\ J_j \\ J_k \\ J_m \end{Bmatrix} = \begin{pmatrix} k_{ii} & k_{ij} & k_{ik} & k_{im} \\ k_{ji} & k_{jj} & k_{jk} & k_{jm} \\ k_{ki} & k_{kj} & k_{kk} & k_{km} \\ k_{mi} & k_{mj} & k_{mk} & k_{mm} \end{pmatrix} \begin{Bmatrix} T_{si} \\ T_{sj} \\ T_{sk} \\ T_{sm} \end{Bmatrix} + \begin{Bmatrix} p_i \\ p_j \\ p_k \\ p_m \end{Bmatrix} \tag{5.66}
$$

式中，$k_{ll} = -\frac{3\lambda_s(1-n)}{64V}(b_l^2 + c_l^2 + d_l^2) + \frac{9}{128}(1-n) v_0 \rho_s C_s (b_l + 2b_n + 2b_{n'} + 2b_{n''}) - \frac{189}{1024} K_e S_e V$；

$k_{ln} = k_{nl} = -\frac{3\lambda_s(1-n)}{64V}(b_l b_n + c_l c_n + d_l d_n) + \frac{9}{128}(1-n) v_0 \rho_s C_s (b_l + b_n + b'_n) - \frac{81}{1024} K_e S_e V$；

$$p_l = \frac{27V}{64}[K_e S_e T_g + q(t)](l,n,n',n'', = i,j,k,m)$$

至此，完成了固体温度场在边界 Γ_4 下的离散。

5.5　采空区解算区域及网格划分

本节主要介绍采空区自然发火解算区域的确定、解算区域的网格划分、网格节点的编号及三级坐标等，这些都是编制采空区自然发火多场耦合模型求解程序的前期基础工作和步骤。

5.5.1　解算区域

随着工作面的推进，移架后冒落的矸石进入采空区后先后经过散热带、自燃带和窒息带。窒息带内氧气浓度很低，遗煤不再氧化放热。在移动坐标系下选取采空区自然发火的解算区域，如图 5.7 所示。解算区域以工作面走向方向为 x 轴、采空区深度方向为 y 轴、煤壁高度方向为 z 轴，其深部边界 Γ_4 就设定在窒息带。通常，窒息带距离工作面约 200m，窒息带一般距离工作面约 200m，因而这里取采空区解算区域的深度为 300m，而高度则取采高的 2.5 ~3 倍，认为这个高度以上无漏风。对于流场、氧气浓度场及气体温度场，它们的边界是实际采空区边界，因此解算区域的宽度就是工作面的长度。而对于冒落煤岩固体温度场，由于上下巷处的边界向煤柱内部进行了扩展，解算区域包括实际采空区及上下保护煤柱两部分。在解算区域的边界 Γ_1 布置了悬臂梁结构造成的垮落角 θ，因此更接近顶板岩石垮落后的采空区真实形状。

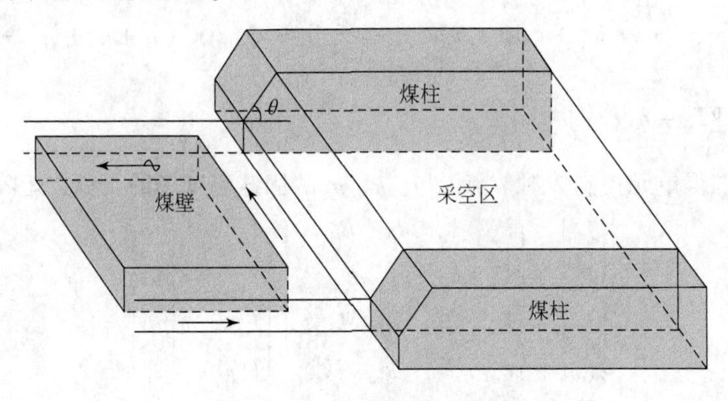

图 5.7　采空区解算边界

5.5.2　网格划分

根据前述的“O”型圈理论，采煤工作面及进、回风巷附近的冒落煤岩呈自由堆积状态，其内部孔隙大、漏风风速较大，导致这些区域内压力、氧气浓度及温度值的变化很大，在划分网格时需要进行加密处理。众所周知，网格越密、解算精度越高，但这是以计算机硬件及较长的解算时间作为保障的。为了在解算精度和解算时间之间达到一个平衡，首先利用六面体单元在解算区域的长度和宽度方向按等比数列、在高度方向按等间距来划分网格，即靠近工作面和进、回风巷煤柱处的网格较密，采空区中部和深部的网格较疏散，如图 5.8（a）、（b）所示，如此既保证了解算精度同时也节约了解算时间。由于垮落角的存在，靠近支架附近的六面体是长方体网格，在支架顶上的是平行六面体网格，夹角就是垮落角。然后在六面体内划分 6 个四面体单元，从而将采空区解算区域全部划分为四面体网格，如图 5.8（c）、（d）所示。之所以没有直接利用四面体划分网格，首先是因为四面体形状的随意性，不易将解算区域都填满；其次是因为若采用非结构化的四面体网格进行处理，那么各节点的坐标难以寻找到规律，增加了解算的复杂程度。

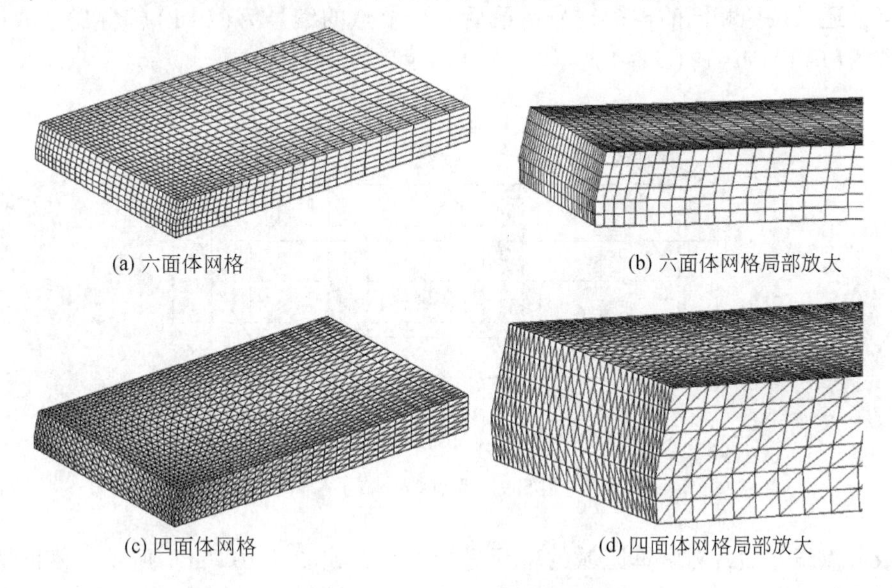

(a) 六面体网格　(b) 六面体网格局部放大

(c) 四面体网格　(d) 四面体网格局部放大

图 5.8　采空区三维网格划分

5.5.3　节点编号及坐标

设采空区深度（SD）为 300m，工作面长度（CD）为 200m，高度（GD）为 12m，这样选取一个长方体形状的解算区域。q_x，q_y分别为 x，y 轴方向的等比系数，M、$2N$ 和 L 分别为 x，y，z 轴方向的划分层数，则在 x，y，z 轴方向的第一段长度 x_1，y_1，z_1分别为

$$\begin{cases} x_1 = \mathrm{SD}(1 - q_x)/(1 - q_x^M) \\ y_1 = \dfrac{\mathrm{CD}}{2} \cdot \dfrac{1 - q_y}{1 - q_y^N} \\ z_1 = \mathrm{GD}/L \end{cases} \tag{5.67}$$

由于在 y 轴方向采用了对称的网格划分方法，节点的 y 方向的坐标值需要根据其具体位置来确定，采空区任意节点 O（x_i，y_j，z_k）的坐标值为

$$
\begin{cases}
x_i = x_1(1 - q_x^i)/(1 - q_x) + x_0 \quad (i = 1,2,\cdots,M) \\
y_j = y_1(1 - q_y^i)/(1 - q_y) \quad (j = 1,2,\cdots,N) \\
y_j = \mathrm{CD} - y_1(1 - q_y^i)/(1 - q_y) \quad (j = N + 1,\cdots,2N) \\
z_k = rz_1 k \quad (r = 1,2,\cdots,L)
\end{cases}
\tag{5.68}
$$

式中，x_0为垮落角造成的、在不同划分层数上的 x 轴方向的偏移量。

以坐标原点（0，0，0）为0节点，沿 z 轴方向从下到上依次是节点 $1,2,3,\cdots,L$，接着沿 x 方向进行编号，则 x 方向的第二个节点编号为 $L+1$，依旧顺着 z 轴方向编号，即 $L+2,L+3,\cdots,2L$，这样 x 方向最后一列为 $ML+1,ML+2,\cdots,L(M+1)$。如此，通过原点的平面上的节点就编号完毕，再对临近的平面节点进行编号，起始节点为原点在 y 轴方向的上一个节点，还是按照相同的规律编号，最后一个节点的编号为 $(L+1)(M+1)(2N+1)-1$。总节点数为 $(L+1)(M+1)(2N+1)$，如图 5.9 所示。

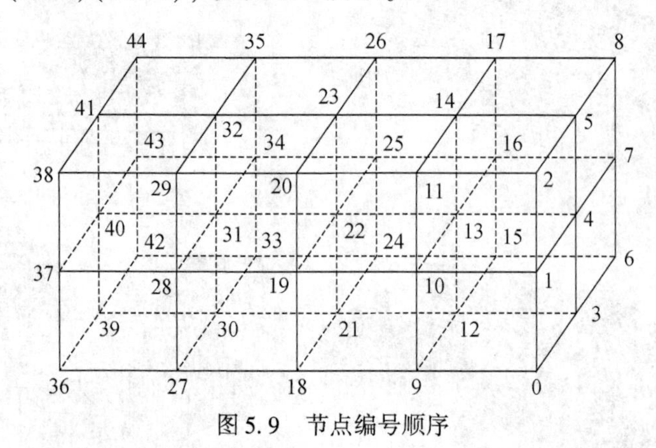

图 5.9　节点编号顺序

完成节点编号后，对解算区域的单元进行编号，如图 5.10（a）所示。依旧按先沿 z 轴，再沿 x 轴，最后沿 y 轴的顺序编号。首先对六面体（顶点为 0，1，3，4，9，10，12，13）里的 6 个四面体进行编号，如图 5.10（b）~（d）所示，以四面体（0，4，3，13）为 0 号单元，四面体（0，3，12，13）为 1 号单元，四面体（0，12，9，13）为 2 号单元，四面体（0，9，10，13）为 3 号单元，四面体（0，10，1，13）为 4 号单元，四面体（0，1，4，13）为 5 号单元，共划分了 6 个单元，再依次对六面体（1，2，4，5，10，11，13，14）、六面体（3，4，6，7，12，13，15，16）划分四面体单元。如此，过坐标原点的 z 轴第一列上的单元依次为 $1,2,\cdots,6L-1$，再向 x 方向移动一行，单元依次为 $6L,6L+1,\cdots,12L-1$，且 x 方向最后一行的单元依次为 $6L(M-1),6L(M-1)+1,\cdots,6ML-1$，然后在 y 轴方向上移一行进行编号。最后一个单元的编号是 $12MNL-1$，总共有 $2MNL$ 个单元。

每个四面体单元有 4 个不同的顶点，为方便计算，这四个顶点的局部编号依次为 i，j，k，m，如图 5.11 所示。编号规律为：顶点 i 所对应的节点编号最小；顶点 m 所对应的节点编号最大；从顶点 i 处看所对的三角形顶点 j，k，m 按顺时针排列；从顶点 m 处看所对的三角形顶点 i，j，k 按逆时针排列。这样，就将六面体内 6 个不同位置的四面体的内部编号固定下来且编号排序是唯一的。

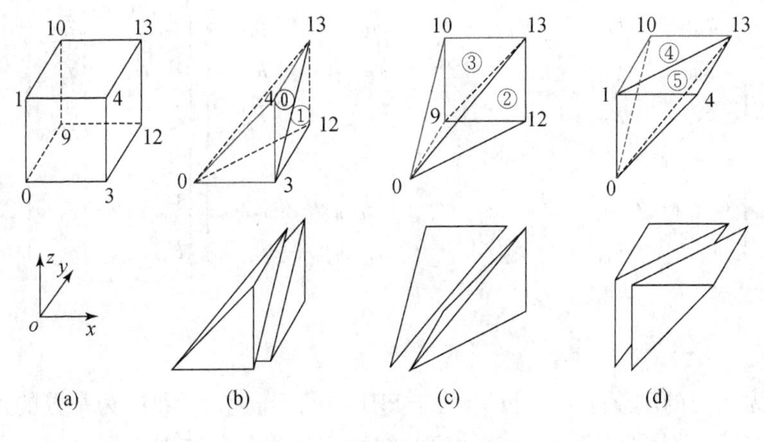

图 5.10　四面体网格单元编号

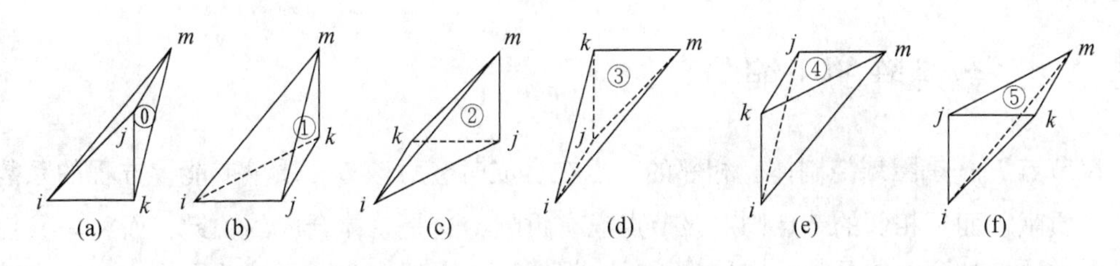

图 5.11　四面体节点局部编号

5.6　线性方程组的求解

离散后的采空区自然发火模型包括流场线性方程组、氧气浓度场线性方程组、气体温度场线性方程组及固体温度场线性方程组。本节将介绍节点线性方程的总体合成、系数矩阵的压缩与存储，以及系数矩阵的求解方法等。

5.6.1　节点线性方程的总体合成

方程组中各个方程的未知量均为一次的称为线性方程组。现对采空区流场线性方程组的总体合成进行分析说明。

采空区流场方程中，压力（P）是未知变量，而气体密度与温度有关，其他量均作为常量处理。首先，建立每个四面体单元对其四个顶点（i，j，k，m）的贡献方程；然后，在解算区域内对每个单元进行搜索，将同一节点相关联的单元控制体对该节点的贡献方程进行叠加求解，从而建立质量守恒方程，完成对该节点流场方程在控制体区域的总体合成，见式（5.69）。

$$\sum_{e=1}^{n} J_l = 0(l = 1,2,\cdots,n) \tag{5.69}$$

对于 n 个节点，可以得到 n 个流场方程，写成矩阵形式为

$$\begin{bmatrix} k_{00} & k_{01} & k_{02} & \cdots & k_{0n-1} & k_{0n} \\ k_{10} & k_{11} & k_{12} & \cdots & k_{1,\ n-1} & k_{1n} \\ k_{20} & k_{21} & k_{22} & \cdots & k_{2,\ n-1} & k_{2n} \\ \vdots & \vdots & \vdots & & \vdots & \vdots \\ k_{n-1,\ 0} & k_{n-1,\ 1} & k_{n-1,\ 2} & \cdots & k_{n-1,\ n-1} & k_{n-1,\ n} \\ k_{n0} & k_{n1} & k_{n2} & \cdots & k_{n,\ n-1} & k_{nn} \end{bmatrix} \begin{Bmatrix} P_0 \\ P_1 \\ P_2 \\ \vdots \\ P_{n-1} \\ P_n \end{Bmatrix} = \begin{Bmatrix} q_0 \\ q_1 \\ q_2 \\ \vdots \\ q_{n-1} \\ q_n \end{Bmatrix} \tag{5.70}$$

简写为

$$[\boldsymbol{K}]\{\boldsymbol{P}\} = \{\boldsymbol{Q}\} \tag{5.71}$$

式中，$[\boldsymbol{K}]$ 为压力的刚度矩阵；$\{\boldsymbol{P}\}$ 为未知压力的列向量；$\{\boldsymbol{Q}\}$ 为常数的列向量。

同理可以得到总体合成后的氧气浓度场线性方程组、气体温度场线性方程组及冒落煤岩固体温度场线性方程组。

5.6.2 系数矩阵的压缩与存储

以节点 $P_{i,j,k}$ 来圈划控制体，相邻的节点在合成时会对该节点质量或能量方程的系数值有一个贡献，而不相邻的节点则对该节点没有贡献，这是总体合成的关键，而将单元控制体的系数项叠加到整体系数项中称为贡献。根据这一原理，解算区域的网格中的任意节点 $P_{i,j,k}$ 与 $P_{i,j,k+1}$、$P_{i+1,j,k+1}$、$P_{i+1,j+1,k+1}$、$P_{i,j+1,k+1}$、$P_{i+1,j,k}$、$P_{i+1,j+1,k}$、$P_{i,j+1,k}$、$P_{i-1,j,k}$、$P_{i-1,j-1,k}$、$P_{i-1,j-1,k-1}$、$P_{i,j-1,k}$、$P_{i,j-1,k-1}$、$P_{i,j,k-1}$、$P_{i-1,j,k-1}$ 这 14 个节点相邻，则在节点 $P_{i,j,k}$ 总体合成后的质量方程中，只有 15 个节点前的系数值不为 0，其他不相邻节点前的系数都为 0。这样，对于有 n 个节点的解算区域内来说，节点 $P_{i,j,k}$ 的质量方程的系数共有 n 个，但其中只有 15 个是非 0 的，其他都为 0。每一个节点都对应一个方程，n 个节点决定了线性方程组的系数矩阵 $[K]$ 中有 $n \times n$ 项，但其中 0 元素很多，因此是一个大型稀疏矩阵，见式 (5.72)。

$$\begin{bmatrix} * & * & * & * & 0 & 0 & \cdots & 0 & * & * & * & * & 0 & 0 & 0 & 0 & 0 & 0 & 0 & \cdots \\ * & * & * & * & * & 0 & 0 & \cdots & 0 & * & * & * & * & 0 & 0 & 0 & 0 & 0 & 0 & \cdots \\ 0 & * & * & * & * & * & 0 & 0 & \cdots & 0 & * & * & * & * & 0 & 0 & 0 & 0 & 0 & \cdots \\ 0 & 0 & * & * & * & * & * & 0 & 0 & \cdots & 0 & * & * & * & * & 0 & 0 & 0 & 0 & \cdots \\ 0 & 0 & 0 & * & * & * & * & * & 0 & 0 & \cdots & 0 & * & * & * & * & 0 & 0 & 0 & \cdots \\ \vdots & \vdots & \vdots & \vdots & \vdots & \vdots & \vdots & \vdots & \vdots & \vdots & \vdots & \vdots & \vdots & \vdots & \vdots & \vdots & \vdots & \vdots & \vdots & \cdots \end{bmatrix}_{n \times n} \tag{5.72}$$

若采用直接法，如高斯消元法，来求解系数矩阵 $[\boldsymbol{K}]$，则该矩阵在化为与其等价的上三角矩阵的过程中，这些 0 元素都将参与计算，会占据很大的内存并带来巨大的计算量，对硬件和时间都要求很高，因而消元法一般用于求解低阶稠密矩阵，而对于大型稀疏矩阵，迭代法则更为高效。但实际中为了更好地使用迭代法，通过对系数矩阵 $[\boldsymbol{K}]$ 进行压缩而去除所有的 0 元素，将会在计算机内存和运算两方面都具有更大的优势，从而大大缩减求解过程和时间。

在四面体网格下的节点控制体区域内，内部节点只与周边 14 个节点相邻，而边界节点所相邻的节点还不足 14 个，这样对该节点有贡献的节点数量最多只有 14 个，因而系数矩阵 $[K]$ 中任意一行中最多只有 15 个非 0 系数，将常数列 $\{Q\}$ 放在第 0 列，可以压缩成一个 $n\times15$（$n=0, 1, \cdots, n$）的新增广矩阵而在计算机上存储，见式（5.73）。

$$\begin{bmatrix} q_0 & 0 & 0 & 0 & 0 & 0 & 0 & 0 & * & * & * & * & * & * & * & * \\ q_1 & 0 & 0 & 0 & 0 & 0 & 0 & * & * & * & * & * & * & * & * & * \\ q_2 & 0 & 0 & 0 & 0 & 0 & * & * & * & * & * & * & * & * & * & * \\ \vdots & \vdots & \vdots & \vdots & \vdots & \vdots & \vdots & \vdots & \vdots & \vdots & \vdots & \vdots & \vdots & \vdots & \vdots & \vdots \\ q_* & * & * & * & * & * & * & * & * & * & * & * & * & * & * & * \\ \vdots & \vdots & \vdots & \vdots & \vdots & \vdots & \vdots & \vdots & \vdots & \vdots & \vdots & \vdots & \vdots & \vdots & \vdots & \vdots \\ q_{n-1} & * & * & * & * & * & * & * & * & * & 0 & 0 & 0 & 0 & 0 & 0 \\ q_n & * & * & * & * & * & * & * & * & 0 & 0 & 0 & 0 & 0 & 0 & 0 \end{bmatrix}_{n\times15} \tag{5.73}$$

为了实现上述最简矩阵的压缩存储，本节提出了四面体网格的系数矩阵的压缩存储新方法。理论根据如下，无论六面体处于解算区域的任何位置，其内部的 6 个四面体划分及排列顺序是固定不变的。在不考虑节点的实际编号的情况下，在任意六面体单元内按一定顺序对 8 个节点进行内部编号，从 0 至 7，如图 5.12 所示。所划分的 6 个四面体依次为 0（0，3，2，7），1（0，2，6，7），2（0，6，4，7），3（0，4，5，7），4（0，5，1，7），5（0，1，3，7），这样虽然六面体不同，但其中相同位置的四面体的节点排序是固定的。

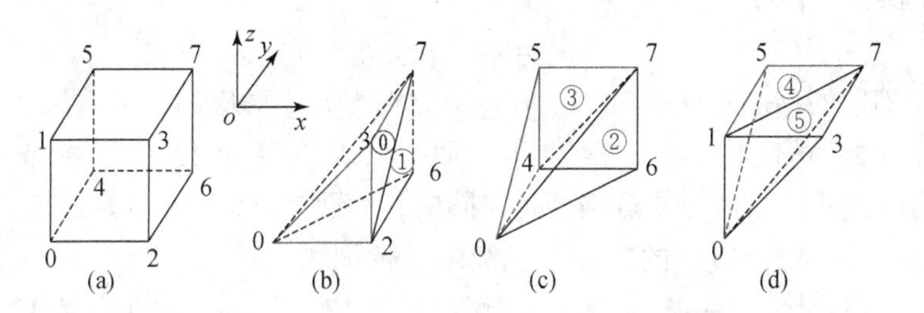

图 5.12　六面体节点局部编号

为了快速准确地确定所关联节点的系数在压缩矩阵中的地址坐标，本节根据解算区域内先划分六面体再由六面体划分四面体这一过程提出了三级节点编号体系（图 5.13），节点在整个解算区域内的编号为一级编号，在六面体里的为二级编号，在四面体里的为三级编号，此外还规定控制体的中心节点的系数位于压缩后的矩阵 $[K]$ 的第 8 列。

在图 5.9 中选取内部节点 13 作为具体研究对象，如图 5.13 所示，其系数位于矩阵第 8 列，与它关联的节点有 0，1，3，4，9，10，12，14，16，17，22，23，25，26 共 14 个节点，同时这些节点也是六面体（3，4，6，7，12，13，15，16）及（0，1，3，4，9，10，12，13）的顶点。以四面体（13，17，16，26）为例，该四面体的二级、三级编号为

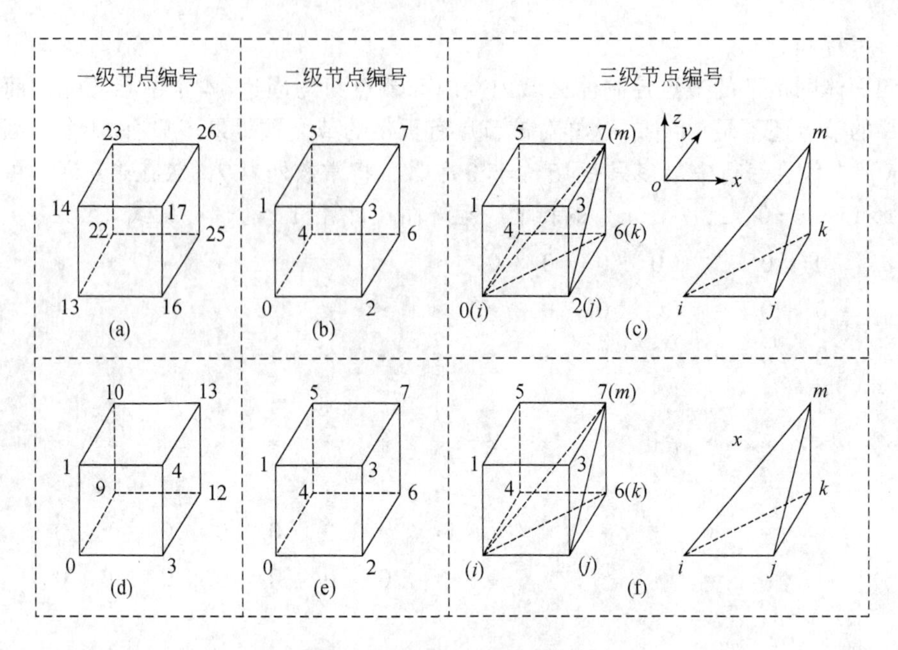

图 5.13　节点的三级编号体系

(0，2，6，7)、(i，j，k，m)。其中，节点 13 的一级、二级、三级编号分别为 13、0、i，而对于 17 号节点，其一级、二级、三级编号分别为 17、2、j，则节点 17 对节点 13 的贡献在压缩后的系数矩阵中的位置应为第 13 行、第 10 列。这里第 13 行是因为节点 13 的线性方程的所有系数均位于第 13 行，第 10 列是由 $j+8-i$ 求得的，其中 i、j 对应的二级编号为 0、2，将三级编号转换为二级编号得到，所以节点 17 的系数处于第 10 列。由此，总结出存储地址的变换公式，即

$$k_{i,\ j}=k_{[i,\ f(j)+8-f(i)]} \tag{5.74}$$

式中，$k_{i,j}$为压缩前的存储地址；$f(i)$，$f(j)$ 分别为 i，j 对应的二级编号。

同理，节点 25 位于第 13 行、第 14 列，而节点 26 位于第 13 行、第 15 列。由于不同六面体内相同位置的四面体的节点编号是相同的，六面体（0，1，3，4，9，10，12，13）内的四面体（0，3，12，13）的二级、三级编号依旧为（0，2，6，7）、（i，j，k，m）。但此时，节点 13 所对应的一级、二级、三级编号为 13、7、m。对于节点 12，其一级、二级、三级编号为 12、6、k，通过计算 $k+8-m=6+8-7=7$，得到它在矩阵中的位置为第 13 行、第 7 列。同理，节点 3 位于第 13 行、第 3 列，而节点 0 位于第 13 行、第 1 列。事实上，与节点 13 相关联的四面体有 14 个，通过全区域的单元搜索后，可以得到节点 13 的线性方程的系数向量为

$$(q_{13}\quad *\quad *\quad *\quad *\quad *\quad *\quad *\quad *\quad *\quad *\quad *\quad *\quad *\quad *) \tag{5.75}$$

而对边界上的节点，由于相关的四面体单元不到 14 个，则其系数向量中非 0 数不到 15 个，可以用 0 填满，如节点 0 的系数向量为

$$(q_0\quad 0\quad 0\quad 0\quad 0\quad 0\quad 0\quad 0\quad *\quad *\quad *\quad *\quad *\quad *\quad *\quad *) \tag{5.76}$$

这样，对于解算区域中的 n 个节点，每个节点都会建立同样宽度的系数向量，从而组成式

（5.73）所示的系数矩阵。

5.6.3　系数矩阵的求解方法

设有

$$Ax = b \tag{5.77}$$

式中，$A=(a_{ij})$ 是 $n\times n$ 的非奇异矩阵。以下来研究解线性方程组的雅克比迭代法和高斯-赛德尔迭代法。设 $a_{ij}\neq 0$（$i=1,2,\cdots,n$），将 A 写为三部分：

$$
\begin{aligned}
A = & \begin{bmatrix} a_{11} & & & & \\ & a_{22} & & & \\ & & a_{33} & & \\ & & & \ddots & \\ & & & & a_{nn} \end{bmatrix} - \begin{bmatrix} 0 & & & & \\ -a_{21} & 0 & & & \\ \vdots & \vdots & \ddots & & \\ -a_{n-1,1} & -a_{n-1,2} & \cdots & 0 & \\ -a_{n1} & -a_{n2} & \cdots & -a_{n,n-1} & 0 \end{bmatrix} \\
& - \begin{bmatrix} 0 & a_{12} & \cdots & a_{1,n-1} & a_{1n} \\ & 0 & \cdots & a_{2,n-1} & a_{21} \\ & & \ddots & \vdots & \vdots \\ & & & 0 & a_{n-1,n} \\ & & & & 0 \end{bmatrix} \\
\equiv & D - L - U
\end{aligned} \tag{5.78}
$$

1）雅克比迭代法

迭代过程中的第 k 次的计算分量表示为

$$x^{(k)} = (x_1^{(k)},\cdots,x_i^{(k)},\cdots,x_n^{(k)})^{\mathrm{T}} \tag{5.79}$$

可以推导出：

$$Dx^{(k+1)} = (L+U)\,x^{(k)} + b \tag{5.80}$$

或

$$a_{ii}x_i^{(k+1)} = -\sum_{j=1}^{i-1} a_{ij}x_j^{(k)} - \sum_{j=i+1}^{n} a_{ij}x_j^{(k)} + b_i \quad (i=1,2,\cdots,n) \tag{5.81}$$

以上就是雅克比迭代法的推导过程（李庆扬等，2008），其计算公式为

$$\begin{cases} x^{(0)} = (x_1^{(0)},\ x_2^{(0)},\ \cdots,\ x_n^{(0)})^{\mathrm{T}} \\ x_i^{(k+1)} = \dfrac{\left(b_i - \sum\limits_{j=1且j\neq i}^{n} a_{ij}x_j^{(k)}\right)}{a_{ii}} \end{cases} \tag{5.82}$$

2）高斯-赛德尔迭代法

同样，设定迭代过程中的第 k 次的计算分量表示为

$$x^{(k)} = (x_1^{(k)},\cdots,x_i^{(k)},\cdots,x_n^{(k)})^{\mathrm{T}} \tag{5.83}$$

还可以推导出：

$$(\boldsymbol{D}-\boldsymbol{L})\boldsymbol{x}^{(k+1)}=\boldsymbol{U}\boldsymbol{x}^{(k)}+\boldsymbol{b} \tag{5.84}$$

或

$$\boldsymbol{D}\boldsymbol{x}^{(k+1)}=\boldsymbol{L}\boldsymbol{x}^{(k+1)}+\boldsymbol{U}\boldsymbol{x}^{(k)}+\boldsymbol{b} \tag{5.85}$$

即

$$a_{ii}x_i^{(k+1)}=-\sum_{j=1}^{i-1}a_{ij}x_j^{(k+1)}-\sum_{j=i+1}^{n}a_{ij}x_j^{(k)}+b_i \quad (i=1,2,\cdots,n) \tag{5.86}$$

以上就是高斯-赛德尔迭代法的推导过程（李庆扬等，2008），其计算公式为

$$\begin{cases}\boldsymbol{x}^{(0)}=(x_1^{(0)},x_2^{(0)},\cdots,x_n^{(0)})^{\mathrm{T}}\\ x_i^{(k+1)}=\dfrac{\left(b_i-\sum\limits_{j=1}^{i-1}a_{ij}x_j^{(k+1)}-\sum\limits_{j=i+1}^{n}a_{ij}x_j^{(k)}\right)}{a_{ii}}\end{cases} \tag{5.87}$$

高斯-赛德尔迭代法在计算 $\boldsymbol{x}^{(k+1)}$ 的第 i 个分量 $x_i^{(k+1)}$ 时，利用了最新计算出的分量 $x_j^{(k+1)}(j=1,2,\cdots,i-1)$，而雅克比迭代法中并没有使用到最新的计算分量。

下面简单举例说明。求解方程组（李庆扬等，2008）：

$$\begin{cases}8x_1-3x_2+2x_3=20\\4x_1+11x_2-x_3=33\\6x_1+3x_2+12x_3=36\end{cases}$$

利用高斯-赛德尔迭代法求解。取 $\boldsymbol{x}^{(0)}(0,0,0)$ 代入式（5.87）：

$$\begin{cases}x_1^{(k+1)}=(20+3x_2^{(k)}-2x_3^{(k)})/8\\x_2^{(k+1)}=(33-4x_1^{(k+1)}-x_3^{(k)})/11\\x_3^{(k+1)}=(36-6x_1^{(k+1)}-3x_2^{(k+1)})/12\end{cases}$$

计算 7 次后，迭代收敛，得到 $\boldsymbol{x}^{(7)}=(3.000002,1.9999987,0.9999932)^{\mathrm{T}}$。

可以看出，在利用了更新的信息后，高斯-赛德尔迭代法显著加快了收敛速度，但该方法要求必须满足系数矩阵［K］中主对角线元素占优。

3）逐次超松弛迭代法

在实际应用中一般会将松弛因子和高斯-赛德尔迭代联合使用，从而得到逐次超松弛迭代（SOR）法（李庆扬等，2008）。迭代过程中的第 k 次的计算分量表示为

$$\boldsymbol{x}^{(k)}=(x_1^{(k)},\cdots,x_i^{(k)},\cdots,x_n^{(k)})^{\mathrm{T}} \tag{5.88}$$

推导一：

$$(\boldsymbol{D}-\omega\boldsymbol{L})\boldsymbol{x}^{(k+1)}=[(1-\omega)\boldsymbol{D}+\omega\boldsymbol{U}]\boldsymbol{x}^{(k)}+\omega\boldsymbol{b} \tag{5.89}$$

或

$$\boldsymbol{D}\boldsymbol{x}^{(k+1)}=\boldsymbol{D}\boldsymbol{x}^{(k)}+\omega(\boldsymbol{L}\boldsymbol{x}^{(k+1)}+\boldsymbol{U}\boldsymbol{x}^{(k)}-\boldsymbol{D}\boldsymbol{x}^{(k)}+b) \tag{5.90}$$

式中，ω 为松弛因子。如此，得到 SOR 法的计算公式为

$$\begin{cases} \boldsymbol{x}^{(0)} = (x_1^{(0)}, x_2^{(0)}, \cdots, x_n^{(0)})^{\mathrm{T}} \\ x_i^{(k+1)} = x_i^{(k)} + \dfrac{\omega\left(b_i - \sum\limits_{j=1}^{i-1} a_{ij}x_j^{(k+1)} - \sum\limits_{j=i}^{n} a_{ij}x_j^{(k)}\right)}{a_{ii}} \end{cases} \tag{5.91}$$

推导二：

先定义高斯–赛德尔迭代法中的辅助量 $\tilde{x}_i^{(k+1)}$：

$$\tilde{x}_i^{(k+1)} = \left(b_i - \sum_{j=1}^{i-1} a_{ij}x_j^{(k+1)} - \sum_{j=i+1}^{n} a_{ij}x_j^{(k)}\right) / a_{ii} \tag{5.92}$$

再由 $x_i^{(k)}$ 和 $\tilde{x}_i^{(k+1)}$ 加权平均得到 $x_i^{(k+1)}$：

$$\begin{aligned} x_i^{(k+1)} &= (1-\omega)x_i^{(k)} + \omega\tilde{x}_i^{(k+1)} \\ &= x_i^{(k)} + \omega(\tilde{x}_i^{(k+1)} - x_i^{(k)}) \end{aligned} \tag{5.93}$$

将式（5.92）代入（5.93）可得到式（5.91）。

采用 SOR 法时，若迭代过程比较稳定，一般取 $\omega>1$，称为超松弛迭代；若迭代中敏感性很高，易发生振荡时，取 $\omega<1$，称为低松弛迭代。

综上所述，为了在最大程度上加快迭代速度，本节使用了逐次超松弛迭代法来求解采空区自然发火的三维离散矩阵。

5.7　程 序 设 计

根据采空区自然发火的多场耦合机理及多场耦合模型可知，流场系数矩阵的常数项中有气体密度，而气体密度受温度影响，也就是说压力的解算受温度的影响；氧气浓度场系数矩阵中含有气体速度和耗氧量，而气体速度由压力决定，耗氧量与温度有关，说明氧气浓度的解算受压力和温度的影响；温度场系数矩阵中含有速度和氧化放热量，而氧化放热量与氧气浓度有关，因此温度的解算受压力和氧气浓度影响。所以，压力、氧气浓度及温度等的线性方程组在求解过程中是相互联系的，需要对采空区自然发火模型进行耦合求解。

首先对解算区域内各节点上的氧气浓度、气体和固体温度赋初值，计算出各节点的空气密度，代入流场方程后解算得到各节点的压力值，再计算出各节点 x、y、z 方向上的速度分量 v_x、v_y、v_z。将各节点上的速度分量及温度初值代入氧气浓度场方程解算出各节点的氧气浓度，再将氧气浓度及速度代入温度场方程分别计算各节点的气体和固体温度值。根据所得气体温度值重新计算各节点的空气密度，再依次解算压力场、氧气浓度场以及温度场。如此反复迭代计算，直至前后两次解算的各场最大误差满足精度要求，最后输出各节点上的压力、速度、氧气浓度、气体温度和固体温度。

在求解第一类边界节点时，将边界值赋值在边界节点线性方程的常数列，并将该方程其他项系数赋值为 0。

根据上述的采空区自然发火多场耦合模型的离散矩阵，结合矩阵压缩及求解原理，设计了解算程序的结构流程图，如图 5.14 所示。

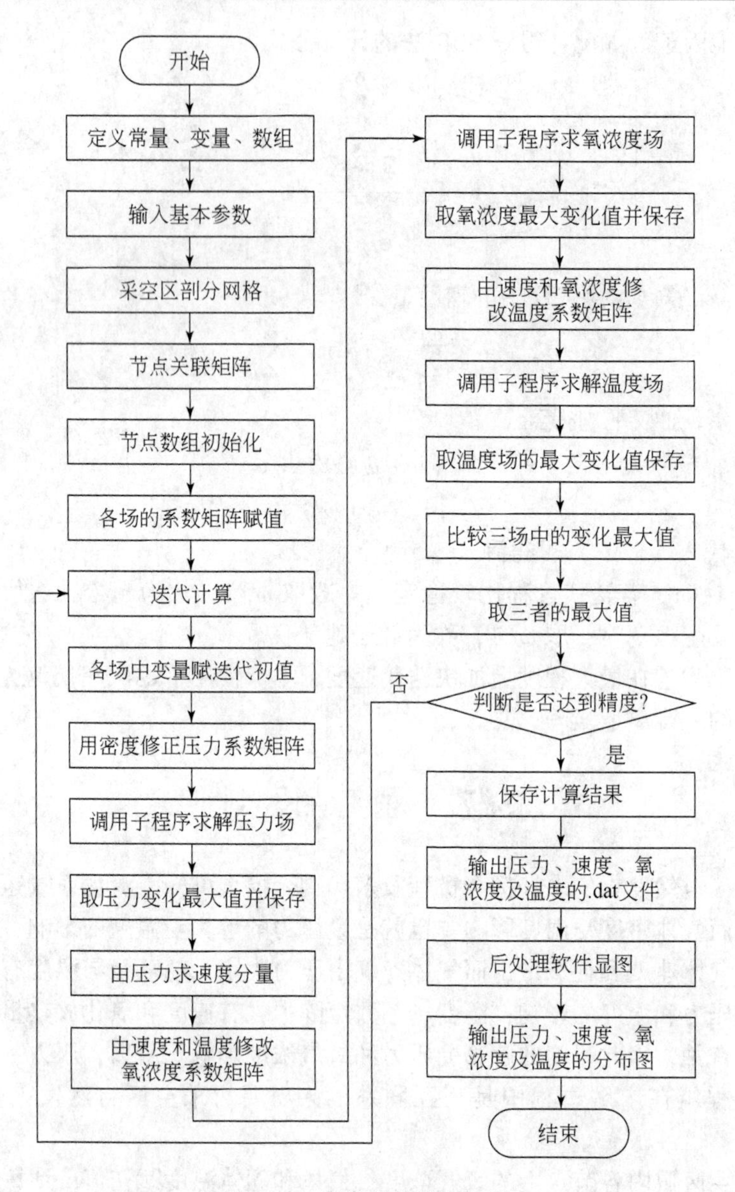

图 5.14　程序的结构流程图

5.8　本章小结

本章确定了采空区自然发火的解算区域，利用四面体对解算区域进行了疏密不均的网格划分，选取了插值函数；应用四面体网格的有限体积法新算法离散了采空区自然发火模型，得到了压力场、氧气浓度场、气体温度场及固体温度场的节点线性方程组；利用节点的三级编号体系，将各场的系数矩阵进行了压缩，得到了各场的最简压缩矩阵；通过对比分析了三种迭代方法的优缺点，选取了逐次超松弛迭代法进行矩阵求解，最后绘制了程序流程图。

第6章　采空区自然发火三维数值仿真

采空区自然发火规律历来是自然发火研究的难点，它是在各种影响因素和复杂条件下综合作用的结果。对煤自燃过程的研究，过去大多学者一直是基于实验研究的定量分析，现在通过计算机模拟可以从理论上描述不同开采条件下采空区自燃的过程。通过对不同边界条件或系统参数的人为设定变化（这种变化有些在现场是无法实现或出于安全原因做不到的），在计算机上得到定量化的规律性的结论，预防或避免自然发火灾害的发生。本章在上述各章研究的基础上，编制了“采空区自然发火三维仿真系统”，并结合河东矿实际情况，对31005工作面采空区的自然发火情况进行了模拟研究和分析。

6.1　采空区自然发火三维仿真系统

根据上述各章的研究，作者及课题组成员基于 Visual Basic 6.0 平台自主开发完成了“采空区自然发火三维仿真系统”。该软件利用四面体剖分网格，采用四面体网格的有限体积法离散采空区自然发火模型，实现了采空区压力场、速度场、氧气浓度场、气体温度场和冒落煤岩固体温度场的耦合求解，最后输出各场各节点的数据文件。通过 Tecplot 软件处理后能得到采空区内各场分布的图形化显示，为预测采空区自燃危险区域和定位高温区域提供了依据。解算系统的输入参数界面如图6.1所示。

图6.1　采空区自然发火三维仿真系统登录界面

6.1.1 基础参数输入

采空区自然发火的影响素众多，其中每一个因素都会影响一个或几个场的变化，但都可以归结到压力场、氧气浓度场或者温度场的影响参数中。

(1) 采空区流场的影响参数。包括气体的密度，k/m^3；煤层倾角，(°)；工作面通风阻力，Pa；

(2) 采空区氧气浓度场的影响参数。主要是遗煤的耗氧速率，mol/（s · m^3）；

(3) 采空区温度场的影响参数。包括采空区内冒落煤岩固体的比热容，J/（kg · ℃）；固体的密度，kg/m^3；固体的导热系数，W/（m · ℃）；采空区内气体的比热容，J/（kg · ℃）；气体的密度，kg/m^3；气体的导热系数，W/（m · ℃）；遗煤的放热强度 $q\ (t)$，kJ/(m · s)；工作面推进速度，m/s；工作面进、回风的温度,℃；原始岩温,℃；遗煤的堆积厚度，m。

上述参数都是采空区自然发火多场耦合模型中固有的基础参数，因而在实际解算前需要对这些参数进行测定，如工作面长度、推进速度、通风阻力等都可以现场测定，而导热系数、比热容、耗氧速率及放热强度等则需通过实验来确定。不同的现场条件，这些参数也会不同，因此，解算前需要在软件的基础参数界面（图 6.2）输入这些参数的值。

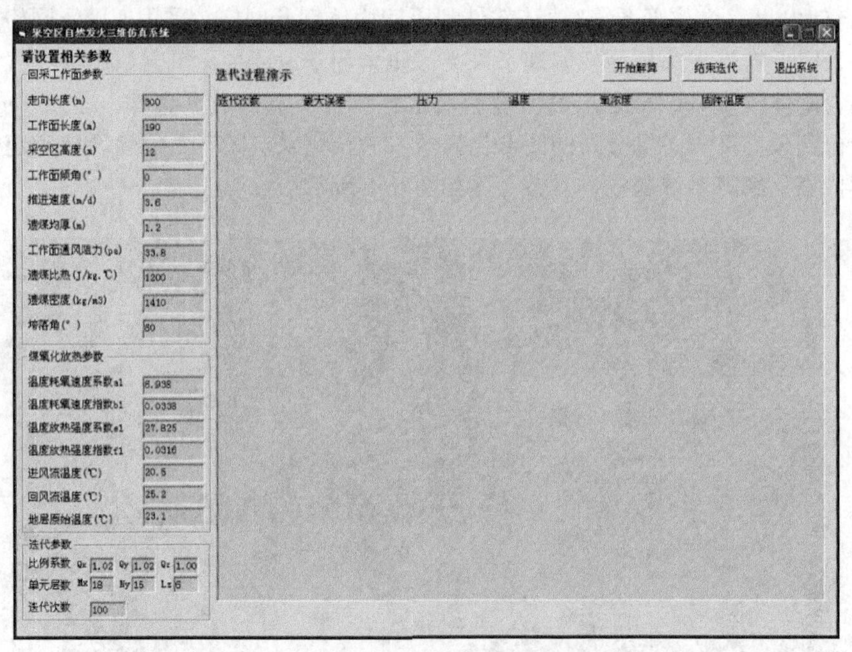

图 6.2　参数输入界面

6.1.2 运行及解算过程

图 6.2 中，当各参数都输入完毕后，点击“开始解算”按钮，程序就进入了迭代过程，开始自动迭代解算各个方程组，并在界面上输出迭代过程中各场的最大误差，如图

6.3 所示，当最大误差满足精度要求后，解算完毕。

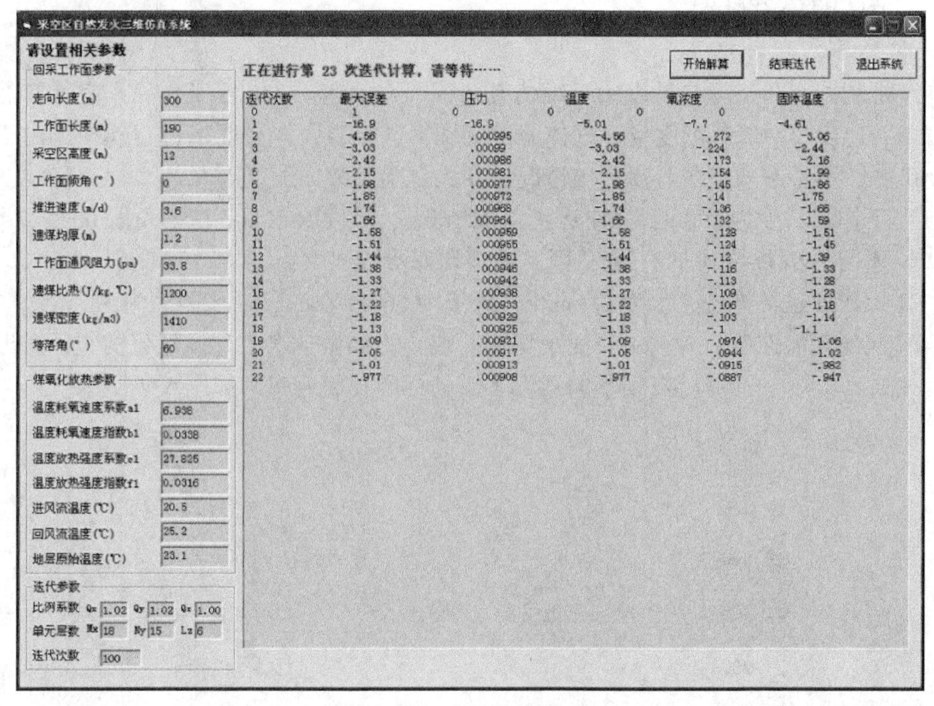

图 6.3 迭代解算界面

6.2 采空区的自然发火模拟

河东矿为瓦斯矿井，现阶段开采10#煤层，平均厚度约4m，近水平煤层，其上是平均厚度为1.2m的9#煤层，是易自燃煤，两煤层之间是1.3m厚的岩层。10#煤层自开采以来，一直存在采空区自然发火危险，特别是上隅角的一氧化碳浓度在采空区未采取注氮措施前一直存在超限问题。这主要是因为9#煤层没有开采，而是在工作面推进后整体垮落在了10#煤层的采空区中，造成该采空区存在大量的遗煤，由于垮落的遗煤平均厚度达到1.2m，蓄热条件很好。此外，该煤层地质条件复杂，常造成工作面短时间内不能正常推进，并且采用的是“U”型通风方式，综合各种因素，该煤层的采空区自然发火问题一直困扰着矿井的正常生产。最早开采的31007工作面，没有采取有效的防火措施，其上隅角一氧化碳浓度超限问题伴随了整个开采过程。它的接替工作面31005工作面在推进后不久，上隅角的一氧化碳浓度便急剧上升达到50ppm，随后采取了减小工作面供风量、上隅角堵漏等多项预防治理措施，但均未明显改善一氧化碳超限这一情况。为此，本节将对31005工作面采空区的自然发火情况进行了数值模拟，以确定该采空区的高温区域位置，为制定合理的注氮工艺参数提供依据。

6.2.1 模拟参数选取

本节将利用“采空区自然发火三维仿真系统”对河东矿 31005 工作面采空区自然发火的压力场、速度场、氧气浓度场、气体温度场和冒落煤岩固体温度场进行模拟，由于该矿是瓦斯矿井，不考虑采空区瓦斯涌出情况，相关基本参数如下。

（1）工作面长度为 190m；采空区深度取 300m、高度取 12m；垮落角取 60°。

（2）遗留的 9#煤层约厚 1.2m，因此遗煤均厚参数取 1.2m。

（3）工作面正常推进速度为 3.6m/d，风量为 660m^3/min，通风阻力为 33.8Pa。

（4）煤的耗氧速率：对该工作面现场取的混合煤样做了煤的升温氧化实验，对出口氧气浓度按式（2.11）计算后得到不同温度下煤的标准耗氧速率，如图 6.4 所示。

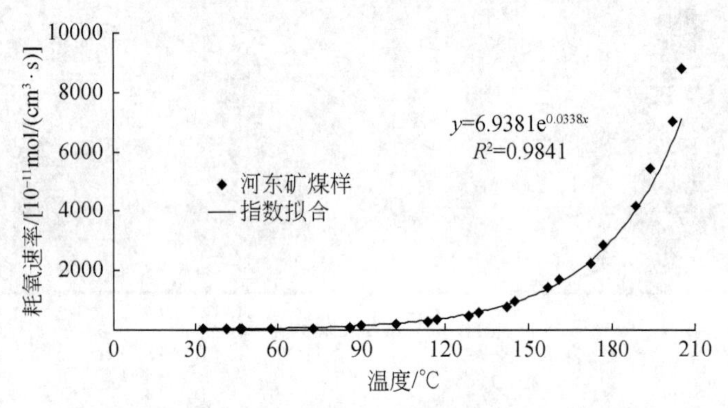

图 6.4　标准耗氧速率变化曲线

将耗氧速率 u_0（t）与温度 t 按指数函数进行拟合，得到拟合方程为

$$u_0(t) = 6.9381 \times 10^{-11} e^{0.0338t} (R^2 = 0.9841) \tag{6.1}$$

式（6.1）中拟合相关系数为 0.996，表明耗氧速率与温度的关系符合指数函数变化。

实验中所用煤样只是取自现场某处的遗煤，其粒度分布和厚度不能代表整个采空区，此外实验中的氧气供给一直是标准状况下的氧气浓度，而实际采空区随着深度的增加氧气浓度会有所降低，因此实验所得的耗氧速率拟合方程在实际应用时，应考虑氧气浓度的影响，同时对遗煤粒度和厚度取影响系数来进行修正，如此得到修正后的采空区遗煤耗氧速率公式为

$$u(t) = \frac{c}{c_0} k_b k_h u_0(t) = \frac{c}{c_0} k_b k_h \times 6.9381 \times 10^{-5} e^{0.0338t} \tag{6.2}$$

式中，c 为实际氧气浓度；c_0为标准氧气浓度；k_b为遗煤粒度影响系数；k_h为遗煤厚度影响系数。

（5）煤的放热强度：对煤的升温氧化实验出口的 O_2、CO、CO_2浓度进行分析计算，按 2.3.3 节中的公式（2.17）~（2.22）计算得到不同温度下煤的放热强度，如图 6.5 所示。

同样将放热强度 q_0（t）与温度 t 按指数函数进行拟合，得到拟合方程为

$$q_0(t) = 27.825 e^{0.0316t} (R^2 = 0.9506) \tag{6.3}$$

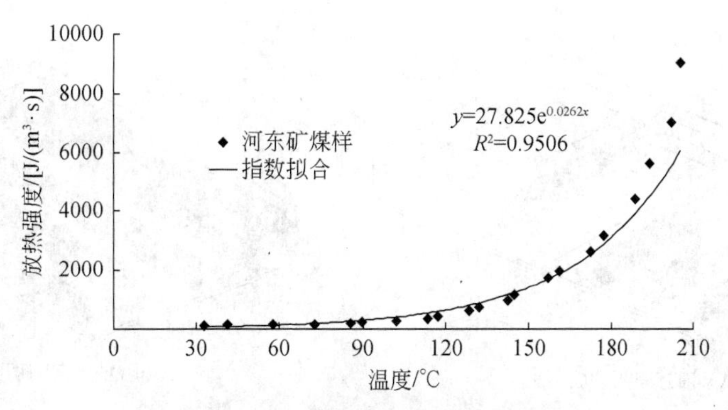

图6.5　放热强度随温度升高变化曲线

同理对放热强度拟合方程进行修正，得到采空区遗煤放热强度计算公式为

$$q(t)=\frac{c}{c_0}k_\mathrm{b}k_\mathrm{h}q_0(t)=\frac{c}{c_0}k_\mathrm{b}k_\mathrm{h}\times 27.825\mathrm{e}^{0.0316t} \tag{6.4}$$

（6）现场测试了工作面的风温变化，得到工作面入口风温为20.5℃，出口风温为25.2℃；冒落煤岩的原始温度现场测试为23.1℃。

（7）煤的密度为1410kg/m³；比热容为1200J/（kg·℃）；导热系数为1.275 W/（m·℃）；顶板密度为1420kg/m³；比热容为840J/（kg·℃）；导热系数为1.589 W/（m·℃）。

由于采空区高度取12m，相对于工作面长度和采空区深度都太小，可以忽略压力和氧气浓度在高度方向的变化。本节所得的模拟图都是以工作面进风处为坐标原点，沿采空区深度为 x 轴，沿工作面长度为 y 轴，沿采空区垂直高度为 z 轴。

6.2.2　采空区压力场分布

模拟得到了采空区内压力的空间三维分布，如图6.6所示。

从图6.6中可以看出：采空区压力在漏风入口处最大，其值等于工作面总的通风阻力，然后沿工作面长度方向逐渐减少，在回风口处达到最小值0Pa。随着采空区深度增加，压力也在逐渐减小，当深度达到约200m时，压力不再变化。这是因为压力变化与采空区

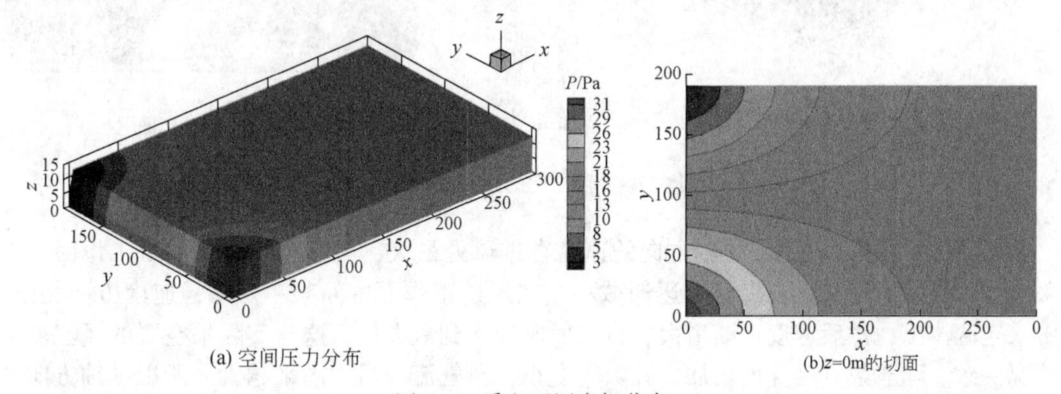

图6.6　采空区压力场分布

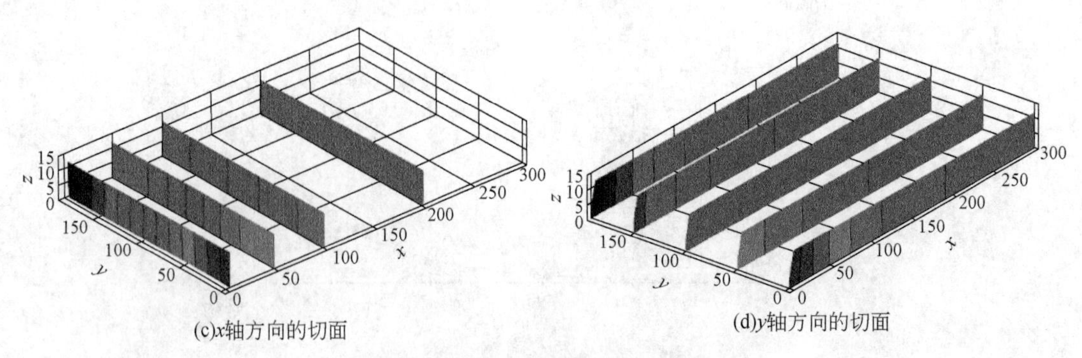

图 6.6　采空区压力场分布（续）

内的渗透系数分布有关，随着深度的增加，冒落的岩石逐渐被压实，当达到一定深度后，孔隙率变化趋于稳定，从而渗透系数变化也趋于稳定，压力也稳定下来。由于忽略了压力在垂直高度的变化，同一点在高度方向的压力基本相同。

6.2.3　采空区速度场分布

本节利用压力来求解空气流动速度，即认为每个四面体单元内的压力沿各个方向是线性变化的，由其单元 4 个节点上的压力值结合插值函数来求解速度，所得速度是四面体单元的平均速度。如此，解算得到了采空区内 x 轴、y 轴及 z 轴方向的速度和合速度的空间三维分布，如图 6.7～图 6.10 所示。

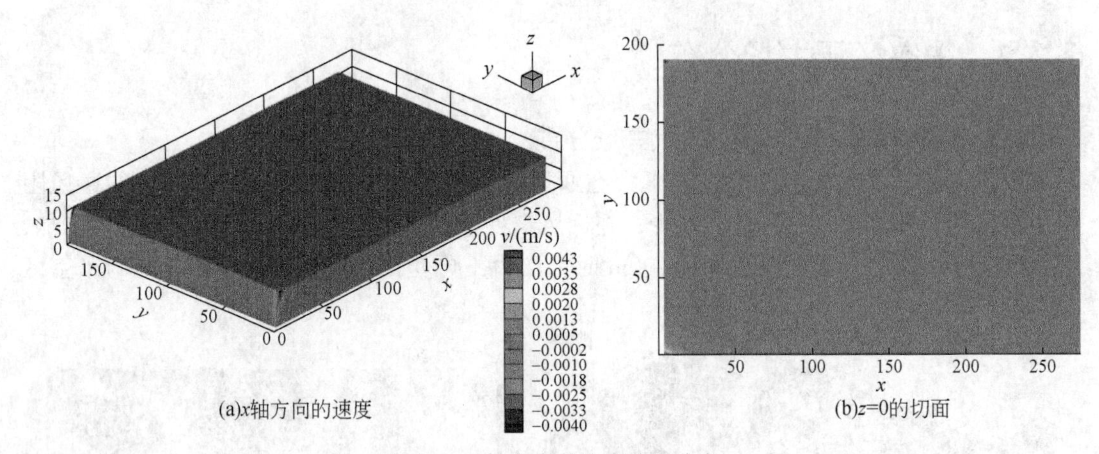

图 6.7　x 轴方向的速度分量分布

从图 6.7 中可以看出，x 轴方向的速度在进风处最大，且为正值，表示由工作面流向采空区，速度沿工作面长度方向逐渐减小，在经过工作面中间某一点后，速度方向相反，由采空区流出，然后速度逐渐增大，直至回风处达到最大值，这与实际采空区的风流流动情况一致。随着采空区深度增加，孔隙率变小，空气流动阻力越来越大，所以 x 轴方向的速度迅速减小，在 100m 深后趋近于 0。

从图 6.8 中可以看出，y 轴方向的速度均为正值，且在工作面的进风口与回风口达到最大，表示速度方向一直沿 y 轴正向。靠近工作面附近的 y 轴方向的速度都较为接近，随着采空区深度增加，y 轴方向的速度迅速减小，且速度等值线呈椭圆形分布，在100m深后几乎为0。

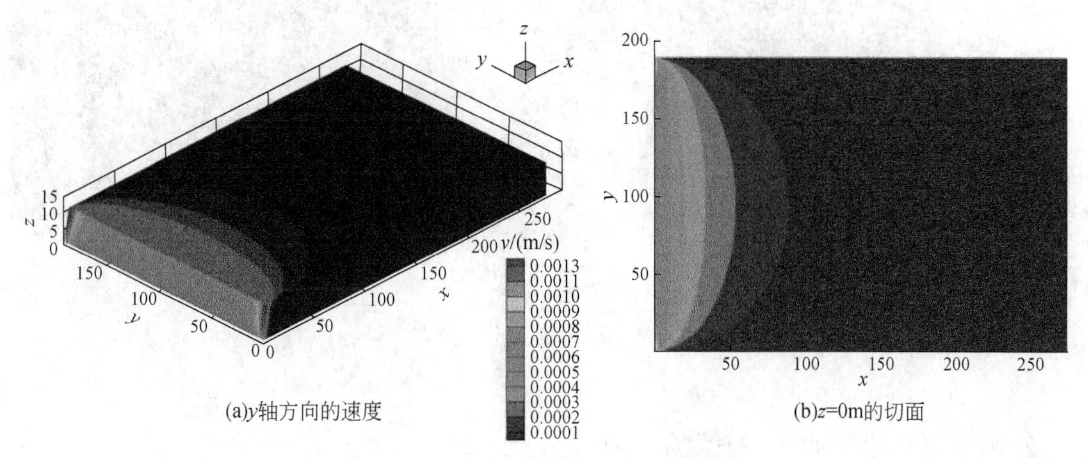

(a)y轴方向的速度　(b)z=0m的切面

图6.8　y 轴方向的速度分量分布

从图6.9中可以看出，z 轴方向的速度在进风处最大，但为负值，表示风速方向朝下，在回风处速度也达到最大，但为正值，表示风速方向向上，这主要是采空区的垮落形状造成的。随着采空区深度增加，z 轴方向的速度迅速减小并趋近于0。

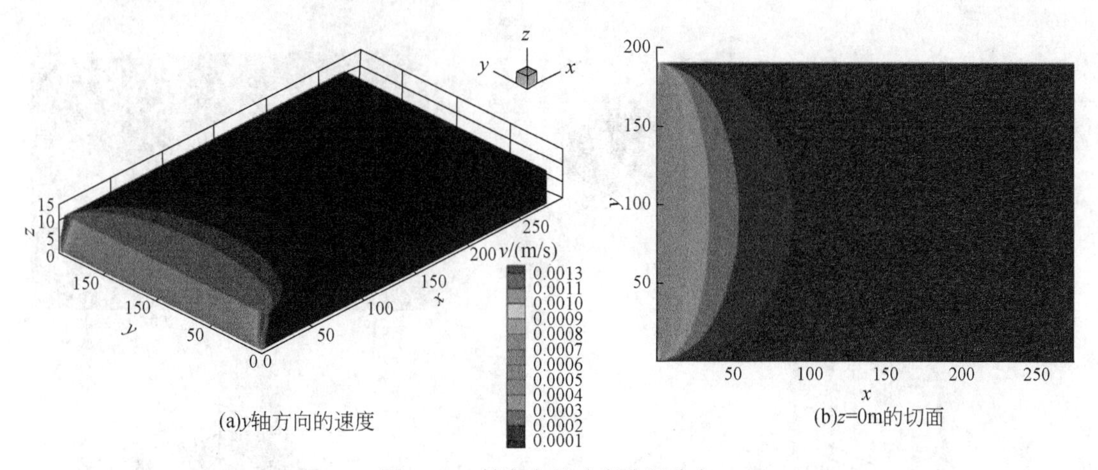

(a)y轴方向的速度　(b)z=0m的切面

图6.9　z 轴方向的速度分量分布

从图6.10中可以看出，合速度在进、回风处最大，因为不涉及速度方向的问题，都为正值。合速度沿工作面长度方向先减小后增大，这与现场工作面中部漏风不明显的特性相符合，同时沿深度方向合速度逐渐减小，在采空区深部趋于0，且速度等值线均呈“O”型，这与采空区内的孔隙率与渗透系数的“O”型分布特征相符。说明速度模拟较为接近真实情况。

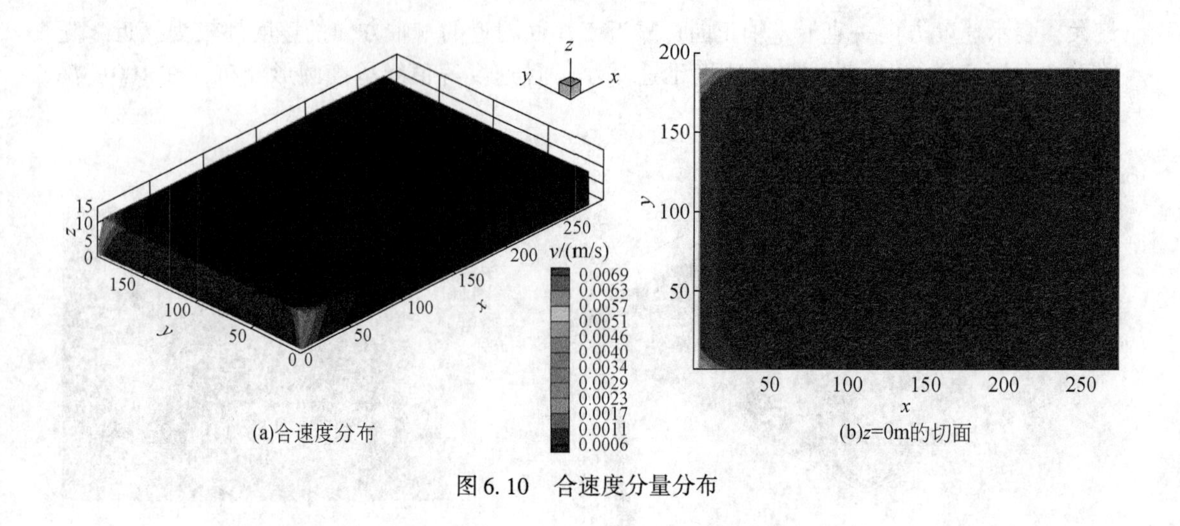

(a)合速度分布　　　　(b)z=0m的切面

图 6.10　合速度分量分布

6.2.4　采空区氧气浓度场分布

采空区自然发火的多场耦合机理说明，采空区内氧气浓度分布直接影响遗煤的氧化放热从而影响和制约着采空区高温区域的形成与发展，本节通过模拟得到了采空区内氧气浓度场的空间三维分布，如图 6.11 所示。

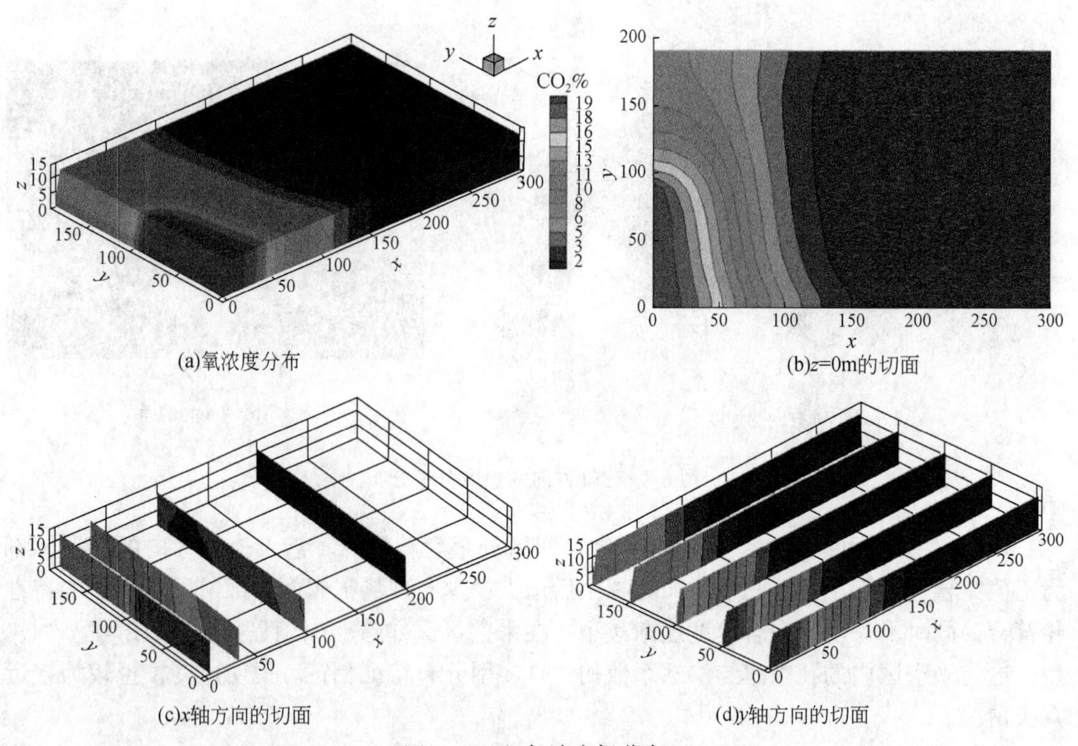

(a)氧浓度分布　　　　(b)z=0m的切面

(c)x轴方向的切面　　　　(d)y轴方向的切面

图 6.11　氧气浓度场分布

在解算过程中所使用的氧气浓度是其物质的量的浓度，进风处的约为9.375mol/m³。在图形输出显示的时候，将氧气浓度换算为体积分数（%），进风口处为21%，以方便查看。由图6.11可以得出以下结论。

高氧气浓度区域主要集中在工作面的进风段，沿着采空区深度逐渐减小，至150m深处，氧气浓度趋于0。影响采空区氧气浓度分布的主要因素是氧气的扩散和遗煤氧化反应的耗氧。在距工作面30m的区域内，虽然有遗煤的耗氧，但该区域内孔隙率大、漏风大、风量速度大，从而提供了充足的氧气，以致氧气浓度仍能维持在较高的水平。随着采空区深度的增加，漏风风速逐渐减小，氧气的扩散作用也逐渐减弱，这时在遗煤的氧化作用下，氧气浓度便会大大降低。进风段流入的高浓度氧气在经过流动、扩散及消耗等过程后到达采空区回风侧，此时的氧气浓度已大大降低，在与回风侧的遗煤氧化反应后，氧气浓度降至更低，然后随风流流入采空区。该过程也说明，风流在采空区内流经的路线越长，其所携带的氧气浓度就越低。这里，回风段流出采空区的氧气浓度较低，但工作面回风段上的氧气浓度很高且风量很大，该部分的高浓度氧气是否会对紧挨着的采空区回风侧的氧气浓度分布造成影响，是下一步要重点研究的问题。

6.2.5　采空区气体及固体温度场分布

1）冒落煤岩的固体温度分布

采空区温度上升本质上是遗煤的氧化放热造成的，但采空区内高温区域的形成则是空气的流动、氧气浓度的分布、热弥散、气固之间的对流换热，以及遗煤氧化速度、放热强度等众多影响因素共同造成的。因此，定位采空区的高温点位置是不太容易的。目前，有关采空区自然发火的三维数值模拟（时国庆等，2014）多数只是从氧化带的角度来划分出一个可能自燃的危险区域，而没能得到采空区内的温度变化，并且所得的危险区域范围太广，对于现场的防火救灾不能做到有的放矢。

本书通过建立采空区自然发火的多场耦合模型，编制解算软件，初步实现了采空区高温区域的定位及最高温度的预测。在解算过程中，要先解算采空区冒落煤岩的固体温度场，这是因为氧化放热的源项在固体温度方程上，然后通过对流换热影响气体温度场。如此，先模拟得到稳定时的固体温度的空间三维分布，如图6.12所示，-30～0m和190～220m的区域为保护煤柱。可以看出，采空区高温区域靠近进风侧，这与现场采空区自燃火灾多发生在进风侧相符合。火源位置靠近采空区底板，这是因为遗煤集中在底板附近。所形成的高温区域是以中心坐标为（50，30）、半径为20m的圆形区域，通过观察速度场与氧气浓度场，发现该区域内的风流速度较小但氧气浓度较高，因而氧化放热多且蓄热条件好，是形成高温点的理想区域。然后，高温沿工作面长度方向、采空区深度和高度方向逐渐降低。一般认为煤的自燃临界温度为60～70℃，而图6.12中高温区域内的最高温度约为60℃，很接近一般意义上的煤自燃临界温度，这表明正常推进下31005工作面采空区有自然发火的危险。将三维分布图在x和y方向进行切面，可以看到，随着高度的增加，高温区域面积逐渐缩小，并且不是位于底板火源的正上方，而是向采空区深部偏移，从xoz面来看，高温区域的边缘线呈抛物线状向后偏移。这是移动坐标系造成的，移动坐标系下采空区冒落的岩石不断流入流出解算区域，而底板处的火源位置不变，造成了高温区域随着高度的上升而向深部偏移的现象。

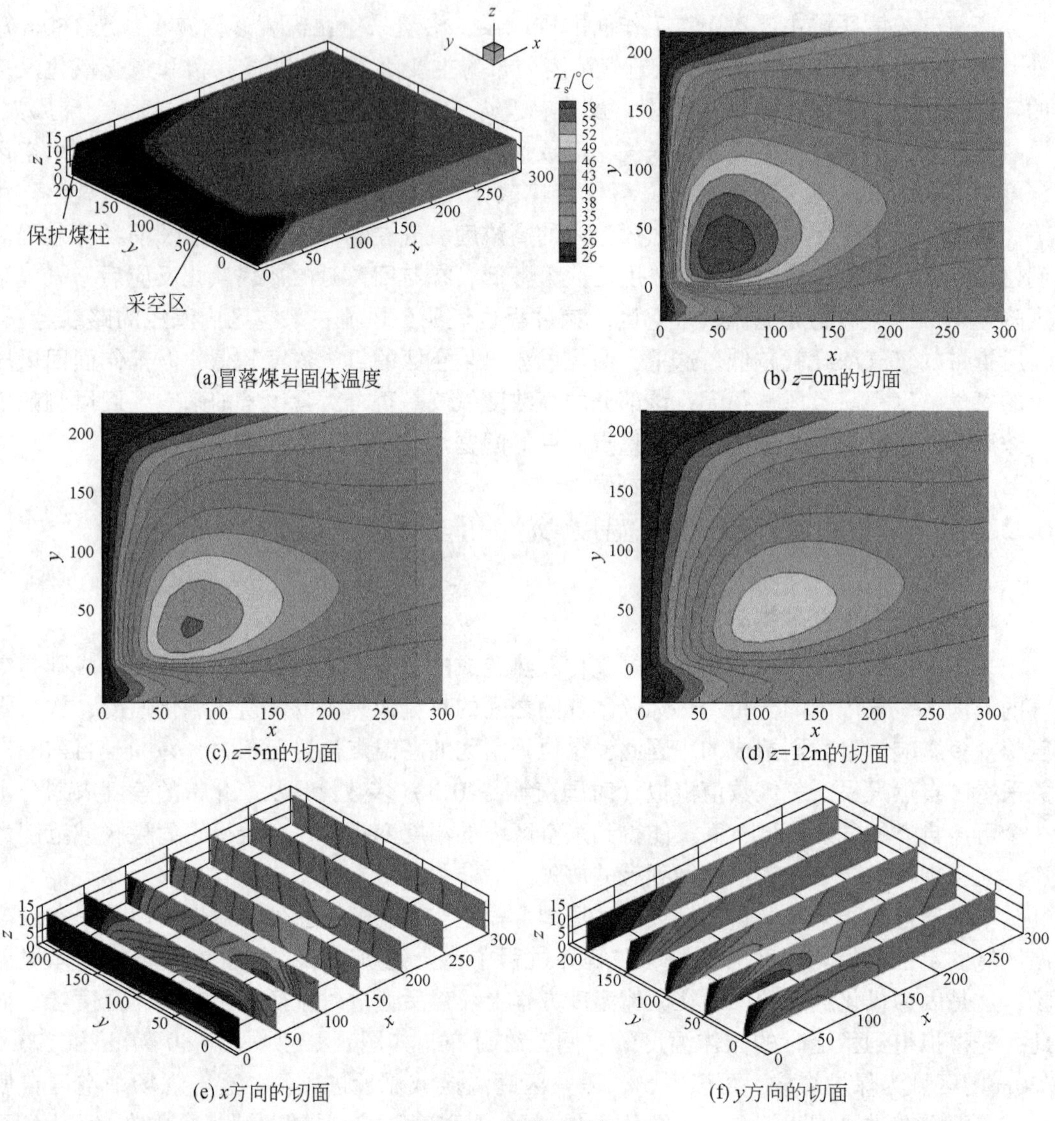

图 6.12　固体温度分布

2）气体温度分布

模拟得到稳定时的采空区气体温度的空间三维分布，如图 6.13 所示。

从图 6.13 中可以看出，空气进入采空区时温度很低，等于工作面进风温度，进入采空区后，与固体颗粒发生对流换热使自身的温度升高。在漏风风速较大的区域，气体能带走大部分的遗煤放热量，从而使得这部分遗煤的温度不能升到太高；在继续深入采空区后流入高温区域，由于漏风风速急剧变小，对流换热量较大，气体温度开始快速上升，然后继续向前流动而流出高温区域，总体来看，气体温度分布与固体温度较为接近，但同一地点的气体温度要比固体温度低1～2℃。x和y方向的切面表明，随着高度的上升，高温区域面积减小，同样也不是位于底板火源的正上方，其边缘线也呈抛物线状向采空区深部偏移，这和固体温度的分布特征是一致的。

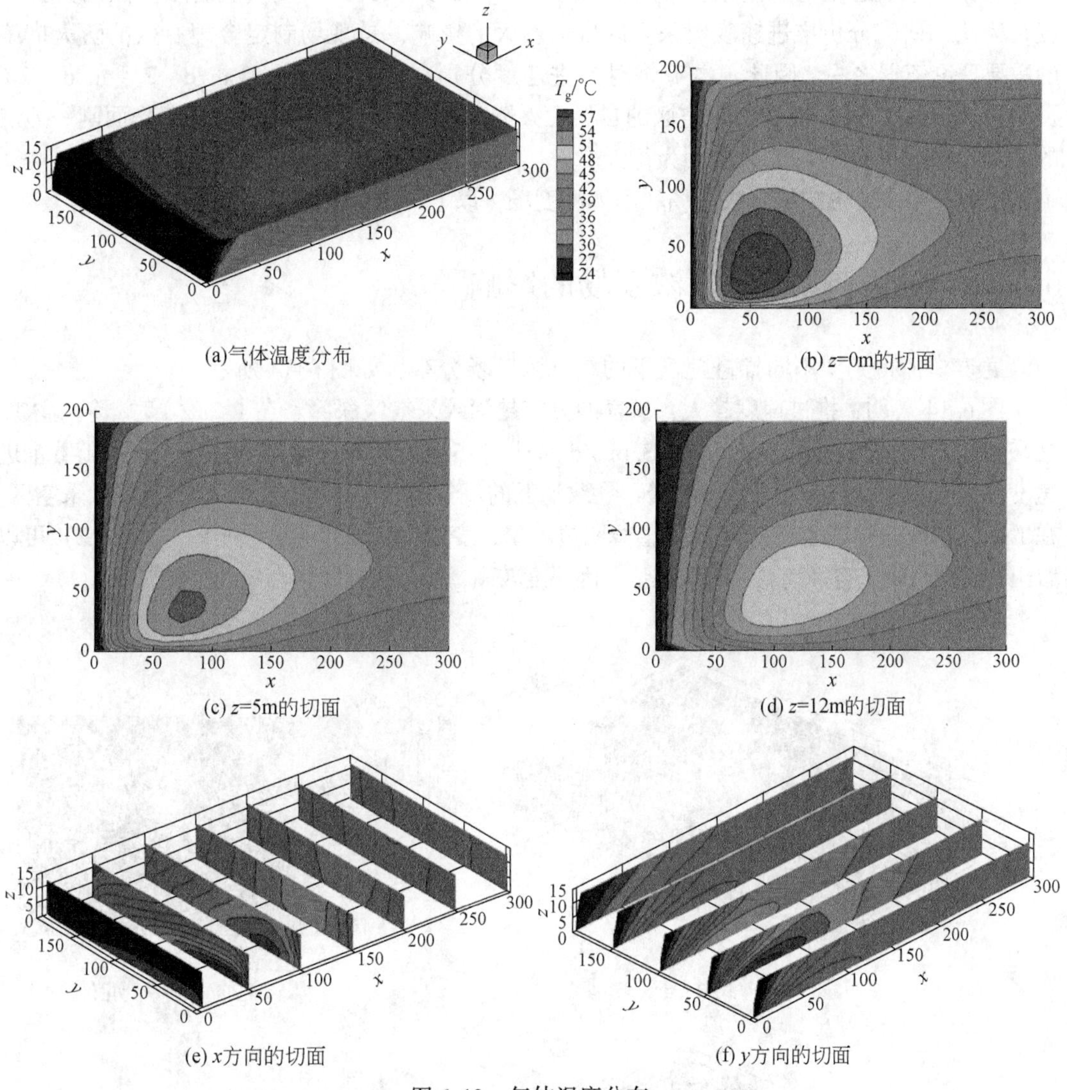

图6.13　气体温度分布

综上所述，河东矿31005工作面采空区内遗煤量非常大，平均厚度达到1.2m，并且采空区漏风量很大，达到总风量的17%，模拟研究表明，正常推进速度，即3.6m/d时，采空区最高温度能达到该煤层煤的自燃临界温度，而现场的上隅角CO的变化也证实正常推进时的CO经常维持在24ppm以上。因此，若不采取防火措施，该采空区发生自燃火灾的危险性很大。

6.3　工作面推进速度的影响

工作面推进速度是采空区自然发火的主要影响因素，其大小直接决定采空区的火源温度。因此，研究分析推进速度对采空区自然发火的影响，是现场制定合理有效的防火措施的重要理论依据之一。因此，本节将对推进速度分别在0.6 m/d、1.2 m/d、2.4 m/d、3.6及6.0m/d时的31005工作面采空区的自然发火情况进行了数值模拟。31005工作面割一刀煤的截深为0.6m，对应的刀数分别为每天1刀、2刀、4刀、6刀和10刀，遗煤厚度为1.2m。由于推进速度主要影响氧气浓度场和固体温度场，以下只显示了这两个场的分布情况。

6.3.1　推进速度对氧气浓度场的影响

通过模拟得到了不同推进速度下的氧气浓度场分布，如图6.14所示。

图6.14表明，推进速度越大，氧气的分布越深入采空区深部。在1.2m/d时，氧气浓度在采空区100m深处便趋于0，而在3.6m/d时达到150m，在6.0m/d时接近160m。随着推进速度的增大，采空区温度上升得缓慢，导致消耗的氧气量减小，因此氧气分布更深入采空区。在1.2m/d时，进风侧的氧气浓度等值线明显收窄、变密，从固体温度分布图（图6.12）可以看出该区域也是采空区高温区域所在地，因温度较高，氧气消耗较多，氧气浓度更低。

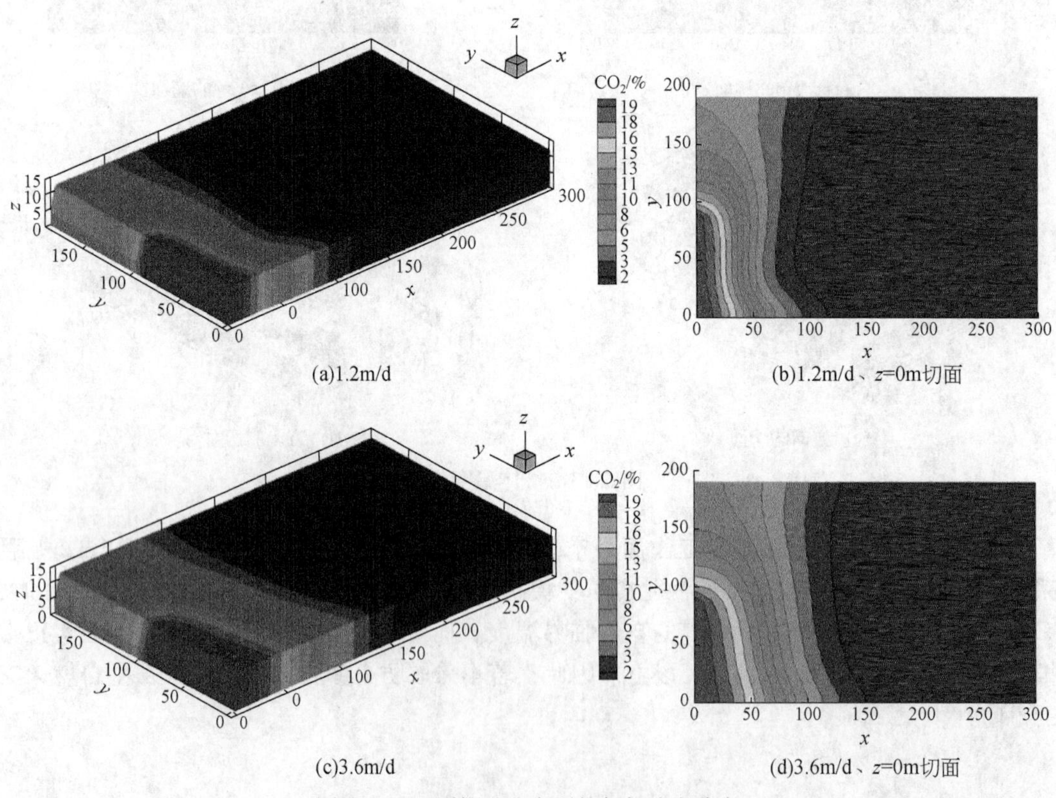

图6.14　不同推进速度下的氧气浓度分布

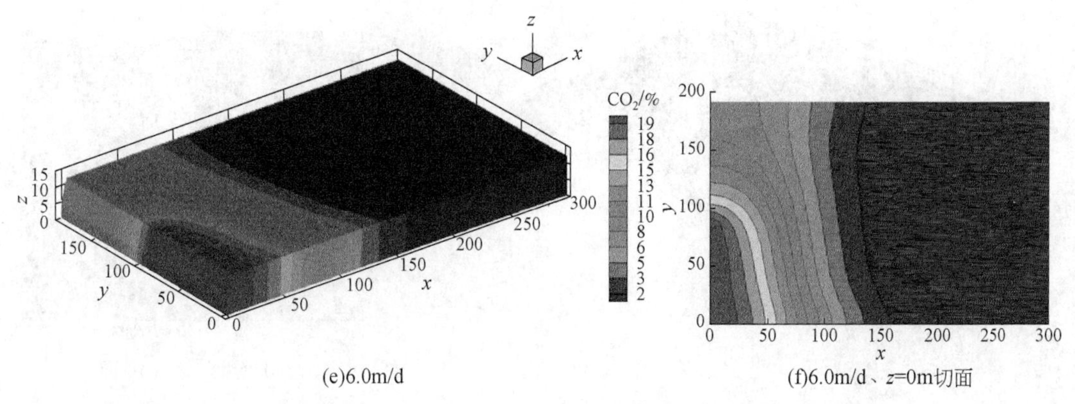

(e)6.0m/d (f)6.0m/d、z=0m切面

图6.14 不同推进速度下的氧气浓度分布（续）

6.3.2 推进速度对固体温度场的影响

通过模拟得到了不同推进速度下的固体温度场分布，如图6.15所示。

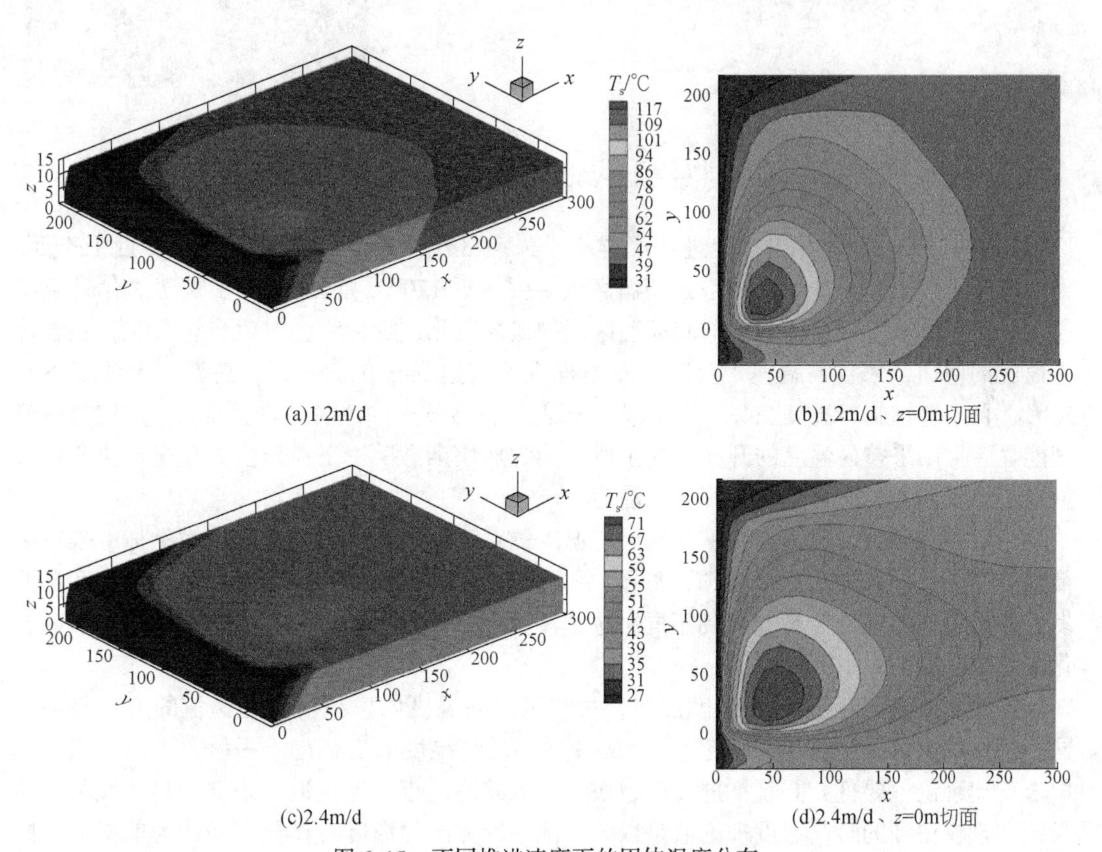

(a)1.2m/d (b)1.2m/d、z=0m切面

(c)2.4m/d (d)2.4m/d、z=0m切面

图6.15 不同推进速度下的固体温度分布

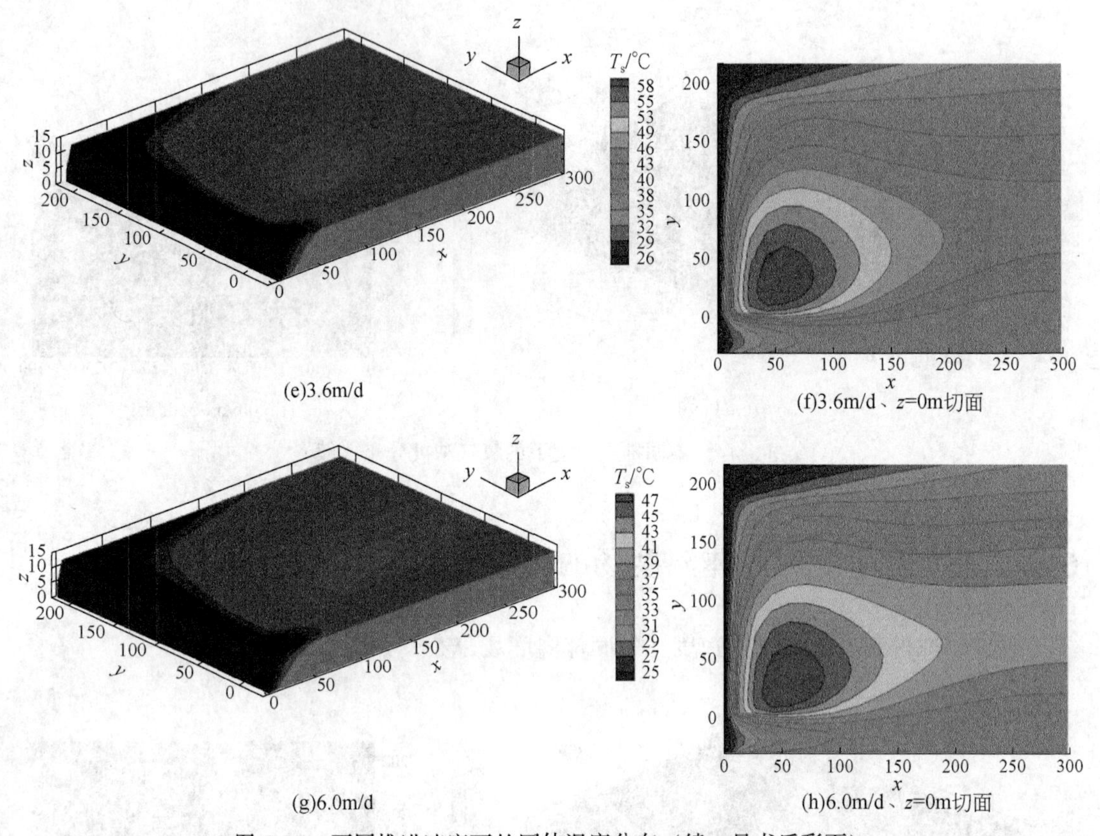

图 6.15 不同推进速度下的固体温度分布（续，见书后彩页）

从图 6.15 中可以看出，推进速度越小，采空区温度越高，高温区域越靠近工作面。当推进速度为 1.2 m/d 时，采空区高温区域温度接近 120℃，已经进入了快速氧化升温阶段，若不及时采取灭火措施来抑制高温区域的遗煤氧化，则最终会发生自燃火灾。随着推进速度的增加，采空区温度一直降低，当推进速度达到 6.0 m/d 时，高温区域温度不到 50℃，低于自燃临界温度 10℃，因此大大降低了自然发火的危险。以上表明，加快推进速度能显著抑制采空区温度的升高，这主要是因为加快推进后，正在升温的遗煤被快速甩入窒息带，从而丧失了继续氧化升温的能力。

为进一步研究推进速度与采空区最高温度的对应关系，以推进速度为横坐标、采空区最高温度为纵坐标作变化趋势图，如图 6.16 所示。另外，利用第 3 章中的“采空区自然发火的能量迁移理论”计算得到不同推进速度下采空区最高温度的理论值，也作对应的变化曲线图，如图 6.16 所示。

图 6.16 表明，随着推进速度加快，采空区最高温度的模拟值与理论值的变化趋势相同，都呈负指数下降，当速度超过 3.6m/d 时，最高温度的变化趋于平缓。可以看出，模拟值均比理论值要低，并且推进速度越快，两者差距越小、越接近。采空区自然发火的能量迁移理论得到的最高温度理论值是以采空区 y 轴方向的温度总体分布平均为前提的，同时假设漏入的氧气全部被消耗，但真实情况下氧气也不可能全部消耗，因而实际的最高温度会比理论值小。数值模拟可以看出，模拟的温度值均小于理论值。由于采空区存有高温

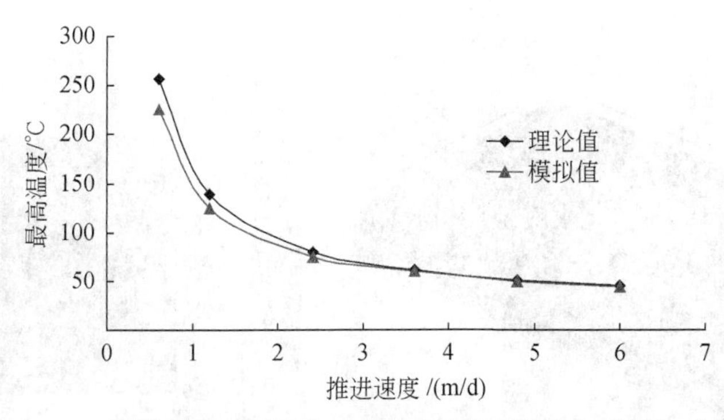

图 6.16　不同推进速度下采空区最高温度的理论值与模拟值对比图

区域，温度沿 y 轴方向也是有差异的，随着推进速度增大，温度的差异会减小，两者的值也越接近。

6.4　遗煤厚度的影响

采空区遗煤厚度也是自然发火的主要影响因素。因此，本节针对遗煤厚度对采空区自然发火的影响进行模拟分析。一般认为，遗煤堆积厚度要达到 0.4m 才能发生自燃，因此本节设定的模拟厚度分别为 0.3m 和 1.2m，推进速度分别为 1.2 m/d 和 3.6m/d，工作面通风阻力都为 33.8Pa。同样，本节主要研究氧气浓度场和固体温度场的变化，模拟结果如图 6.17 和图 6.18 所示。

6.4.1　遗煤厚度对氧气浓度场的影响

通过模拟得到了不同遗煤厚度下的氧气浓度场分布，如图 6.17 所示。

图 6.17 表明，遗煤厚度对采空区的氧气浓度分布影响重大。遗煤厚度减小后，氧气在采空区的分布更宽更广。在推进速度为 1.2m/d，遗煤厚 1.2m 时，氧气浓度在采空区 100m 深处便趋于 0，而当遗煤厚 0.3m 时，氧气浓度分布能达到 200m 深处。在推进速度为 3.6m/d 时有同样规律。这主要是因为遗煤厚度增大后，采空区蓄热条件变好，单位时间内消耗的氧气量更多，所以氧气分布深度减小。

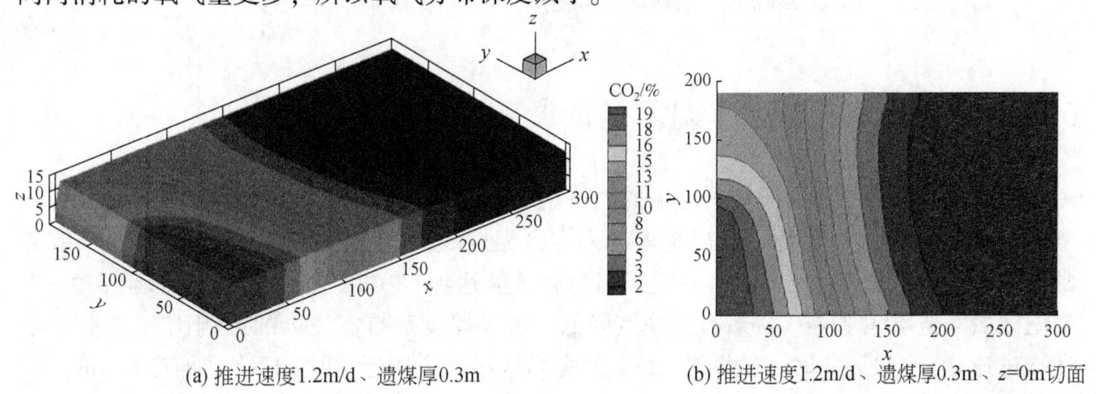

(a) 推进速度1.2m/d、遗煤厚0.3m　(b) 推进速度1.2m/d、遗煤厚0.3m、z=0m切面

图 6.17　不同遗煤厚度下的氧气浓度分布

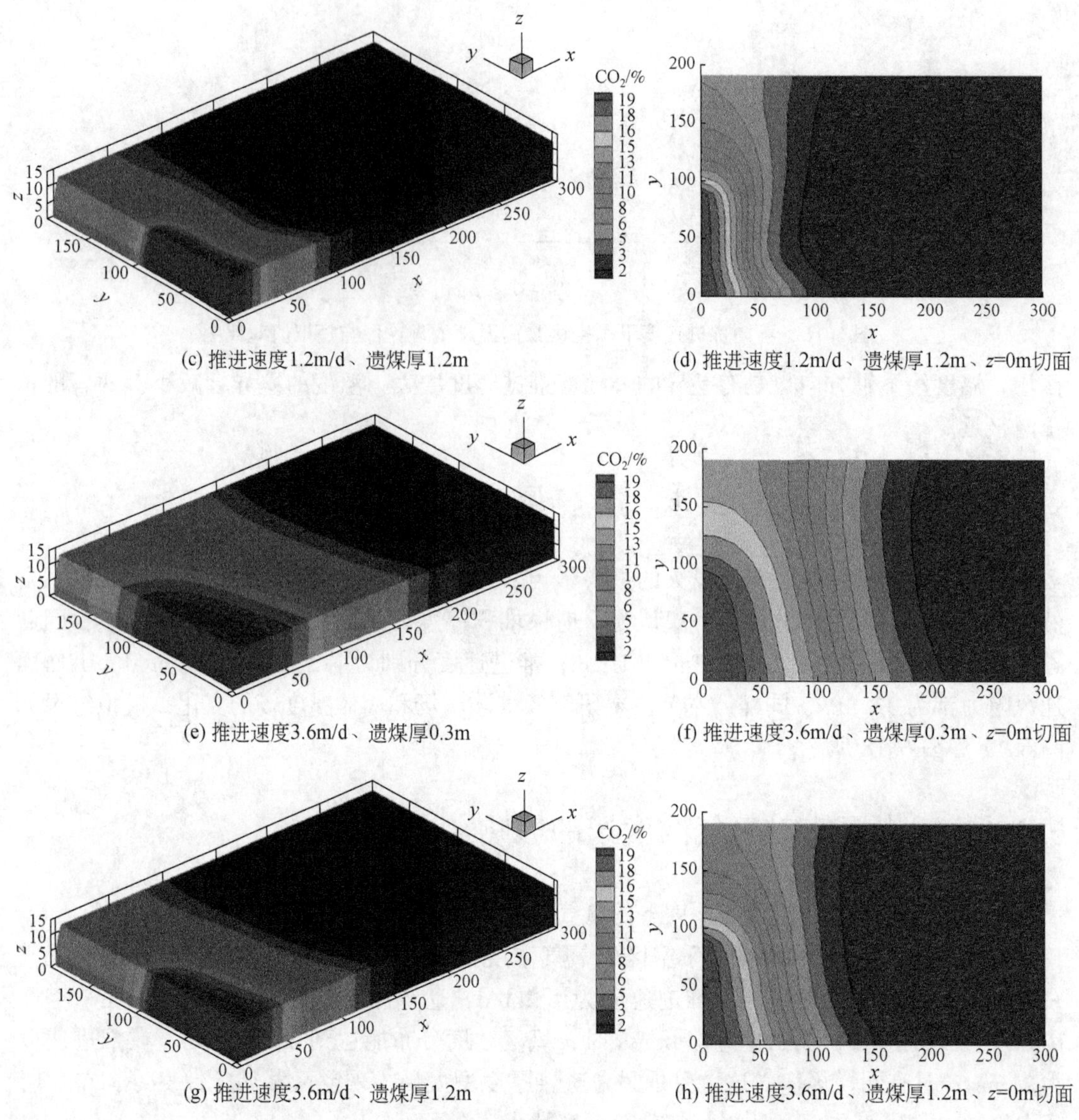

图 6.17　不同遗煤厚度下的氧气浓度分布（续，见书后彩页）

6.4.2　遗煤厚度对固体温度场的影响

通过模拟得到了不同遗煤厚度下的固体温度场分布，如图 6.18 所示。

从图 6.18 中可以看出，遗煤越厚，采空区温度越高，高温区域越靠近工作面。在正常推进速度下，遗煤厚 1.2m 时采空区高温区域能达到 58℃以上，而当遗煤减至 0.3m 时高温区域降至 40℃左右。随着推进速度降低，遗煤厚度对自然发火的影响比重越来越大。在推进速度为 1.2m/d 时，遗煤厚 1.2m 的高温区域温度接近 120℃以上，而厚 0.3m 的只有 56℃左右，自燃危险性大为降低。这主要是遗煤厚度减小后破坏了高温区域良好的蓄热环境，从而抑制遗煤温度上升到很高。因此，减小遗煤量是非常有效的预防自燃措施。

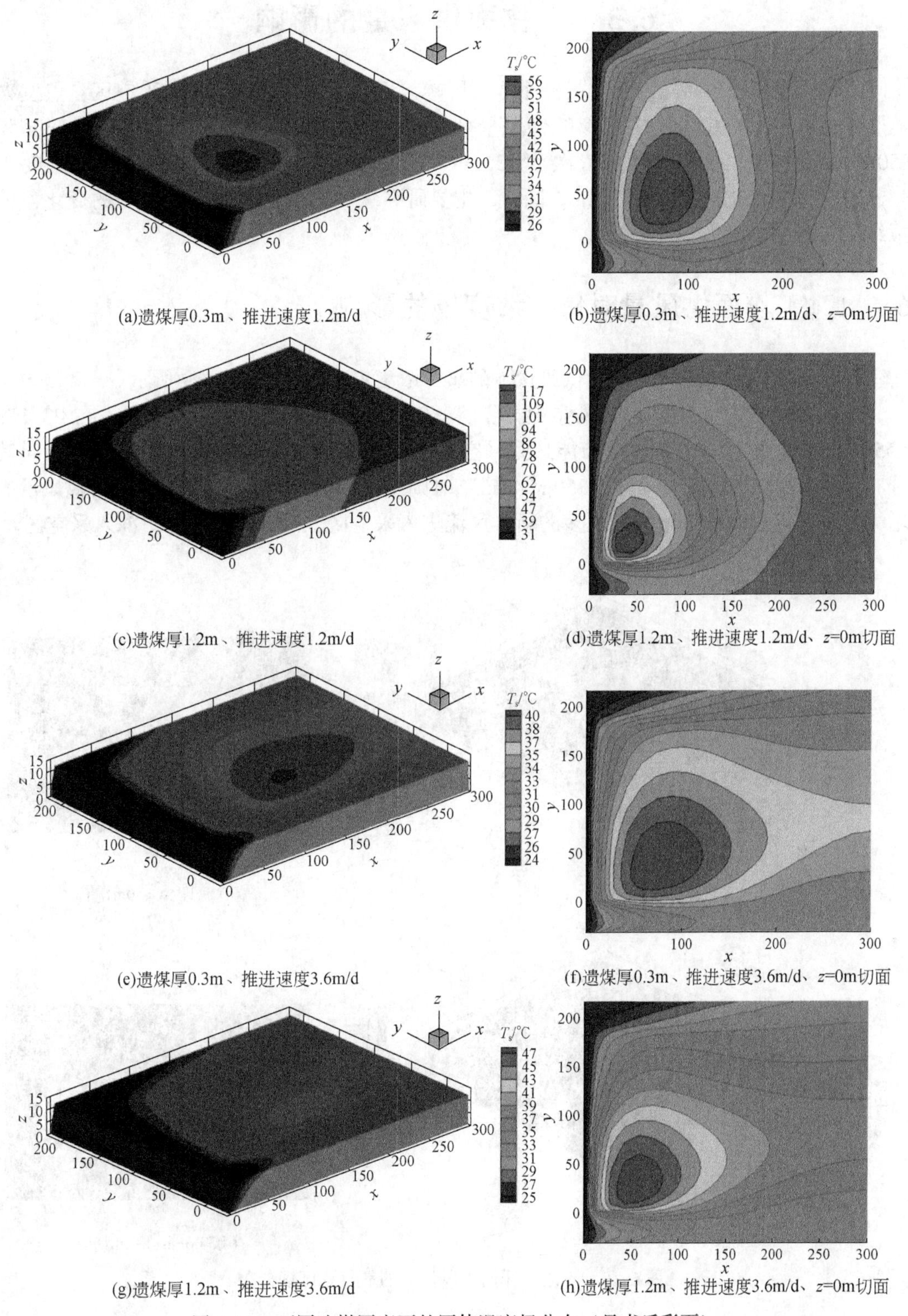

(a)遗煤厚0.3m、推进速度1.2m/d　(b)遗煤厚0.3m、推进速度1.2m/d、z=0m切面

(c)遗煤厚1.2m、推进速度1.2m/d　(d)遗煤厚1.2m、推进速度1.2m/d、z=0m切面

(e)遗煤厚0.3m、推进速度3.6m/d　(f)遗煤厚0.3m、推进速度3.6m/d、z=0m切面

(g)遗煤厚1.2m、推进速度3.6m/d　(h)遗煤厚1.2m、推进速度3.6m/d、z=0m切面

图 6.18　不同遗煤厚度下的固体温度场分布（见书后彩页）

6.5 工作面供风量的影响

工作面供风量是自然发火的另一个主要影响因素。本节针对供风量对采空区自然发火的影响进行模拟分析，设定模拟的供风量分别为550m³/min、650m³/min、750m³/min和850m³/min，对应的通风阻力依次为23.1Pa、33.8Pa、43.1Pa和56.2Pa，推进速度为3.6m/d，采空区遗煤厚度为1.2m。同样，主要研究氧气浓度场和固体温度场的变化，模拟结果如图6.19和图6.20所示。

6.5.1 工作面供风量对氧气浓度场的影响

通过模拟得到了不同工作面供风量下的氧气浓度场分布，如图6.19所示。

图6.19表明，工作面供风量越大，氧气的分布越深入采空区深部。在23.1Pa（550m³/min）时，氧气浓度分布能达到采空区130m深处，在33.8Pa（650m³/min）时其分布到达150m处，在56.2Pa（850m³/min）时则接近160m处。可以看出，随着供风量的增大，采空区漏风量也增大，更多的新鲜风流进入采空区，因此氧气分布更深入采空区。

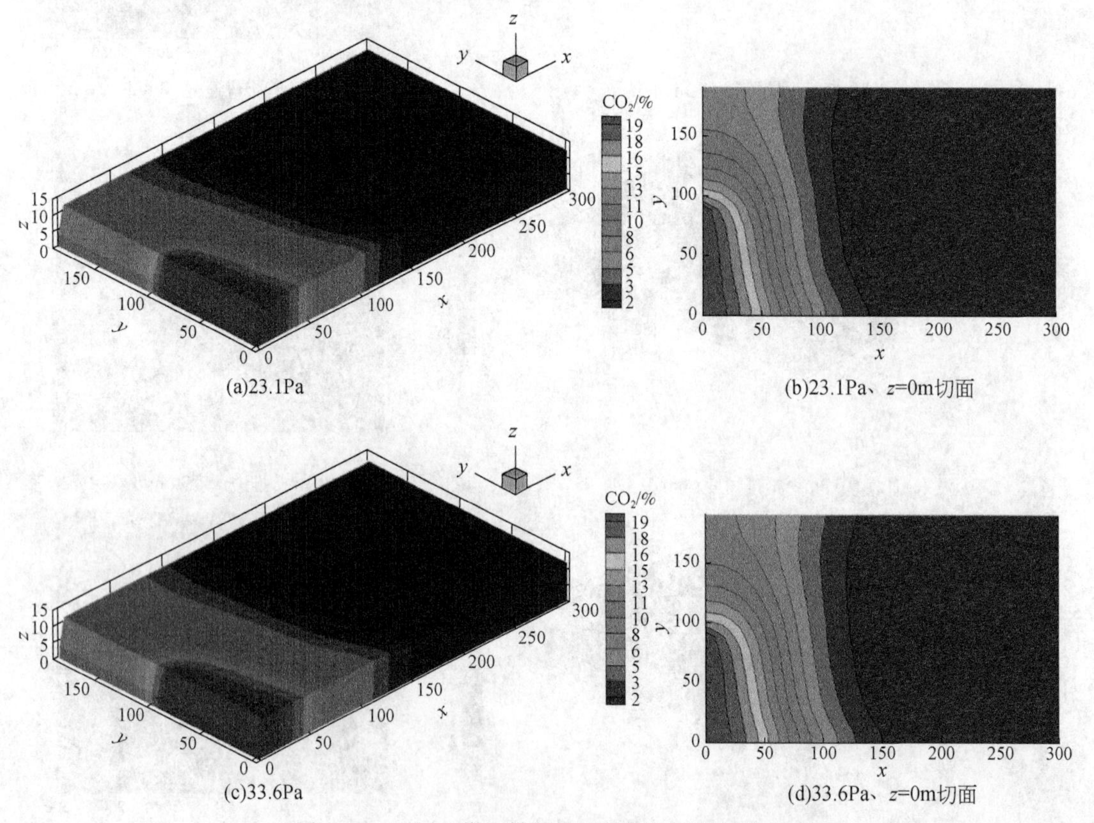

(a)23.1Pa

(b)23.1Pa、z=0m切面

(c)33.6Pa

(d)33.6Pa、z=0m切面

图6.19 不同工作面供风量下的氧气浓度场分布

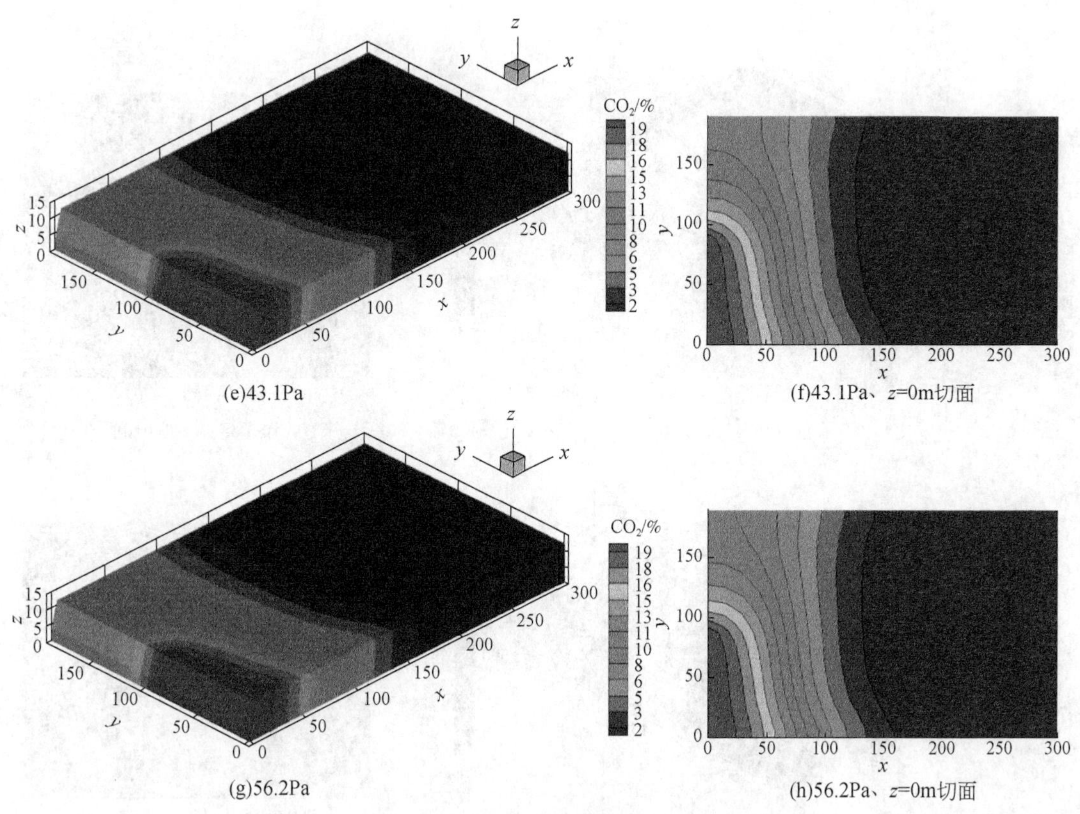

图 6.19　不同工作面供风量下的氧气浓度场分布（续）

6.5.2　工作面供风量对固体温度场的影响

通过模拟得到了不同工作面供风量下的固体温度场分布，如图 6.20 所示。

从图 6.20 中可以看出，4 个不同供风量下的固体温度场分布形态较为接近。通过工作面的风量越大，采空区温度越高。在正常推进速度下，供风量为 550m³/min（23.1Pa）

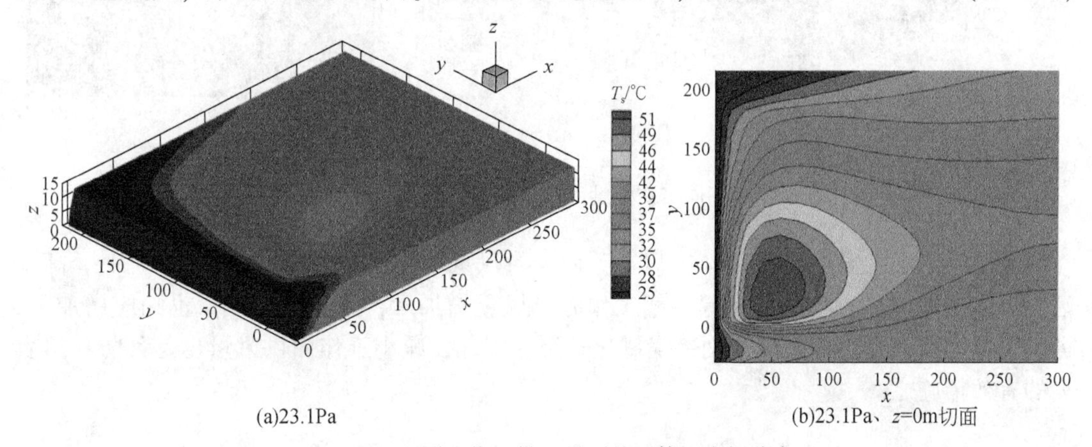

图 6.20　不同工作面供风量下的固体温度场分布

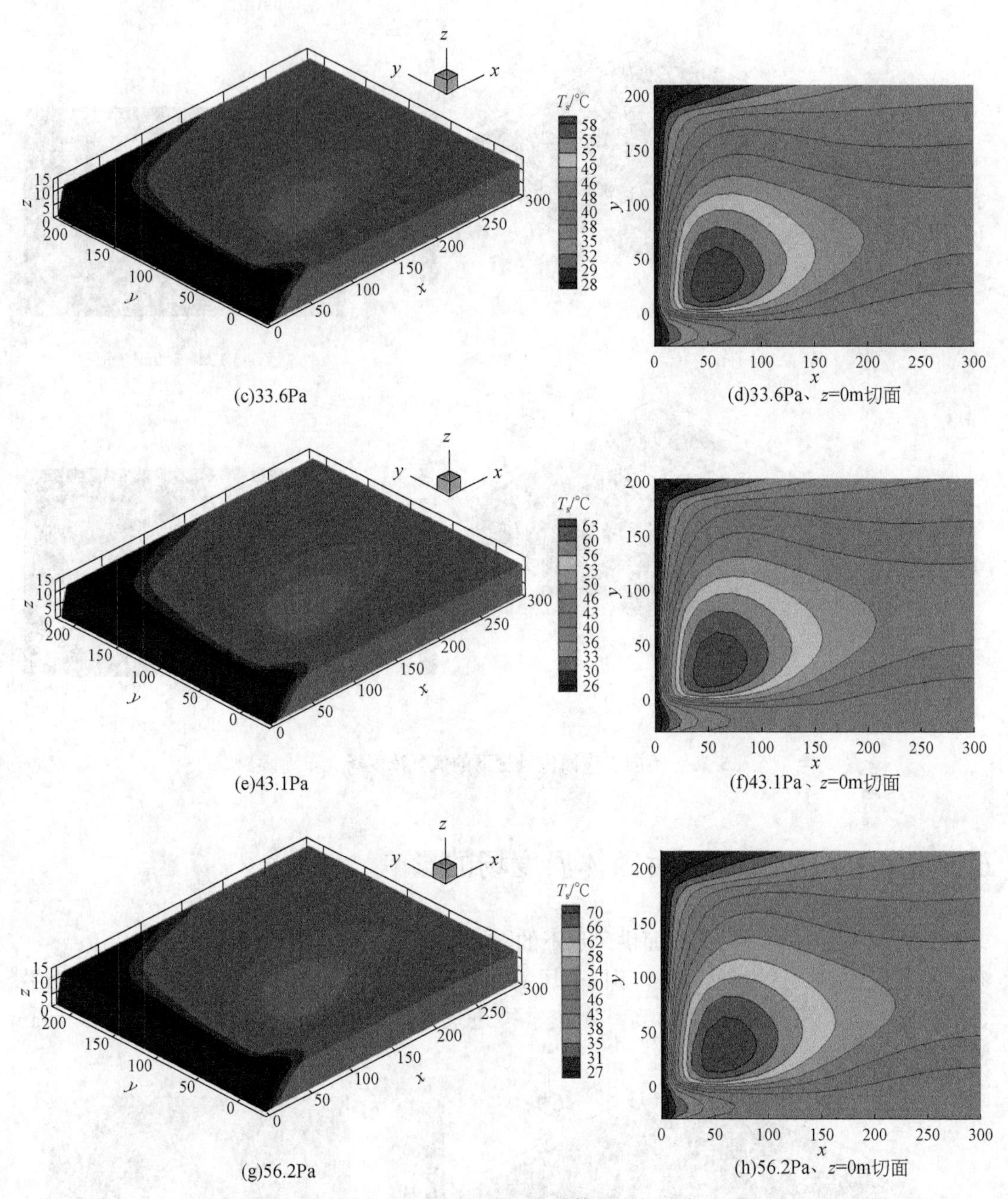

(c)33.6Pa　(d)33.6Pa、z=0m切面

(e)43.1Pa　(f)43.1Pa、z=0m切面

(g)56.2Pa　(h)56.2Pa、z=0m切面

图 6.20　不同工作面供风量下的固体温度场分布（续）

时，采空区高温区温度能达到50℃以上，而当供风量增至850m³/min（56.2Pa）时，高温区域温度增加到70℃左右。这是由于工作面供风量增加后，采空区漏风量也相应增加了，提供了更多新鲜风流，从而加剧遗煤氧化升温。因此，减小工作面供风量也是预防自然发火的有效措施之一。

6.6　最小防火推进速度

采煤工作面推进速度与采空区自然发火密切相关，直接影响其严重程度。加快推进速度，能使升温中的遗煤更快速地进入采空区窒息带。窒息带内漏风风速很小，氧气浓度很低，这些遗煤不再氧化放热，温度也不再上升，从而降低了采空区遗煤的自燃危险。研究表明存在一个最小推进速度值，只要工作面推进速度持续大于该值时便可有效预防采空区自燃火灾。国内学者根据采空区内氧化带的宽度与煤最短自然发火期的比值来作为预防采空区自燃的工作面最小防火推进度。但采空区氧化带难以准确界定，所得出的最小防火推进速度往往偏小。此外，工作面风量也是影响采空区自然发火的重要因素。供风量增大，工作面两端压差增大，导致漏入采空区的风量也增大，为遗煤氧化放热反应提供了更为充足的氧气，增大了采空区的自然发火危险。但现阶段多数关于最小防火推进速度的研究忽视了工作面供风量不同所带来的影响。为此，在不同供风量条件下，本节将采空区自然发火数值模拟与煤自燃临界温度结合起来研究工作面最小防火推进速度。

6.6.1　解算结果

对数值模拟得到的数据结果进行筛选，得到同一供风量下采空区最高温度与工作面推进速度的关系曲线，以及采空区漏风量与供风量的关系曲线，如图6.21（a）、（b）所示。

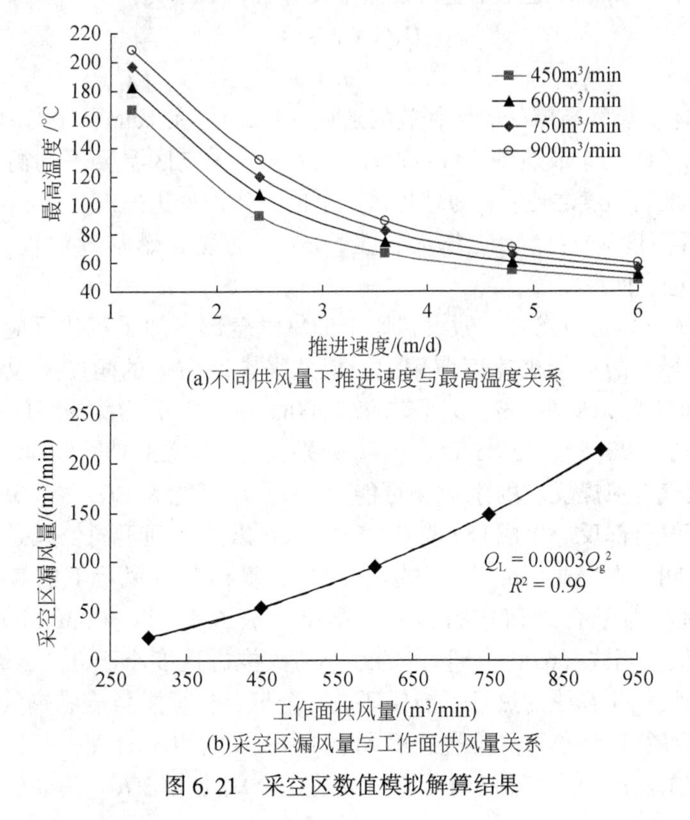

(a)不同供风量下推进速度与最高温度关系

(b)采空区漏风量与工作面供风量关系

图6.21　采空区数值模拟解算结果

由图6.21可以看出，同一推进速度下，减小工作面供风量能降低采空区最高温度；同一供风量下，提高推进速度也能显著降低采空区最高温度。这表明提高推进速度或减小供风量都能降低采空区自燃危险。对不同供风量 Q_g、推进速度 v_1 及其所对应的采空区最高温度 T 进行二元拟合，可得

$$T = 19.26 v_1^{-0.78} Q_g^{0.37} (R^2 = 0.99) \tag{6.5}$$

式中，T 为采空区内冒落煤岩的最高温度,℃；Q_g为工作面供风量，m^3/min。

对工作面供风量与采空区漏风量进行拟合，可得

$$Q_L = 0.0003 Q_g^{2} (R^2 = 0.99) \tag{6.6}$$

式中，Q_L为采空区漏风量，m^3/min。

6.6.2 合理性分析

移动坐标系下，冒落的矸石从 Γ_1 边界流入时的温度接近原始岩温，移动过程中受氧化放热的作用，温度缓慢上升，在进入窒息带前达到最高值，之后温度不再升高。由此可知，为避免氧化放热反应进入自加速阶段，就是要使冒落煤岩进入窒息带时的温度不超过临界温度，这也是预防采空区自然发火的关键。根据能量守恒原理，在供风稳定时，存在推进速度 v_2 使得单位时间内采空区遗煤氧化产生的总热量 Q_0 等于冒落煤岩进入“窒息带”带走的热量 Q_1、采空区漏风带走的热量 Q_2 及采空区向周围煤岩的传递的热量 Q_3 之和。Q_3 很小，忽略不计，从而可以建立采空区能量平衡方程，表示为

$$Q_0 = Q_1 + Q_2 \tag{6.7}$$

$$qQ_L = kv_2 hl\rho_s C_s (t_c - t_0) + Q_L \rho_g C_g (t_2 - t_1) \tag{6.8}$$

式中，q 为单位体积氧气与煤反应所释放的热量，J/mol，在1atm、70℃时 CO 的生成热约为111737J/mol、CO_2的生成热约为395573J/mol；k 为采空区温度不均衡系数，其值为采空区平均温度与最高温度之比；v_2为理想情况下的工作面推进速度，m/s；h 为不再发生热传递的煤岩垮落高度，m；l 为工作面长度，m；t_c为煤自燃临界温度,℃；t_0为原始岩温,℃；t_1、t_2为进、回风温度,℃。

为了对式（6.8）进行求解，假设漏风中的氧气全部参加了氧化反应，虽然放热量偏大会导致计算的最小防火推进速度值偏大，但从采空区防火的角度来说，却更为安全稳妥。结合综采面实际，h 取 7m、ρ_s 平均为 $2600m^3/s$、C_s 平均为 956J/（kg · K），l 为 190m，t_1、t_2分别为 20.5℃、25.2℃，t_c、t_0分别为 70℃、23.1℃，k 取 0.86。通常情况下，漏风中的氧气与遗煤反应的生成物可能为 CO，也可能为 CO_2。考虑极限情况，分别计算漏风中的氧气全部反应生成 CO 或 CO_2时的 v_2，以此得到不同供风条件下最小防火推进速度的合理区间。根据式（6.5）~式（6.8）计算出各供风量下的最小防火推进速度并判断是否合理，对不合理值进行修正，结果见表 6.1。以 $400m^3/min$ 时的合理区间［0.5，1.9］为例，当式（6.8）计算出的最小防火推进速度小于 0.5m/d 时为不合理值，这时采空区内氧气氧化释放的热量不能保证被完全带走，可能会造成热量积聚，引起采空区温度上升；当计算的最小防火推进速度大于 1.9m/d 时也不合理，所得值偏大，因为当推进速度保持在 1.9m/d 时，漏风内的氧气即使完全氧化为 CO_2，其释放的大量热量也能

被全部带走，不会导致采空区温度升高，此时的最小防火推进速度应取1.9m/d。

表6.1 最小防火推进速度及合理分析

工作面风量 /（m^3/min）	自燃临界温度 /℃	漏风量 /（m^3/s）	最小防火推进速度计算值 /（m/d）	生成物全为CO时推进速度 /（m/d）	生成物全为CO_2时推进速度 /（m/d）	合理区间	是否合理	最终取值 /（m/d）
400	70	0.8	3.3	0.5	1.9	[0.5，1.9]	不合理	1.9
500	70	1.3	3.6	0.8	3.0	[0.8，3.0]	不合理	3.0
600	70	1.8	4.0	1.2	4.3	[1.2，4.3]	合理	4.0
700	70	2.5	4.3	1.7	5.9	[1.7，5.9]	合理	4.3
800	70	3.2	4.6	2.1	7.7	[2.1，7.7]	合理	4.6
900	70	4.1	4.8	2.7	9.7	[2.7，9.7]	合理	4.8

从表6.1中可知，最小防火推进速度随工作面风量增大而增大。当供风量为400m^3/min与500m^3/min时，式（6.8）计算得出的最小防火推进速度不在合理区间内，判定为不合理，分别被修正为1.9m/d和3.0m/d。

6.7 本章小结

作者及课题组成员自主开发了“采空区自然发火三维仿真系统”，实现了采空区内流场、氧气浓度场、气体温度场及冒落煤岩固体温度场的数值模拟，为深入分析工作面供风量、推进速度与采空区最高温度的对应关系提供了平台；提出采空区自然发火数值模拟、煤自燃临界温度、工作面供风量及采空区能量平衡方程相结合的工作面最小防火推进速度判定方法；研究表明合理提高推进速度、减少采空区遗煤，以及降低工作面供风量能在很大程度上遏制采空区自燃火灾事故的发生。

第7章　注氮后采空区自然发火仿真

第6章通过数值模拟定量地研究了推进速度、遗煤厚度等对采空区自然发火的影响，表明在遗煤量加大且推进速度较慢时，采空区易发生自燃火灾，因而需要采取一些防火措施。采空区开区注氮是目前广泛使用的防火措施，本章将在现场观测的基础上结合数值模拟的方法研究一个实际矿井在采空区注氮后的自然发火情况。

目前，多数矿井在开采易燃煤层时都采用了适当的采空区自然发火预防措施。作为早期广泛采用的措施，黄泥灌浆（刘英学、邬培菊，1997）是利用一定浓度的黄泥将采空区遗煤包裹起来，与氧气隔绝，避免煤氧接触反应，从而达到预防采空区遗煤自燃的目的。该措施持续防火时间较长，但制浆需要大量的黄泥且地面灌浆站的建设费用也很高。最重要的是该措施不适用于开采近水平煤层，因为浆体的流动性差，不能大面积覆盖遗煤。采空区注氮（宋录生，2008）则是现阶段被广泛使用的防灭火措施。氮气是惰性气体，不可燃也不助燃，密度比空气略小，开区注氮时需要持续地注入一定高浓度的氮气才能预防采空区自燃。与灌浆措施相比，采空区注氮能减小漏入采空区的风量、降低氧化带内的氧气浓度，从而惰化采空区、抑制遗煤氧化放热反应。本章首先结合河东矿31005工作面的现场情况给出一个注氮方案，然后利用数值模拟（李宗翔等，2004a）研究开区注氮对采空区自然发火的影响，最后通过观测采空区现场的温度变化来检验注氮效果并验证注氮模拟。

7.1　采空区注氮设计

采空区注氮设计主要包括注氮量确定、注氮设备选型、注氮位置确定及管路管径选型和注氮管路布置等方面。本节将就此进行介绍。

7.1.1　注氮量确定及注氮设备选型

1）注氮量确定

一般认为注氮后的采空区总漏风量保持不变。设注氮前的采空区总漏风量为Q_L，注氮量为Q_N，注氮后的漏风量为Q_k，则有

$$Q_L = Q_N + Q_k \tag{7.1}$$

采空区注氮就是要降低氧化带内的氧气浓度。漏风刚进入采空区时的氧气浓度为21%，散热带内遗煤耗氧，到达氧化带时漏风风流中的氧气浓度为13%~15%，与注氮管流出的浓度为97%的氮气相混合，最终将氧化带内的氧气浓度控制在7%以下。根据这一过程来推导注氮量计算公式：

$$\frac{(Q_L - Q_N) \cdot C_1 + Q_N \cdot (1 - C_N)}{Q_L} = C_2 \tag{7.2}$$

化简得

$$Q_N = \frac{C_1 - C_2}{C_2 + C_N - 1} \cdot Q_L \tag{7.3}$$

式中，Q_L为采空区总漏风量，m^3/min；Q_N为注氮量，m^3/h；C_1为注氮前采空区氧化带内的氧气浓度，为 13% ~15%；C_2为采空区注氮惰化指标，《煤矿安全规程》规定注氮后采空区氧化带内的氧气浓度应小于 7%；C_N为注入的氮气浓度，《煤矿安全规程》规定不得低于 97%。

河东矿 10#煤层的 31005 工作面正常推进时（3.6m/d），上隅角常出现 CO 超限现象，表明有自然发火的危险，在过大断层等非正常推进时，上隅角处的 CO 浓度会快速上升，因此决定对采空区进行注氮。首先要确定该工作面采空区的注氮量，实际生产中在该工作面进、回风隅角处均采取了堵漏措施，将采空区总漏风量 Q_L减小到 $55m^3/min$，氧化带内的平均氧气浓度 C_1取 13%，所注入的氮气浓度 C_N为 97%，则按式（7.3）计算得到该采空区所需注氮量 $Q_N = 33m^3/min = 1980m^3/h$。

2）制氮设备选型

目前，用于煤矿采空区防灭火的制氮设备，按安装位置分为地面固定式和井下移动式两类；按制氮原理分为深冷式、变压吸附式及膜分离式三类。从体积、耗能、防爆、可操作性等诸多因素考虑，为河东矿选用了变压吸附制氮机组。机组由两台 MLGF-23/8G 煤矿用螺杆式移动空气压缩机（中山艾能）、吸附塔 Y10-002 及 Y10-004（太原钻石剑）、DT1000/5 煤矿用移动式变压吸附制氮装置（汾西机电）、氮气储罐 Y09-249（太原钻石剑）等组成。其中制氮设备选用山西汾西机电有限责任公司生产的 DT1000 井下移动式变压吸附制氮装置，具体参数见表 7.1。

表 7.1　DT1000 井下移动式变压吸附制氮装置具体参数

参数	备注
型号	DT1000
产气量	400 ~ 1000m^3/h
空气耗量	17 ~ 43Nm^3/min
氮气纯度	≥97%
出口压力	0 ~ 0.06Mpa
功率	265kW
耗水量	5 ~ 15t/h
质量	18t
外形尺寸	(3800L×1350B×1800H) 6 节
轨距	600mm
电压等级	1140V/660V
冷却方式	风冷

7.1.2 注氮位置确定及管路管径选型

1）注氮位置确定

注氮前的采空区氧气浓度场模拟表明，高浓度氧气主要集中在采空区进风侧 60m 深的区域内，而不同推进速度下的温度分布表明，高温区域均在距工作面 27～60m 的区域，且靠近进风侧煤柱。以上表明，进风侧 27～60m 深的区域是遗煤氧化反应最剧烈、温度上升最快的区域，也是最易发生自燃的危险区域，因此注氮首先就是要降低该区域内的氧气浓度，从而达到抑制煤氧化放热、减缓煤温升高的目的。因此，在距采空区 27m 深处是注氮的最佳位置，但目前井下一般采用“迈步式”注氮方案，即随着工作面的推进将第一条注氮管路埋入采空区，当第一条注氮管路的注氮口到达起始注氮深度后开始注氮；并将准备好的第二条注氮管路埋入采空区，当第二条注氮管路的注氮口到达注氮深度时，关闭第一条注氮管路，同时第二条管路开始注氮。然而实际的注氮深度是一个范围，应考虑氮气的扩散和风流的流动规律，因此将 31005 工作面采空区的注氮起始深度设定为 25m，注氮管长 50m，如此采空区内的注氮范围为 25～50m，能满足防火需要。

2）注氮管路管径选型

从降阻和经济的角度，输氮管路选择直径为 100mm（4 寸）的无缝钢管；考虑抗砸的因素，埋入采空区的注氮管路选择直径为 80mm（3 寸）的无缝钢管。注氮钢管的长度为 50m，在最后 5m 上均匀开孔，制成注氮花管，以增大氮气影响区域，提高注氮效果。

7.1.3 注氮管路布置

（1）31005 工作面位于一采区，在一采区的轨道巷布置 3 台注氮机组，2 台同时工作，最大注氮量能达到 2000m^3/h，1 台备用，输氮管路沿 31005 工作面的材料巷（进风顺槽）外侧巷帮敷设，使用法兰连接，最后将氮气输送到相连的直径为 80mm 的注氮无缝钢管上。

（2）具体注氮管布置如图 7.1 所示。先沿进风顺槽外侧巷帮的中部敷设输氮钢管，到距离液压支架 5m 左右为止。留在进风巷中用于连接输氮管的注氮钢管长度为 5m，而将要埋入采空区的注氮管长度为 50m，且这部分钢管一般要高出煤层底板 20～30cm，并用石块或木垛加以妥善保护，避免被垮落的岩石砸瘪。

（3）在注氮管靠近末端的管壁上均匀开注氮圆孔，如图 7.2 所示。在注氮管末端 5m 上，间隔 0.3m、120°连续打孔，孔径为 20mm，所开的孔沿螺旋线分布排列，这就是注氮“花管”，可以有效增大氮气的影响区域。

（4）输氮管路上距离支架 75m 处接有三通和阀门。当第一根注氮管埋入采空区 25m 后，即注氮口位于 25m 深处，打开阀门开始注氮。然后在三通处连接铺设第二根注氮管，当第二根注氮管埋入 25m 后开始注氮，同时停止第一根钢管的注氮，如此反复直至工作面采完。

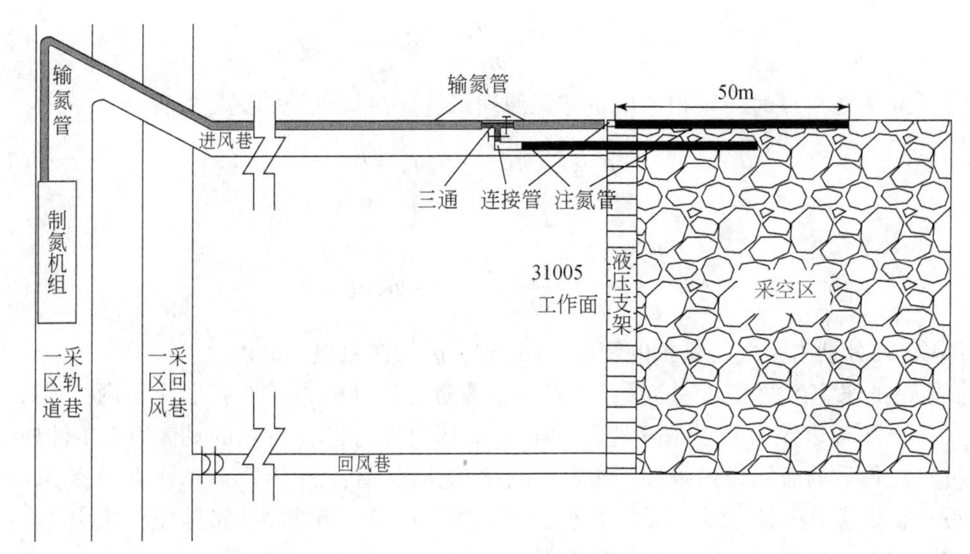

图7.1 采空区注氮管路布置

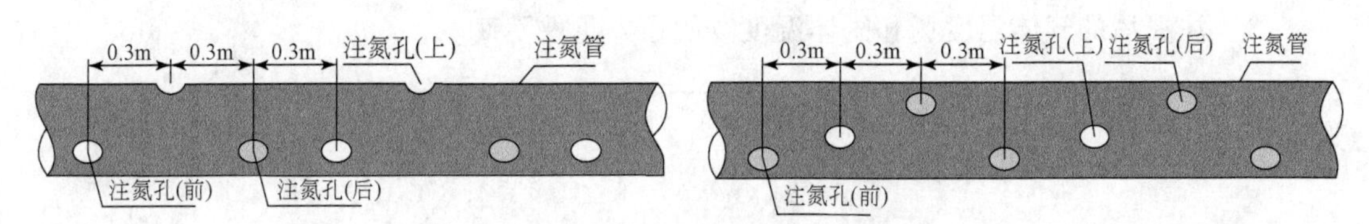

图7.2 注氮“花管”开孔示意图

7.2 采空区开区注氮数学模型及离散

采空区开区注氮后，注氮出口处氮气不断流入，首先会改变采空区内的流场分布，随后高浓度氮气随风流逐渐扩散开来，从而改变了采空区氧气浓度场的分布，氧气浓度场改变后将会减少遗煤的氧化放热量，从而改变采空区内温度场的分布，以达到抑制采空区自然发火的目的。本节主要介绍采空区开区注氮数学模型及离散。

7.2.1 采空区开区注氮数学模型

第3章中建立了无防火措施下的采空区自然发火三维数学模型，注氮后的自然发火模型除注氮点外保持不变。注氮点处氮气的流入会造成该处流场方程的改变，需要添加注氮源项，而对氧气浓度场模型只需改变注氮点处的边界条件，对温度场模型没有影响。因此，设采空区流场中有一点 M，任取包含点 M 的封闭曲面 F，所围面积为 D，体积为 V，$\boldsymbol{n}$ 为曲面 F 的单位法线向量，其指向朝外，则流入项因与法线方向相反均带有负号。当点 M 为非注氮点时的流场方程为式（7.4），即

$$\oiint_D \frac{K}{g} \cdot \frac{\partial(P+\rho_g gh)}{\partial \boldsymbol{n}} \mathrm{d}S = 0 \tag{7.4}$$

当点 M 为注氮点时，则根据质量守恒原理来建立注氮点处的流场方程：

$$-\rho_g \oiint_D \boldsymbol{v} \cdot \boldsymbol{n} \mathrm{d}S - \rho_N q_N = 0 \tag{7.5}$$

即

$$\oiint_D \frac{K}{g} \cdot \frac{\partial(P+\rho_g gh)}{\partial \boldsymbol{n}} \mathrm{d}S - \rho_N q_N = 0 \tag{7.6}$$

式中，ρ_g、ρ_N分别为空气与氮气的密度，kg/m^3；q_N为注氮量，m^3/s。

注氮后的采空区解算区域如图 7.3 所示。靠近工作面的边界为 Γ_1，上下两行煤柱是边界 Γ_2、Γ_3，顶板边界为 Γ_5，底板边界为 Γ_6，深部边界为 Γ_4。各场的具体边界条件如下。

（1）注氮后的流场边界条件：边界 Γ_1上给定风压值；边界 Γ_2 ~ Γ_6上漏风量为 0；注氮管路一般沿巷帮布置，因此认为注氮点位于边界 Γ_3 上，解算流场时给定注氮流量。

（2）注氮后的氧气浓度场边界条件：边界 Γ_1给定氧气浓度值；边界 Γ_2 ~ Γ_6上的氧气扩散通量为 0；注氮点处的氧气浓度值根据注氮浓度来给定，一般为 2% ~3%。

（3）注氮后的气体温度场和固体温度场的边界条件不变。

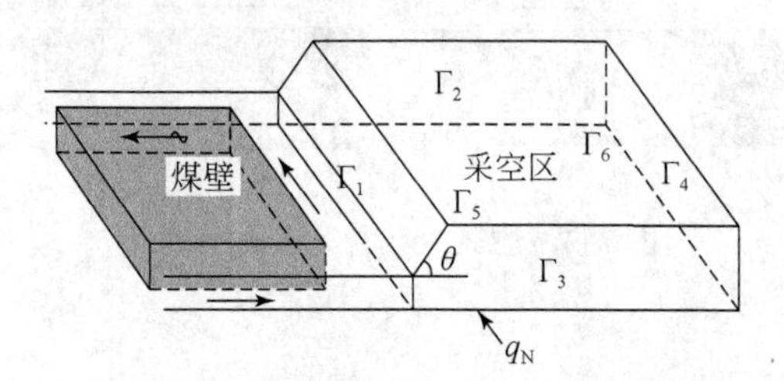

图 7.3　注氮后的采空区边界图

7.2.2　模型离散

利用四面体网格的有限体积法新算法对注氮点处的流场方程进行离散，得到离散通式为

$$\begin{Bmatrix} J_i \\ J_j \\ J_k \\ J_m \end{Bmatrix} = \begin{pmatrix} k_{ii} & k_{ij} & k_{ik} & k_{im} \\ k_{ji} & k_{jj} & k_{jk} & k_{jm} \\ k_{ki} & k_{kj} & k_{kk} & k_{km} \\ k_{mi} & k_{mj} & k_{mk} & k_{mm} \end{pmatrix} \begin{Bmatrix} P_i \\ P_j \\ P_k \\ P_m \end{Bmatrix} + \begin{Bmatrix} p_i \\ p_j \\ p_k \\ p_m \end{Bmatrix} \tag{7.7}$$

式中，$k_{ll} = -\dfrac{3K}{64gV}(b_l^2 + c_l^2 + d_l^2)$；$k_{ln} = k_{nl} = -\dfrac{3K}{64gV}(b_l b_n + c_l c_n + d_l d_n)$

$$p_l = -\frac{9}{32}K\rho_g(c_l \sin\alpha + d_l \cos\alpha) - \rho_N q_N (l, n = i, j, k, m \text{ 且 } l \neq n)$$

7.3 采空区防火注氮数值模拟

根据7.1节中的注氮量和注氮位置，本节将进行河东矿31005工作面采空区的注氮数值模拟。注氮量为2000m^3/h、注氮深度为30m，推进速度为3.6m/d（正常推进），工作面风量为660m^3/min、进风温度为20.5℃、回风温度为25.2℃，遗煤平均厚度为1.2m，原始岩温为23.1℃，其他自燃特性参数不变。利用“采空区自然发火三维仿真系统”求解得到了注氮后的采空区压力场、速度场、氧气浓度场、气体温度场和冒落煤岩固体温度场。

7.3.1 注氮后的采空区压力场

模拟得到了注氮后的采空区内压力场和速度场的空间三维分布，如图7.4所示，以进风口为原点（0，0），沿采空区深度方向为x轴方向，沿工作面长度方向为y轴方向，沿采空区垂直高度方向为z轴方向。

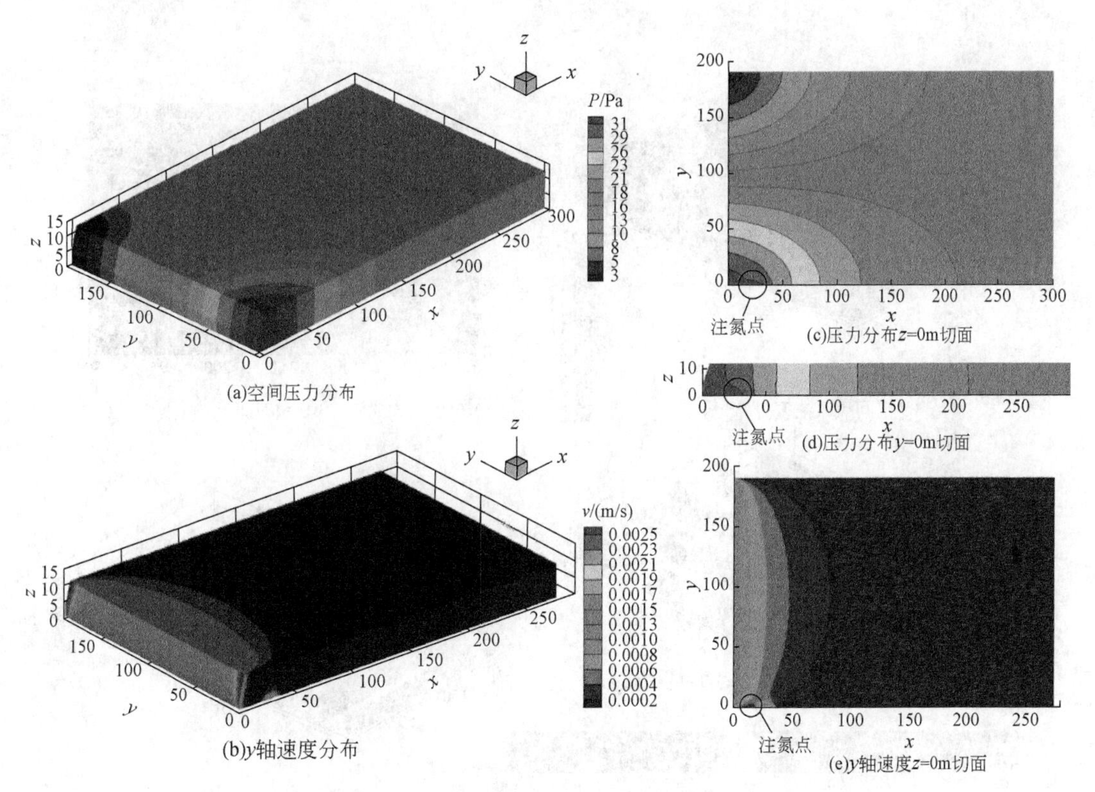

图7.4　注氮后压力和速度分布

从图7.4中可以看出，注氮后的采空区压力分布与注氮前的分布规律相同，差异集中在注氮点附近。短时间内大量高浓度氮气的涌入，造成注氮点附近的压力升高，改变了注氮点附近的压力分布，但总体影响的区域面积较小。

由于采取的是“花管”注氮，速度场中 y 轴方向的分速度受影响最大，这里只列出了 y 轴方向的速度分布。可以看出注氮点处的速度显著增大，从而影响了注氮点附近的速度分布，但总的速度分布规律与注氮前相同。

7.3.2　注氮后的采空区氧气浓度场

模拟得到了注氮后采空区氧气浓度场的空间三维分布，如图 7.5 所示。从中可以看出，采空区开区注氮后对氧气浓度场分布的影响很大。注氮前高浓度氧气在进风侧能扩散到 60m 深处，而注氮后只能扩散到 20m 深处，这表明注氮极大地降低了进风侧氧化带内的氧气浓度。由于采空区高温区域靠进风一侧，注氮降低了该区域的氧气浓度，从而抑制了该区域内遗煤的氧化反应、减小了氧气的消耗，因而注氮后的氧气分布更广一些。还可以看出，注氮后的采空区中部和回风侧的氧气浓度分布几乎没有变化，说明注氮并不能惰化整个采空区的氧化带，由此可以得到，随着氮气的注入，高温区域将会向采空区中部移动。

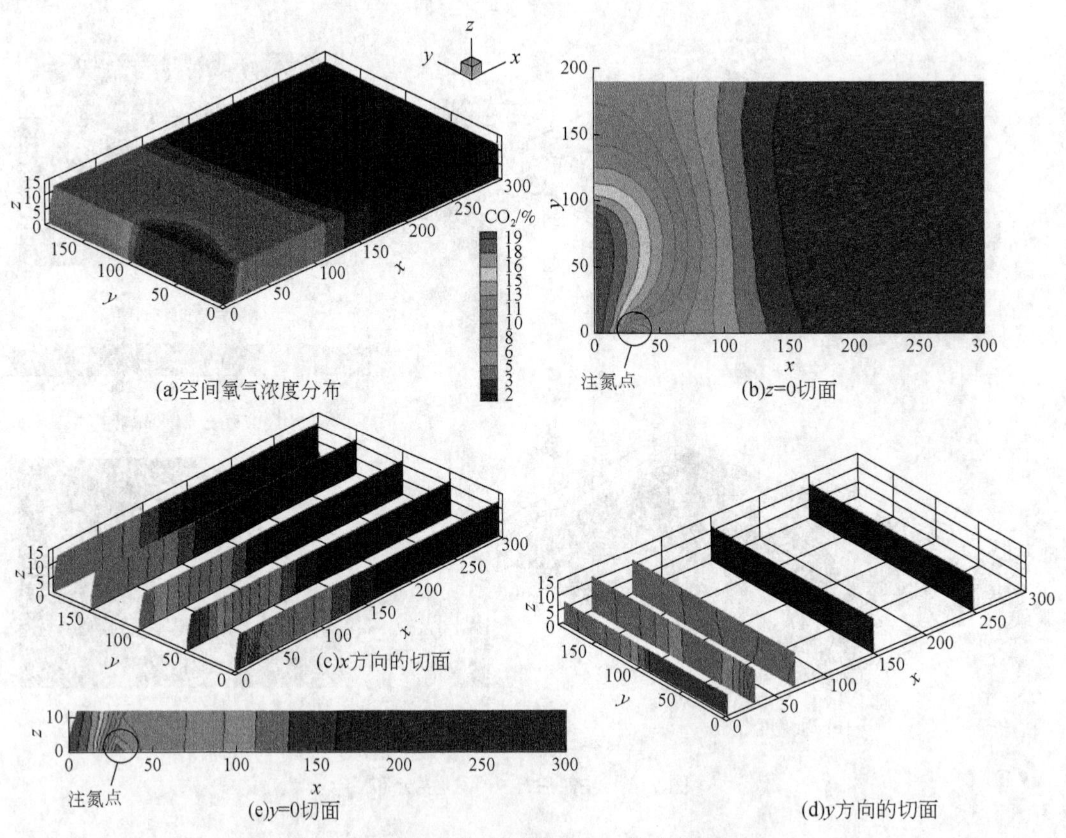

图 7.5　注氮后氧气浓度分布（见书后彩页）

7.3.3 注氮后的采空区温度场

模拟得到注氮稳定后的冒落煤岩固体温度场的空间三维分布，如图7.6所示。

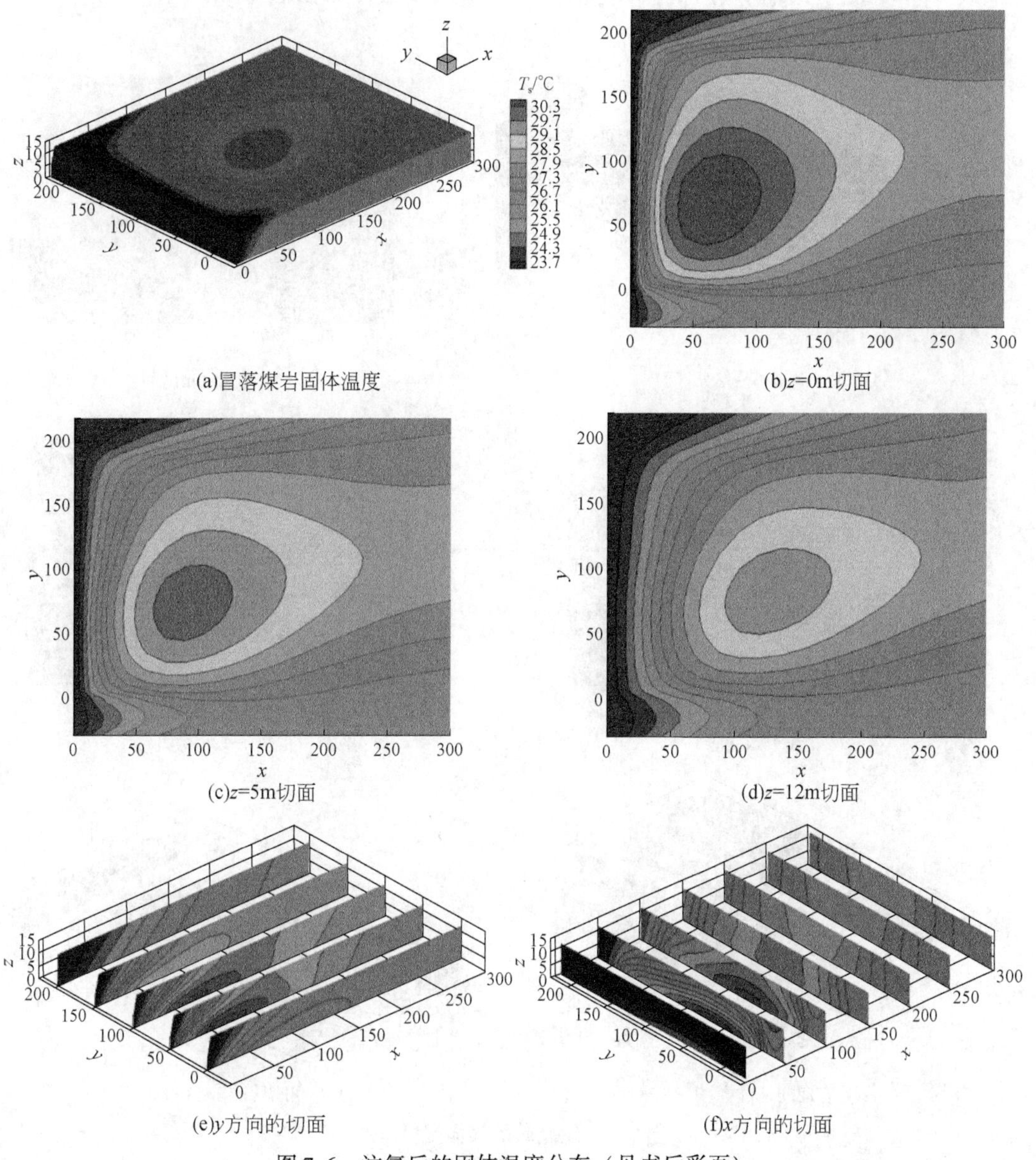

(a)冒落煤岩固体温度　(b)z=0m切面

(c)z=5m切面　(d)z=12m切面

(e)y方向的切面　(f)x方向的切面

图7.6　注氮后的固体温度分布（见书后彩页）

从图7.6中可以看出，注氮后的采空区高温区域的温度显著下降，由注氮前的60℃降低至30℃，远远低于自燃临界温度，在此低温下该采空区基本不会发生自燃。此外，还可以发现，高温区域移动到了采空区中部，并且影响范围扩大到了回风侧。这是因为，进风侧的高浓度氧与注入的氮气混合后浓度降低，从而抑制了原高温区域遗煤的氧化放热量，但中部和回风侧的氧气浓度几乎没有受影响，依然保持较高的氧气浓度，因而注氮后这部分区域内的遗煤氧化放热量相对较大，温度上升较高。与注氮前相同的是，高温区域随着高度增大，其范围逐渐减小，同样也不在火源的正上方，其边缘线呈抛物线状偏移到采空区深部。

模拟同时得到注氮稳定后的气体温度场的空间三维分布，如图 7.7 所示。

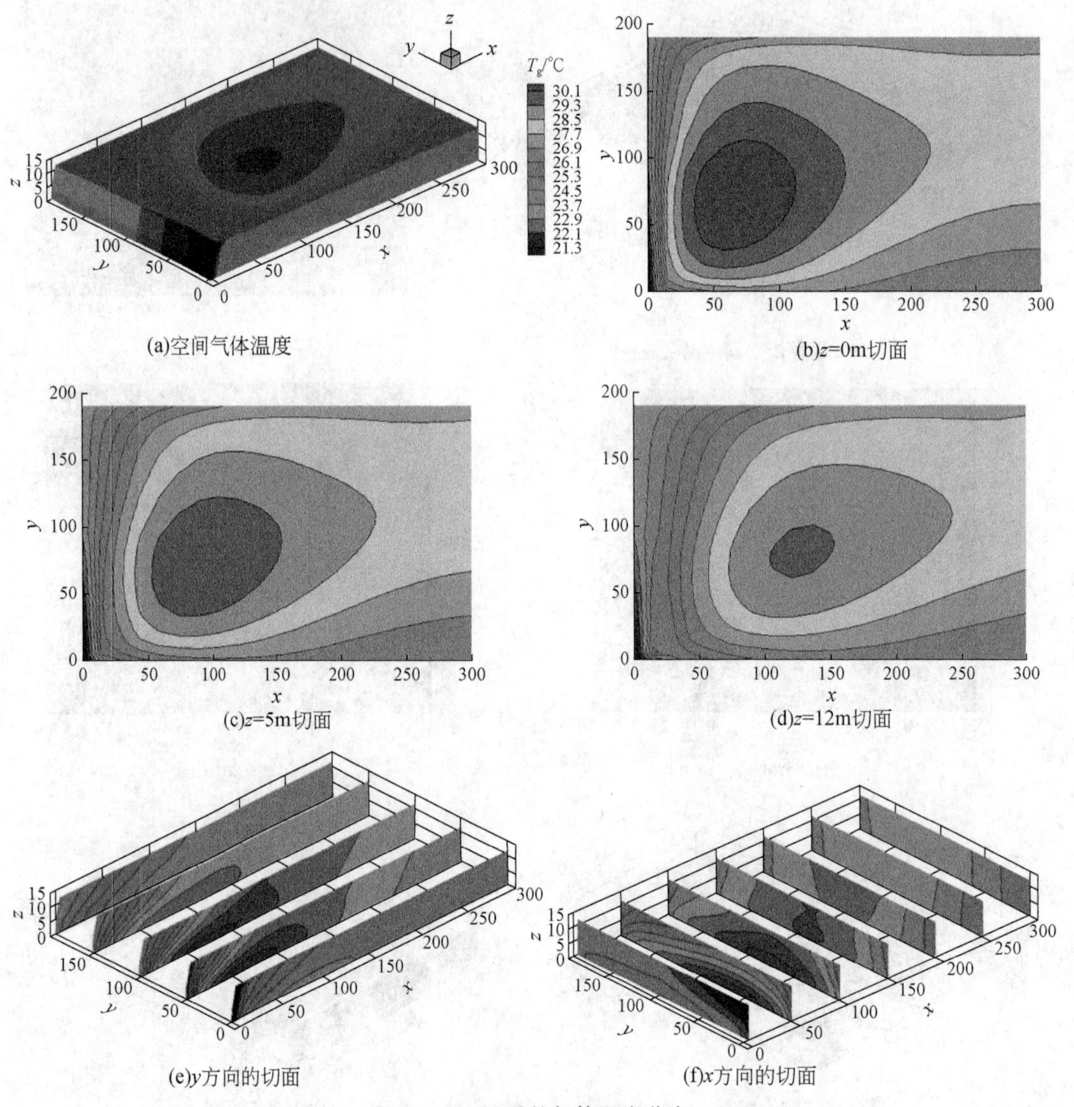

(a)空间气体温度　(b)z=0m切面
(c)z=5m切面　(d)z=12m切面
(e)y方向的切面　(f)x方向的切面

图 7.7　注氮后的气体温度分布

图 7.7 中可以看出，注氮后的采空区气体温度分布与固体温度较为相近，但高温区域面积更大，这是因为气体的导热系数较小，更易传递热量。气体温度场的高温区域也移动到了采空区中部，这与采空区中部和回风侧的遗煤氧化放热有关。高温区域随着高度增大的变化情况与注氮前相同，其边缘线呈抛物线状向采空区深部偏移。

综上所述，河东矿 31005 工作面采空区由于遗煤量大、漏风量大，即使在正常推进下，采空区温度也极可能达到自燃临界温度。若在进风侧采取注氮措施，将会显著抑制采空区遗煤温度上升。数值模拟表明，注氮量达到 2000m³/h、注氮深度在 30m 左右时，正常推进下的最高温度只有注氮前一半，基本避免了采空区发生自燃火灾的可能。

7.4　采空区温度现场观测验证

为了掌握易燃煤层采空区的温度变化情况，国内外学者就采空区温度的现场观测进行大量研究。蒋曙光等（1998）沿采空区长度方向布点测温，并获得了成功。蒋曙光等（1998）应用热电偶技术成功地测得了东欢坨矿 2087 工作面采空区的温度。马尚权等（2007）使用 FBG（光纤光栅）技术测试了采空区温度，实现了无电监测。作者及课题组成员研制了 MKCW100 型采空区测温系统（专利号：ZL2011200646203），极大地提高了采空区长距离温度观测精度（刘伟等，2012）。

按照 7.1 节中的注氮设计，对 31005 工作面的采空区实施了现场开区注氮，注氮量为 2000m³/h、注氮深度为 25 ~ 45m。为了检验注氮效果，在现场注氮 3 个月后，采用 MKCW100 型采空区测温系统对该采空区的温度进行了现场观测。以下将对此进行介绍。

7.4.1　测温系统

作者及课题组成员自主设计研发了采空区温度测试系统（MKCW100），如图 7.8 所示，包括三部分：①（测温表），1 台；②若干米；③（Pt100），1 个，其电流不大于 1mA，外有钢管保护套（Φ10mm×50mm）。

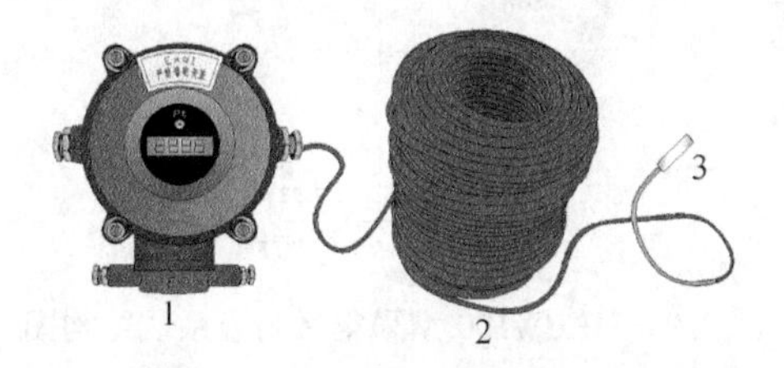

图 7.8　采空区温度测试系统

1. 隔爆型矿用温度数显仪；2. 矿用三芯阻燃电缆；3. 铂热电阻测温探头

本系统利用热电阻阻值随温度变化而变化（黄河等，2009）这一特性来测取环境的温度值。铂热电阻接在三导线单臂电桥上来作为惠斯登电桥的第四个桥臂，通过电桥测出因温度变化而引起的阻值变化，转换为电压信号，经精密放大器放大后，再由 A/D 转换成数字信号，单片机系统读取信号后换算成与温度相对应的数字信号，最后在测温表的液晶显示器上显示出温度值。

1）*主要改进*

采空区温度的测试范围，一般为常温至 200℃，属中低温测量，且要求温度传感器须具有较好的抗湿性。先前的温度测试多采用热电偶探头，其精度不高，且现场安装调试过程复杂。因此，MKCW100 型采空区测温系统采用了测量精度更高、更适合中低温测量的铂热电阻探头，首次将该类型探头应用到了采空区测温。热电阻的阻值随温度的变化可以认为是线性（李江全等，2000）的，表示为

$$R_t = R_{t_0}[1 + a(t - t_0)] \tag{7.8}$$

式中，R_t为温度 t 时的电阻值，Ω；R_{t0}为在参考温度时的铂热电阻阻值，Ω；t_0为参考温度,℃；α 为平均电阻温度系数，即电阻元件的温度相对于参考温度每升高 1℃所引起的电阻值增量。

测试距离较短时，导线长度短，其电阻可以忽略。但实际采空区测温时，热电阻探头距离测温表有 200～300m。这时的导线电阻值就不能忽略了。为此，MKCW100 型采空区测温系统在热电阻探头的连接方式上采用了三线制接法（王雷等，2005），即将原来使用两根导线连接探头改为用三根导线连接，如图 7.9 所示，R_1、R_2为固定电阻，R_3为可调电阻，R_t为铂热电阻，G 为检流计。则电桥平衡公式为

$$R_1(R_t + R_{ob}) = R_2(R_3 + R_{oa}) \tag{7.9}$$

采用三线制接法后，点 o 到 a、b 两点的长度相等，导线阻值也相等，即 $R_{ob} = R_{oa}$。调整 R_3阻值至检流计无电流通过，此时电桥平衡，可以得出 $R_3 = R_t$，从而得到铂热电阻的阻值 R_t。这样在很大程度上消除了导线的电阻影响，极大地提高了远距离温度测试的精度。

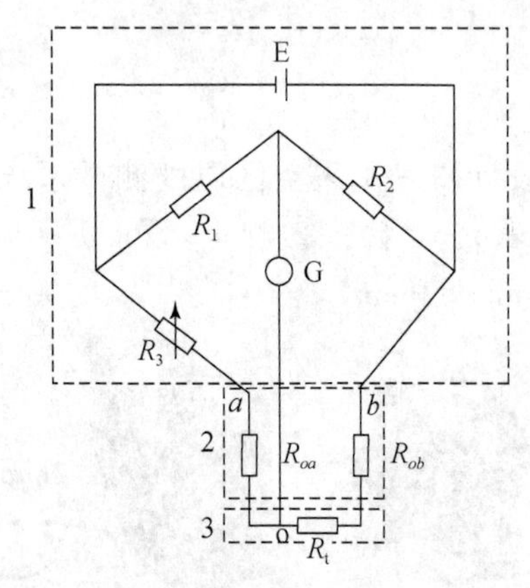

图 7.9 MKCW100 型采空区测温系统结构图

1. 数显仪内的电桥结构；2. 三芯电缆；3. 热电阻探头

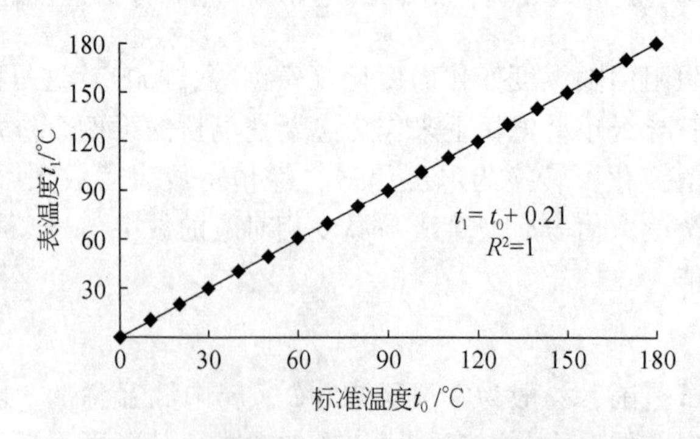

图 7.10 MKCW100 型采空区测温系统标定结果

2）系统标定

在实际测温前，需要对 MKCW100 型采空区测温系统进行标定，得到显示温度（表温度）与标准温度的对应关系，以此来修正井下观测到的温度数据。图 7.10 是该系统的标定结果，表明现实温度与标准温度之间的最大误差为 0.4℃，平均误差为 0.21℃。表明本系统的测试精度很高，能满足现场温度观测的需要。

7.4.2　现场测温方案及过程

采空区预埋探头测温的方案主要有两种，一种是沿顺槽预埋探头测温，另一种是沿工作面全线布点测温。①沿顺槽预埋探头测温是沿进、回风巷分别预埋测温探头并铺设一定长度的测温线路。其优点是现场施工简单、易操作，缺点是只能得到采空区靠近进回风巷处的遗煤温度变化数据，不能反映采空区整体的内部温度变化情况。②沿工作面全线布点测温则是在液压支架后沿平行于工作面的方向布置若干测温探头来进行温度观测。这样能得到采空区沿倾向断面上的遗煤温度变化，但现场施工难度大，测温线路布置困难。

为了解 31005 工作面注氮后的采空区温度分布情况、掌握该采空区遗煤在注氮后的氧化升温变化规律，同时分析和研究注氮效果，自 2011 年 4 月 6 日至 4 月 30 日沿 31005 工作面全线布点现场观测了采空区的温度变化。靠近进回风煤柱处的冒落煤岩孔隙大、漏风风速大，氧气浓度和温度的变化更大，因此沿工作面按两端密、中间疏的原则布置温度测点 10 个，具体位置如图 7.11（a）所示。综采工作面支架之后全部为垮落矸石，没有尾梁和后溜子，无法进入埋管布线。为此，首次提出并制定了边推进边观测的综采面测温布线方案。

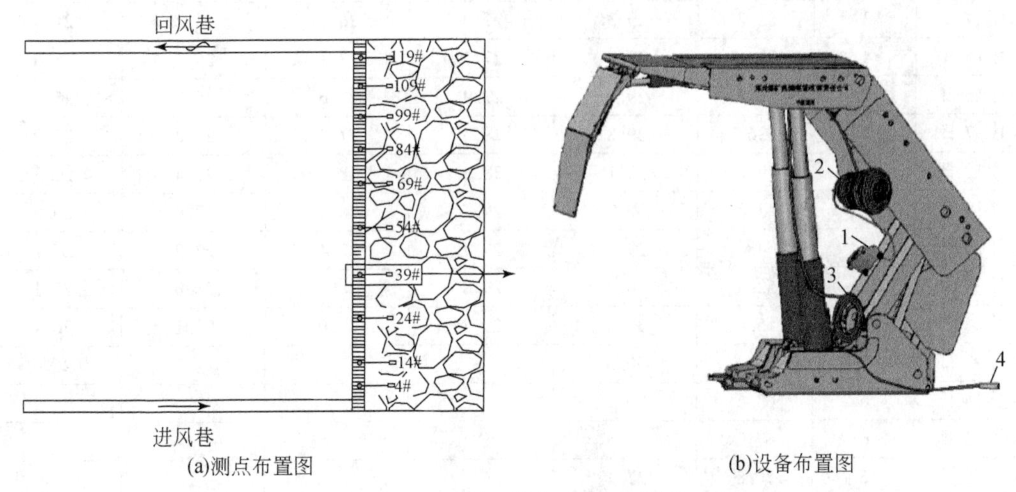

图 7.11　采空区测温线路布置图

1. 测温表；2. 整捆线缆圈；3. 预留线缆；4. 测温探头

如图 7.11（b）所示，测温表被固定在支架底座与掩护梁之间的连杆上，每个数显仪连接 120m 的三芯电缆，电缆绕成捆状，通过细钢管悬挂在支架的掩护梁下，电缆的另一端连接着测温探头，探头及电缆被埋在两支架之间的空隙里，上覆碎煤。随着支架的前移，电缆不断被埋入采空区，探头距离工作面越来越远，从而得到距工作面不同深度时遗煤的温度数据。

7.4.3 现场温度观测结果

河东矿31005工作面采空区的整个现场观测深度约为90m。2011年4月6日沿工作面布置了10个探头，并记录第一次数据，然后每天记录一次数据，由于采空区内冒落的大石块很多，并且工人拉架比较随意，4#、24#、54#、109#及119#处的探头连线，或被砸断或被拉断，没有测到有效数据，至4月30日探头全部砸断。只有14#、39#、69#、84#及99#等处的探头获得了一些的数据，整理后见表7.2，它们距进风煤柱垂直距离依次为22m、60m、105m、130m、155m。

表7.2 31005工作面采空区的温度观测结果

日期	进刀数	进尺/m	14#（22m）	39#（60m）	69#（105m）	84#（130m）	99#（155m）
4月6日	0	0	22.2	23.2	23.1	22.5	22.5
4月7日	7	3	23.3	24.4	23.4	22.6	22.4
4月8日	6	6.6	24.0	24.9	24.5	23.1	23.0
4月9日	5	9.6	25.5	25.8	24.9	23.3	23.5
4月10日	6	13.2	26.2	26.6	25.4	23.9	24.4
4月11日	6	16.8	26.4	25.6	26.0	24.6	25.0
4月12日	4	19.2	26.9	27.1	26.1	24.2	25.0
4月13日	7	23.4	27.3	26.7	26.3	25.9	24.9
4月14日	3	25.2	29.3	27.0	26.6	26.2	24.4
4月15日	4	27.6	29.8	27.7	27.1	26.4	25.0
4月16日	7	31.8	29.6	27.9	27.6	26.9	25.3
4月17日	7	36	29.8	28.3	27.7	27.2	25.9
4月18日	7	40.2	30.1	28.5	28.1	27.4	26.3
4月19日	6	43.8	30.2	29.1	28.1	27.6	26.8
4月20日	7	48	29.9	29.7	28.4	27.9	27.2
4月21日	7	52.2	30.3	29.8	28.1	28.0	27.1
4月22日	6	55.8	30.8	29.8	28.0	28.1	26.7
4月23日	7	60	30.5				26.6
4月24日	6	63.6	30.7				
4月25日	6	67.2	30.5				
4月26日	6	70.8	31.1				
4月27日	6	74.4	31.4				
4月28日	6	78	31.2				
4月29日	6	81.6	31.2				
4月30日	6	85.2	31.2				

7.4.4　观测结果与模拟结果对比

现取距进风巷壁22m、60m、105m、130m和155m这5处的实际温度观测数据与相应的模拟数据进行对比，如图7.12（a）~（e）所示，其中模拟的温度数据取初始温度到140m深这一段以方便观察实测温度的变化趋势是否与模拟一致。

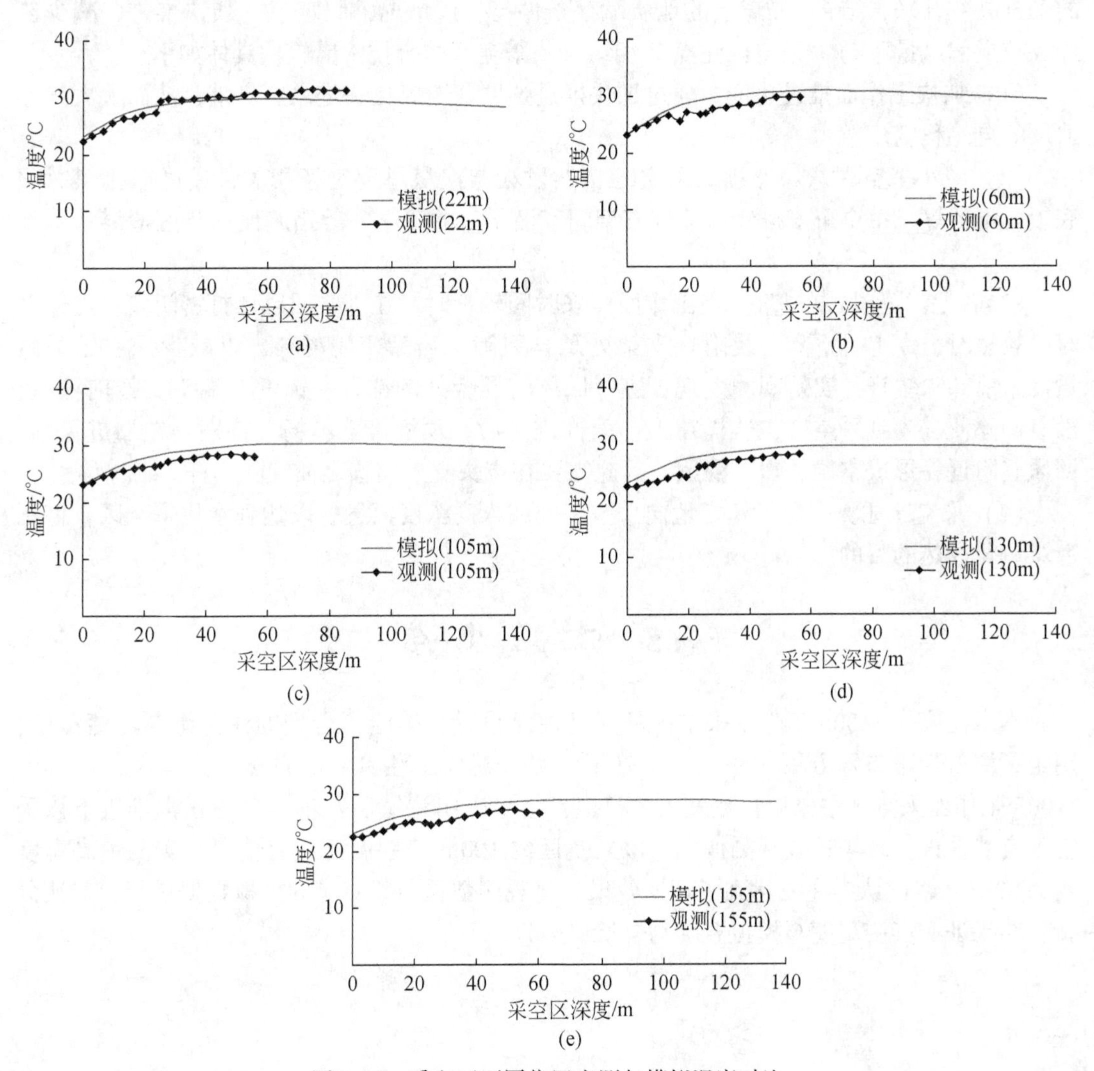

图7.12　采空区不同位置实测与模拟温度对比

从图7.12中可以看出：

（1）注氮后的采空区温度较低，最高温度在32℃左右，表明注氮大大降低了该采空区的自燃危险性。

（2）采空区的实测温度与模拟温度吻合情况较好。虽然观测点数据与模拟数据有差异，但差距较小，整体来看，可以判断出实测温度在发展趋势上与模拟的变化趋势基本一致。因而可以认为注氮后的采空区温度模拟结果能较为准确地反映出该采空区的现场实际温度分布情况，也验证了该条件下数值模拟的准确性。

7.4.5 采空区综合防火技术措施

31005 工作面注氮前一直存在自然发火危险，为了保证该工作面乃至该矿其他工作面的安全高效开采，结合 10#煤层的地质赋存条件与生产情况，制定了“加快推进、减少遗煤、减少漏风量”与“采空区注氮”相结合的采空区综合技术措施。具体如下。

（1）加快工作面推进速度。通过加快推进速度使遗煤更快进入窒息带，从而大大降低遗煤的自热程度。

（2）减小采空区遗煤厚度。采空区自然发火与遗煤厚度密切相关，通过“割煤时顶底板处不留煤、每个班安排专人清理支架间和溜子后的浮煤”等措施使采空区遗煤量降到最低。

（3）减少采空区漏风量。当工作面停采时间较长时，在进、回风巷打密闭墙；当停采时间较短时，在上、下隅角及附近支架处悬挂风障，喷涂密闭材料，以减少采空区漏风量。采前卸除锚杆，实地观测发现，进、回风巷顶板处的锚杆、锚索在端头支架前移后，没有卸除便进入到采空区，这样在工作面推进过后，顶板垮落不畅，特别是在靠进风巷、回风巷附近易形成空洞，增大漏风，因此需要在端头支架前移之前卸除锚杆。

（4）采空区注氮。持续稳定地向采空区内注入高浓度氮气，以达到惰化采空区，抑制遗煤氧化放热的目的。

7.5 本章小结

本章完成了 31005 工作面采空区的开区注氮设计，确定了合理的注氮量与注氮深度，制定了注氮管路布置方案，并现场实施了注氮。建立了注氮后的自然发火模型，实现了 31005 工作面采空区注氮后自然发火的模拟，结果表明注氮后基本能避免正常推进下该采空区自然发火。现场布线观测得到了该采空区约 100m 深的温度变化情况，实测最高温度约为 32℃，因此认为注氮达到了预期效果。将观测数据与相对应的模拟数据进行了对比分析，结果证实实测温度与模拟温度吻合情况较好。

第8章　停采后采空区自然发火仿真

工作面推进速度与采空区自然发火密切相关。推进速度越小，发生采空区自燃火灾的风险越大，因此工作面停采搬家期间的煤自燃事故发生频率很高。全国主要煤炭产区均发生过多次工作面停采期间的采空区自然发火事故。以阳煤集团五矿为例，2015 年 1 月，8137 工作面停采撤架期间上隅角 CO 浓度超限很多，且 7#、62#及 63#支架尾梁处出现明火区域，采取了向高温区域注水的措施；2015 年 5 月，8501 工作面停采搬家期间 2# ~ 4# 支架尾梁后发现燃烧的红炭，同样采取了注水灭火措施；2016 年 6 月，83206 工作面回采期间高抽巷 CO 浓度达到 1500ppm，因无法定位采空区火源位置，现场密闭了工作面。可以看出，掌握停采状态下的采空区自然发火的发生发展过程对井下的防灭火工作有着重要的意义。为此，本章将建立停采状态下采空区自然发火数学模型，开发仿真软件，研究停采条件下的采空区自然发火时空演化规律及其影响因素。

8.1　停采后采空区自然发火模型

采空区自然发火多场耦合理论表明采空区内气体渗流、氧气输运、热量生成及转移等相互耦合作用最终导致了煤自燃。该理论对于工作面是否停采都是适用的。在停采状态下，采空区内的煤自燃与地面煤库自燃类似，但差异显著。相较于地面煤库绝大部分表面积暴露在正常氧气浓度环境中，停采下的采空区则只有一个边界能接触到新鲜风流。这也表明停采下的采空区自然发火模型与第 3 章中建立的推进下的模型类似，只不过将推进速度影响转变为时间影响，两者的解算区域及边界条件完全相同。

假设所选取的采空区控制单元体内含有足够多的浮煤碎石，构成多孔隙结构，且在理论上可以看成连续多孔隙介质。由达西定律和质量守恒定律来建立采空区流场方程；由菲克定律和质量守恒定律来建立采空区氧气浓度场方程；由傅里叶定律和能量守恒定律建立采空区温度场方程，最终得到停采状态下的采空区自然发火多场耦合数学模型：

$$
\begin{cases}
\oiint_D \dfrac{K}{g}\cdot\dfrac{\partial(P+\rho_g gh)}{\partial \boldsymbol{n}}\mathrm{d}S-\iiint_V n\dfrac{\partial \rho_g}{\partial t}\mathrm{d}V=0\\
\oiint_D nvk_{O_2}\dfrac{\partial C_{O_2}}{\partial \boldsymbol{n}}\mathrm{d}S-\oiint_D C_{O_2}v_n\mathrm{d}S-\iiint_V u(t)\,\mathrm{d}V-\iiint_V n\dfrac{\partial C_{O_2}}{\partial t}\mathrm{d}V=0\\
\oiint_D n\lambda_g\dfrac{\partial T_g}{\partial \boldsymbol{n}}\mathrm{d}S+\iiint_V K_eS_e(T_s-T_g)\,\mathrm{d}V-n\rho_g C_g t_g\oiint_D\dfrac{\partial v}{\partial \boldsymbol{n}}\mathrm{d}S-\iiint_V n\rho_g C_g\dfrac{\partial T_g}{\partial t}\mathrm{d}V=0\\
\oiint_D(1-n)\lambda_s\dfrac{\partial T_s}{\partial \boldsymbol{n}}\mathrm{d}S-\iiint_V K_eS_e(T_s-T_g)\,\mathrm{d}V+\iiint_V q(t)\,\mathrm{d}V-\iiint_V(1-n)\rho_s C_s\dfrac{\partial T_s}{\partial t}\mathrm{d}V=0
\end{cases}
\tag{8.1}
$$

式中，K 为渗透系数，m/s；ρ_g为控制体内的气体密度，kg/m^3；g 为重力加速度，m/s^2；P 为静压和速压之和，Pa；n 为采空区内浮煤的孔隙率,%；k_{O_2} 为氧气的扩散系数常数；u（t）为单位时间单位体积的耗氧量，mol/（s · m^3）；C_{O_2} 为氧气摩尔浓度，mol/m^3；λ_s为采空区冒落煤岩导热系数，W/（m · ℃）；K_e为煤岩与气体对流换热系数，J/（m^2 · s · K）；T_g为气体温度，K；T_s为煤岩温度，K；C_s为煤岩的比热容 J/（kg · K）；q（t）为单位时间内控制体内遗煤的放热量，kJ/（mol · s）；ρ_s为固体颗粒的密度，kg/m^3；λ_g为气体导热系数，W/（m · ℃）；ρ_g为采空区气体的密度，kg/m^3；C_g为气体的比热容，J/（kg · ℃）。

边界设置如第 3 章中图 3.11 所示，靠近工作面的边界为 Γ_1，上下两行煤柱是边界 Γ_2、Γ_3，顶板边界为 Γ_5，底板边界为 Γ_6，深部边界为 Γ_4。采空区固体温度场的边界比较复杂，需要扩展到两侧的保护煤柱里，其外推后的边界为 $\Gamma_5 \sim \Gamma_{12}$。对于边界 Γ_1，其每一点的全风压值、氧气浓度、温度都可以现场测定，是第一类边界条件。边界 $\Gamma_2 \sim \Gamma_6$是第二类边界条件，边界 $\Gamma_7 \sim \Gamma_{16}$是固体温度场的扩展边界，在保护煤柱内，假定这些边界上的热流通量为 0，视为绝热边界来处理。具体边界方程如下：

$$
\begin{cases}
P\big|_{\Gamma_1} = p(x,\ y,\ z)\big|_{(x,\ y,\ z)\in\Gamma_1};\ \dfrac{\partial P}{\partial x}\Big|_{\Gamma_4} = 0;\ \left(\dfrac{\partial P}{\partial y} + \rho g \sin\alpha\right)\Big|_{\Gamma_2,\ \Gamma_3} = 0;\ \dfrac{\partial P}{\partial x}\Big|_{\Gamma_4} = 0 \\
C_{O_2}\big|_{\Gamma_{1下}} = c(x,\ y,\ z)\big|_{(x,\ y,\ z)\in\Gamma_{1下}};\ \dfrac{\mathrm{d}C_{O_2}}{\mathrm{d}x}\Big|_{\Gamma_{1上},\ \Gamma_4} = 0;\ \dfrac{\mathrm{d}C_{O_2}}{\mathrm{d}y}\Big|_{\Gamma_2,\ \Gamma_3} = 0;\ \dfrac{\mathrm{d}C_{O_2}}{\mathrm{d}z}\Big|_{\Gamma_5,\ \Gamma_6} = 0 \\
T_s\big|_{\Gamma_1} = t_0\big|_{(x,\ y,\ z)\in\Gamma_1};\ \dfrac{\mathrm{d}T_s}{\mathrm{d}x}\Big|_{\Gamma_4,\ \Gamma_7,\ \Gamma_8,\ \Gamma_{11},\ \Gamma_{12}} = 0;\ \dfrac{\mathrm{d}T_s}{\mathrm{d}y}\Big|_{\Gamma_9,\ \Gamma_{10}} = 0;\ \dfrac{\mathrm{d}T_s}{\mathrm{d}z}\Big|_{\Gamma_5,\ \Gamma_6,\ \Gamma_{13},\ \Gamma_{14},\ \Gamma_{15},\ \Gamma_{16}} = 0 \\
T_g\big|_{\Gamma_{1下}} = t(x,\ y,\ z)\big|_{(x,\ y,\ z)\in\Gamma_{1下}};\ \dfrac{\mathrm{d}T_g}{\mathrm{d}x}\Big|_{\Gamma_{1上},\ \Gamma_4} = 0;\ \dfrac{\mathrm{d}T_g}{\mathrm{d}y}\Big|_{\Gamma_2,\ \Gamma_3} = 0;\ \dfrac{\mathrm{d}T_g}{\mathrm{d}z}\Big|_{\Gamma_5,\ \Gamma_6} = 0
\end{cases}
\tag{8.2}
$$

式（8.1）和式（8.2）联合组成完整的停采状态下采空区自然发火多场耦合三维模型。该模型是研究停采状态下采空区自然发火时空演化规律的理论基础，本章随后的方程离散、线性方程解算都是围绕它来进行的。

8.2 停采数学模型的离散

本节将介绍停采后的流场、氧气浓度场、气体温度场和冒落煤岩固体温度场的离散化过程，得到停采后各场的节点线性方程组。

8.2.1 停采后流场方程离散

停采状态下采空区流场方程为

$$
\oiint\limits_D \frac{K}{g} \cdot \frac{\partial (P + \rho_g g h)}{\partial \boldsymbol{n}} \mathrm{d}S - \iiint\limits_V n \frac{\partial \rho_g}{\partial t} \mathrm{d}V = 0 \tag{8.3}
$$

对图 5.2 中节点 P 的流场方程进行分析，其控制体为 $ABCDEFGHIJKLMN$，有 24 个单元控制体（四面体），即封闭区域 D 由 24 个小四面体构成。根据以任意节点控制体建立

的质量方程可以分解为各单元控制体质量方程之和这一原理，离散式为

$$\sum_{e=1}^{24}\frac{K}{g}\cdot\frac{\partial P}{\partial x}\cos\alpha\Delta S+\sum_{e=1}^{24}\frac{K}{g}\cdot\left(\frac{\partial P}{\partial y}+\rho_{g}g\sin\theta\right)\cos\beta\Delta S+\sum_{e=1}^{24}\frac{K}{g}\cdot\left(\frac{\partial P}{\partial y}+\rho_{g}g\cos\theta\right)\cos\gamma\Delta S-\sum_{e=1}^{24}n\frac{\partial\rho_{g}}{\partial t}\Delta V=0 \tag{8.4}$$

可以简写为

$$\sum_{e=1}^{24}J_{l}=0(l=1,2,\cdots,24)$$

以上说明，每个单元控制体都对共同顶点的流场方程有一个贡献，那么在控制体内，每个节点的单元控制体都对该节点有一个贡献，因此可分别计算每个单元控制体对这 4 个顶点的贡献，从而实现流场方程在整个解算区域内的离散。

现对控制体中第 e 个单元控制体（即小四面体 $mABC$）进行分析。单元控制体对节点 m 的流场方程贡献为 J_m：

$$J_{m}=\frac{K}{g}\cdot\frac{\partial P}{\partial x}\cos\alpha\Delta S+\frac{K}{g}\cdot\left(\frac{\partial P}{\partial y}+\rho_{g}g\sin\theta\right)\cos\beta\Delta S+\frac{K}{g}\cdot\left(\frac{\partial P}{\partial y}+\rho_{g}g\cos\theta\right)\cos\gamma\Delta S-n\frac{\partial\rho_{g}}{\partial t}\Delta V \tag{8.5}$$

式中，

$$\begin{aligned}\frac{K}{g}\cdot\left(\frac{\partial P}{\partial y}+\rho_{g}g\cos\theta\right)\cos\gamma\Delta S_{ABC}&=\frac{K}{g}\cdot\left(\frac{\partial P}{\partial y}+\rho_{g}g\cos\theta\right)\cdot\left(-\frac{9}{32}d_{m}\right)\\&=\frac{K}{g}\cdot\frac{1}{6V}[d_{i}P_{i}+d_{j}P_{j}+d_{k}P_{k}+d_{m}P_{m}+\rho_{g}g\cos\theta]\cdot\left(-\frac{9}{32}d_{m}\right)\\&=-\frac{3K}{64gV}[d_{i}d_{m}P_{i}+d_{j}d_{m}P_{j}+d_{k}d_{m}P_{k}+d_{m}^{2}P_{m}]-\frac{9}{32}d_{m}K\rho_{g}\cos\theta\end{aligned} \tag{8.6}$$

$$\frac{K}{g}\cdot\left(\frac{\partial P}{\partial y}+\rho_{g}g\sin\theta\right)\cos\beta\Delta S_{ABC}=-\frac{3K}{64gV}[c_{i}c_{m}P_{i}+c_{j}c_{m}P_{j}+c_{k}c_{m}P_{k}+c_{m}^{2}P_{m}]-\frac{9}{32}c_{m}K\rho_{g}\sin\theta \tag{8.7}$$

$$\frac{K}{g}\cdot\frac{\partial P}{\partial x}\cos\alpha\Delta S_{ABC}=-\frac{3K}{64gV}[b_{i}b_{m}P_{i}+b_{j}b_{m}P_{j}+b_{k}b_{m}P_{k}+b_{m}^{2}P_{m}] \tag{8.8}$$

代入得到单元控制体 $mABC$ 对节点 m 流场方程的贡献为

$$\begin{aligned}J_{m}&=\rho_{g}v_{x}\cos\alpha\Delta S_{ABC}+\rho_{g}v_{y}\cos\beta\Delta S_{ABC}+\rho_{g}v_{z}\cos\gamma\Delta S_{ABC}-n\frac{\partial\rho_{g}}{\partial t}\Delta V_{mABC}\\&=-\frac{3K}{64gV}[(b_{i}b_{m}+c_{i}c_{m}+d_{i}d_{m})P_{i}+(b_{j}b_{m}+c_{j}c_{m}+d_{j}d_{m})P_{j}+(b_{k}b_{m}+c_{k}c_{m}+d_{k}d_{m})P_{k}\\&\quad+(b_{m}^{2}+c_{m}^{2}+d_{m}^{2})P_{m}]-\frac{9}{32}K\rho_{g}(c_{m}\sin\theta+d_{m}\cos\theta)-\frac{27nV}{64}\frac{\partial\rho_{g}}{\partial t}\end{aligned} \tag{8.9}$$

同理得到，单元控制体对节点 i，j，k 流场方程的贡献为

$$J_i = -\frac{3K}{64gV}[(b_i^2 + c_i^2 + d_i^2)T_i + (b_ib_j + c_ic_j + d_id_j)T_j + (b_ib_k + c_ic_k + d_id_k)T_k$$

$$+ (b_ib_m + b_ic_m + b_id_m)T_m] - \frac{9}{32}K\rho_g(c_i\sin\theta + d_i\cos\theta) - \frac{27nV}{64}\frac{\partial\rho_g}{\partial t} \quad (8.10)$$

$$J_j = -\frac{3K}{64gV}[(b_ib_j + c_ic_j + d_id_j)T_i + (b_j^2 + c_j^2 + d_j^2)T_j + (b_jb_k + c_jc_k + d_jd_k)T_k$$

$$+ (b_jb_m + b_jc_m + b_jd_m)T_m] - \frac{9}{32}K\rho_g(c_j\sin\theta + d_j\cos\theta) - \frac{27nV}{64}\frac{\partial\rho_g}{\partial t} \quad (8.11)$$

$$J_k = -\frac{3K}{64gV}[(b_ib_k + c_ic_k + d_id_k)T_i + (b_jb_k + c_jc_k + d_jd_k)T_j + (b_k^2 + c_k^2 + d_k^2)T_k$$

$$+ (b_kb_m + c_kc_m + d_kd_m)T_m] - \frac{9}{32}K\rho_g(c_k\sin\theta + d_k\cos\theta) - \frac{27nV}{64}\frac{\partial\rho_g}{\partial t} \quad (8.12)$$

综上所述，单元控制体对节点 i，j，k，m 流场方程的贡献的矩阵表达式为

$$\begin{Bmatrix} J_i \\ J_j \\ J_k \\ J_m \end{Bmatrix} = \begin{pmatrix} k_{ii} & k_{ij} & k_{ik} & k_{im} \\ k_{ji} & k_{jj} & k_{jk} & k_{jm} \\ k_{ki} & k_{kj} & k_{kk} & k_{km} \\ k_{mi} & k_{mj} & k_{mk} & k_{mm} \end{pmatrix} \begin{Bmatrix} P_i \\ P_j \\ P_k \\ P_m \end{Bmatrix} + \begin{Bmatrix} p_i \\ p_j \\ p_k \\ p_m \end{Bmatrix} \quad (8.13)$$

式中，$k_{ll} = -\frac{3K}{64gV}(b_l^2 + c_l^2 + d_l^2)$；$k_{ln} = k_{nl} = -\frac{3K}{64gV}(b_lb_n + c_lc_n + d_ld_n)$；

$$p_l = -\frac{9}{32}K\rho_g(c_l\sin\alpha + d_l\cos\alpha) - \frac{27nV}{64}\frac{\partial\rho_g}{\partial t}(l,n = i,j,k,m \text{ 且 } l \neq n) \quad (8.14)$$

从式（8.14）中可以看出，采空区压力场控制方程中，其压力项与时间无关，而只是密度随时间而变化，所以离散时此密度变化项可近似视为常数项处理。

对于边界 Γ_1，其沿线的压力值可以现场测定，在对测量数据分析拟合处理后可以得出边界上的全风压函数，因而可以按第一类边界条件处理，其离散方程与内部边界节点的方程相同。

对于边界 Γ_2、Γ_3，虽然为第二类边界条件，但认为边界面上没有漏风，也就是垂直于边界的风速为0，即 $v_y=0$，这样仍可以按内部节点来离散方程；同理处理边界 Γ_5、Γ_6。

对于边界 Γ_4，认为垂直于边界的风速 v_x 为0，按内部节点处理。

因此，在实际解算中，采空区流场模型的边界除 Γ_1 边界外都视为不漏风边界。如此，采空区解算区域内的节点均按第一类边界或内部节点来离散流场方程。

根据达西定律，采空区内各处的速度由压力值决定。当采空区网格划分完毕后，区域内各个节点上的压力值是可以先行求出的，再通过压力与速度的关系求解出每个节点上的速度。又因为各节点之间的压力是按线性变化的，这样在压力一定的情况下，每个四面体网格的单元速度（v_D）是一个定值，表示为

$$v_D = \sqrt{v_x^2 + v_y^2 + v_z^2} \quad (8.15)$$

那么 x，y，z 方向的速度分量用压力表示为

$$\begin{cases} v_x = -\dfrac{K}{\rho_g g}\dfrac{\partial P}{\partial x} = -\dfrac{K}{\rho_g g}\left[\dfrac{1}{6V}(b_iP_i + b_jP_j + b_kP_k + b_mP_m)\right] \\ v_y = -\dfrac{K}{\rho_g g}\left(\dfrac{\partial P}{\partial y} + \rho_g g\sin\alpha\right) = -\dfrac{K}{\rho_g g}\left[\dfrac{1}{6V}(c_iP_i + c_jP_j + c_kP_k + c_mP_m) + \rho_g g\sin\alpha\right] \\ v_z = -\dfrac{K}{\rho_g g}\left(\dfrac{\partial P}{\partial z} + \rho_g g\cos\alpha\right) = -\dfrac{K}{\rho_g g}\left[\dfrac{1}{6V}(d_iP_i + d_jP_j + d_kP_k + d_mP_m) + \rho_g g\cos\alpha\right] \end{cases} \tag{8.16}$$

8.2.2　停采后氧气浓度场模型的离散

采空区氧气浓度场方程为

$$\oint\!\!\oint_D nvk_{O_2}\frac{\partial C_{O_2}}{\partial \boldsymbol{n}}dS - \oint\!\!\oint_D C_{O_2}v_n dS - \iiint_V u(t)dV - \iiint_V n\frac{\partial C_{O_2}}{\partial t}dV = 0 \tag{8.17}$$

现对节点 P 的氧气浓度方程进行分析，其控制体依然为 $ABCDEFGHIJKLMN$，仍由 24 个单元控制体（四面体）构成。同理，可以离散为

$$\sum_{l=1}^{24} nvk_{O_2}\frac{\partial C_{O_2}}{\partial \boldsymbol{n}}\Delta S - \sum_{l=1}^{24} C_{O_2}(v_x\cos\alpha + v_y\cos\beta + v_z\cos\gamma)\Delta S - \sum_{l=1}^{24} u(t)\Delta V - \sum_{l=1}^{24} n\frac{\partial C_{O_2}}{\partial t}\Delta V = 0 \tag{8.18}$$

可以简写为

$$\sum_{e=1}^{24} J_l = 0(l = 1,2,\cdots,24) \tag{8.19}$$

现对控制体中第 e 个单元控制体（四面体 $mABC$）进行分析。单元控制体对节点 m 的流场方程贡献为 J_m：

$$J_m = nvk_{O_2}\frac{\partial C_{O_2}}{\partial \boldsymbol{n}}\Delta S - C_{O_2}(v_x\cos\alpha + v_y\cos\beta + v_z\cos\gamma)\Delta S - u(t)\Delta V - n\frac{\partial C_{O_2}}{\partial t}\Delta V \tag{8.20}$$

式中，

$$\begin{aligned} nvk_{O_2}\frac{\partial C_{O_2}}{\partial \boldsymbol{n}}\Delta S &= nvk_{O_2}\left(\frac{\partial C_{O_2}}{\partial x}\cos\alpha + \frac{\partial C_{O_2}}{\partial y}\cos\beta + \frac{\partial C_{O_2}}{\partial z}\cos\gamma\right)\Delta S_{ABC} \\ &= -\frac{3nvk_{O_2}}{64V}[(b_ib_m + c_ic_m + d_id_m)C_{O_2i} + (b_jb_m + c_jc_m + d_jd_m)C_{O_2j} \\ &\quad + (b_kb_m + c_kc_m + d_kd_m)C_{O_2k} + (b_m^2 + c_m^2 + d_m^2)C_{O_2m}] \end{aligned} \tag{8.21}$$

$$\begin{aligned} &- C_{O_2}(v_x\cos\alpha + v_y\cos\beta + v_z\cos\gamma)dS_{ABC} - u(t)V_{mABC} \\ &= \frac{9}{512}\cdot(3C_{O_2i} + 3C_{O_2j} + 3C_{O_2k} + 7C_{O_2m})\cdot(v_xb_m + v_yc_m + v_zd_m) - \frac{27}{64}u(t)V \end{aligned} \tag{8.22}$$

得到单元控制体 $mABC$ 对节点 m 氧气浓度方程的贡献为

$$\begin{aligned} J_m = &\left[-\frac{3nvk_{O_2}}{64V}(b_ib_m + c_ic_m + d_id_m) + \frac{27}{512}(v_xb_m + v_yc_m + v_zd_m)\right]C_{O_2i} \\ &+ \left[-\frac{3nvk_{O_2}}{64V}(b_jb_m + c_jc_m + d_jd_m) + \frac{27}{512}(v_xb_m + v_yc_m + v_zd_m)\right]C_{O_2j} \end{aligned}$$

$$+\left[-\frac{3nvk_{O_2}}{64V}(b_kb_m+c_kc_m+d_kd_m)+\frac{27}{512}(v_xb_m+v_yc_m+v_zd_m)\right]C_{O_2k}$$

$$+\left[-\frac{3nvk_{O_2}}{64V}(b_m^2+c_m^2+d_m^2)+\frac{63}{512}(v_xb_m+v_yc_m+v_zd_m)\right]C_{O_2m}$$

$$-\frac{27}{64}u(t)V-\frac{27nV}{1024}\left(3\frac{\partial C_{O_2i}}{\partial t}+3\frac{\partial C_{O_2j}}{\partial t}+3\frac{\partial C_{O_2k}}{\partial t}+7\frac{\partial C_{O_2m}}{\partial t}\right) \quad (8.23)$$

同理得到，单元控制体对节点 i，j，k 氧气浓度方程的贡献为

$$J_i=\left[-\frac{3nvk_{O_2}}{64V}(b_i^2+c_i^2+d_i^2)+\frac{63}{512}(v_xb_i+v_yc_i+v_zd_i)\right]C_{O_2i}$$

$$+\left[-\frac{3nvk_{O_2}}{64V}(b_ib_j+c_ic_j+d_id_j)+\frac{27}{512}(v_xb_i+v_yc_i+v_zd_i)\right]C_{O_2j}$$

$$+\left[-\frac{3nvk_{O_2}}{64V}(b_ib_k+c_ic_k+d_id_k)+\frac{27}{512}(v_xb_i+v_yc_i+v_zd_i)\right]C_{O_2k}$$

$$+\left[-\frac{3nvk_{O_2}}{64V}(b_ib_m+b_ic_m+b_id_m)+\frac{27}{512}(v_xb_i+v_yc_i+v_zd_i)\right]C_{O_2m}$$

$$-\frac{27}{64}u(t)V-\frac{27nV}{1024}\left(7\frac{\partial C_{O_2i}}{\partial t}+3\frac{\partial C_{O_2j}}{\partial t}+3\frac{\partial C_{O_2k}}{\partial t}+3\frac{\partial C_{O_2m}}{\partial t}\right) \quad (8.24)$$

$$J_j=\left[-\frac{3nvk_{O_2}}{64V}(b_ib_j+c_ic_j+d_id_j)+\frac{27}{512}(v_xb_j+v_yc_j+v_zd_j)\right]C_{O_2i}$$

$$+\left[-\frac{3nvk_{O_2}}{64V}(b_j^2+c_j^2+d_j^2)+\frac{63}{512}(v_xb_j+v_yc_j+v_zd_j)\right]C_{O_2j}$$

$$+\left[-\frac{3nvk_{O_2}}{64V}(b_jb_k+c_jc_k+d_jd_k)+\frac{27}{512}(v_xb_j+v_yc_j+v_zd_j)\right]C_{O_2k}$$

$$+\left[-\frac{3nvk_{O_2}}{64V}(b_jb_m+b_jc_m+b_jd_m)+\frac{27}{512}(v_xb_j+v_yc_j+v_zd_j)\right]C_{O_2m}$$

$$-\frac{27}{64}u(t)V-\frac{27nV}{1024}\left(3\frac{\partial C_{O_2i}}{\partial t}+7\frac{\partial C_{O_2j}}{\partial t}+3\frac{\partial C_{O_2k}}{\partial t}+3\frac{\partial C_{O_2m}}{\partial t}\right) \quad (8.25)$$

$$J_k=\left[-\frac{3nvk_{O_2}}{64V}(b_ib_k+c_ic_k+d_id_k)+\frac{27}{512}(v_xb_k+v_yc_k+v_zd_k)\right]C_{O_2i}$$

$$+\left[-\frac{3nvk_{O_2}}{64V}(b_jb_k+c_jc_k+d_jd_k)+\frac{27}{512}(v_xb_k+v_yc_k+v_zd_k)\right]C_{O_2j}$$

$$+\left[-\frac{3nvk_{O_2}}{64V}(b_k^2+c_k^2+d_k^2)+\frac{63}{512}(v_xb_k+v_yc_k+v_zd_k)\right]C_{O_2k}$$

$$+\left[-\frac{3nvk_{O_2}}{64V}(b_kb_m+c_kc_m+d_kd_m)+\frac{27}{512}(v_xb_k+v_yc_k+v_zd_k)\right]C_{O_2m}$$

$$-\frac{27}{64}u(t)V-\frac{27nV}{1024}(3\frac{\partial C_{O_2i}}{\partial t}+3\frac{\partial C_{O_2j}}{\partial t}+7\frac{\partial C_{O_2k}}{\partial t}+3\frac{\partial C_{O_2m}}{\partial t}) \quad (8.26)$$

综上所述，单元控制体对节点 i，j，k，m 氧气浓度场方程贡献的矩阵表达式为

$$\begin{Bmatrix} J_i \\ J_j \\ J_k \\ J_m \end{Bmatrix} = \begin{pmatrix} k_{ii} & k_{ij} & k_{ik} & k_{im} \\ k_{ji} & k_{jj} & k_{jk} & k_{jm} \\ k_{ki} & k_{kj} & k_{kk} & k_{km} \\ k_{mi} & k_{mj} & k_{mk} & k_{mm} \end{pmatrix} \begin{Bmatrix} C_{O_2 i} \\ C_{O_2 j} \\ C_{O_2 k} \\ C_{O_2 m} \end{Bmatrix} + \begin{pmatrix} y_{ii} & y_{ij} & y_{ik} & y_{im} \\ y_{ji} & y_{jj} & y_{jk} & y_{jm} \\ y_{ki} & y_{kj} & y_{kk} & y_{km} \\ y_{mi} & y_{mj} & y_{mk} & y_{mm} \end{pmatrix} \begin{Bmatrix} \dfrac{\partial C_{O_2 i}}{\partial t} \\ \dfrac{\partial C_{O_2 j}}{\partial t} \\ \dfrac{\partial C_{O_2 k}}{\partial t} \\ \dfrac{\partial C_{O_2 m}}{\partial t} \end{Bmatrix} + \begin{Bmatrix} p_i \\ p_j \\ p_k \\ p_m \end{Bmatrix} \tag{8.27}$$

式中，

$$k_{ll} = -\frac{3nvk_{O_2}}{64V}(b_l b_n + c_l c_n + d_l d_n) + \frac{63}{512}(v_x b_l + v_y c_l + v_z d_l);$$

$$k_{ln} = -\frac{3nvk_{O_2}}{64V}(b_l b_n + c_l c_n + d_l d_n) + \frac{27}{512}(v_x b_l + v_y c_l + v_z d_l);$$

$$y_{ll} = -\frac{189nV}{1024};\ y_{ln} = y_{nl} = -\frac{81nV}{1024};\ p_l = -\frac{27}{64}u(t)V(l,n = i,j,k,m)$$

采用向后差分，$\dfrac{\partial C_{O_2}}{\partial t} = \dfrac{C_{O_2} - C_{O_2}^0}{\Delta t} + O(\Delta t)$，得

$$\begin{Bmatrix} J_i \\ J_j \\ J_k \\ J_m \end{Bmatrix} = \begin{pmatrix} k_{ii} + \frac{y_{ii}}{\Delta t} & k_{ij} + \frac{y_{ij}}{\Delta t} & k_{ik} + \frac{y_{ik}}{\Delta t} & k_{im} + \frac{y_{im}}{\Delta t} \\ k_{ji} + \frac{y_{ji}}{\Delta t} & k_{jj} + \frac{y_{jj}}{\Delta t} & k_{jk} + \frac{y_{jk}}{\Delta t} & k_{jm} + \frac{y_{jm}}{\Delta t} \\ k_{ki} + \frac{y_{ki}}{\Delta t} & k_{kj} + \frac{y_{kj}}{\Delta t} & k_{kk} + \frac{y_{kk}}{\Delta t} & k_{km} + \frac{y_{km}}{\Delta t} \\ k_{mi} + \frac{y_{mi}}{\Delta t} & k_{mj} + \frac{y_{mj}}{\Delta t} & k_{mk} + \frac{y_{mk}}{\Delta t} & k_{mm} + \frac{y_{mm}}{\Delta t} \end{pmatrix} \begin{Bmatrix} C_{O_2 i} \\ C_{O_2 j} \\ C_{O_2 k} \\ C_{O_2 m} \end{Bmatrix} - \begin{pmatrix} \frac{y_{ii}}{\Delta t} & \frac{y_{ij}}{\Delta t} & \frac{y_{ik}}{\Delta t} & \frac{y_{im}}{\Delta t} \\ \frac{y_{ji}}{\Delta t} & \frac{y_{jj}}{\Delta t} & \frac{y_{jk}}{\Delta t} & \frac{y_{jm}}{\Delta t} \\ \frac{y_{ki}}{\Delta t} & \frac{y_{kj}}{\Delta t} & \frac{y_{kk}}{\Delta t} & \frac{y_{km}}{\Delta t} \\ \frac{y_{mi}}{\Delta t} & \frac{y_{mj}}{\Delta t} & \frac{y_{mk}}{\Delta t} & \frac{y_{mm}}{\Delta t} \end{pmatrix} \begin{Bmatrix} C_{O_{2i}}^0 \\ C_{O_{2j}}^0 \\ C_{O_{2k}}^0 \\ C_{O_{2m}}^0 \end{Bmatrix} + \begin{Bmatrix} p_i \\ p_j \\ p_k \\ p_m \end{Bmatrix}$$

式中，

$$k_{ll} = -\frac{3nvk_{O_2}}{64V}(b_l b_n + c_l c_n + d_l d_n) + \frac{63}{512}(v_x b_l + v_y c_l + v_z d_l);$$

$$k_{ln} = -\frac{3nvk_{O_2}}{64V}(b_l b_n + c_l c_n + d_l d_n) + \frac{27}{512}(v_x b_l + v_y c_l + v_z d_l);$$

$$y_{ll} = -\frac{189nV}{1024};\ y_{ln} = y_{nl} = -\frac{81nV}{1024};\ p_l = -\frac{27}{64}u(t)V(l,n = i,j,k,m) \tag{8.28}$$

边界 Γ_1 作为第一类边界条件处理，其沿线的氧气浓度值可以现场取样，通过色谱分析确定，同样经拟合处理后得到边界上的氧气浓度分布函数，其离散方程与内部边界节点的方程相同。

边界 Γ_2、Γ_3 是第二类边界条件，但第 3 章已经认为边界面上没有漏风，那么边界面上的氧气扩散通量为 0，如此可以按内部节点来离散方程；同理处理边界 Γ_5、Γ_6。

边界 Γ_4 处于采空区窒息带，这里风速很小、氧气浓度很低，边界面上的氧气扩散通量也可以视为 0，按内部节点处理。

因此，在实际解算时，采空区氧气浓度场模型的边界除边界 Γ_1 外都视为氧扩散通量为 0 的边界。这样，采空区区域内的节点都按第一类边界或内部节点来离散氧气浓度场方程。

8.2.3 停采后温度场模型离散

(1) 采空区冒落煤岩固体温度场的方程为

$$\oiint_D (1-n)\lambda_s \frac{\partial T_s}{\partial \boldsymbol{n}} dS - \iiint_V K_e S_e (T_s - T_g) dV + \iiint_V q(t) dV - \iiint_V (1-n)\rho_s C_s \frac{\partial T_s}{\partial t} dV = 0 \tag{8.29}$$

同理可离散为

$$\sum_{e=1}^{24} (1-n)\lambda_s \frac{\partial T_s}{\partial \boldsymbol{n}} \Delta S - \sum_{e=1}^{24} K_e S_e (T_s - T_g)\Delta V + \sum_{e=1}^{24} q(t)\Delta V - \sum_{e=1}^{24} (1-n)\rho_s C_s \frac{\partial T_s}{\partial t}\Delta V = 0 \tag{8.30}$$

简写为

$$\sum_{e=1}^{24} J_l = 0 (l = 1,2,\cdots,24) \tag{8.31}$$

现对控制体中第 e 个单元控制体(四面体 $mABC$)进行分析。单元控制体对节点 m 的固体温度方程贡献为 J_m:

$$J_m = (1-n)\lambda_s \frac{\partial T_s}{\partial \boldsymbol{n}} \Delta S - K_e S_e (T_s - T_g)\Delta V + q(t)\Delta V - (1-n)\rho_s C_s \frac{\partial T_s}{\partial t}\Delta V \tag{8.32}$$

式中,

$$\begin{aligned}(1-n)\lambda_s \frac{\partial T_s}{\partial \boldsymbol{n}} \Delta S_{ABC} &= (1-n)\lambda_s \left(\frac{\partial T_s}{\partial x}\cos\alpha + \frac{\partial T_s}{\partial y}\cos\beta + \frac{\partial T_s}{\partial z}\cos\gamma\right)\Delta S_{ABC} \\ &= -\frac{3\lambda_s(1-n)}{64V}[(b_i b_m + c_i c_m + d_i d_m)T_{si} + (b_j b_m + c_j c_m + d_j d_m)T_{sj} \\ &\quad + (b_k b_m + c_k c_m + d_k d_m)T_{sk} + (b_m^2 + c_m^2 + d_m^2)T_{sm}]\end{aligned} \tag{8.33}$$

$$-K_e S_e (T_s - T_g) V = -\frac{27}{64} K_e S_e V \left[\frac{1}{16}(3T_{si} + 3T_{sj} + 3T_{sk} + 7T_{sz}) - T_g\right] \tag{8.34}$$

$$\begin{aligned}-(1-n)\rho_s C_s \frac{\partial T_s}{\partial t}\Delta V &= -(1-n)\rho_s C_s \left(\frac{\partial T_{si}}{\partial t} + \frac{\partial T_{sj}}{\partial t} + \frac{\partial T_{sk}}{\partial t} + \frac{\partial T_{sm}}{\partial t}\right)\Delta V \\ &= -\frac{27}{1024}(1-n)\rho_s C_s V \left(3\frac{\partial T_{si}}{\partial t} + 3\frac{\partial T_{sj}}{\partial t} + 3\frac{\partial T_{sk}}{\partial t} + 7\frac{\partial T_{sm}}{\partial t}\right)\end{aligned} \tag{8.35}$$

得到单元控制体 $mABC$ 对节点 m 固体温度场方程的贡献为

$$\begin{aligned}J_m &= \left[-\frac{3\lambda_s(1-n)}{64V}(b_i b_m + c_i c_m + d_i d_m) - \frac{81}{1024}K_e S_e V\right]T_{si} \\ &\quad + \left[-\frac{3\lambda_s(1-n)}{64V}(b_j b_m + c_j c_m + d_j d_m) - \frac{81}{1024}K_e S_e V\right]T_{sj} \\ &\quad + \left[-\frac{3\lambda_s(1-n)}{64V}(b_k b_m + c_k c_m + d_k d_m) - \frac{81}{1024}K_e S_e V\right]T_{sk} \\ &\quad + \left[-\frac{3\lambda_s(1-n)}{64V}(b_m^2 + c_m^2 + d_m^2) - \frac{189}{1024}K_e S_e V\right]T_{sm}\end{aligned}$$

$$
-\frac{27}{1024}(1-n)\rho_{s}C_{s}V\left(3\frac{\partial T_{si}}{\partial t}+3\frac{\partial T_{sj}}{\partial t}+3\frac{\partial T_{sk}}{\partial t}+7\frac{\partial T_{sm}}{\partial t}\right)
+\frac{27V}{64}[K_{e}S_{e}T_{g}+q(t)] \tag{8.36}
$$

同理得到，单元控制体对节点 i, j, k 固体温度场方程的贡献为

$$
\begin{aligned}
J_{i}=&\left[-\frac{3\lambda_{s}(1-n)}{64V}(b_{i}^{2}+c_{i}^{2}+d_{i}^{2})-\frac{189}{1024}K_{e}S_{e}V\right]T_{si}\\
&+\left[-\frac{3\lambda_{s}(1-n)}{64V}(b_{i}b_{j}+c_{i}c_{j}+d_{i}d_{j})-\frac{81}{1024}K_{e}S_{e}V\right]T_{sj}\\
&+\left[-\frac{3\lambda_{s}(1-n)}{64V}(b_{i}b_{k}+c_{i}c_{k}+d_{i}d_{k})-\frac{81}{1024}K_{e}S_{e}V\right]T_{sk}\\
&+\left[-\frac{3\lambda_{s}(1-n)}{64V}(b_{i}b_{m}+b_{i}c_{m}+b_{i}d_{m})-\frac{81}{1024}K_{e}S_{e}V\right]T_{sm}\\
&-\frac{27}{1024}(1-n)\rho_{s}C_{s}V\left(7\frac{\partial T_{si}}{\partial t}+3\frac{\partial T_{sj}}{\partial t}+3\frac{\partial T_{sk}}{\partial t}+3\frac{\partial T_{sm}}{\partial t}\right)\\
&+\frac{27V}{64}[K_{e}S_{e}T_{g}+q(t)]
\end{aligned} \tag{8.37}
$$

$$
\begin{aligned}
J_{j}=&\left[-\frac{3\lambda_{s}(1-n)}{64V}(b_{i}b_{j}+c_{i}c_{j}+d_{i}d_{j})-\frac{81}{1024}K_{e}S_{e}V\right]T_{si}\\
&+\left[-\frac{3\lambda_{s}(1-n)}{64V}(b_{j}^{2}+c_{j}^{2}+d_{j}^{2})-\frac{189}{1024}K_{e}S_{e}V\right]T_{sj}\\
&+\left[-\frac{3\lambda_{s}(1-n)}{64V}(b_{j}b_{k}+c_{j}c_{k}+d_{j}d_{k})-\frac{81}{1024}K_{e}S_{e}V\right]T_{sk}\\
&+\left[-\frac{3\lambda_{s}(1-n)}{64V}(b_{j}b_{m}+b_{j}c_{m}+b_{j}d_{m})-\frac{81}{1024}K_{e}S_{e}V\right]T_{sm}\\
&-\frac{27}{1024}(1-n)\rho_{s}C_{s}V\left(3\frac{\partial T_{si}}{\partial t}+7\frac{\partial T_{sj}}{\partial t}+3\frac{\partial T_{sk}}{\partial t}+3\frac{\partial T_{sm}}{\partial t}\right)\\
&+\frac{27V}{64}[K_{e}S_{e}T_{g}+q(t)]
\end{aligned} \tag{8.38}
$$

综上所述，单元控制体对节点 i, j, k, m 固体温度场方程贡献的矩阵表达式为

$$
\begin{Bmatrix} J_{i}\\ J_{j}\\ J_{k}\\ J_{m}\end{Bmatrix}=\begin{pmatrix} k_{ii} & k_{ij} & k_{ik} & k_{im}\\ k_{ji} & k_{jj} & k_{jk} & k_{jm}\\ k_{ki} & k_{kj} & k_{kk} & k_{km}\\ k_{mi} & k_{mj} & k_{mk} & k_{mm}\end{pmatrix}\begin{Bmatrix} T_{si}\\ T_{sj}\\ T_{sk}\\ T_{sm}\end{Bmatrix}+\begin{pmatrix} y_{ii} & y_{ij} & y_{ik} & y_{im}\\ y_{ji} & y_{jj} & y_{jk} & y_{jm}\\ y_{ki} & y_{kj} & y_{kk} & y_{km}\\ y_{mi} & y_{mj} & y_{mk} & y_{mm}\end{pmatrix}\begin{Bmatrix} \frac{\partial T_{si}}{\partial t}\\ \frac{\partial T_{sj}}{\partial t}\\ \frac{\partial T_{sk}}{\partial t}\\ \frac{\partial T_{sm}}{\partial t}\end{Bmatrix}+\begin{Bmatrix} p_{i}\\ p_{j}\\ p_{k}\\ p_{m}\end{Bmatrix} \tag{8.39}
$$

式中，$k_{ll}=-\frac{3\lambda_s(1-n)}{64V}(b_l^2+c_l^2+d_l^2)-\frac{189}{1024}K_eS_eV$；$k_{ln}=k_{nl}=-\frac{3\lambda_s(1-n)}{64V}(b_lb_n+c_lc_n+d_ld_n)-\frac{81}{1024}K_eS_eV$；$\gamma_{ll}=-\frac{189}{1024}(1-n)\rho_sC_sV$；$\gamma_{ln}=\gamma_{nl}=-\frac{81}{1024}(1-n)\rho_sC_sV$；$p_l=\frac{27V}{64}(K_eS_eT_g+q(t))(l,n=i,j,k,m)$

根据向后差分法，$\frac{\partial T_s}{\partial t}=\frac{T_s-T_s^0}{\Delta t}+O(\Delta t)$，得

$$\begin{Bmatrix}J_i\\J_j\\J_k\\J_m\end{Bmatrix}=\begin{pmatrix}k_{ii}+\frac{\gamma_{ii}}{\Delta t} & k_{ij}+\frac{\gamma_{ij}}{\Delta t} & k_{ik}+\frac{\gamma_{ik}}{\Delta t} & k_{im}+\frac{\gamma_{im}}{\Delta t}\\ k_{ji}+\frac{\gamma_{ji}}{\Delta t} & k_{jj}+\frac{\gamma_{jj}}{\Delta t} & k_{jk}+\frac{\gamma_{jk}}{\Delta t} & k_{jm}+\frac{\gamma_{jm}}{\Delta t}\\ k_{ki}+\frac{\gamma_{ki}}{\Delta t} & k_{kj}+\frac{\gamma_{kj}}{\Delta t} & k_{kk}+\frac{\gamma_{kk}}{\Delta t} & k_{km}+\frac{\gamma_{km}}{\Delta t}\\ k_{mi}+\frac{\gamma_{mi}}{\Delta t} & k_{mj}+\frac{\gamma_{mj}}{\Delta t} & k_{mk}+\frac{\gamma_{mk}}{\Delta t} & k_{mm}+\frac{\gamma_{mm}}{\Delta t}\end{pmatrix}\begin{Bmatrix}T_{si}\\T_{sj}\\T_{sk}\\T_{sm}\end{Bmatrix}-\begin{pmatrix}\frac{\gamma_{ii}}{\Delta t} & \frac{\gamma_{ij}}{\Delta t} & \frac{\gamma_{ik}}{\Delta t} & \frac{\gamma_{im}}{\Delta t}\\ \frac{\gamma_{ji}}{\Delta t} & \frac{\gamma_{jj}}{\Delta t} & \frac{\gamma_{jk}}{\Delta t} & \frac{\gamma_{jm}}{\Delta t}\\ \frac{\gamma_{ki}}{\Delta t} & \frac{\gamma_{kj}}{\Delta t} & \frac{\gamma_{kk}}{\Delta t} & \frac{\gamma_{km}}{\Delta t}\\ \frac{\gamma_{mi}}{\Delta t} & \frac{\gamma_{mj}}{\Delta t} & \frac{\gamma_{mk}}{\Delta t} & \frac{\gamma_{mm}}{\Delta t}\end{pmatrix}\begin{Bmatrix}T_{si}^0\\T_{sj}^0\\T_{sk}^0\\T_{sm}^0\end{Bmatrix}+\begin{Bmatrix}p_i\\p_j\\p_k\\p_m\end{Bmatrix} \tag{8.40}$$

式中，$k_{ll}=-\frac{3\lambda_s(1-n)}{64V}(b_l^2+c_l^2+d_l^2)-\frac{189}{1024}K_eS_eV$；$k_{ln}=k_{nl}=-\frac{3\lambda_s(1-n)}{64V}(b_lb_n+c_lc_n+d_ld_n)-\frac{81}{1024}K_eS_eV$；$\gamma_{ll}=-\frac{189}{1024}(1-n)\rho_sC_sV$；$\gamma_{ln}=\gamma_{nl}=-\frac{81}{1024}(1-n)\rho_sC_sV$；$p_l=\frac{27V}{64}[K_eS_eT_g+q(t)](l,n=i,j,k,m)$

对于固体温度场，边界Γ_1下半段是第一类边界，可以使用干湿温度计沿工作面走向现场测定气体温度的变化，处理后得到边界上的固体温度分布函数；边界Γ_1上半段，以及$\Gamma_4\sim\Gamma_{16}$是第二类边界条件，可以视为绝热边界，即边界面上的热扩散通量为0。

（2）采空区气体温度场的方程为

$$\oiint_D n\lambda_g\frac{\partial T_g}{\partial \boldsymbol{n}}\mathrm{d}S+\iiint_V K_eS_e(T_s-T_g)\mathrm{d}V-n\rho_gC_gt_g\oiint_D\frac{\partial v}{\partial \boldsymbol{n}}\mathrm{d}S-\iiint_V n\rho_gC_g\frac{\partial T_g}{\partial t}\mathrm{d}V=0 \tag{8.41}$$

同理可离散为

$$\sum_{e=1}^{24}n\lambda_g\frac{\partial T_g}{\partial \boldsymbol{n}}\Delta S+\sum_{e=1}^{24}K_eS_e(T_s-T_g)\Delta V-\sum_{e=1}^{24}n\rho_gC_gt_g\frac{\partial v}{\partial n}\Delta S-\sum_{e=1}^{24}n\rho_gC_g\frac{\partial T_g}{\partial t}\Delta V=0 \tag{8.42}$$

简写为

$$\sum_{e=1}^{24}J_l=0(l=1,2,\cdots,24) \tag{8.43}$$

现对控制体中第e个单元控制体进行分析。单元控制体对节点m的气体温度方程贡献为J_m：

$$J_m=n\lambda_g\frac{\partial T_g}{\partial \boldsymbol{n}}\Delta S+K_eS_e(T_s-T_g)\Delta V-n\rho_gC_gt_g\frac{\partial v}{\partial \boldsymbol{n}}\Delta S-n\rho_gC_g\frac{\partial T_g}{\partial t}\Delta V \tag{8.44}$$

式中，

$$n\lambda_{g}\frac{\partial T_{g}}{\partial \boldsymbol{n}}\Delta S_{ABC}=n\lambda_{g}\left(\frac{\partial T_{g}}{\partial x}\cos\alpha+\frac{\partial T_{g}}{\partial y}\cos\beta+\frac{\partial T_{g}}{\partial z}\cos\gamma\right)\Delta S_{ABC}$$
$$=-\frac{3\lambda_{g}n}{64V}[(b_ib_m+c_ic_m+d_id_m)T_{gi}+(b_jb_m+c_jc_m+d_jd_m)T_{gj}$$
$$+(b_kb_m+c_kc_m+d_kd_m)T_{gk}+(b_m^2+c_m^2+d_m^2)T_{gm}] \tag{8.45}$$

$$-n\rho_{g}C_{g}t_{g}\frac{\partial v}{\partial \boldsymbol{n}}\Delta S_{ABC}=-n\rho_{g}C_{g}t_{g}(v_x\cos\alpha+v_y\cos\beta+v_z\cos\gamma)\Delta S_{ABC}$$
$$=-\frac{9n\rho_{g}C_{g}}{512}(-v_xb_m-v_yc_m-v_zd_m)(3T_{gi}+3T_{gj}+3T_{gk}+7T_{gm})$$
$$=\frac{9n\rho_{g}C_{g}}{512}(v_xb_m+v_yc_m+v_zd_m)(3T_{gi}+3T_{gj}+3T_{gk}+7T_{gm}) \tag{8.46}$$

$$K_eS_e(T_s-T_g)V=-\frac{27}{64}K_eS_eV\left[\frac{1}{16}(3T_{gi}+3T_{gj}+3T_{gk}+7T_{gm})-T_s\right] \tag{8.47}$$

$$-n\rho_{g}C_{g}\frac{\partial T_{g}}{\partial t}\Delta V=-\frac{27}{1024}n\rho_{g}C_{g}V\left(3\frac{\partial T_{gi}}{\partial t}+3\frac{\partial T_{gj}}{\partial t}+3\frac{\partial T_{gk}}{\partial t}+7\frac{\partial T_{gm}}{\partial t}\right) \tag{8.48}$$

得到单元控制体 $mABC$ 对节点 m 气体温度场方程的贡献为

$$J_m=\left[-\frac{3n\lambda_{g}}{64V}(b_ib_m+c_ic_m+d_id_m)+\frac{27}{512}n\rho_{g}C_{g}(v_xb_m+v_yc_m+v_zd_m)-\frac{81}{1024}K_eS_eV\right]T_{gi}$$
$$+\left[-\frac{3n\lambda_{g}}{64V}(b_jb_m+c_jc_m+d_jd_m)+\frac{27}{512}n\rho_{g}C_{g}(v_xb_m+v_yc_m+v_zd_m)-\frac{81}{1024}K_eS_eV\right]T_{gj}$$
$$+\left[-\frac{3n\lambda_{g}}{64V}(b_kb_m+c_kc_m+d_kd_m)+\frac{27}{512}n\rho_{g}C_{g}(v_xb_m+v_yc_m+v_zd_m)-\frac{81}{1024}K_eS_eV\right]T_{gk}$$
$$+\left[-\frac{3n\lambda_{g}}{64V}(b_m^2+c_m^2+d_m^2)+\frac{63}{512}n\rho_{g}C_{g}(v_xb_m+v_yc_m+v_zd_m)-\frac{189}{1024}K_eS_eV\right]T_{gm}$$
$$-\frac{27}{1024}\rho_{g}C_{g}V\left(3\frac{\partial T_{gi}}{\partial t}+3\frac{\partial T_{gj}}{\partial t}+3\frac{\partial T_{gk}}{\partial t}+7\frac{\partial T_{gm}}{\partial t}\right)+\frac{27}{64}K_eS_eVT_s \tag{8.49}$$

同理得到，单元控制体对节点 i，j，k 气体温度场方程的贡献为

$$J_i=\left[-\frac{3n\lambda_{g}}{64V}(b_i^2+c_i^2+d_i^2)+\frac{63}{512}n\rho_{g}C_{g}(v_xb_i+v_yc_i+v_zd_i)-\frac{189}{1024}K_eS_eV\right]T_{gi}$$
$$+\left[-\frac{3n\lambda_{g}}{64V}(b_ib_j+c_ic_j+d_id_j)+\frac{27}{512}n\rho_{g}C_{g}(v_xb_i+v_yc_i+v_zd_i)-\frac{81}{1024}K_eS_eV\right]T_{gj}$$
$$+\left[-\frac{3n\lambda_{g}}{64V}(b_ib_k+c_ic_k+d_id_k)+\frac{27}{512}n\rho_{g}C_{g}(v_xb_i+v_yc_i+v_zd_i)-\frac{81}{1024}K_eS_eV\right]T_{gk}$$
$$+\left[-\frac{3n\lambda_{g}}{64V}(b_ib_m+b_ic_m+b_id_m)+\frac{27}{512}n\rho_{g}C_{g}(v_xb_i+v_yc_i+v_zd_i)-\frac{81}{1024}K_eS_eV\right]T_{gm}$$
$$-\frac{27}{1024}n\rho_{g}C_{g}V\left(7\frac{\partial T_{gi}}{\partial t}+3\frac{\partial T_{gj}}{\partial t}+3\frac{\partial T_{gk}}{\partial t}+3\frac{\partial T_{gm}}{\partial t}\right)+\frac{27V}{64}K_eS_eT_s \tag{8.50}$$

$$J_j = \left[-\frac{3n\lambda_g}{64V}(b_ib_j + c_ic_j + d_id_j) + \frac{27}{512}n\rho_g C_g(v_xb_j + v_yc_j + v_zd_j) - \frac{81}{1024}K_eS_eV \right] T_{gi}$$
$$+ \left[-\frac{3n\lambda_g}{64V}(b_j^2 + c_j^2 + d_j^2) + \frac{63}{512}n\rho_g C_g(v_xb_j + v_yc_j + v_zd_j) - \frac{189}{1024}K_eS_eV \right] T_{gj}$$
$$+ \left[-\frac{3n\lambda_g}{64V}(b_jb_k + c_jc_k + d_jd_k) + \frac{27}{512}n\rho_g C_g(v_xb_j + v_yc_j + v_zd_j) - \frac{81}{1024}K_eS_eV \right] T_{gk}$$
$$+ \left[-\frac{3n\lambda_g}{64V}(b_jb_m + b_jc_m + b_jd_m) + \frac{27}{512}n\rho_g C_g(v_xb_j + v_yc_j + v_zd_j) - \frac{81}{1024}K_eS_eV \right] T_{gm}$$
$$- \frac{27}{1024}n\rho_g C_gV\left(3\frac{\partial T_{gi}}{\partial t} + 7\frac{\partial T_{gj}}{\partial t} + 3\frac{\partial T_{gk}}{\partial t} + 3\frac{\partial T_{gm}}{\partial t}\right) + \frac{27V}{64}K_eS_eT_g \tag{8.51}$$

$$J_k = \left[-\frac{3n\lambda_g}{64V}(b_ib_k + c_ic_k + d_id_k) + \frac{27}{512}n\rho_g C_g(v_xb_k + v_yc_k + v_zd_k) - \frac{81}{1024}K_eS_eV \right] T_{gi}$$
$$+ \left[-\frac{3n\lambda_g}{64V}(b_jb_k + c_jc_k + d_jd_k) + \frac{27}{512}n\rho_g C_g(v_xb_k + v_yc_k + v_zd_k) - \frac{81}{1024}K_eS_eV \right] T_{gj}$$
$$+ \left[-\frac{3n\lambda_g}{64V}(b_k^2 + c_k^2 + d_k^2) + \frac{63}{512}n\rho_g C_g(v_xb_k + v_yc_k + v_zd_k) - \frac{189}{1024}K_eS_eV \right] T_{gk}$$
$$+ \left[-\frac{3n\lambda_g}{64V}(b_kb_m + c_kc_m + d_kd_m) + \frac{27}{512}n\rho_g C_g(v_xb_k + v_yc_k + v_zd_k) - \frac{81}{1024}K_eS_eV \right] T_{gm}$$
$$- \frac{27}{1024}n\rho_g C_gV\left(3\frac{\partial T_{gi}}{\partial t} + 3\frac{\partial T_{gj}}{\partial t} + 7\frac{\partial T_{gk}}{\partial t} + 3\frac{\partial T_{gm}}{\partial t}\right) + \frac{27V}{64}K_eS_eT_s \tag{8.52}$$

综上所述，单元控制体对节点 i，j，k，m 气体温度场方程贡献的矩阵表达式为

$$\begin{Bmatrix} J_i \\ J_j \\ J_k \\ J_m \end{Bmatrix} = \begin{pmatrix} k_{ii} & k_{ij} & k_{ik} & k_{im} \\ k_{ji} & k_{jj} & k_{jk} & k_{jm} \\ k_{ki} & k_{kj} & k_{kk} & k_{km} \\ k_{mi} & k_{mj} & k_{mk} & k_{mm} \end{pmatrix} \begin{Bmatrix} T_{gi} \\ T_{gj} \\ T_{gk} \\ T_{gm} \end{Bmatrix} + \begin{pmatrix} y_{ii} & y_{ij} & y_{ik} & y_{im} \\ y_{ji} & y_{jj} & y_{jk} & y_{jm} \\ y_{ki} & y_{kj} & y_{kk} & y_{km} \\ y_{mi} & y_{mj} & y_{mk} & y_{mm} \end{pmatrix} \begin{Bmatrix} \frac{\partial T_{gi}}{\partial t} \\ \frac{\partial T_{gj}}{\partial t} \\ \frac{\partial T_{gk}}{\partial t} \\ \frac{\partial T_{gm}}{\partial t} \end{Bmatrix} + \begin{Bmatrix} p_i \\ p_j \\ p_k \\ p_m \end{Bmatrix} \tag{8.53}$$

式中，$k_{ll} = -\frac{3n\lambda_g}{64V}(b_l^2 + c_l^2 + d_l^2) + \frac{63}{512}n\rho_g C_g(v_xb_l + v_yc_l + v_zd_l) - \frac{189}{1024}K_eS_eV$；

$k_{ln} = k_{nl} = -\frac{3n\lambda_g}{64V}(b_lb_n + c_lc_n + d_ld_n) + \frac{27}{512}n\rho_g C_g(v_xb_l + v_yc_l + v_zd_l) - \frac{81}{1024}K_eS_eV$；

$y_{ll} = -\frac{189}{1024}n\rho_g C_gV$；$y_{ln} = y_{nl} = -\frac{81}{1024}n\rho_g C_gV$；$p_l = \frac{27V}{64}K_eS_eT_s (l, n = i, j, k, m)$

根据向后差分法，$\frac{\partial T_g}{\partial t} = \frac{T_g - T_g^0}{\Delta t} + O(\Delta t)$，得

$$
\begin{Bmatrix} J_i \\ J_j \\ J_k \\ J_m \end{Bmatrix} = \begin{pmatrix} k_{ii}+\dfrac{y_{ii}}{\Delta t} & k_{ij}+\dfrac{y_{ij}}{\Delta t} & k_{ik}+\dfrac{y_{ik}}{\Delta t} & k_{im}+\dfrac{y_{im}}{\Delta t} \\ k_{ji}+\dfrac{y_{ji}}{\Delta t} & k_{jj}+\dfrac{y_{jj}}{\Delta t} & k_{jk}+\dfrac{y_{jk}}{\Delta t} & k_{jm}+\dfrac{y_{jm}}{\Delta t} \\ k_{ki}+\dfrac{y_{ki}}{\Delta t} & k_{kj}+\dfrac{y_{kj}}{\Delta t} & k_{kk}+\dfrac{y_{kk}}{\Delta t} & k_{km}+\dfrac{y_{km}}{\Delta t} \\ k_{mi}+\dfrac{y_{mi}}{\Delta t} & k_{mj}+\dfrac{y_{mj}}{\Delta t} & k_{mk}+\dfrac{y_{mk}}{\Delta t} & k_{mm}+\dfrac{y_{mm}}{\Delta t} \end{pmatrix} \begin{Bmatrix} T_{gi} \\ T_{gj} \\ T_{gk} \\ T_{gm} \end{Bmatrix} - \begin{pmatrix} \dfrac{y_{ii}}{\Delta t} & \dfrac{y_{ij}}{\Delta t} & \dfrac{y_{ik}}{\Delta t} & \dfrac{y_{im}}{\Delta t} \\ \dfrac{y_{ji}}{\Delta t} & \dfrac{y_{jj}}{\Delta t} & \dfrac{y_{jk}}{\Delta t} & \dfrac{y_{jm}}{\Delta t} \\ \dfrac{y_{ki}}{\Delta t} & \dfrac{y_{kj}}{\Delta t} & \dfrac{y_{kk}}{\Delta t} & \dfrac{y_{km}}{\Delta t} \\ \dfrac{y_{mi}}{\Delta t} & \dfrac{y_{mj}}{\Delta t} & \dfrac{y_{mk}}{\Delta t} & \dfrac{y_{mm}}{\Delta t} \end{pmatrix} \begin{Bmatrix} T_{gi}^0 \\ T_{gj}^0 \\ T_{gk}^0 \\ T_{gm}^0 \end{Bmatrix} + \begin{Bmatrix} p_i \\ p_j \\ p_k \\ p_m \end{Bmatrix} \tag{8.54}
$$

式中，$k_{ll} = -\dfrac{3n\lambda_g}{64V}(b_l^2 + c_l^2 + d_l^2) + \dfrac{63}{512}n\rho_g C_g(v_x b_l + v_y c_l + v_z d_l) - \dfrac{189}{1024}K_e S_e V$；

$k_{ln} = k_{nl} = -\dfrac{3n\lambda_g}{64V}(b_l b_n + c_l c_n + d_l d_n) + \dfrac{27}{512}n\rho_g C_g(v_x b_l + v_y c_l + v_z d_l) - \dfrac{81}{1024}K_e S_e V$；

$y_{ll} = -\dfrac{189}{1024}n\rho_g C_g V$；$y_{ln} = y_{nl} = -\dfrac{81}{1024}n\rho_g C_g V$；$p_l = \dfrac{27V}{64}K_e S_e T_s(l,n = i,j,k,m)$

对于气体温度场，边界Γ_1下半段是第一类边界，可以使用干湿温度计沿工作面走向现场测定气体温度的变化，处理后得到边界上的气体温度分布函数；边界Γ_1上半段以及$\Gamma_2 \sim \Gamma_6$是第二类边界条件，但气体与煤壁间的热交换值很小，可以视为绝热边界，即边界面上的热扩散通量为0。

8.3　方程组求解及程序设计

解算区域及网格划分与5.5节中的相同。使用四面体有限体积法对停采下采空区自然发火模型进行了离散，得到了流场线性方程组、氧气浓度场线性方程组、气体温度场线性方程组和冒落煤岩固体温度场线性方程组。同样，为了在最大程度上加快迭代速度，本书使用了逐次超松弛迭代（SOR）法来求解采空区自然发火的三维离散矩阵。

求解停采状态下的采空区各场分布，需要对不同时间的变化情况进行分析，本程序采用等差数列的形式，模拟间隔12小时，共两个月的自然发火情况，每个时刻进行一次耦合求解。根据采空区自然发火的多场耦合机理及多场耦合模型可知，压力、氧气浓度及温度等的线性方程组在求解过程中是相互联系的，因此需要对采空区自然发火模型进行耦合求解。首先对解算区域内各节点上的氧气浓度、气体和固体温度赋初值，计算出各节点的空气密度，代入流场方程后解算得到各节点的压力值，再计算出各节点x、y、z方向上的速度分量v_x、v_y、v_z。将各节点上的速度分量及温度初值代入氧气浓度场方程解算出各节点的氧气浓度，再将氧气浓度及速度代入温度场方程分别计算各节点的气体和固体温度值。根据所得气体温度值重新计算各节点的空气密度，再依次解算压力场、氧气浓度场及温度场。如此反复迭代计算，直至前后两次解算的各场最大误差满足精度要求，最后输出各节点上的压力、速度、氧气浓度、气体温度和固体温度，然后进行下一时刻的迭代，直到结束。

根据上述的停采状态下采空区自然发火的多物理场耦合计算原理，利用5.6节介绍的

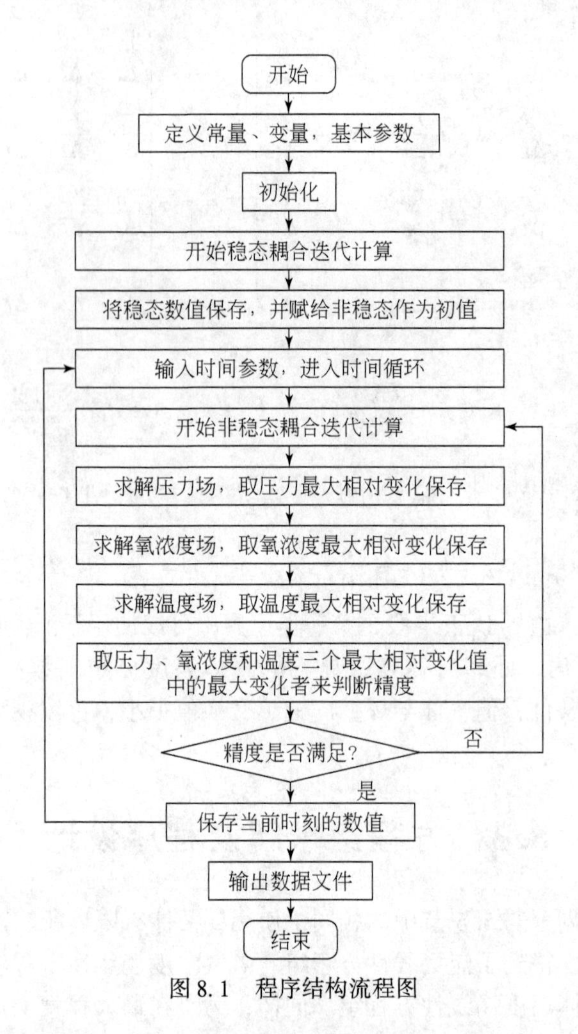

图 8.1　程序结构流程图

节点线性方程总体合成方法、系数矩阵压缩及存储方法等获得了各个物理场的节点线性方程组，设计采用迭代法进行求解，程序结构流程图如图 8.1 所示。

8.4　数值模拟结果

在第 6 章开发的采空区自然发火三维仿真系统（COMBUSS-3D）基础上，升级开发了“停采状态下采空区自然发火三维仿真”，用以耦合求解停采状态下各物理场的线性方程组。这其中最大的改进就是纳入了时间项，按时间迭代步长依次求解不同时刻的各物理场分布，通过 Tecplot 软件处理后，绘制出不同计算时刻下压力、氧气浓度、气体及和固体温度分布的等值线图。

本节将使用升级后的 COMBUSS-3D 软件对停采状态下的采空区自然发火情况进行数值计算，以研究随时间推移过程中各场的分布情况。模拟以图 3.1 中所示的“U”型通风综采工作面为模型，使用了阳煤集团五矿 8421 停采面的现场具体参数（工作面长度 200m，采空区计算深度 300m），但没有考虑采空区中甲烷解吸带来的影响。

8.4.1 停采下的采空区压力场分布

停采状态下的采空区内压力的空间三维分布，如图 8.2 所示。可以看出，与推进状态下的分布相同，停采状态下的采空区压力在进风侧最大，其值等于工作面总的通风阻力，然后沿工作面长度逐渐减少，在回风口处达到最小值，且随着采空区深度增加，压力也在逐渐减小；压力场的分布随时间几乎没有变化，因而可以忽略时间因素对压力场的影响。

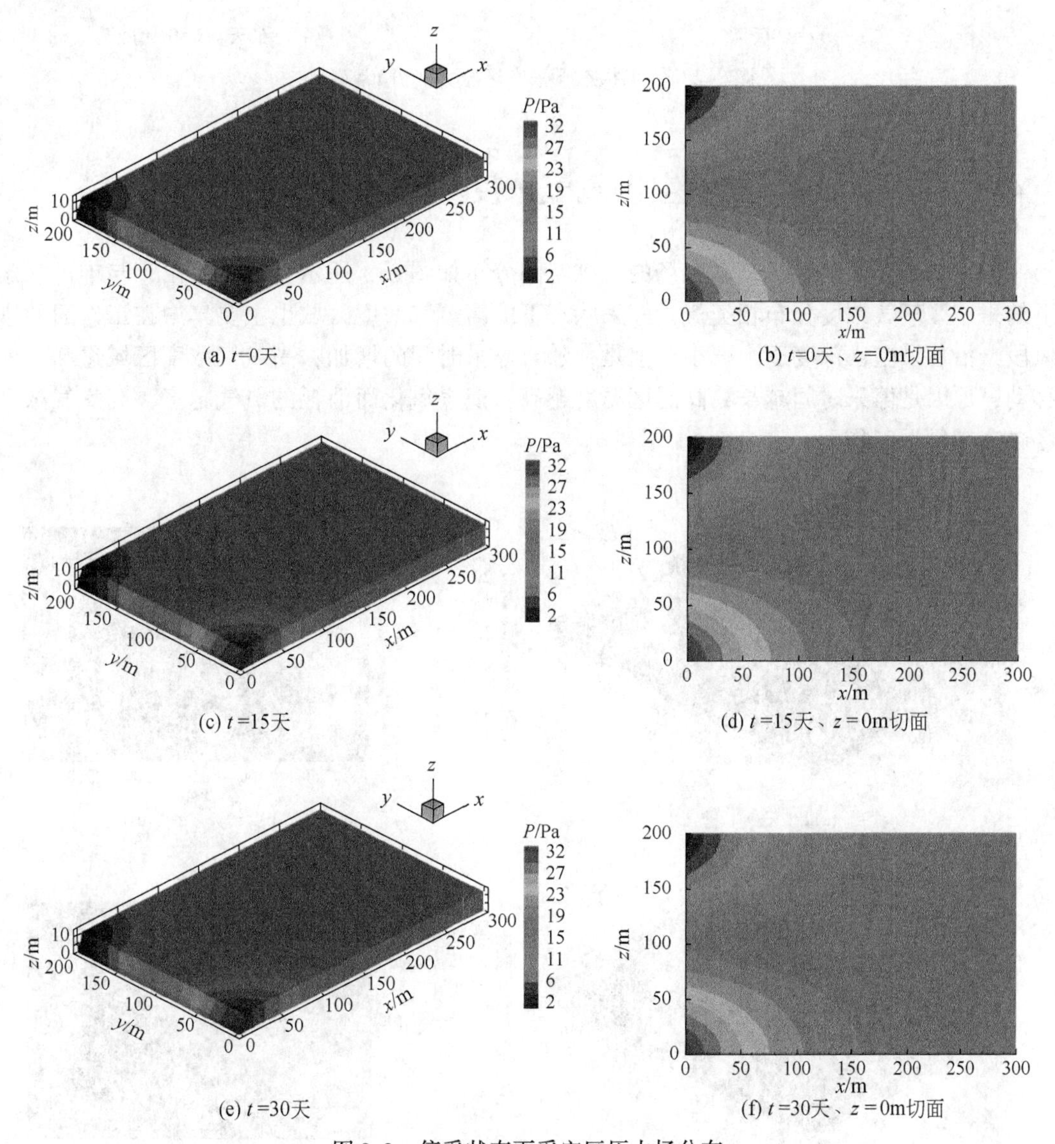

(a) t=0天　(b) t=0天、z=0m切面

(c) t=15天　(d) t=15天、z=0m切面

(e) t=30天　(f) t=30天、z=0m切面

图 8.2　停采状态下采空区压力场分布

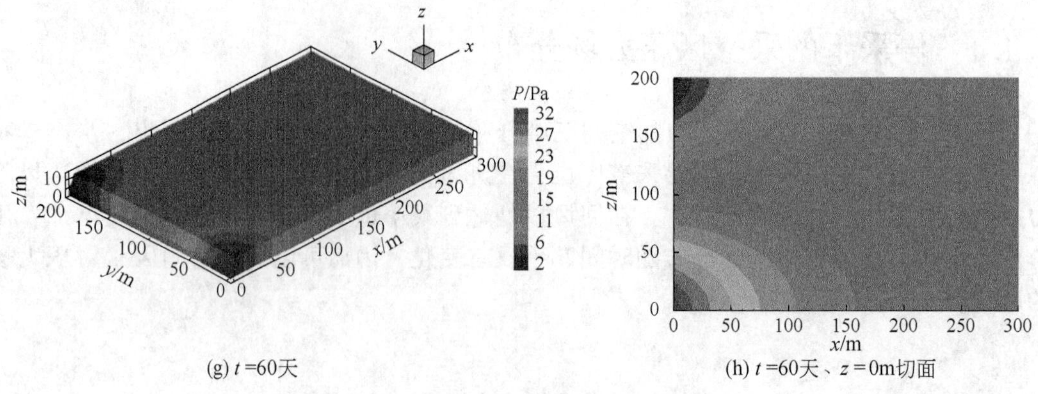

(g) t=60天　　(h) t=60天、z=0m切面

图 8.2　停采状态下采空区压力场分布（续）

8.4.2　停采状态下的采空区氧气浓度场分布

停采状态下采空区氧气浓度场的三维空间分布如图 8.3 所示。可以看出，与推进状态下的采空区氧气浓度分布相类似，停采状态下的高氧气浓度区域也主要集中在工作面的进风段，沿着采空区深度逐渐减小。但是，随着停采时间的增加，高氧气浓度区域逐渐向前移动，原因是停采时间越长，高温区温度越高，遗煤氧化而消耗的氧气越多，高氧气浓度区越来越靠近工作面。

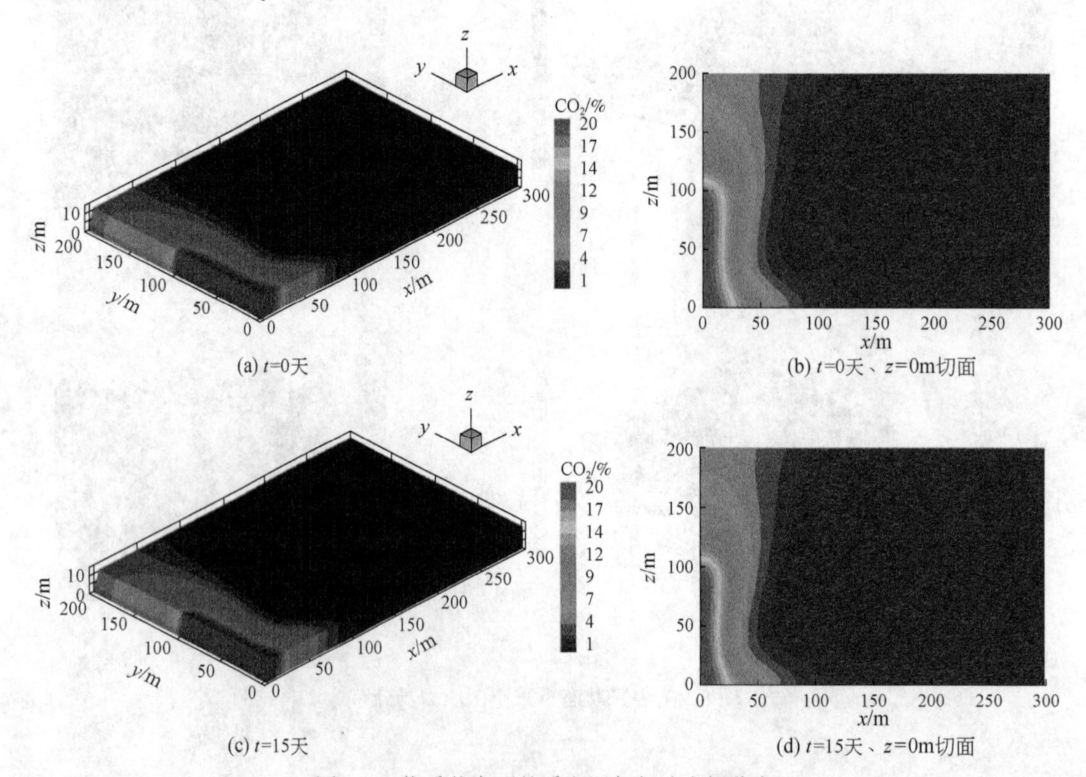

图 8.3　停采状态下的采空区氧气浓度场分布

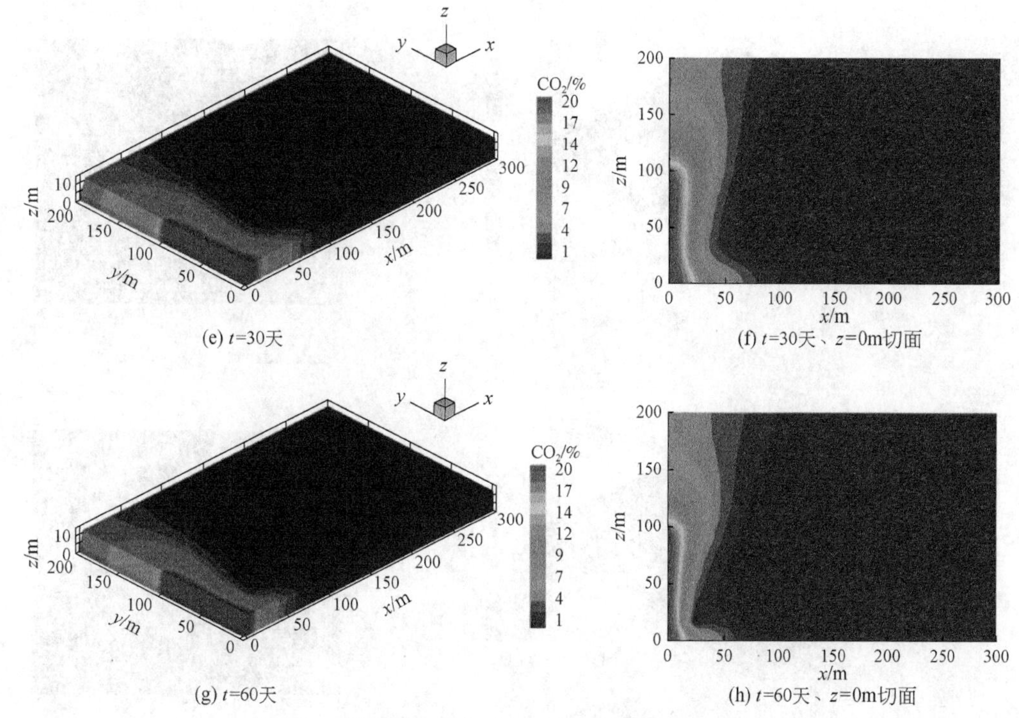

图 8.3　停采状态下的采空区氧气浓度场分布（续）

8.4.3　停采状态下的采空区温度场分布

1）停采状态下采空区固体温度分布

停采状态下的采空区固体温度的三维空间分布，如图 8.4 所示。可以看出，停采状态下的采空区高温区域也靠近进风侧，这符合采空区自然发火多发生在进风侧的现场实际情况。然后高温区域沿工作面长度方向、采空区深度和高度方向逐渐降低。随着时间的增加，高温区域面积逐渐扩大，并且温度持续升高。这说明 8421 工作面停采搬家的时间越长，其采空区自然发火的危险越高，若不能采取及时有效的防治措施，两个月后便会发生采空区自燃火灾。

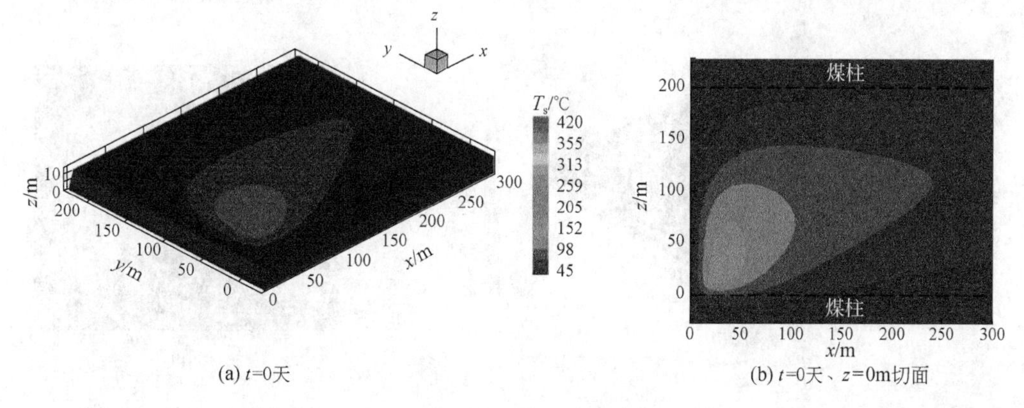

图 8.4　停采状态下采空区固体温度分布

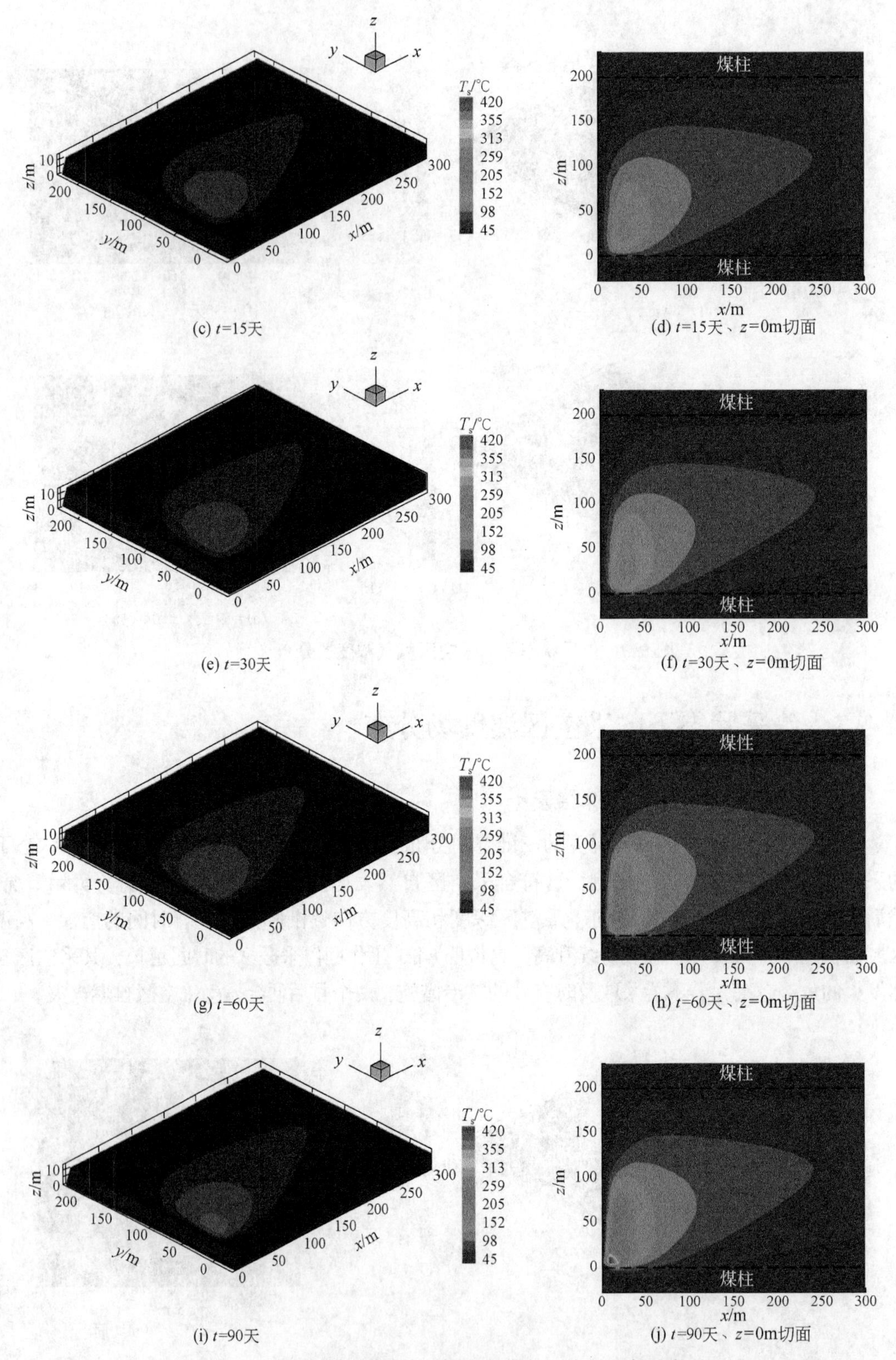

图 8.4　停采状态下采空区固体温度分布（续，见书后彩页）

2）停采状态下采空区气体温度分布

停采状态下采空区气体温度的三维空间分布如图8.5所示。可以看出，与推进状态下的采空区气体温度场类似，空气进入采空区时温度很低，等于工作面进风温度，进入采空区后，与高温煤体发生对流换热而使自身的温度升高。在停采状态下，随着时间的增长，气体温度与固体温度越来越接近，从而在高温煤体的相同位置形成了气体高温区域。

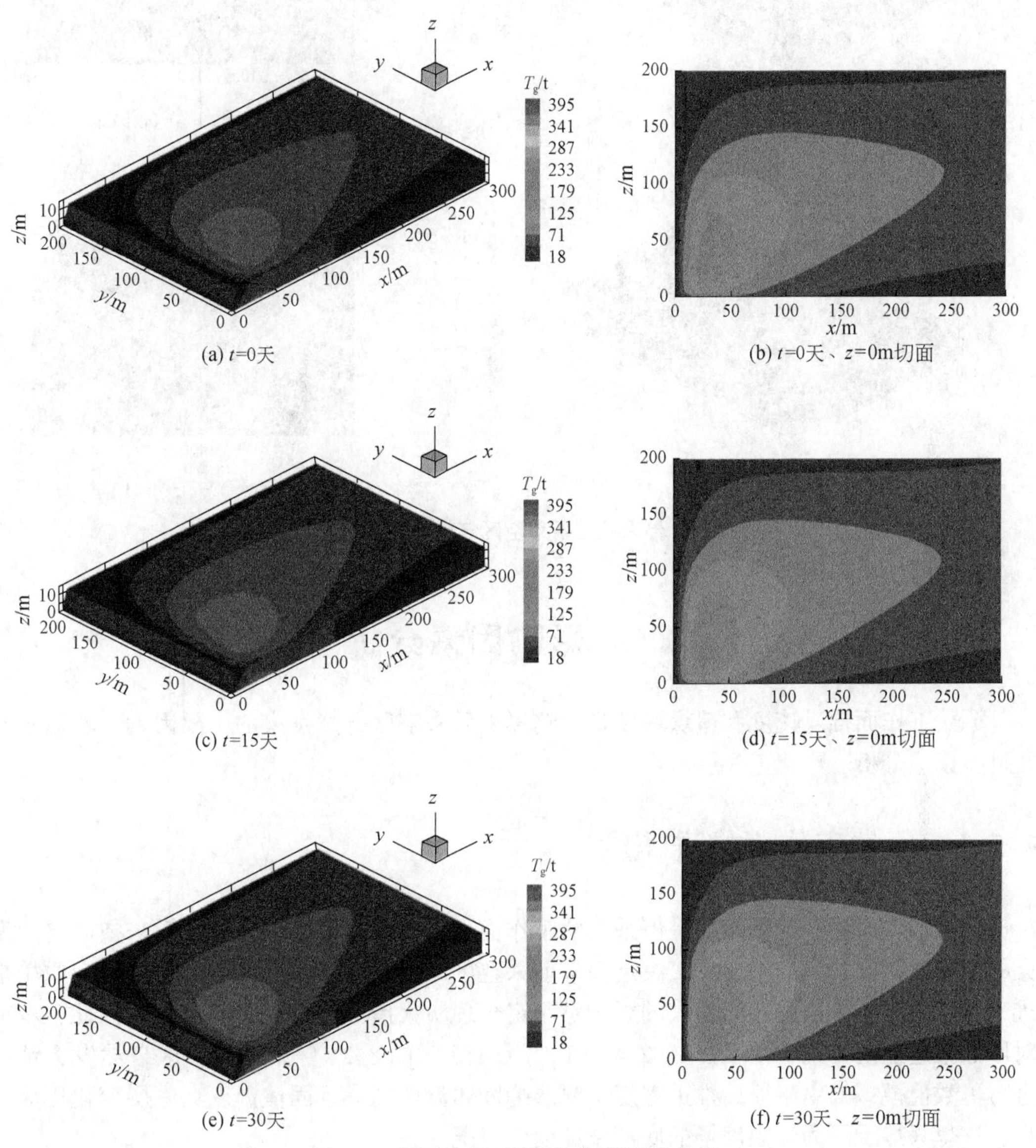

图8.5　停采状态下采空区气体温度分布

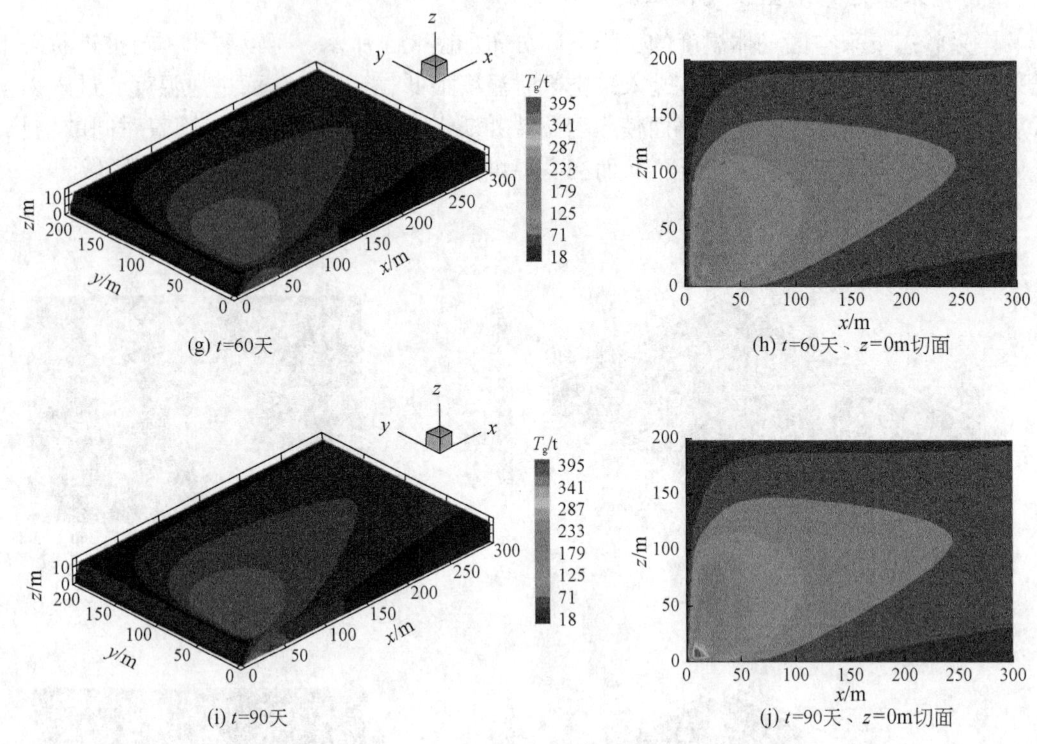

图 8.5　停采状态下采空区气体温度分布（续）

8.5　影响因素分析

原始工作面推进速度和遗煤厚度是影响停采后采空区自然发火的主要因素，本节将对此进行模拟分析。

8.5.1　原始工作面推进速度

原始工作面推进速度指的是停采前的工作面平均推进速度。它是停采后采空区自然发火的主要影响因素，其大小直接决定停采前采空区高温区的初始温度。因此，研究原始推进速度对停采后采空区自然发火的影响是制定合理防火措施的重要理论依据。因此，本节对原始推进速度分别在 1.2m/d、2.4m/d、3.6m/d 时的 8421 停采面采空区自然发火情况进行了数值模拟。由于原始推进速度主要影响固体温度场，且固体温度场底层变化更为明显，这里只显示了固体温度场的底部温度变化情况。

模拟得到了不同原始推进速度下停采后的采空区固体温度场分布，每种推进速度选取 15 天、40 天和 60 天的情况，如图 8.6 所示。

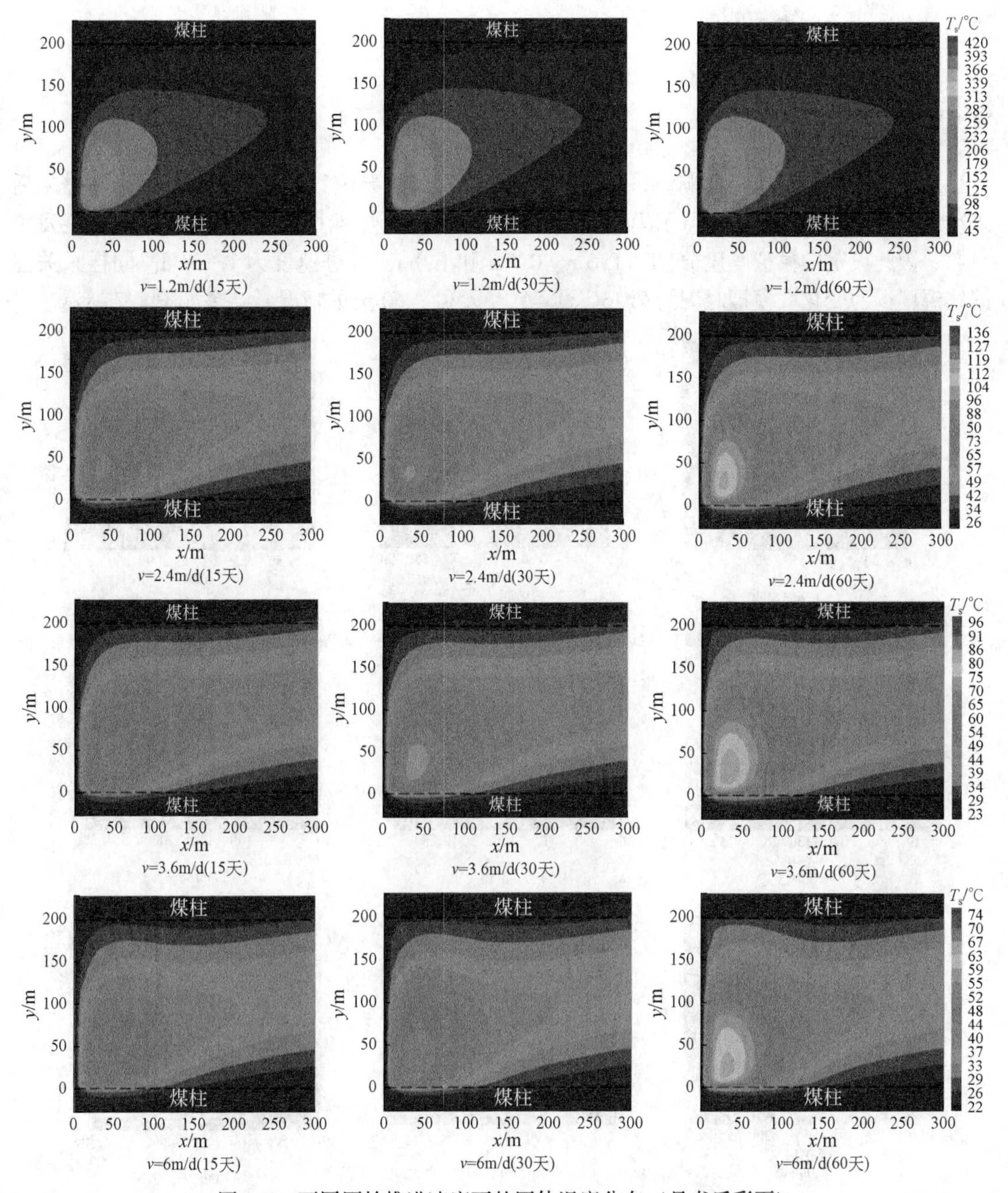

图 8.6　不同原始推进速度下的固体温度分布（见书后彩页）

从图 8.6 中可以看出，停采前的原始推进速度越小，停采后的采空区固体温度越高，且高温区域越靠近工作面。当原始推进速度为 1.2m/d 时，停采 15 天时采空区高温区域温度就达到了 120℃，已经进入了快速氧化升温阶段，此时若不能采取有效的灭火措施，在停采 45 天时便会发生自燃火灾。随着原始推进速度的增加，停采后的采空区温度一直降低，当推进速度达到 3.6m/d 时，停采 40 天才达到 90℃。实际上，由于边开采边完成布置假顶等停采前期准备工作，停采前的推进速度达不到这么快，需要在停采前采取更多的措施抑制遗煤自热升温。

8.5.2 遗煤厚度

采空区遗煤厚度也是影响停采后采空区自然发火的主要因素。本节就遗煤厚度对停采后采空区自然发火的影响也进行了模拟分析。一般认为，遗煤堆积厚度要达到 0.4m 才能发生自燃，因此设定的模拟厚度分别为 0.3m、0.6m 和 1.0m，推进速度为 1.2m/d。同样只关注固体温度场的变化，模拟时刻为第 15 天、第 30 天和第 60 天的情况，结果如图 8.7 所示。

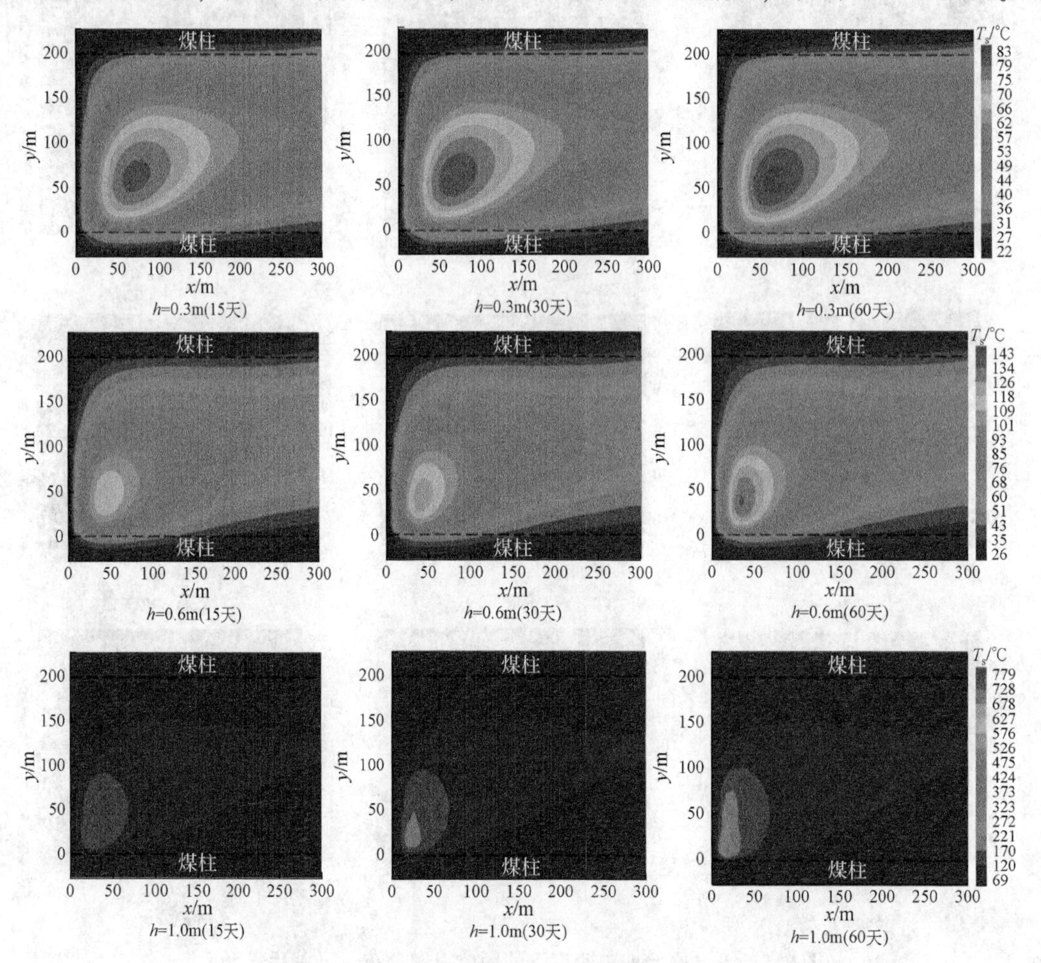

图 8.7 不同遗煤厚度下的固体温度场分布

从图 8.7 中可以看出，遗煤越厚，停采后采空区温度越高，高温区域越靠近工作面。在正常推进速度下，第 15 天时，遗煤为 1.0m 时采空区高温区域能达到 200℃以上，而同样当遗煤减至 0.3m 时，高温区域温度则降至 140℃左右。随着推进速度降低，遗煤厚度对自然发火的影响比重越来越大。从时间上看，遗煤 0.3m 厚的比遗煤 1.2m 厚的采空区升温速度明显降低很多，这主要是遗煤厚度减小后不易形成良好的蓄热环境，从而能抑制采空区温度上升。因此，减小遗煤量是预防停采后采空区自然发火的非常有效的措施。

8.6 本章小结

本章根据采空区自然发火多场耦合理论建立了停采状态下的采空区自然发火数学模型，利用四面体有限体积法进行了模型离散，升级完成了“停采状态下采空区自然发火三维仿真系统”，能实现停采后的采空区流场、氧气浓度场、气体温度场及冒落煤岩固体温度场的数值模拟。研究表明尽量提高停采前的推进速度、减少采空区遗煤量能在很大程度上遏制采空区自燃火灾事故的发生。

第9章　采空区自然发火定量化预报技术

一氧化碳（CO）是评估采空区自然发火程度的主要指标性气体。尽管现阶段一些学者在实验室对煤自热时一氧化碳释放量进行了大量研究，但涉及采空区一氧化碳生成及运移规律的研究还较少，并且基于一氧化碳预报采空区煤自燃的早期预警阈值也还没有确定。在我国，一般使用“最短自然发火期”作为采空区自然发火（Krishnaswamy *et al.*，1996；Xie *et al.*，2011；Yuan and Smith，2013）的预判指标，其着重研究煤本身的氧化特性，而忽视了一些外部因素，如采空区地质条件、气体流动状态及采煤技术工艺，导致预测结果往往不准确。目前的研究达成了一个共识，即采空区自然发火是由空气渗流、氧气运输、热量传递及氧化放热反应等相互耦合作用而产生的（Kim and Sohn，2012；Qin *et al.*，2012；Yuan and Smith，2009；Zhu *et al.*，2013，2014），这些因素综合作用使得预测更加复杂。

国内外学者提出了许多先进的方法来评估采空区自然发火程度，包括温度观测（Zhang C *et al.*，2016；Zhang Y *et al.*，2016a；Zhu *et al.*，2013）、数值模拟（Akgun and Essenhigh，2001；Yuan and Smith，2008；Wessling *et al.*，2010；Zhang C *et al.*，2016；Zhang Y *et al.*，2016a）、气体分析（Xia *et al.*，2014，2015a）等。其中，气体分析法是煤矿井下最常用的方法之一，它是根据一些煤氧化气体产物的出现或浓度变化来预估煤自燃的发生与发展。煤自燃过程中一氧化碳（CO）、乙烯（C_2H_4）及乙炔（C_2H_2）等气体的生成量与煤的自热温度有明确的对应关系，因此这些气体通常被定义为煤自燃指标气体（Xia *et al.*，2014）。虽然一氧化碳是有毒气体，可与人体血红蛋白结合而造成中毒，但在中国、澳大利亚和美国等国，一氧化碳仍被广泛用于评判采空区煤自热或自燃的发生（Xie *et al.*，2011）、评估其等级，并由此衍生出一些基于一氧化碳含量的煤自燃判别系数，如 Graham 系数（CO/O_2）和 Trickett 系数（CO/CO_2）。如此重视一氧化碳气体的煤自燃预报功能，具体原因如下：①灵敏度高（Yuan and Smith，2011）。一氧化碳的起始生成温度低，在煤自热的早期就能检测到。②规律性好。一氧化碳生成量与煤温之间的实验关系在低温阶段（小于 200℃）符合指数规律。③可测性强。现有仪器可以轻松检测到井下一氧化碳气体浓度，并具有较高的检测精度。④干扰少。因为煤对一氧化碳的吸附能力很弱，煤层中一氧化碳的原始含量很少。乙烯和乙炔则是重要的辅助气体指标，只有当煤自燃发展进入深度阶段时，它们才会产生。通常来说，褐煤开始生成乙烯的温度为 90℃，烟煤的温度是 120℃，而乙炔的产生则需煤温超过 180℃（Taraba *et al.*，2008）。然而，乙烯和乙炔在井下的生成量很小，且易被井下的风流稀释，在井下难以检测。因此，一氧化碳是井下预报煤自燃的最优指标气体，一般使用一氧化碳监测仪在工作面上隅角处连续监测一氧化碳浓度，如图 9.1 所示。此外，隅角处还经常布置有甲烷浓度检测仪，用来记录采空区回风流中的甲烷浓度，以便警报局部甲烷积聚，它与一氧化碳监测仪是相互独立工作的。

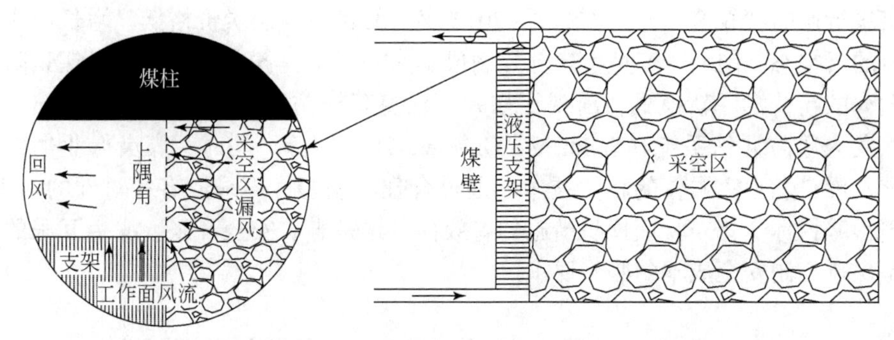

图9.1 采空区上隅角示意图

一氧化碳作为煤主要的氧化产物之一，其释放不仅来自煤氧的化学反应，还来源于煤基质中含氧基团的热分解（Yuan and Smith，2008；Xia *et al.*，2015a）。目前，影响煤低温氧化阶段一氧化碳生成的各种因素都在实验室被研究过，包括温度、氧气浓度、煤阶、比表面积及粒度等（Wang *et al.*，2004；Zong-Xiang *et al.*，2007；Querol *et al.*，2011；Pan *et al.*，2013；Qi *et al.*，2014）。但是，其中有一些误解需要被澄清。首先，实验条件下获得的一氧化碳随煤温变化生成规律乃至 Graham 系数、Trickett 系数等不能直接应用于现场。这是因为实验室实验忽略了井下实际通风、地质变化和工作面推进等因素对一氧化碳生成的影响，Yuan 和 Smith（2008）也具有相同的观点。其次，现场人员在选择一氧化碳作为主要指标气体后，往往存在一个认识误区。《煤矿安全规程》中规定矿井空气中一氧化碳的最高允许浓度（体积分数）为0.0024%（24ppm）。由于采空区遗煤自燃会产生大量的一氧化碳，并随漏风从上隅角流出，易造成上隅角处一氧化碳浓度超限。据此很多现场工作人员将上隅角一氧化碳超限理解为采空区遗煤自燃已经到了很严重的程度，错误地认为一氧化碳浓度达到24ppm就是采空区自然发火的预警阈值。实际上，0.0024%仅仅是从人体健康的角度做出的规定（表9.1），一个成年人在8h内可以承受的一氧化碳最大浓度为0.005%，限定在0.0024%是保留一定的安全系数。那么上隅角一氧化碳浓度多大意味着采空区已经自燃，是一个值得深入探讨的问题。唐山沟矿8201工作面因验收而停采9个月，复采后上隅角一氧化碳一直超限，最高浓度达到500ppm，但整个推进过程并没有发生自燃火灾，研究认为超限是上覆煤层老窑一氧化碳泄漏所致，而河东矿41001工作面上隅角一氧化碳达到500ppm，就已经出现了明火。因此，采空区自燃程度与上隅角一氧化碳浓度的关联性是一直困扰学术界的黑箱，也是定量化预警的主要难点。因此，本章研究的主要目的是建立一个基于上隅角一氧化碳浓度的采空区自然发火定量化预报函数，并确定合适的预警临界值。

表9.1 一氧化碳中毒症状与浓度的关系

一氧化碳浓度/ppm	主要症状
50	成年人置身其中所允许的最大含量
200	2~3h后，有轻微的头痛、头晕、恶心
400	2h内前额痛，3h后将有生命危险
800	45min内头痛、恶心，2~3h内死亡
1600	20min内头痛、恶心，1h内死亡

自煤炭行业的“黄金十年”（2002~2012年）结束后，煤炭价格低、增长慢成为整个行业发展的新常态。围绕着安全生产与控制成本这一矛盾，各方面都在积极探索防治采空区自然发火的新技术、新模式，出现了如井下液氮降温防灭火技术（O´Sullivan，2006）、井下自然发火风险评估系统（Smith and Glasser，2005）等。同时，煤炭行业也越来越迫切地要求发展自燃火灾预警的相关技术。通过合理的预警，再采取有针对性的治理措施，或是根据预警指标变化来验证预防措施的有效性，这是煤矿安全开采、绿色开采的必然途径，也是煤矿控制安全成本的必然要求。

9.1 采空区一氧化碳浓度场数学模型

本节将介绍多物理影响下的采空区一氧化碳的生成及运移规律，建立多场耦合作用下的采空区一氧化碳浓度场数学模型，并利用四面体有限体积法对其进行离散化。

9.1.1 采空区一氧化碳生成与运移

一氧化碳是煤自燃过程中产生的气体，但其生成速率受环境中氧气浓度大小和煤温高低的联合制约。氧气浓度或煤温越高，煤氧反应速率越快，产生的一氧化碳越多。空气流经采空区复杂孔隙通道时将导致一氧化碳的动力弥散，其弥散系数几乎与空气的流速呈比例。如此，采空区内任意一点处一氧化碳的生成和运移行为将受到气流、氧气浓度及煤温的综合影响。宏观上看，采空区一氧化碳浓度场的形成及运移受到空气渗流场、氧气浓度场和温度场等耦合作用的影响，另外采空区自然发火也是空气渗流、氧气输运、热量传递及煤氧放热反应等多物理因素相互耦合引起的。因此，采空区一氧化碳浓度分布与采空区自然发火的发展密切相关。这也表明采空区一氧化碳浓度场应纳入采空区自然发火多场耦合模型内，并在多场耦合条件下进行求解。一氧化碳浓度场与其他各场间的相互耦合关系参如图9.2所示。

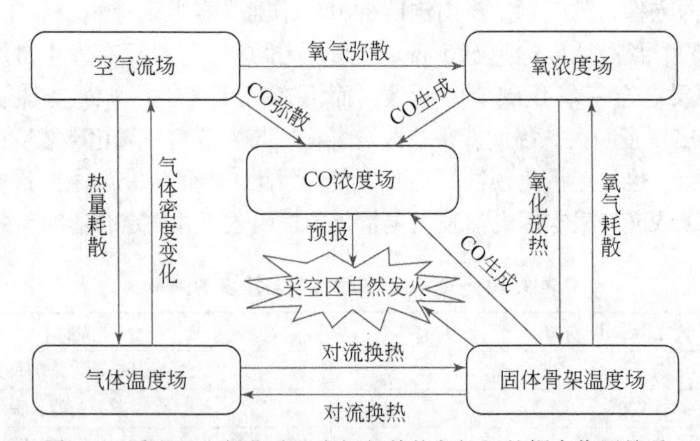

图9.2 采空区一氧化碳浓度场与其他各场间的耦合作用关系

采空区移动坐标系也是计算一氧化碳浓度场的理论依据。在3.1节中引入了移动坐标系代替固定坐标系来对采空区自然发火进行数学建模。该坐标系设置在液压支架处，并随着工作面的推进而向前移动，且采空区的深部边界设置在窒息带，以工作面同样的速率向前推进，因此采空区计算区域能被固定在距工作面一定距离的范围内，而所建立的采空区自然发火模型则独立于时间。在这种情况下，如果开采工艺参数，如工作面推进速率、遗煤厚度及工作面供风量等保持不变，则可认为距工作面一定距离的采空区中任一点上的漏风风速、氧气浓度、产热量及储热量是固定不变的，因而该点上的煤温和一氧化碳浓度也将保持不变。这意味着当开采参数长时间保持不变时，虽然采空区动态扩大，但采空区计算区域内空气流场、氧气浓度场、温度场和一氧化碳浓度场的分布也是不变的。因此，从理论上看，采空区最高温度与工作面上隅角一氧化碳浓度之间存在明确而又唯一的函数关系，这种关系可以作为预报采空区自然发火程度的理论依据。

9.1.2　多场耦合下一氧化碳浓度场模型

1）数学模型

在此重复强调前面章节中提到的一些假说：①采空区可视为一个连续均匀的且各向同性的多孔介质（Akgun and Essenhigh，2001）；②冒落煤岩固体温度与其孔隙中的气体温度是不同的，所以两者需要分开进行建模；③本模型不考虑甲烷放散和水分蒸发的影响；④引入移动坐标系而建立的稳态物理场模型只是避免了时间效应，但并没有消除时间效应。

采空区一氧化碳的生成及运移过程不仅满足质量守恒定律，还满足菲克扩散定律。对于采空区一氧化碳浓度场来说，其控制体内影响一氧化碳质量变化的主要因素有：①空气的流动；②一氧化碳的产生；③一氧化碳的弥散；④采用移动坐标系而导致的一氧化碳浓度变化。在此基础上，根据质量守恒原理建立采空区一氧化碳浓度场方程。

对于采空区一氧化碳浓度场中的点 M，任取包含点 M 的封闭曲面 F，作为氧气浓度场的控制体，其所围面积为 D，体积为 V，$\boldsymbol{n}$ 为 F 边界面上的单位法线向量且指向朝外。具体如下。

（1）任取控制体边界面上的面积微元 ΔS，那么单位时间内，一氧化碳气体流入与流出控制体造成的质量差为 M_1：

$$\begin{aligned} M_1 &= -\rho_{CO}\oint_D \boldsymbol{v}\cdot\boldsymbol{n}\mathrm{d}S \\ &= -\rho_{CO}\oint_D (v_x\cos\alpha + v_y\cos\beta + v_z\cos\gamma)\mathrm{d}S \\ &= -\oint_D \rho_{CO}\frac{\partial v}{\partial \boldsymbol{n}}\mathrm{d}S \end{aligned} \tag{9.1}$$

式中，ρ_{CO}为一氧化碳的质量浓度，kg/m^3。

（2）单位时间内，弥散作用造成的一氧化碳气体进出控制体的质量差为 M_2：

$$M_2 = -n\oint_D \boldsymbol{J}_{CO}\cdot\boldsymbol{n}\mathrm{d}S \tag{9.2}$$

式中，$\vec{J}_{CO}$为一氧化碳的散通量，mol/（s · m^2）。

与氧气在采空区的动力弥散类似，煤氧化生成一氧化碳随风流进入冒落煤岩的孔隙后，会不断被孔隙骨架分流，导致一氧化碳气体的局部速度不断改变，从而使一氧化碳气体在采空区逐渐分散开来，这种机械弥散占主要地位，同时忽略分子扩散，从而得到一氧化碳机械弥散系数与渗流的风流速度呈正比，表示为

$$D_{CO} = vk_{CO} \tag{9.3}$$

式中，D_{CO}为多孔介质中的一氧化碳弥散系数，m^2/s；k_{CO}为一氧化碳的扩散系数，为常数。

一氧化碳的散通量$\boldsymbol{J}_{CO}$可表示为

$$\boldsymbol{J}_{CO} = -D_{CO}\mathrm{gard}\rho_{CO} = -vk_{CO}\left(\frac{\partial\rho_{CO}}{\partial x}, \frac{\partial\rho_{CO}}{\partial y}, \frac{\partial\rho_{CO}}{\partial z}\right) \tag{9.4}$$

将式（9.4）代入式（9.2）中，可以得到

$$\begin{aligned} M_2 &= -n\oiint_D \boldsymbol{J}_{CO}\cdot\boldsymbol{n}\mathrm{d}S \\ &= -\oiint_D n\left[-vk_{CO}\left(\frac{\partial\rho_{CO}}{\partial x}\cos\alpha + \frac{\partial\rho_{CO}}{\partial y}\cos\beta + \frac{\partial\rho_{CO}}{\partial z}\cos\gamma\right)\right]\mathrm{d}S \\ &= \oiint_D nvk_{CO}\frac{\partial\rho_{CO}}{\partial\boldsymbol{n}}\mathrm{d}S \end{aligned} \tag{9.5}$$

（3）单位时间内，控制体内遗煤氧化所产生的一氧化碳质量为M_3：

$$M_3 = \iiint_V w(t)\mathrm{d}V \tag{9.6}$$

式中，w（t）为单位时间单位体积的一氧化碳生成量，mol/（s · m^3）。

（4）单位时间内，移动坐标系下控制体内一氧化碳的质量变化为M_4：

$$\begin{aligned} M_4 &= \iiint_V v_0 n\frac{\partial\rho_{CO}}{\partial x}\mathrm{d}V \\ &= \oiint_D v_0 n\rho_{CO}\cos\alpha\mathrm{d}S \end{aligned} \tag{9.7}$$

根据上述分析，由质量守恒定律可得：单位时间内，流入控制体的一氧化碳气体净质量M_1、扩散作用下进入控制体的一氧化碳气体净质量M_2以及控制体内遗煤氧化所产生的一氧化碳质量M_3之和等于移动坐标系下控制体内一氧化碳的质量变化M_4，即

$$M_1 + M_2 + M_3 = M_4 \tag{9.8}$$

将式（9.1）、式（9.5）~式（9.7）代入式（9.8）可得

$$\oiint_D nvk_{CO}\frac{\partial\rho_{CO}}{\partial\boldsymbol{n}}\mathrm{d}S - \oiint_D\rho_{CO}\frac{\partial v}{\partial\boldsymbol{n}}\mathrm{d}S + \iiint_V w(t)\mathrm{d}V = \oiint_D v_0 n\rho_{CO}\cos\alpha\mathrm{d}S \tag{9.9}$$

为了与菲克定律保持一致，将质量浓度转换为摩尔浓度，得到

$$\oiint_D nvk_{CO}\frac{\partial C_{CO}}{\partial\boldsymbol{n}}\mathrm{d}S - \oiint_D C_{CO}\frac{\partial v}{\partial\boldsymbol{n}}\mathrm{d}S + \iiint_V w(t)\mathrm{d}V = \oiint_D v_0 nC_{CO}\cos\alpha\mathrm{d}S \tag{9.10}$$

2）边界条件

对于“U”型后退式开采的工作面，其采空区一氧化碳浓度场的解算范围如图 3.11

所示。边界Γ_1就是采煤工作面，根据漏风的流入与流出可分为上下两段，下半段（流入段）上一氧化碳浓度为0，为第一类边界条件，即

$$C_{CO}\big|_{\Gamma_{1下}}=0 \tag{9.11}$$

边界Γ_1上半段（流出段）和边界Γ_4上的节点视为内部节点处理。边界Γ_2、Γ_3、Γ_5、Γ_6等上的一氧化碳气体扩散通量为0，按第二类边界条件来处理，得到

$$-k_{O_2}\frac{dC_{O_2}}{d\boldsymbol{n}}\bigg|_{\Gamma_{1上},\Gamma_2,\Gamma_3,\Gamma_5,\Gamma_6}=0 \tag{9.12}$$

3）采空区一氧化碳浓度场模型

采空区一氧化碳浓度场积分方程与边界条件一起构成采空区一氧化碳浓度场模型。即

$$\begin{cases}\oint\limits_D nvk_{CO}\dfrac{\partial C_{CO}}{\partial \boldsymbol{n}}dS-\oint\limits_D C_{CO}\dfrac{\partial v}{\partial \boldsymbol{n}}dS+\iiint\limits_V w(t)\,dV=\oint\limits_D v_0nC_{CO}\cos\alpha dS\\ C_{CO}\big|_{\Gamma_{1下}}=0\\ -k_{O_2}\dfrac{dC_{O_2}}{d\boldsymbol{n}}\bigg|_{\Gamma_{2上},\Gamma_2,\Gamma_3,\Gamma_5,\Gamma_6}=0\end{cases} \tag{9.13}$$

9.1.3　模型离散

1）控制体与插值函数

在采空区一氧化碳浓度场空间任取四面体单元，顶点依次为C_{COi}（x_i，y_i，z_i），C_{COj}（x_j，y_j，z_j），C_{COk}（x_k，y_k，z_k）和C_{COm}（x_m，y_m，z_m）。设单元中一氧化碳浓度C_{CO}是x，y，z的线性函数，则单元的一氧化碳浓度C_{CO}可用四面体单元4个顶点的压力值C_{COi}，C_{COj}，C_{COk}，C_{COm}表示为

$$\begin{aligned}C_{CO}=\frac{1}{6V}[&(a_i+b_ix+c_iy+d_iz)C_{COi}+(a_j+b_jx+c_jy+d_jz)C_{COj}\\&+(a_k+b_kx+c_ky+d_kz)_kC_{COk}+(a_m+b_mx+c_my+d_mz)C_{COm}]\end{aligned} \tag{9.14}$$

式中，a_n,b_n,c_n,d_n同式(4.35)，$n=i,j,k,m$。

可得

$$\begin{cases}\dfrac{\partial C_{CO}}{\partial x}=\dfrac{1}{6V}(b_iC_{COi}+b_jC_{COj}+b_kC_{COk}+b_mC_{COm})\\ \dfrac{\partial C_{CO}}{\partial y}=\dfrac{1}{6V}(c_iC_{COi}+c_jC_{COj}+c_kC_{COk}+c_mC_{COm})\\ \dfrac{\partial C_{CO}}{\partial z}=\dfrac{1}{6V}(d_iC_{COi}+d_jC_{COj}+d_kC_{COk}+d_mC_{COm})\end{cases} \tag{9.15}$$

2）采空区一氧化碳浓度场方程离散

根据第3章中的推导结果，采空区一氧化碳浓度场方程为

$$\oint\limits_D nvk_{CO}\frac{\partial C_{CO}}{\partial \boldsymbol{n}}dS-\oint\limits_D C_{CO}v_ndS+\iiint\limits_V w(t)\,dV=\oint\limits_D v_0nC_{CO}\cos\alpha dS \tag{9.16}$$

现对图中4.10的节点 P 的一氧化碳浓度方程进行分析，其控制体依然为 $ABCDEFGHIJKLMN$，仍由24个控制体单元（四面体）组成。同理，可以离散为

$$\sum_{l=1}^{24} nvk_{CO}\frac{\partial C_{CO}}{\partial \boldsymbol{n}}\Delta S - \sum_{l=1}^{24} C_{CO}(v_x\cos\alpha + v_y\cos\beta + v_z\cos\gamma)\Delta S + \sum_{l=1}^{24} w(t)\Delta V = \sum_{l=1}^{24} v_0 n C_{CO}\cos\alpha\Delta S \tag{9.17}$$

可以简写为

$$\sum_{e=1}^{n} J_l = 0(l = i,j,k,m) \tag{9.18}$$

现对控制体中第 e 个控制体单元（四面体 $mABC$）进行分析。控制体单元对节点 m 的流场方程贡献为 J_m：

$$\begin{aligned} J_m = {} & nvk_{CO}\frac{\partial C_{CO}}{\partial \boldsymbol{n}}\Delta S - C_{CO}(v_x\cos\alpha + v_y\cos\beta + v_z\cos\gamma)\Delta S \\ & + w(t)\Delta V - v_0 n C_{CO}\cos\alpha\Delta S \end{aligned} \tag{9.19}$$

式中，

$$\begin{aligned} nvk_{CO}\frac{\partial C_{CO}}{\partial \boldsymbol{n}}\Delta S &= nvk_{CO}\left(\frac{\partial C_{CO}}{\partial x}\cos\alpha + \frac{\partial C_{CO}}{\partial y}\cos\beta + \frac{\partial C_{CO}}{\partial z}\cos\gamma\right)\Delta S_{ABC} \\ &= -\frac{3nvk_{CO}}{64V}[(b_ib_m + c_ic_m + d_id_m)C_{COi} + (b_jb_m + c_jc_m + d_jd_m)C_{COj} \\ &\quad + (b_kb_m + c_kc_m + d_kd_m)C_{COk} + (b_m^2 + c_m^2 + d_m^2)C_{COm}] \end{aligned} \tag{9.20}$$

$$\begin{aligned} & -C_{CO}(v_x\cos\alpha + v_y\cos\beta + v_z\cos\gamma)\mathrm{d}S_{ABC} + w(t)V_{mABC} \\ & = \frac{9}{128}\cdot(C_{COi} + C_{COj} + C_{COk} + C_{O_2m})\cdot(v_xb_m + v_yc_m + v_zd_m) + \frac{27}{64}w(t)V_{mABC} \end{aligned} \tag{9.21}$$

$$\begin{aligned} -v_0nC_{CO}\cos\alpha\Delta S_{ABC} &= -v_0n(C_{COi} + C_{COj} + C_{COk} + C_{COz})\cos\alpha\Delta S_{ABC} \\ &= v_0n\frac{(C_{COi} + C_{COj} + C_{COk} + C_{COz})}{4}\frac{9}{32}b_m \end{aligned} \tag{9.22}$$

将式（9.20）~式（9.22）代入式（9.19），得到控制体单元 $mABC$ 对节点 m 一氧化碳浓度方程的贡献为

$$\begin{aligned} J_m = {} & -\frac{3nvk_{CO}}{64V}[(b_ib_m + c_ic_m + d_id_m)C_{COi} + (b_jb_m + c_jc_m + d_jd_m)C_{COj} \\ & + (b_kb_m + c_kc_m + d_kd_m)C_{COk} + (b_m^2 + c_m^2 + d_m^2)C_{COm}] \\ & + \frac{9}{32}\cdot\frac{1}{4}(C_{COi} + C_{COj} + C_{COk} + C_{COm})\cdot(v_xb_m + v_yc_m + v_zd_m) + \frac{27}{64}w(t)V \\ = {} & \left[-\frac{3nvk_{CO}}{64V}(b_ib_m + c_ic_m + d_id_m) + \frac{9}{128}(v_xb_m + v_yc_m + v_zd_m) + \frac{9}{128}v_0nb_m\right]C_{COi} \\ & + \left[-\frac{3nvk_{CO}}{64V}(b_jb_m + c_jc_m + d_jd_m) + \frac{9}{128}(v_xb_m + v_yc_m + v_zd_m) + \frac{9}{128}v_0nb_m\right]C_{COj} \\ & + \left[-\frac{3nvk_{CO}}{64V}(b_kb_m + c_kc_m + d_kd_m) + \frac{9}{128}(v_xb_m + v_yc_m + v_zd_m) + \frac{9}{128}v_0nb_m\right]C_{COk} \end{aligned}$$

$$+\left[-\frac{3nvk_{CO}}{64V}(b_m^2+c_m^2+d_m^2)+\frac{9}{128}(v_xb_m+v_yc_m+v_zd_m)+\frac{9}{128}v_0nb_m\right]C_{CO\,m}+\frac{27}{64}w(t)V \tag{9.23}$$

同理得到，控制体单元对节点 i，j，k 一氧化碳浓度方程的贡献为

$$\begin{aligned}J_i=&\left[-\frac{3nvk_{CO}}{64V}(b_i^2+c_i^2+d_i^2)+\frac{9}{128}(v_xb_i+v_yc_i+v_zd_i)+\frac{9}{128}v_0nb_i\right]C_{CO\,i}\\&+\left[-\frac{3nvk_{CO}}{64V}(b_ib_j+c_ic_j+d_id_j)+\frac{9}{128}(v_xb_i+v_yc_i+v_zd_i)+\frac{9}{128}v_0nb_i\right]C_{CO\,j}\\&+\left[-\frac{3nvk_{CO}}{64V}(b_ib_k+c_ic_k+d_id_k)+\frac{9}{128}(v_xb_i+v_yc_i+v_zd_i)+\frac{9}{128}v_0nb_i\right]C_{O_2k}\\&+\left[-\frac{3nvk_{CO}}{64V}(b_ib_m+b_ic_m+b_id_m)+\frac{9}{128}(v_xb_i+v_yc_i+v_zd_i)+\frac{9}{128}v_0nb_i\right]C_{CO\,m}\\&+\frac{27}{64}w(t)V\end{aligned} \tag{9.24}$$

$$\begin{aligned}J_j=&\left[-\frac{3nvk_{CO}}{64V}(b_ib_j+c_ic_j+d_id_j)+\frac{9}{128}(v_xb_j+v_yc_j+v_zd_j)+\frac{9}{128}v_0nb_j\right]C_{CO\,i}\\&+\left[-\frac{3nvk_{CO}}{64V}(b_j^2+c_j^2+d_j^2)+\frac{9}{128}(v_xb_j+v_yc_j+v_zd_j)+\frac{9}{128}v_0nb_j\right]C_{CO\,j}\\&+\left[-\frac{3nvk_{CO}}{64V}(b_jb_k+c_jc_k+d_jd_k)+\frac{9}{128}(v_xb_j+v_yc_j+v_zd_j)+\frac{9}{128}v_0nb_j\right]C_{CO\,k}\\&+\left[-\frac{3nvk_{CO}}{64V}(b_jb_m+b_jc_m+b_jd_m)+\frac{9}{128}(v_xb_j+v_yc_j+v_zd_j)+\frac{9}{128}v_0nb_j\right]C_{CO\,m}\\&+\frac{27}{64}w(t)V\end{aligned} \tag{9.25}$$

$$\begin{aligned}J_k=&\left[-\frac{3nvk_{CO}}{64V}(b_ib_k+c_ic_k+d_id_k)+\frac{9}{128}(v_xb_k+v_yc_k+v_zd_k)+\frac{9}{128}v_0nb_k\right]C_{CO\,i}\\&+\left[-\frac{3nvk_{CO}}{64V}(b_jb_k+c_jc_k+d_jd_k)+\frac{9}{128}(v_xb_k+v_yc_k+v_zd_k)+\frac{9}{128}v_0nb_k\right]C_{CO\,j}\\&+\left[-\frac{3nvk_{CO}}{64V}(b_k^2+c_k^2+d_k^2)+\frac{9}{128}(v_xb_k+v_yc_k+v_zd_k)+\frac{9}{128}v_0nb_k\right]C_{CO\,k}\\&+\left[-\frac{3nvk_{CO}}{64V}(b_kb_m+c_kc_m+d_kd_m)+\frac{9}{128}(v_xb_k+v_yc_k+v_zd_k)+\frac{9}{128}v_0nb_k\right]C_{CO\,m}\\&+\frac{27}{64}w(t)V\end{aligned} \tag{9.26}$$

综上所述，控制体单元对节点 i，j，k，m 一氧化碳浓度场方程贡献的矩阵表达式为

$$\begin{Bmatrix}J_i\\J_j\\J_k\\J_m\end{Bmatrix}=\begin{pmatrix}k_{ii}&k_{ij}&k_{ik}&k_{im}\\k_{ji}&k_{jj}&k_{jk}&k_{jm}\\k_{ki}&k_{kj}&k_{kk}&k_{km}\\k_{mi}&k_{mj}&k_{mk}&k_{mm}\end{pmatrix}\begin{Bmatrix}C_{CO\,i}\\C_{CO\,j}\\C_{CO\,k}\\C_{CO\,m}\end{Bmatrix}+\begin{Bmatrix}p_i\\p_j\\p_k\\p_m\end{Bmatrix} \tag{9.27}$$

式中， $k_{ln}=-\frac{3nvk_{\mathrm{CO}}}{64V}(b_lb_n+c_lc_n+d_ld_n)+\frac{9}{128}(v_xb_l+v_yc_l+v_zd_l)+\frac{9}{128}v_0nb_l$；

$$p_l=\frac{27}{64}w(t)V(l,n=i,j,k,m)$$

3）边界处理

边界 Γ_1 的下半段是风流流入段，其一氧化碳浓度为0，而上半段为风流流出段，按内部节点处理。边界 Γ_2，Γ_3 是第二类边界条件，但前述已经认为边界面上没有漏风，那么边界面上的氧气扩散通量也为0，如此可以按内部节点来离散方程；同理处理边界 Γ_5，Γ_6。边界 Γ_4 处于采空区窒息带，这里风速很小，也按内部节点处理。因此，在对采空区一氧化碳浓度场实际解算时，除 Γ_1 下半段需要赋值以外，计算区域内的节点都按第一类边界或内部节点来进行离散。

9.2 计算结果及验证

本节将对解算软件再次升级，结合实例，对采空区一氧化碳运移分布进行数值仿真，并与现场观测数据进行比较，从而验证该理论模型。

9.2.1 解算软件升级

第6章详细介绍了作者及课题组成员自主开发的采空区自然发火三维仿真系统（COMBUSS-3D），该软件采用逐次超松弛迭代法来求解由有限体积法（FVM）离散后的各场线性方程；之后又编制了一氧化碳浓度场求解程序，将其添加融入 COMBUSS-3D 中，进而升级该软件，实现了一氧化碳浓度场与空气渗流场、氧气浓度场及温度场的耦合求解。最后一氧化碳浓度场计算结果将与其他物理场结果同时输出。通过处理软件 Tecplot 读取这些计算数据文件后，可以绘制出压力、风速、氧气浓度、气体和固体温度及一氧化碳浓度的分布等值线图。

9.2.2 模拟示例与参数设置

随着综合机械化采煤技术在我国的推广，煤炭产量和效益大幅提高，但其开采强度大，造成采空区漏风增大、遗煤量增多，采空区发火概率增高，从而增大了井下自燃火灾的发生风险。以图3.1所示的“U”型通风综采面采空区为例，使用升级后的 COMBUSS-3D 软件对其自然发火情况进行数值仿真，以研究上隅角一氧化碳浓度与采空区自然发火之间的定量关系。具体参数及煤样性质见表9.2，模拟中没有考虑采空区中甲烷解吸带来的影响。

目前，普遍接受的煤氧化热（H）的值约为300kJ/（mol O_2）（Akgun and Essenhigh, 2001；Zhou *et al.*, 2006）。理论上高于500kJ/（mol O_2）的氧化热值是有争议的。具体来说，纯碳和纯氢的理论氧化热值分别为394kJ/（mol O_2）和484kJ/（mol O_2）。因此，煤

的最大氧化热只能在这两个值之间。根据表9.2中的参数，用标准放热强度［SER（W/m^3）］除以标准耗氧速率｛SOCR［mol/（m^3·s）］｝，可以得到所用煤样在30~210℃的氧化热值在146~414kJ/（mol O_2）的范围内。这个温度范围正处于实验和模拟研究的范围，可以看出这里使用的煤氧化热是有效的。

表9.2　数值模拟参数

煤性质	数值	开采工艺参数	数值
密度/（kg/m^3）	1370	工作面长度/m	200
比热容/［J/（kg·℃）］	1461	采空区深度/m	300
导热系数/［W/（m·℃）］	0.29	推进速度/（m/d）	3.6
表面积/体积/m	36	供风量/（m^3/min）	650
标准耗氧速率/［mol/（m^3·s）］	$1.6\times10^{-4}e^{0.0364T_s}$	遗煤厚度/m	0.4
标准CO生成速率/［mol/（m^3·s）］	$5\times10^{-7}e^{0.0532T_s}$	流入气体温度/℃	20
标准放热强度/（W/m^3）	$19.629e^{0.0422T_s}$	原始岩温度/℃	22.5
煤自燃临界温度/℃	60	氧气弥散系数/（m^2/s）	1.5×10^{-5}

9.2.3　模型验证

多场耦合模型中包含了许多参数（表9.2），但它们可以分为两类：煤的性质与开采工艺参数。对于模型验证，一旦确定了要研究的煤样，其性质参数就是明确的，而开采参数（如工作面推进速度和通风量）是宏观变量，模拟结果对这些参数值的变化非常敏感，因而这些值应与现场实际情况一致。

模拟得到正常开采条件下的采空区氧气浓度、固体温度及一氧化碳浓度的分布云图（图9.3）。从图9.3中可以看出，①受空气渗流和氧气弥散的综合影响，采空区进风侧出现了高氧气浓度区域。在采空区中部很容易以氧气浓度10%~18%为指标划分出氧化自热带，这与大多数的现场观测结果（Akgun and Essenhigh，2001）相一致。②沿着采空区新鲜风流的供应路径，当具备充足的氧气和良好的蓄热条件时，采空区高温区便会形成，其发生自燃的风险非常高。前人的研究也指出这样的自热高温区应位于采空区迎风侧（Akgun and Essenhigh，2001；Deng *et al.*，2015；Wessling *et al.*，2010；Yuan and Smith，2009）。另外，一旦采空区固体温度升高起来，由于煤与空气间的热传导性能很差，高温区的温度下降会非常慢，即便它已经进入了窒息带。③高浓度的一氧化碳积聚在氧化自热带与高温区的重叠区域内，这与多场耦合模型的理论预期是一致的。高浓度的一氧化碳沿着风流路径逐渐降低，最后流出采空区。

为进一步验证该耦合模型的正确性，在靠近某矿W1714工作面进风巷附近布置了一趟束管气体收集系统（Qin *et al.*，2012）对不同深度的一氧化碳浓度进行现场检测，其数据结果与对应的模拟结果进行了对比，如图9.4所示。结果表明，所计算的一氧化碳浓度与相同位置的监测数据基本一致，虽然有一些差异，但两者的总体变化趋势一致。因此，本章所建立的多场耦合下的采空区一氧化碳生成及运移模型具有较高的精度。

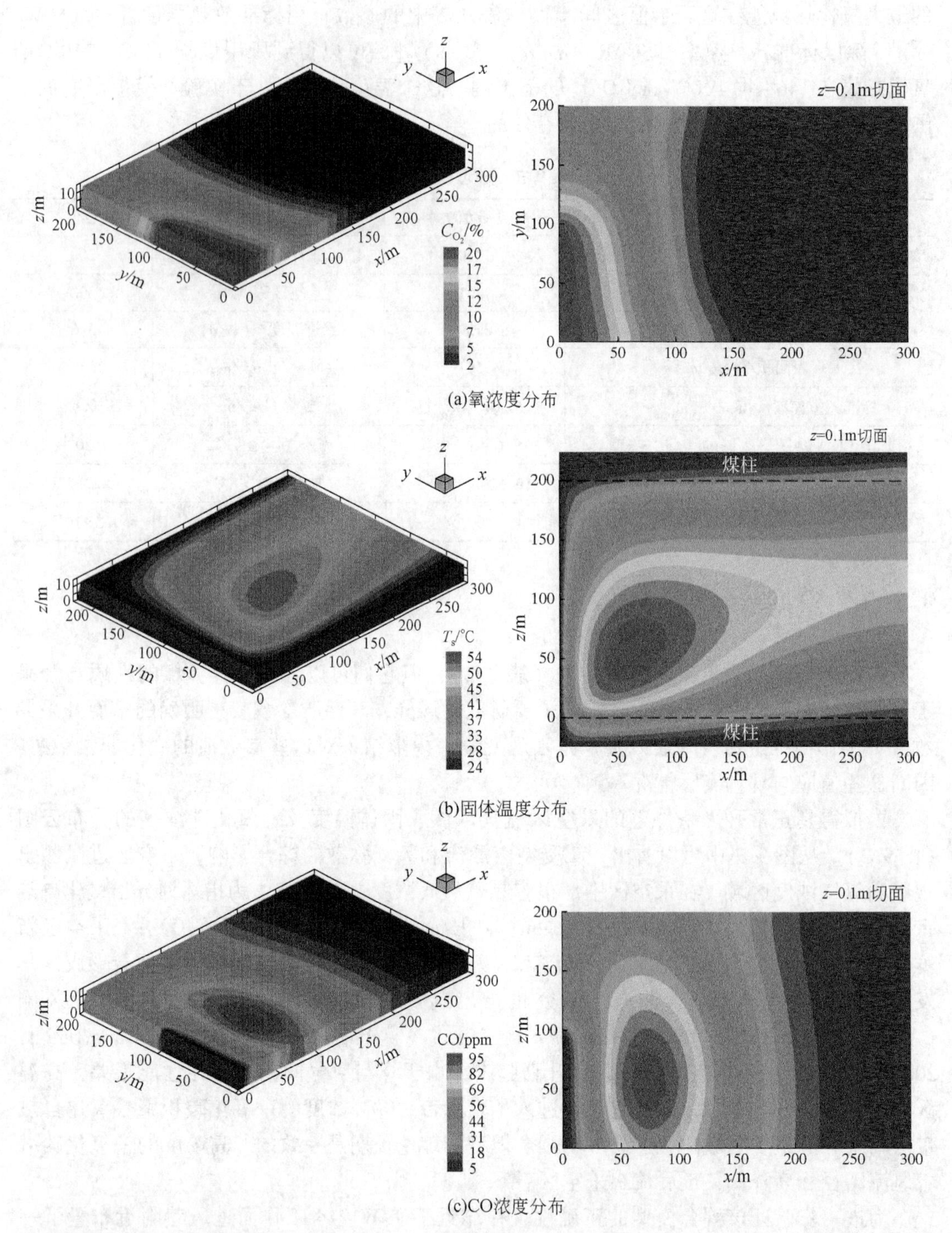

图 9.3　采空区氧气浓度、固体温度及一氧化碳分布（v_0 = 3.6m/d，h_0 = 0.4m，Q_f = 650m^3/min）

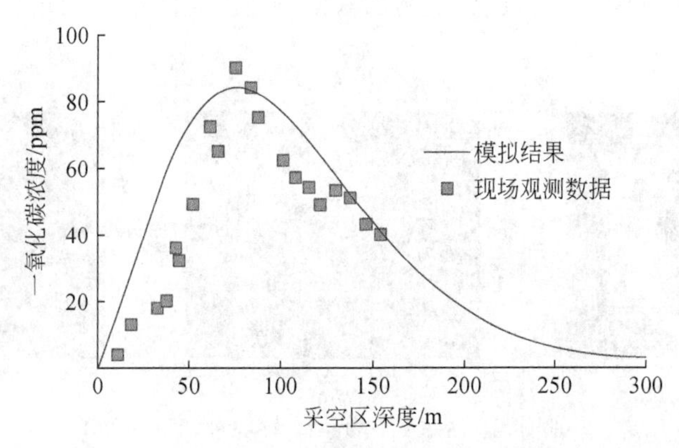

图9.4　进风巷模拟一氧化碳浓度和实测数据的比较

9.3　采空区一氧化碳运移影响因素

采空区一氧化碳气体的运移不仅受到耗氧速率、放热强度及一氧化碳生成速率等煤自身特性因素的影响，还受工作面推进速度（v_0）、供风量（Q_f）及遗煤厚度（h_0）等外部开采参数的影响。煤自燃特性的各个参数彼此间是相关联的。例如，耗氧速率、放热强度和CO生成速率都受环境氧气浓度及煤温的共同影响，它们中任何一个改变，另外两个也会相应变化，因而很难固定两个参数来研究另一个参数的不确定性。事实上，这些参数只与煤种、粒度等因素有关。然而，宏观上各开采参数却是相互独立的，每个参数都对采空区一氧化碳运移影响很大。这些开采参数也是采空区自然发火的主要影响因素（Akgun and Essenhigh，2001）。另一方面，近年来煤矿井下的一氧化碳浓度超过24ppm都会被视为生产事故，预防及处理工作面上隅角一氧化碳异常涌出已成为与井下煤自燃防治同等重要的工作。因此，本节将采用升级后的COMBUSS-3D软件定量研究宏观开采参数对采空区一氧化碳生成运移的影响，其模拟结果可以为阻止或抑制采空区一氧化碳异常涌出提供一些理论性建议。

9.3.1　工作面推进速度

图9.5（a）、（b）显示了工作面推进速度对采空区固体温度和一氧化碳浓度分布的影响。它表明，随着工作面推进速度的降低，固体温度逐渐升高、高温区域不断扩大，一氧化碳浓度也随之增加。例如，当推进速度达到6.0m/d时，采空区最高温度为44℃，最高一氧化碳浓度约为31ppm，但如果推进速度降到2.4m/d，采空区最高温度则升高到72℃，最高一氧化碳浓度也上升到294ppm。同时，上隅角一氧化碳浓度从16ppm上升到128ppm。这些结果说明，当推进速度下降时，温度已经升高的煤体进入窒息带需要更多时间。图9.5（c）表明，在推进速度为0.6～6.0m/d时，上隅角处的一氧化碳浓度呈幂函数衰减。因此，提高工作面推进速度不仅能显著降低采空区自然发火风险，而且可以有效

抑制采空区一氧化碳异常涌出，这也说明加快推进速度是防治上隅角一氧化碳超限的重要措施。

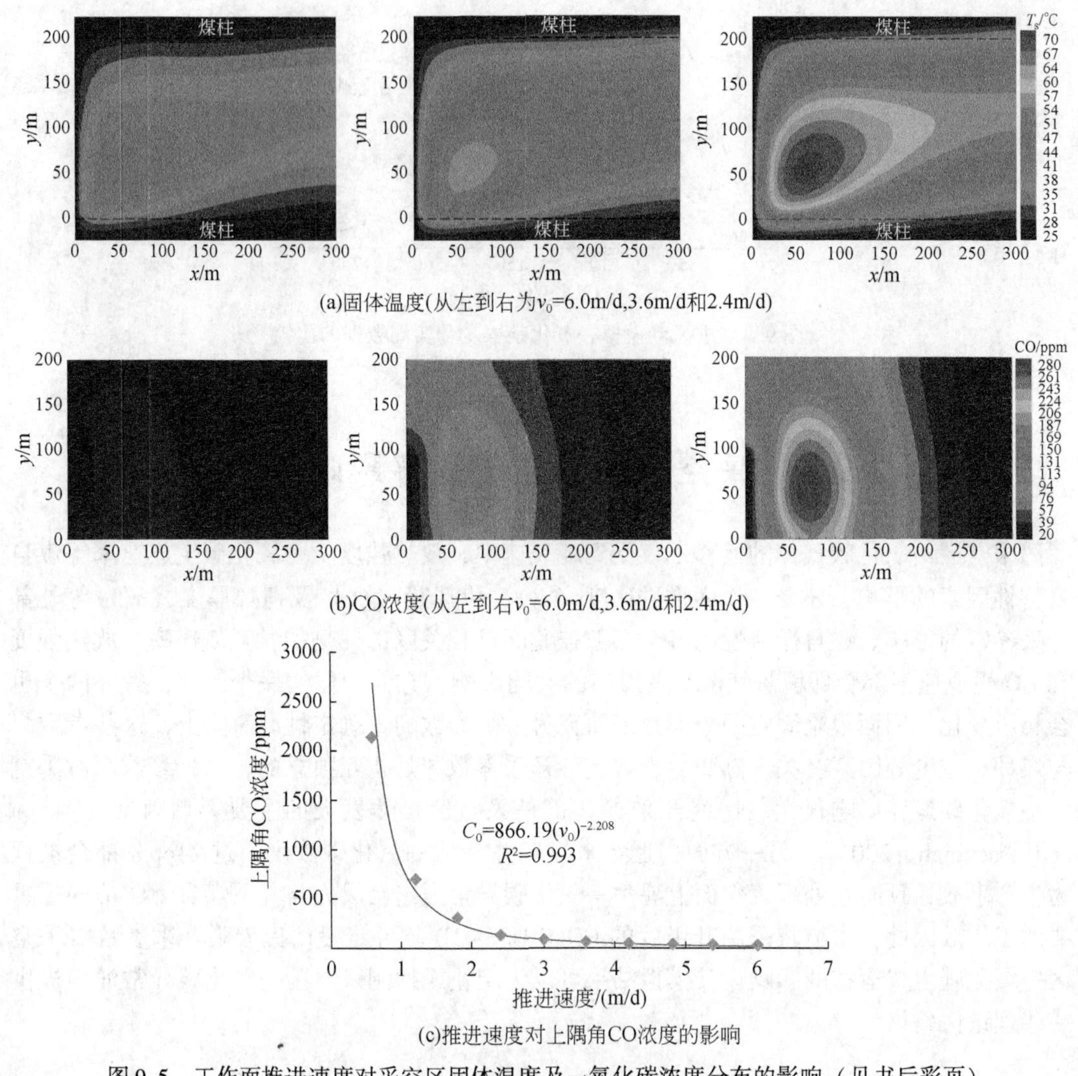

(a)固体温度(从左到右为v_0=6.0m/d,3.6m/d和2.4m/d)

(b)CO浓度(从左到右v_0=6.0m/d,3.6m/d和2.4m/d)

(c)推进速度对上隅角CO浓度的影响

图 9.5　工作面推进速度对采空区固体温度及一氧化碳浓度分布的影响（见书后彩页）

注：h_0 = 0.4m，Q_f = 650m^3/min；C_0为上隅角一氧化碳浓度；提取的切片 z=0.1m

9.3.2　工作面风量

图 9.6（a）、（b）显示了工作面风量对采空区固体温度及一氧化碳浓度分布的影响。可以看出，工作面的通风量越大，固体温度越高，产生的一氧化碳越多。当通风量为650m^3/min 时，采空区最高温度为 56℃，一氧化碳最大浓度为 99ppm，当通风通量增加到850m^3/min 时，采空区最高温度上升到 68℃，而一氧化碳最大浓度上升至 387ppm。相应地，上隅角一氧化碳浓度也从 49ppm 上升到 145ppm。这是工作面风量的增加使得大量新

鲜空气进入采空区，为遗煤自热创造了有利条件，从而造成了上述的影响变化。图 9.6（c）则表明，在通风量为 550 ~ 1000m^3/min 时，上隅角一氧化碳浓度随通风量增大呈指数函数上升。因此，减少工作面风量，不仅可以预防采空区自然发火，还能有效减少上隅角一氧化碳异常涌出。

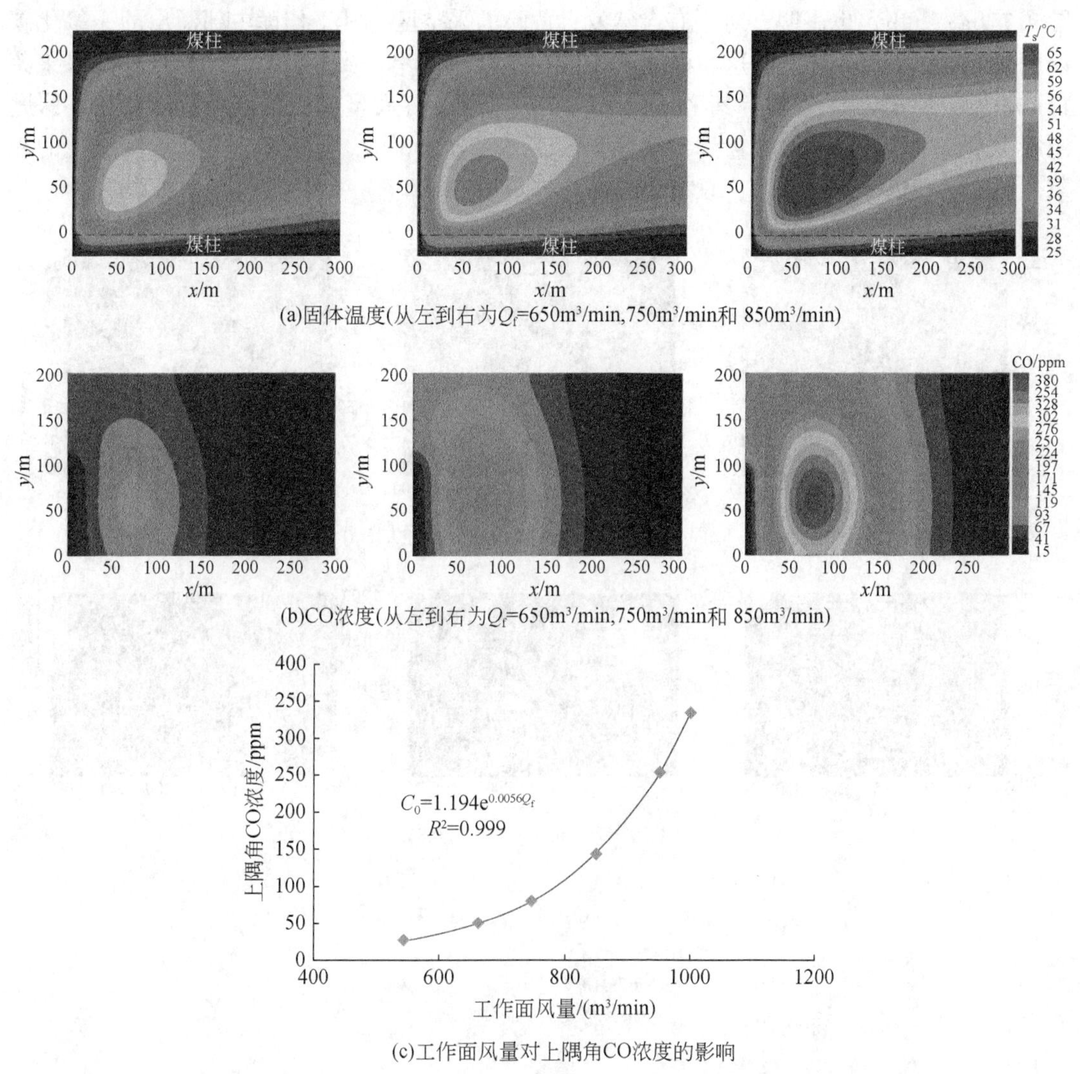

(a)固体温度(从左到右为Q_f=650m^3/min,750m^3/min和 850m^3/min)

(b)CO浓度(从左到右为Q_f=650m^3/min,750m^3/min和 850m^3/min)

(c)工作面风量对上隅角CO浓度的影响

图 9.6　工作面风量对采空区固体温度及一氧化碳浓度分布的影响

注：h_0 = 0.4m，v_0 = 3.6m/d；C_0 为上隅角一氧化碳浓度；提取的切片 z = 0.1m

9.3.3　遗煤厚度

图 9.7（a）、（b）显示了遗煤厚度对采空区固体温度及一氧化碳浓度分布的影响。图中表明，采空区遗煤越厚，固体温度越高，一氧化碳浓度也越高。例如，当遗煤厚度从 0.4m 增加到 0.85m 时，采空区最高温度从 71℃升高到 101℃，一氧化碳最大浓度则从

294ppm 上升至 1588ppm，而上隅角一氧化碳浓度从 389ppm 上升到 128ppm。这是遗煤的厚度增加为煤自热提供了更多的燃料和更有利的储热条件所造成的结果。图 9.7（c）表明，当煤厚从 0.2m 上升到 1.1m，上隅角处的一氧化碳浓度呈线性增长趋势。因此，尽可能地减少采空区遗煤数量是抑制采空区遗煤自燃和控制一氧化碳涌出的有效方法。此外，图 9.7（a）、（b）也表明，对于有自然发火危险的采空区，其工作面中部涌出的一氧化碳浓度大于工作面其他位置。这与课题组现场测量结果基本一致。2016 年 10 月，山东莱芜市潘西煤矿的 6198 工作面，其采空区已经发生自燃，有大量的白烟从采空区涌出，课题组在工作面中部偏回风段测量到一氧化碳浓度达到 3000ppm，但是该工作面上隅角处的一氧化碳浓度却远低于这个值，只有 500ppm。

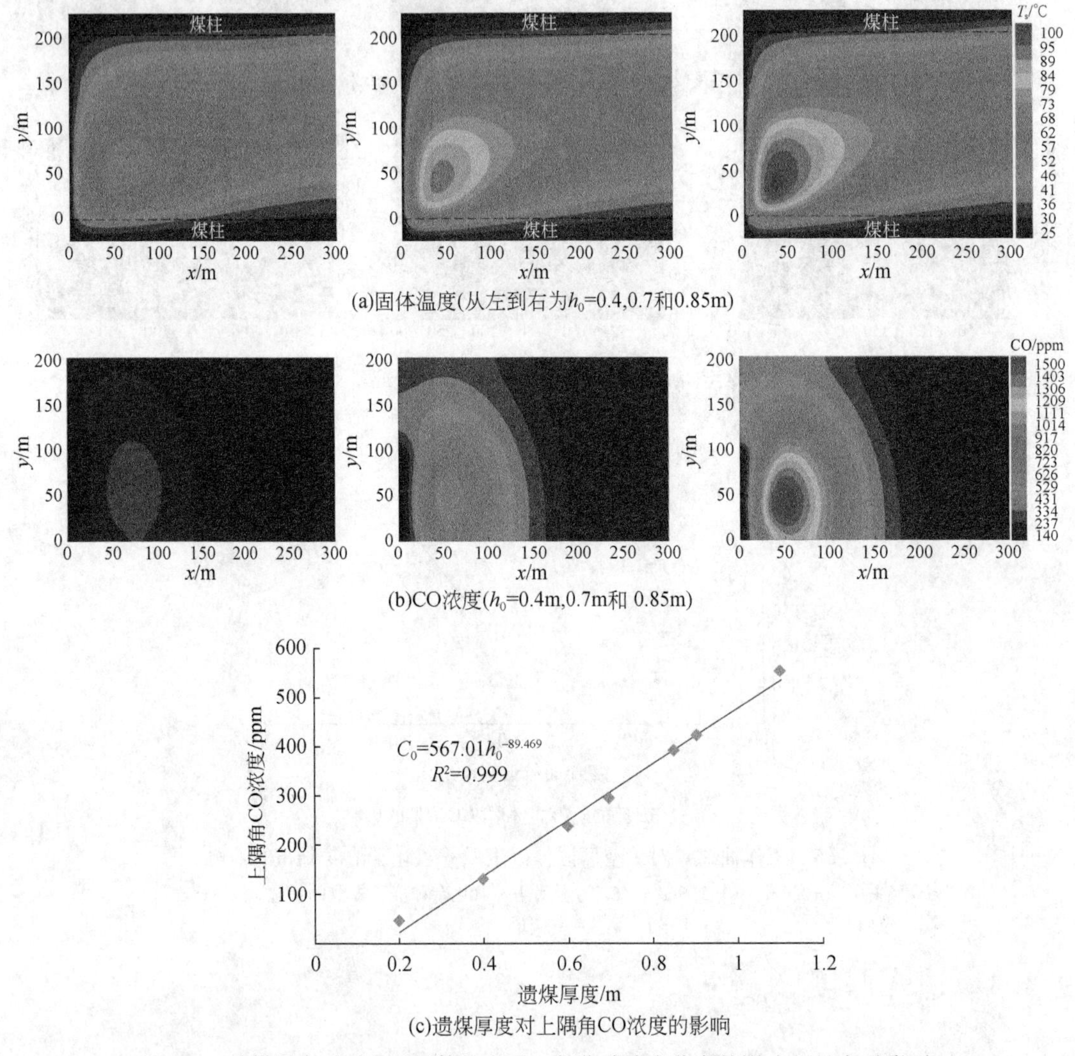

(a)固体温度(从左到右为h_0=0.4,0.7和0.85m)

(b)CO浓度(h_0=0.4m,0.7m和 0.85m)

(c)遗煤厚度对上隅角CO浓度的影响

图 9.7　遗煤厚度对采空区固体温度及一氧化碳浓度分布的影响（见书后彩页）

注：$v_0=2.4$m/d，$Q_f=650$m^3/min；C_0 为上隅角一氧化碳浓度；提取的切片 $z=0.1$m

事实上，提高工作面推进速度是上述三大防治措施中最为有效的措施，也是现场实践中优先考虑的减灾手段，减少采空区遗煤量则是第二要考虑的措施。对于高瓦斯矿井，采空区瓦斯含量较高，大幅减小工作面风流量会造成瓦斯大量涌出并到达工作面，因此减小工作面风量需要根据现场具体情况来确定。

9.4　采空区自然发火定量预报函数

采空区自然发火多场耦合理论说明采空区最高温度与上隅角一氧化碳浓度之间存在明确的关系，这是早期预报自然发火的理论依据。一些学者等在这方面做了一些探索性的研究，但未能获得一个定量的关系式（Wessling *et al.*，2010）。在这里，将使用升级后的COMBUSS-3D软件来揭示两者之间的函数关系。模拟的开采参数值见表9.3，共计算64个案例。这里只计算位于液压支架尾梁处的上隅角一氧化碳浓度，因而可以忽略工作面风流对上隅角一氧化碳浓度的干扰。

表9.3　具体模拟参数

开采参数	数值				单位
推进速度	1.2	2.4	3.6	6.0	m/d
通风量	550	650	750	850	m^3/min
遗煤厚度	0.2	0.4	0.7	0.85	m

图9.8（a）显示了采空区最高温度与上隅角一氧化碳浓度之间的变化关系。这种关系总体上符合幂函数，但当温度超过120℃时，数据发散较为剧烈。高温使煤氧反应进入深度氧化阶段，在短时间内产生大量的一氧化碳，从而造成了计算数据剧烈波动。例如，当采空区最高温度为133℃时，工作面上隅角的一氧化碳浓度竟达到1274ppm。为了提高预测的准确性和适用性，考虑到煤自燃临界温度通常在50～80℃（Yang *et al.*，2009），只选取30～100℃的计算数据利用对数函数进行拟合，结果如图9.8（b）所示。对数拟合方程为

$$T_{\max} = 14.588\ln C_0 + 3.267 \tag{9.28}$$

式中，$T_{\max}$为采空区中的最高温度，℃；C_0为工作面上隅角一氧化碳浓度，ppm。

式（9.28）表明，在低温阶段（30～100℃），采空区最高温度与上隅角一氧化碳浓度的对数呈线性关系，这是定量化采空区自然发火的理论依据。另一方面，一般认为，只要采空区内的最高温度低于该种煤的自燃临界温度，就不会发生采空区自燃火灾事故。本节所用的潞宁煤样的自燃临界温度约为60℃。根据式（9.26），可以计算出该临界温度对应的上隅角一氧化碳浓度为49ppm，其值可用作采空区自然发火的预警阈值。它意味着如果观察到工作面上隅角一氧化碳浓度超过49ppm，那么煤自热很可能进入自加速阶段，从而需要采取有效的防治措施。虽然预警阈值远超过井下一氧化碳的规定值（即24ppm），但这两者之间没有必然的联系。对于不同的煤层或矿井来说，其预警阈值很可能不一样，但是这种定量预报的方法却可推广用于大多数有自燃危险的矿井。

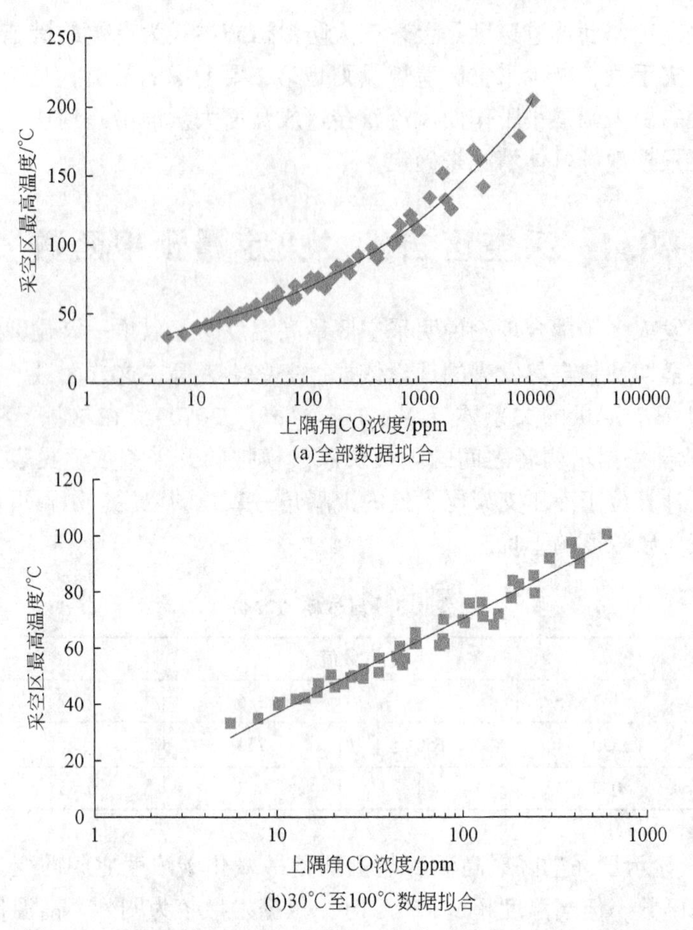

图 9.8　采空区最高温度与上隅角一氧化碳浓度之间的函数关系

9.5　本 章 小 结

本章建立了多场耦合下的采空区一氧化碳生成及运移数学模型，研究了采空区一氧化碳运移规律，提出了一种以工作面上隅角一氧化碳涌出量来定量评估采空区自然发火风险的新方法，提高了采空区早期煤自燃预报的准确性和可靠性，主要结论如下。

（1）升级了 COMBUSS-3D 软件，模拟了采空区自然发火在多物理耦合场下的一氧化碳浓度场运移情况。结果表明：①高一氧化碳浓度区域位于氧化自热区和遗煤高温区的重叠区域，符合理论预期和现场观测；②提高推进速度、减少通风量及减少遗煤厚度等，不仅可以降低发生采空区自然发火的风险，还可以抑制采空区一氧化碳的异常涌出。

（2）数值仿真获得了采空区最高温度与上隅角一氧化碳浓度之间的关系。结果表明：①低温阶段（30 ~ 100℃），采空区最高温度与上隅角一氧化碳浓度的对数呈线性关系，这是定量化采空区自然发火的依据；②根据前述定量函数，结合煤自燃临界温度，可以在理论上确定出预警阈值。尽管这里的定量化预测函数和预警阈值是建立在一个特定的实例上的，但这种方法是可以推广应用于定量预测其他采空区的自然发火的。

第10章 干冰相变惰化防灭火技术

本章的研究表明工作面停采状态下非常容易发生煤自燃事故，其中大部分发生在浅部采空区和巷道顶部高冒区（Song and Kuenzer，2014；Lu and Qin，2015）。虽然井下自然发火是多物理场相互耦合作用的产物（Yuan and Smith，2008；Xia *et al.*，2014，2015b；Liu and Qin，2017b），但氧气在其中起着至关重要的作用（Wu and Liu，2011）。通常，当环境中氧气浓度大于8%时，松散煤体便可发生自燃；但当氧气浓度低于6%时，松散煤体则进入窒息状态，煤的氧化反应被抑制（Su *et al.*，2017）。因此，隔绝氧气或降低环境氧气浓度是煤矿井下防治煤炭自燃的基本途径。

无论是通过指标气体（Singh *et al.*，2007；Xie *et al.*，2011；Liu *et al.*，2017a；Wang *et al.*，2017；Wen *et al.*，2017）来预测采空区自然发火进程，还是根据温度观测来探测自燃高温区域（Jiang and Zhang，1998），最后的落脚点都是要采取强有力的技术手段预防和治理煤炭自燃。井下常用的防灭火技术措施有黄泥灌浆、注水、喷阻化剂、注惰性气体及注胶体（Qin *et al.*，2009；Wang *et al.*，2014；Lu *et al.*，2017）等。通过对这些技术的优缺点（Qin and Prof，2007）进行分析（表10.1），发现每种技术都有其局限性，但总体来说，注惰性气体防灭火技术更为实用，它具有覆盖面广、注气量大、效率高等优点，能够在很大程度上降低火区氧气浓度。该技术不仅可以用于扑灭明火，还可以消除隐蔽火源。目前，中国绝大部分煤矿都已经配备了井下移动式制氮机，并且一些新开发的防灭火技术也使用惰性气体作为主体原料，如三相泡沫（Zhou *et al.*，2006）技术就使用了氮气作为其气相材料。

表10.1 防灭火技术优缺点比较

防灭火技术	主要材料	优点	缺点
预防性灌浆技术	黄泥、粉煤灰、矸石、砂子、水泥砂浆、石膏、高水材料等	1. 包裹煤体，隔绝煤与氧气的接触； 2. 吸热降温； 3. 工艺简单； 4. 成本较低	1. 只流向地势低的部位，不能向高处堆积，对中、高及顶板煤体起不到防治作用； 2. 浆体不能均匀覆盖浮煤；容易形成“拉沟”现象；覆盖面积小； 3. 易跑浆和溃浆，造成大量脱水，恶化井下工作环境，影响煤质
注水技术	矿井水或自来水	1. 吸热降温速度快，大量的水能迅速降低火源表面的温度； 2. 大量的水蒸气能降低空气中氧气的浓度，有利于惰化防灭火区域； 3. 成本低	1. 流动性强，覆盖面积小，只流向地势低的部位，难以在高处停留； 2. 易出现“拉沟”现象而跑水，恶化井下环境； 3. 流过一些空隙，会把微小的煤尘冲刷走，增加煤体的空隙率，使漏风通道更加通畅； 4. 一旦水分挥发到一定程度后，容易放出润湿热，使煤层自燃的可能性增加

续表

防灭火技术	主要材料	优点	缺点
阻化剂技术	MgCl、水玻璃、NaCl、Ca（OH）$_2$ 及有机物质如甲基纤维素、离子型表面活性剂等	1. 惰化煤体表面活性结构，阻止煤炭的氧化； 2. 吸热降温，并使煤体长期处于潮湿状态	1. 不容易均匀分散在煤体上，且喷洒工艺难实施； 2. 腐蚀井下设备，影响井下工人的身体健康
惰性气体技术	氮气、CO_2 等惰性气体	1. 减少区域氧气浓度； 2. 可使火区内瓦斯等可燃性气体失去爆炸性； 3. 对井下设备无腐蚀，不影响工人身体健康	1. 易随漏风扩散，不易滞留在注入的区域内； 2. 注氮机需要经常维护； 3. 降温灭火效果差
堵漏技术	罗克休、马力散、高水速凝材料、堵漏凝胶、聚氨酯泡沫等	1. 聚氨酯泡沫抗压性好、堵漏效果好； 2. 隔绝氧气进入煤体，防止漏风效果较好	1. 工作量大； 2. 成本高； 3. 聚氨酯泡沫在高温下分解放出有害气体； 4. 罗克休等泡沫材料高温下易燃烧
凝胶技术	铵盐凝胶、高分子凝胶	1. 包裹煤体、封堵裂隙效果较好； 2. 耐高温； 3. 对局部火源效果明显	1. 流量小，流动性差，较难大面积使用； 2. 时间长了胶体会龟裂； 3. 胺盐凝胶会产生有毒有害气体； 4. 成本较高
惰性气体泡沫技术	氮气泡沫、CO_2 泡沫等	1. 避免“拉沟”现象； 2. 水能均匀分布； 3. 适于采空区或煤堆深都的煤炭自燃	1. 泡沫很容易破灭； 2. 只有液相水，一旦水分挥发，防灭火性能就消失

井下通常使用氮气（N_2）或二氧化碳（CO_2）作为惰性气体材料。先前的一些研究评估了这两种气体对煤自燃火灾的影响（Hao *et al.*，2014；Zhang C *et al.*，2016）。在此基础上，本书对它们的灭火性能进行了比较，见表 10.2。可以看出，二氧化碳的纯度更高、覆盖范围更广、冷却效果更好且惰化效果更明显，其阻燃抑爆性能也更强。最为突出的优点是煤对二氧化碳的吸附量是吸氧量的 10 倍（Zhang C *et al.*，2013），但几乎不吸附氮气（Sakurovs *et al.*，2012）。如果煤周围环境中存在一定浓度的二氧化碳，那么二氧化碳会抢占煤表面的活性吸附空位，使得氧气吸附量减少，从而在根本上减少或抑制煤与氧气反应。此外，将二氧化碳气体注入地下煤层或采空区，不仅可以储存温室气体，还可以增加瓦斯的抽采效率（Shi *et al.*，2008；Hu *et al.*，2016）。因此，井下二氧化碳注气技术受到了广泛关注。

表 10.2　氮气与 CO_2 防灭火技术优缺点比较

性质	氮气	CO_2
气体纯度	制氮机产生的氮气浓度为92%～98%	液态 CO_2 和干冰纯度均可接近100%，无氧气成分
火区惰化覆盖效果	氮气比空气轻，容易扩散和流失，在火区停留时间短，致使其惰化覆盖效果差	CO_2 密度大于空气，容易形成高浓度惰气流来覆盖火区，且作用持续时间长
冷却作用	制氮机所产生氮气的温度接近环境温度，因此没有冷却作用	由液态 CO_2 或干冰气化而生成的 CO_2 温度很低，其冷却降温效果明显
吸附性	常温常压下煤基本不吸附氮气，其惰化作用来自降低环境氧气浓度，而不是隔绝氧气	煤具有很强的 CO_2 的吸附能力，大约48L/kg，甚至比吸附甲烷量还大，从而达到隔绝氧气的目的
阻燃、阻爆临界氧气浓度	注氮后，火区内明火熄灭的临界氧气浓度为9.5%，与失爆点相应的阻爆临界氧气浓度为11.5%	注 CO_2 后，明火熄灭的临界氧气浓度为12.0%，与失爆点相应的阻爆临界氧气浓度为14.6%，两者都显著提高

前些年，一些煤矿通过硫酸与碳酸氢钠反应来获取二氧化碳气体，然后进行防灭火，但这种化学反应的成本很高、产量很低，该技术的推广应用受到了很大的制约。目前，一些煤矿尝试使用液态二氧化碳来控制井下自燃火灾（Zhang *et al.*，2013）。储存在高压槽罐里的液态二氧化碳被矿车运送到井下火灾现场，通过降低储罐的压力使液态二氧化碳蒸发为气态，再将气态二氧化碳注入火区进行灭火。液态二氧化碳蒸发需要吸收约577.8kJ/kg的热量，其快速蒸发将会吸收周围大量的热量，极有可能造成罐体出气口周边的一些液态二氧化碳凝固为干冰，从而堵塞出气管，迫使注气停止。此外，液态二氧化碳的井下使用及运输过程都存在很大的安全隐患，因此液态二氧化碳气化技术也没有得到广泛应用。相对于性质极不稳定的液态二氧化碳，干冰在自然条件下相态稳定，储存在泡沫盒里便可轻松运输到井下。正常条件下（20℃，0.1MPa），$1m^3$ 的干冰可升华为 $851m^3$ 的气态二氧化碳，但其升华速度非常小，约为 $0.0017m^3/min$，完全不能满足井下扑灭自然火灾的要求。因此，研制安全高效的干冰升华技术装备成为井下使用二氧化碳防灭火的攻关难点。

10.1　干冰快速相变技术简介

作者及课题组成员设计研制了一种快速升华干冰并在短时间内产生大量气态二氧化碳的装置，称作"干冰相变发生器"（Dry-ice Phase Transformation Generator，DPTG），结构示意图如图10.1所示，基本参数见表10.3。该装置的特征在于不使用电源，干冰快速升华所需要的热源来自持续流动的水源，即使井下环境中的甲烷浓度非常高，该装置也能在井下高效实用（Xia *et al.*，2016）。从结构图可以看出，发生器内铺设有一根螺旋状的细铜管（ϕ=12mm），连续不断的热水从该铜管中流过，同时与管外的干冰发生热交换，沿着水流路径，水温逐渐下降，而干冰则吸收了由水温下降所释放热量中的绝大部分，迅速地从固态升华为气态。这些生成的低温二氧化碳气体可以方便地用于消除井下自燃高温区及扑灭明火。

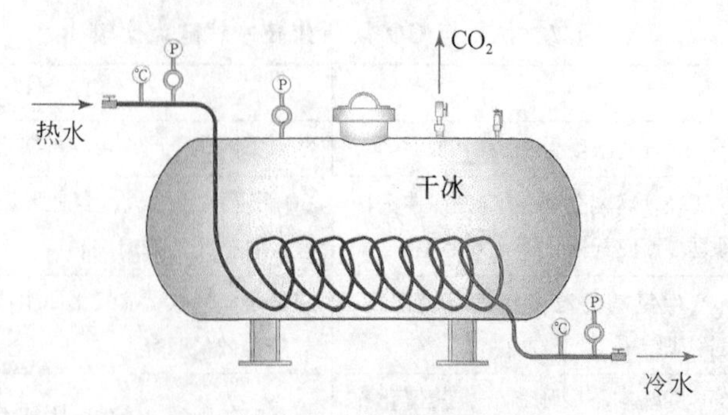

图 10.1　干冰相变发生器的示意图

表 10.3　发生器的设计参数

外形参数	数值	内部参数	数值
钢板材质	16MnR	内部体积	约 1.0m³
钢板厚度	6mm	通过长度	120m
最大抗拉强度	205MPa	铜管外径	12mm
发生器直径	1.0m	安全阀自启压力	0.3MPa
发生器长度	1.2m	内部保温层厚度	5cm

10.2　基本性能测试

本节将对干冰相变发生器的产气能力和安全性进行测试，包括水力特性、气体产量衰减曲线和承压实验，以获得该设备的主要性能和应用条件。

10.2.1　二氧化碳产气量及衰减

二氧化碳的产气量及其衰减曲线是干冰相变发生器现场应用的两个重要指标。课题组通过地面工业实验获得了这两个参数，如图 10.2 所示。将 450kg 粉笔状的干冰倒入发生器中，淹没覆盖了整个铜管。铜管的进水温度为 29.8℃，水流量为 0.34m³/h，整个测试长达 3 小时。

(a)发生器正面

(b)发生器侧面

图 10.2　干冰相变发生器地面工业实验

(c)实验使用的干冰

图 10.2　干冰相变发生器地面工业实验（续）

干冰相变发生器出口的二氧化碳流量随时间变化如图 10.3 所示。可以看出，出口的二氧化碳流量在半小时内迅速上升到其最大值 0.41m³/min，然后缓慢衰减，并在较长时间内稳定在 0.35m³/min 左右，这个数值是干冰自然条件下升华速率的 206 倍。这些说明所研制的干冰相变发生器产气量稳定，并具备较好的井下防灭火能力。

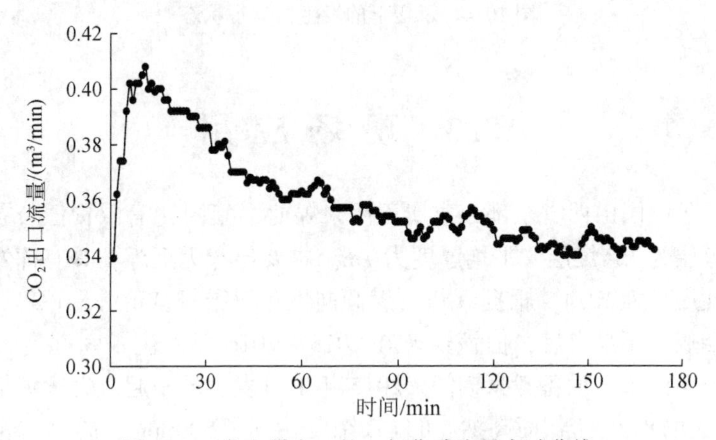

图 10.3　发生器出口的二氧化碳流量衰减曲线

10.2.2　承压测试

现场注入惰气时会产生一定的阻力，包括注气管路中的摩擦阻力和注气钻孔周围裂缝产生的局部阻力，这些阻力将会阻碍发生器产生的二氧化碳气体排放。如果二氧化碳的产生量一直大于排放量，那么发生器内的气体压力将会不断上升，从而造成安全隐患，因此在发生器罐顶部安装了一个安全阀（泄压阀）。二氧化碳三相点的压力值为 0.518MPa，超过这个压力，干冰将液化，从而造成气化急剧加快。为了避免出现这种情况，安全阀的自启压力被设置为 0.3MPa，并且该压力足以克服注气过程所遇到的外部阻力。因此，测试发生器罐体的承压能力成为现场应用的另一个关键环节。随后的地面实验中，关闭罐体的气体出口阀，得到了密闭条件下的发生器运行状态，如图 10.4 所示。可以看出，①当发生器内的气体压力达到0.28MPa时，安全阀迅速打开，保障了发生器的安全运行；②测试过程中，罐体气体压力开始缓慢增大，但随着时间推移而快速上升，这表明增大气压可显著加速干冰升华速率。图10.4中进、出水温降曲线也证实了这一点，随着气体压力的升高，流水温降值降越来越大。

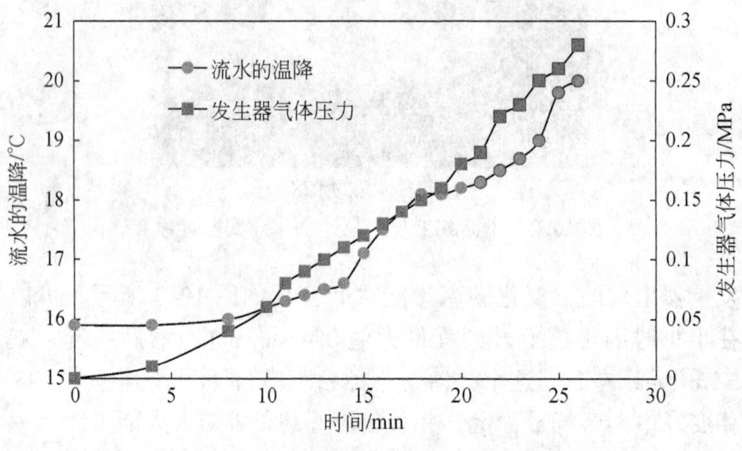

图10.4　承压下的发生器运行状态

10.3　现场应用

阳煤五矿位于中国山西省东部，隶属于阳泉煤业（集团）有限责任公司。该矿为高瓦斯矿井，主采煤层为15#煤层，平均厚度为7m。主要出产无烟煤，具有挥发分低、燃点高的特点，基本性质见表10.4。根据《煤自燃倾向性色谱吸氧鉴定法》（GB/T 20104-2006）测定，该种无烟煤为不易自燃，但该煤矿在2015～2016年发生了8起自燃事故，其中大部分发生在工作面停采、设备搬家期间。2015年1月发生的一起自燃火灾最为严重。事故中，停采了45天的8137工作面高抽巷的CO浓度达到了800ppm，同时7#液压支架后面暴露出一些烧红的煤炭，这些都表明该工作面采空区发生了自然发火。为了控制火势进一步发展，随即封闭了8137工作面。此后不久，采空区发生了瓦斯爆炸事故，进风巷的密封墙在爆炸冲击波的作用下坍塌。

阳煤五矿15#煤层开采过程中频繁发生自燃火灾的原因主要有以下几方面：①煤的吸氧量较大，达到1.50cm^3/g，这极大地增加了自燃风险。②大量的煤炭被遗留在采空区。在接近停采线附近时，只采煤而不进行放顶，大约3m厚的煤被留在了采空区。③工作面停采搬家的时间很长，这给采空区遗煤氧化自热提供了充足的时间。④在距离煤层底板50m高处存在一条高抽巷道，大大增加了采空区的漏风量。⑤煤自燃火源位置更为隐蔽。无烟煤热值高、火焰短，燃烧时产烟少，造成处于潜伏期的煤自燃很难察觉，而一旦被发现，便是红炭与明火了。总之，采空区大量的残煤、充足的供氧、漫长的设备搬迁时间、预防不力及管理疏忽等导致了自燃事故的频发（Liu and Zhou，2010）。本节将对干冰相变发生器在该矿某一停采工作面的现场应用情况进行介绍。

表 10.4　阳煤五矿 15#煤的基本性质

项目	符号	数值	单位
水分（干燥基）	M_{ad}	2.61	wt%
灰分（干燥基）	A_{ad}	20.10	wt%
挥发分（干燥无灰基）	V_{daf}	9.68	wt%
固定碳（干燥基）	FC_{ad}	69.81	wt%
硫	$S_{t,ad}$	1.49	wt%
吸氧量（30℃）	V_d	1.50	cm^3/g

注：wt% 表示体积分数。

10.3.1　停采面高温区域定位

确定高温区的位置是预防和控制采空区自然发火的基本要求，但受地下通风复杂、地质条件变化及工作面推进速率等因素的制约，其成为一个全球性的难题（Liu and Qin，2017a）。然而，在工作面停采搬迁期间，这个问题容易得到解决。在这种情况下，液压支架背后塌落煤体的自热是在静止状态下发生的，与煤堆自热相似（Yuan and Smith，2009；Zhu *et al.*，2013；Taraba *et al.*，2014），据此作者及课题组成员提出了一种停采面高温区探测技术，并成功应用于阳煤五矿 8421 工作面。

根据 9.4 节的数值模拟结果，采空区进风侧容易发生自燃火灾，是排查的重点区域。在课题组提出的探测方案中，首先利用手持式红外热成像仪来检测 8421 工作面液压支架附近煤体表面温度是否存在异常区域。结果发现，在停采 25 天后，5#支架尾梁后方的冒落煤体表面温度比正常情况高出 3℃，同时 28#和 40#支架前探梁处顶煤的表面温度也有所上升，从而推测这 3 个位置深部存在自热源。5#号支架位于采空区进风侧，自热源位于其后部煤体中，这符合前人对“热区”位置的研究结论（Fierro *et al.*，2001；Taraba and Michalec，2011；Zhu *et al.*，2013；Xia *et al.*，2015a；Liu and Qin，2017b），而 28#和 40#支架上方极有可能因冒顶而形成了巷道高冒区。高冒区内的煤体呈破碎状态，具有适宜的漏风供氧通道和蓄热环境，易引起自然发火。随后，将一根前部带有透气孔的特殊空心钻杆打入 5#支架后面的冒落煤体中，其水平深度为 4m，然后再将采空区温度测试系统（MKCW100）的温度传感器塞入钻杆底部，通过隔爆型矿用温度数显仪来检测煤体深部温度变化情况，如图 10.5 所示。此外，还将一根不锈钢细管也插入钻杆内，以便抽取出深部气体样品进行检测。该工作面的原始岩温为 13.7℃，而温度传感器传出的温度稳定在 41℃左右，高出了 27.3℃。以相同的方法观测到 28#和 40#支架前探梁处的顶煤内部温度分别为 28.1℃和 26.8℃。这些观测结果说明这 3 处煤体深部的确存在高温自热源。

10.3.2　支架后部高温区处置

干冰相变发生器放置在距液压支架约 20m 的进风巷里，如图 10.5（a）和图 10.6 所

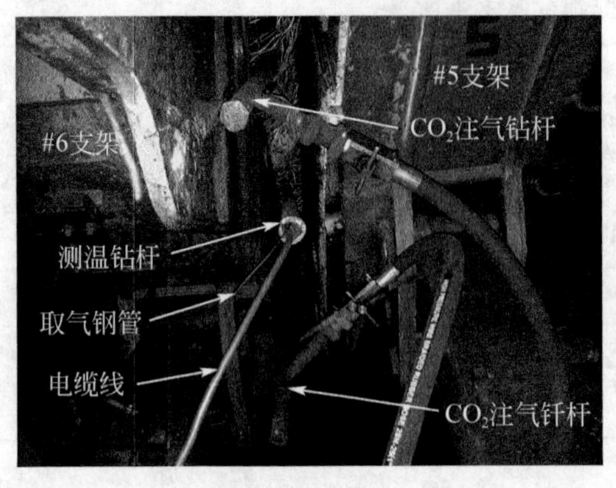

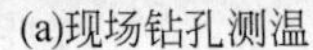
(a)现场钻孔测温

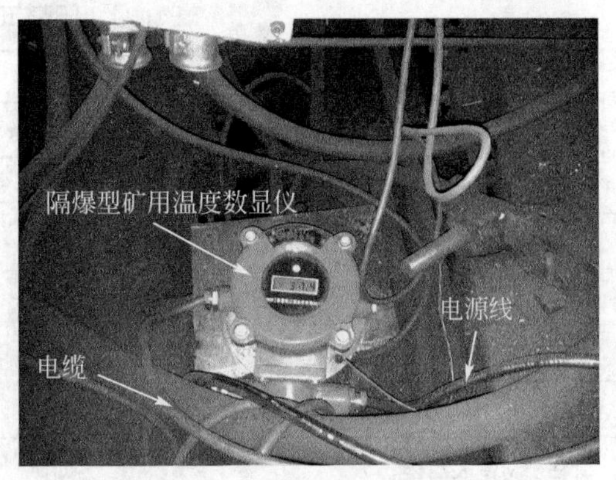

(b)现场测温仪表

图 10.5　现场测温及注气钻杆

示。在5#支架后的煤堆中再打入两根新的空心钻杆，并分别与发生器注气主管线上的两个分支软管连接，用来注入二氧化碳到高温区域。发生器的进水来自进风巷道壁上的消防管道，出水则通过排水管排走。现场应用前，测定发生器进、出水的静压差达到 2.5Mpa，流量接近 $1m^3/h$，估算水流温度最多下降 7℃，而进水温度约在 15℃，这些条件下干冰相变发生器能稳定正常运行。待铜管内水流稳定后，将 450kg 干冰倒入发生器罐体，气态二氧化碳开始产生。当发生器罐体压力上升到 0.1MPa 时，打开罐体出气阀开始注气，并实时记录测温钻孔中的传感器温度数据，同时每隔一段时间用气囊收集测温钻孔底部的气体样本，送回地面进行分析。

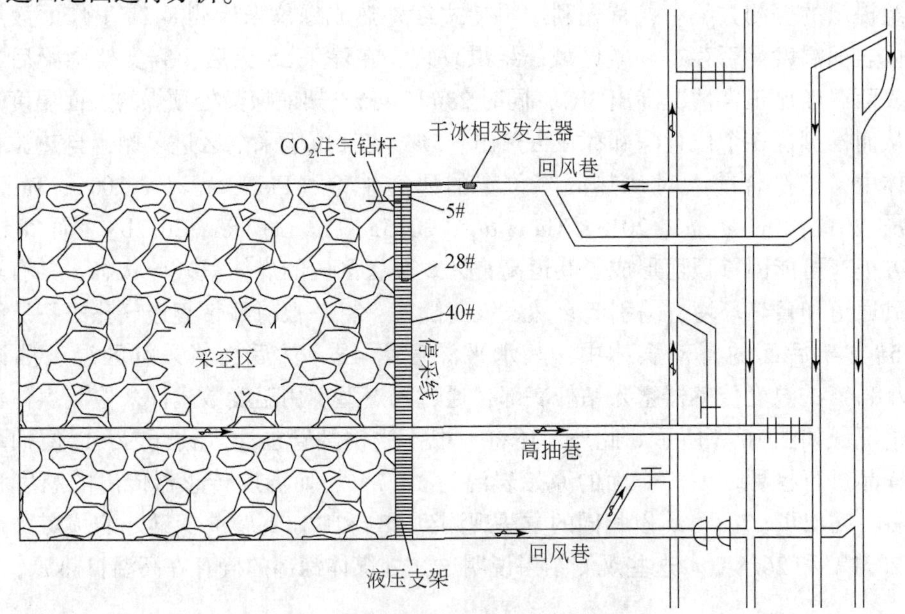

(a)发生器现场布置示意图

图 10.6　干冰相变发生器现场布置示意图

(b)现场发生器正面

(c)现场发生器侧面

图10.6 干冰相变发生器现场布置示意图（续）

5#支架后方冒落煤体内部温度变化如图10.7所示。可以看出，注入二氧化碳气体后，高温区温度迅速下降，10小时内便从41℃下降至30.5℃，且停止注气，煤温恢复非常缓慢，24小时仅上升了0.1℃。这是因为温度低、浓度高的二氧化碳进入高温区域后，能使高温煤体冷却惰化。气体注入点附近的氧气和二氧化碳浓度变化如图10.8所示，当大量的二氧化碳注入后，高温区氧气浓度逐渐下降，但随着二氧化碳注入量的减少，氧气浓度又迅速恢复到正常水平，而高温区二氧化碳浓度的变化则与氧气浓度的完全相反。这些结果表明，大量二氧化碳被煤孔隙表面吸附，抑制了煤与氧气的反应，因而即使停止了注气，高温区的煤温也回升得非常缓慢。现场应用说明，干冰相变发生器能实现井下8小时气态二氧化碳连续注入的设计目标，也说明干冰升华能够快速处置支架后浅部采空区的高温区域。

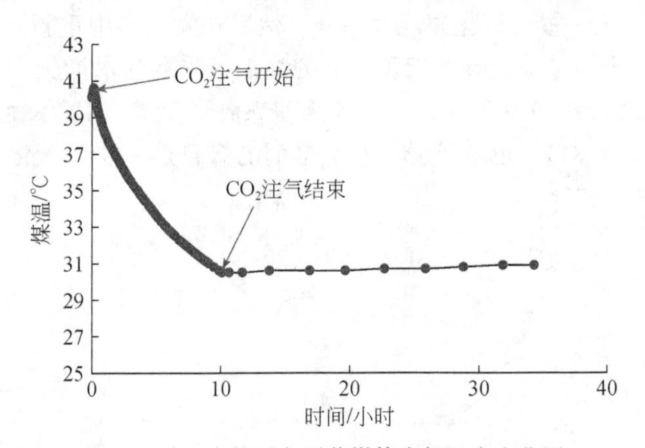

图10.7 5#支架后方冒落煤体内部温度变化图

10.3.3 巷道顶煤高温区处置

尽管28#和40#支架上方的煤体内部温度不超过30℃，但与13.7℃的原始岩温相比，

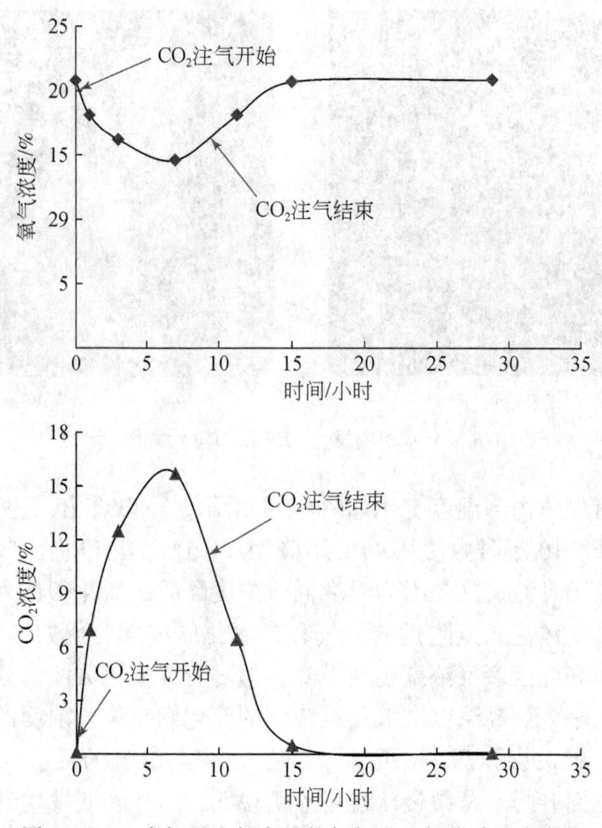

图 10.8　5#支架后注气点处的氧气和二氧化碳浓度变化

这两个区域的煤温还是显著上升了。因此，需要对这两个地点采取防火措施。在28#支架顶梁处的煤体中再打入一根二氧化碳注气钻杆，然后在发生器中重新装入200kg干冰，并再次开始注气。与此同时，对40#支架顶梁上的高温区采取注水措施。这两个位置采取不同措施后的温度变化如图10.9所示。注水5天使煤温降低了4.1℃，而二氧化碳注气在3小时内便使煤温下降5.8℃。也就是说，对于早期的煤自热，注二氧化碳气体2小时便可达到注水5天的效果　冒区的煤炭自热。

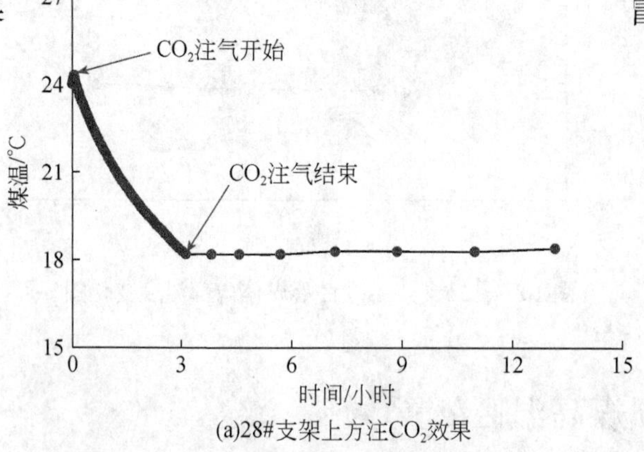

(a)28#支架上方注CO_2效果

图 10.9　巷道顶板高冒区处置后的煤温变化

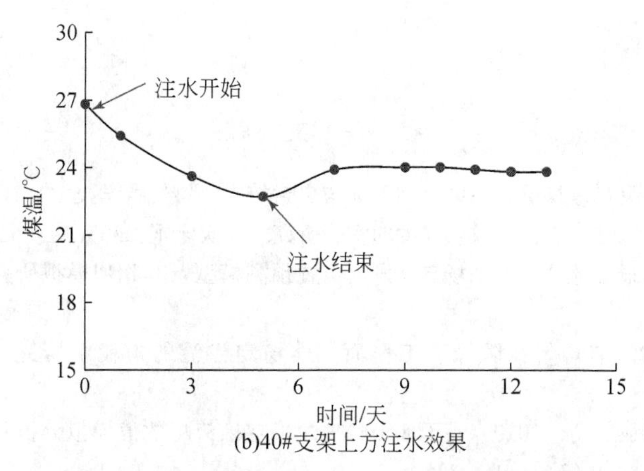

(b)40#支架上方注水效果

图 10.9 巷道顶板高冒区处置后的煤温变化（续）

注水是阳煤五矿乃至全国绝大部分矿井最常用的一种防灭火技术措施，虽然成本很低，但缺点也特别明显。向顶板煤体注水时，大部分的水会像下雨一样落到工作面的地面，形成一个又一个水洼，不仅恶化了井下工作环境，而且延长了停采搬家时间，由此加大了停采面自然发火的风险。然而，干冰快速气化技术完全克服了这些不足，是取代顶煤注水的理想技术措施。在井下整个二氧化碳注入过程中，回风巷中的二氧化碳浓度始终处于《煤矿安全规程》规定的范围内，没有发生超限事故，具有非常高的安全性和可靠性。

10.4 本章小结

作者及课题组成员自主研发了一种新型干冰快速升华装置，即干冰相变发生器，并且成功应用于煤矿井下，消除了早期阶段的煤炭自燃。主要结论如下。

（1）发生器中干冰快速升华的热源来自于铜管中的连续流水，不需用电，保障了设备在高瓦斯矿井中的安全使用。测试表明，正常条件下，发生器的二氧化碳气体产生速率是干冰自然条件下升华速率的 206 倍。

（2）提出了一套停采面高温区探测方法，包括煤体表面温度观测和钻孔温度探测，并在现场成功应用。研究表明，停采时采空区进风侧的冒落煤岩和工作面巷道顶煤这两个区域最容易发生煤炭自热。

（3）注入二氧化碳是一种高效处理煤自燃的方法，具备冷却和惰化煤体的双重功效，能将煤炭自燃消除在其早期的蓄热阶段。与注水措施相比，这种方法不会恶化工作环境，提高了现场设备搬家的工作效率。

（4）干冰相变发生器具有操作简单、移动方便、易于维修等特点，虽然单台发生器只能消除一些小区域的煤自热，如巷道高冒区，但如果多台发生器一起串并联使用则可以控制、预防采空区大面积的自燃火灾。

参 考 文 献

鲍永生．2013．高瓦斯易燃厚煤层采空区自燃灭火与启封技术．煤炭科学技术，41（1）：70～73

陈晓坤，易欣，邓军．2005．煤特征放热强度的实验研究．煤炭学报，30（5）：623～626

陈长华．2004．基于模糊渗流理论的采场自然发火位置预测模型及其相似模拟研究．辽宁工程技术大学博士学位论文

陈长华，郭嗣琮．2002．非均匀孔隙介质工作面气体稳定渗流的模糊解研究．煤炭学报，27（5）：488～493

褚廷湘，余明高，杨胜强，等．2010．基于FLUENT的采空区流场数值模拟分析及实践．河南理工大学学报（自然科学版），29（3）：298～305

戴广龙．2011．煤低温氧化过程中微晶结构变化规律研究．煤炭学报，36（2）：322～325

戴广龙．2012．煤低温氧化过程中自由基浓度与气体产物之间的关系．煤炭学报，37（1）：122～126

戴广龙，王德明，陆伟，等．2005．煤的绝热低温自热氧化试验研究．辽宁工程技术大学学报，24（4）：485～488

邓存宝，王继仁，邓汉忠，等．2009．氧在煤表面—CH_2—NH_2基团上的化学吸附．煤炭学报（9）：1234～1238

邓军，徐精彩，文虎．1998．采空区自然发火动态数学模型研究．湖南科技大学学报（自然科学版），13（1）：11～16

邓军，徐精彩，李莉，等．1999a．煤的粒度与耗氧速度关系的实验研究．西安交通大学学报，33（12）：106～107

邓军，徐精彩，张辛亥．1999b．综放面采空区温度场动态数学模化及应用．中国矿业大学学报，28（2）：81～83

邓军，徐精彩，张迎弟，李莉．1999c．煤最短自然发火期实验及数值分析．煤炭学报，24（3）：274～278

邓军，徐精彩，文虎，张辛亥．2001．综放采煤法中沿空巷道煤层自然发火预测模型研究．煤炭学报，26（1）：62～66

邓军，张燕妮，徐通模，等．2004．煤自然发火期预测模型研究．煤炭学报，29（5）：568～571

阜新煤矿学院通风安全教研室．1978．采场空气流动状况及采空区有害气体涌出．煤炭科学技术，（12）：46～53

傅维镳．2003．煤燃烧理论及其宏观通用规律．北京：清华大学出版社

顾俊杰，王德明，仲晓星，等．2009．基于失碳速率的煤氧化动力学模型研究．火灾科学，18（3）：138～142

何启林，王德明．2004．综放面采空区遗煤自然发火过程动态数值模拟．中国矿业大学学报，33（1）：11～14

胡俊粉，秦跃平，崔云涛．2017．破碎岩石渗流特性及其应用研究．有色金属（矿山部分），69（2）：61～66

黄河，李志强，段辉．2009．铂热电阻在测温电路中的实际应用．煤炭技术，28（4）：47～49

黄金，杨胜强，褚廷湘，等．2009．采空区自燃三带漏风流场的数值模拟．煤炭科学技术，（6）：60～63

黄先伍，唐平，缪协兴，等．2005．破碎砂岩渗透特性与孔隙率关系的试验研究．岩土力学，26（9）：1385～1388

贾海林，余明高．2011．煤矸石绝热氧化的失重阶段及特征温度点分析．煤炭学报，36（4）：648～653

蒋曙光，张人伟，陈开岩. 1998. 监测温度和气体确定采空区自燃“三带”的研究. 中国矿业大学学报（1）：56～59

卡连金 И B. 1984. 煤的自燃及其预测. 北京：煤炭工业出版社

兰泽全，张国枢，马汉鹏. 2008. 多漏风采空区“三带”分布模拟研究. 矿业安全与环保，35（4）：1～4

李江全，支民，丛锦玲，等. 2000. 铂热电阻测温中的线性化处理. 石河子大学学报（自科版），4（2）：138～141

李金帅，王德明，仲晓星，等. 2011. 低温阶段程序升温法对煤氧化过程影响的研究. 中国安全科学学报，21（5）：72

李庆扬，王能超，易大义. 2008. 数值分析. 北京：清华大学出版社

李顺才，缪协兴，陈占清. 2005. 破碎岩体非达西渗流的非线性动力学分析. 煤炭学报，30（5）：557～561

李增华. 1996. 煤炭自燃的自由基反应机理. 中国矿业大学学报，（3）：111～114

李增华，位爱竹，杨永良. 2006. 煤炭自燃自由基反应的电子自旋共振实验研究. 中国矿业大学学报，35（5）：576～580

李宗翔. 2003. 综放采空区防灭火注氮数值模拟与参数确定. 中国安全科学学报，13（5）：53～57

李宗翔. 2007. 高瓦斯易自燃采空区瓦斯与自燃耦合研究. 辽宁工程技术大学博士学位论文

李宗翔，秦书玉. 1999. 综放工作面采空区自然发火的数值模拟研究. 煤炭学报，（5）：494～497

李宗翔，许端平，刘立群. 2002. 采空区自然发火" 三带" 划分的数值模拟. 辽宁工程技术大学学报，21（5）：545～548

李宗翔，单龙彪，张文君. 2004a. 采空区开区注氮防灭火的数值模拟研究. 湖南科技大学学报（自然科学版），19（3）：5～9

李宗翔，韦涌清，孙世军. 2004b. 非均质采空区气-固耦合温度场迎风有限元求解. 昆明理工大学学报（自然科学版），29（2）：5～9

李宗翔，吴志君，王振祥. 2004c. 采空区遗煤自燃升温过程的数值模型及其应用. 安全与环境学报，4（6）：58～61

李宗翔，吴强，肖亚宁. 2008. 采空区瓦斯涌出与自燃耦合基础研究. 中国矿业大学学报，37（1）：38～42

李宗翔，吴强，潘利明. 2009. 采空区双分层渗流模型及耗氧-升温分布特征. 中国矿业大学学报，38（2）：182～186

李宗翔，衣刚，武建国，等. 2012. 基于“O”型冒落及耗氧非均匀采空区自燃分布特征. 煤炭学报，37（3）：484～489

梁运涛，张腾飞，王树刚，等. 2009. 采空区孔隙率非均质模型及其流场分布模拟. 煤炭学报，（9）：1203～1207

刘宏波. 2012. 综放工作面采空区自然发火三维数值模拟研究，中国矿业大学（北京）博士学位论文

刘剑，王继仁，孙宝铮. 1999. 煤的活化能理论研究. 煤炭学报，24（3）：316～320

刘伟. 2012. 基于非达西渗流的采空区自然发火数值模拟研究. 中国矿业大学（北京）

刘伟. 2014. 采空区自然发火的多场耦合机理及三维数值模拟研究. 中国矿业大学（北京）博士学位论文

刘伟，张国玉，郝永江. 2012. 综采面采空区温度的现场观测及数据处理. 煤矿安全工程，44（7）：16～130

刘伟，秦跃平，郝永江，等. 2013. “Y”型通风下采空区自然发火数值模拟. 辽宁工程技术大学学报，（7）：874～879

刘卫群．2003．破碎岩体的渗流理论及其应用研究．岩石力学与工程学报，22（8）：1262～1262
刘卫群，缪协兴．2006．综放开采 J 型通风采空区渗流场数值分析．岩石力学与工程学报，25（6）：1152～1158
刘卫群，缪协兴，余为，等．2006．破碎岩石气体渗透性的试验测定方法．实验力学，18（3）：399～402
刘英学，邬培菊．1997．黄泥灌浆防止采空区遗煤自燃的机理分析与应用．中国安全科学学报，（1）：36～39
陆伟．2008．基于耗氧量的煤自燃倾向性快速鉴定方法．湖南科技大学学报（自然科学版），23（1）：15～18
陆伟，王德明，周福宝，等．2005．绝热氧化法研究煤的自燃特性．中国矿业大学学报，34（2）：213～217
陆伟，王德明，仲晓星，等．2006．基于活化能的煤自燃倾向性研究．中国矿业大学学报，35（2）：201～205
马尚权，朱建芳，蔡卫，等．2007．FBG 技术连续监测采空区温度的应用实践．煤矿安全，38（12）：36～39
马占国，缪协兴，陈占清，等．2009．破碎煤体渗透特性的试验研究．岩土力学，30（4）：985～988
彭信山，景国勋．2011．基于 MATLAB 的采空区自燃发火的数值模拟分析．煤炭技术，30（4）：103～104
戚绪尧．2011．煤中活性基团的氧化及自反应过程．煤炭学报，36（12）：2133～2134
戚颖敏，钱国胤．1996．煤自燃倾向性色谱吸氧鉴定方法与应用·煤，5（2）：5～9
秦波涛，王德明，陈建华，等．2005．粉煤灰三相泡沫组成成分及形成机理研究．煤炭学报，30（2）：155～159
秦跃平，曲方．1998．回采工作面围岩散热的无因次分析．煤炭学报，23（1）：62～66
秦跃平，宋宜猛，杨小彬，等．2010．粒度对采空区遗煤氧化速度影响的实验研究．煤炭学报，35（S1）：132～135
秦跃平，刘伟，杨小彬，等．2012．基于非达西渗流的采空区自然发火数值模拟．煤炭学报，37（7）：1177～1183
秦跃平，宋怀涛，刘伟，等．2015．煤粒分散度对遗煤自燃影响的试验研究．煤矿安全，46（1）：22～25
单亚飞．2006．煤中低分子化合物的氧化自燃机理研究．辽宁工程技术大学博士学位论文
石婷，邓军，王小芳，等．2004．煤自燃初期的反应机理研究．燃料化学学报，32（6）：652～657
时国庆，胡方坤，王德明，等．2014．采空区自燃“三带”分布规律的四维动态模拟．中国矿业大学学报，43（2）：189～194
宋怀涛．2013．采空区遗煤氧化放热实验研究．中国矿业大学（北京）
宋录生．2008．矿井惰性气体防灭火技术．北京：化学工业出版社
宋宜猛．2012．采空区分区渗流与煤自燃耦合规律研究．中国矿业大学（北京）博士学位论文
宋泽阳，朱红青，徐纪元，等．2014．地下煤火高温阶段贫氧不完全燃烧耗氧速率的计算．煤炭学报，39（12）：2439～2445
谭波，朱红青，王海燕，等．2013．煤的绝热氧化阶段特征及自燃临界点预测模型．煤炭学报，38（1）：38～43
王从陆，伍爱友，蔡康旭．2006．煤炭自燃过程中耗氧速率与温度耦合研究．煤炭科学技术，31（4）：65～67

王德明．2012．煤氧化动力学理论及应用．北京：科学出版社
王继仁，邓存宝．2007．煤微观结构与组分量质差异自燃理论．煤炭学报，32（12）：1291～1296
王继仁，金智新，邓存宝．2007．煤自燃量子化学理论．北京：科学出版社
王继仁，邓汉忠，邓存宝，等．2008．煤自燃生成一氧化碳和水的反应机理研究．计算机与应用化学，25（8）：935～940
王雷，胡亚非，杨杜．2005．铂热电阻的接线造成温度失真现象的研究．煤炭工程，（9）：69～71
王省声，张国枢．1990．矿井火灾防治．徐州：中国矿业大学出版社
王月红．2009．移动坐标下采空区自然发火的有限体积法模拟研究．中国矿业大学（北京）博士学位论文
位爱竹，李增华，潘尚昆．2007．紫外线引发煤自由基反应的实验研究．中国矿业大学学报（36（5））：582～585
文虎，徐精彩．2003．煤自燃过程的动态数学模型及数值分析．北京科技大学学报，25（5）：387～390
文虎，徐精彩，葛岭梅，等．2001．煤自燃性测试技术及数值分析．北京科技大学学报，23（6）：499～501
夏允庆，万俊华，郜冶．2007．燃烧理论基础．哈尔滨：哈尔滨工程大学出版社
谢振华，金龙哲．2003．程序升温条件下煤炭自燃特性．北京科技大学学报，25（1）：12～14
徐精彩，张辛亥，文虎，等．1999．程序升温实验中用键能变化量估算煤的氧化放热强度．火灾科学，（4）：59～63
徐精彩，许满贵，文虎，等．2000a．煤氧复合速率变化规律研究．煤炭转化，23（3）：63～66
徐精彩，许满贵，邓军，等．2000b．基于煤氧复合过程分析的自然发火期预测技术研究．火灾科学，9（3）：21～27
徐精彩，文虎，邓军，等．2000c．煤自燃极限参数研究．火灾科学，9（2）：14～18
徐精彩，张辛亥，文虎，等．2000d．煤氧复合过程及放热强度测算方法．中国矿业大学学报，29（3）：253～257
徐精彩，文虎，葛岭梅，等．2000e．松散煤体低温氧化放热强度的测定和计算．煤炭学报，25（4）：387～390
徐精彩，薛韩玲，文虎，等．2001．煤氧复合热效应的影响因素分析．中国安全科学学报，11（2）：31～36
徐精彩，文虎，张辛亥，等．2003a．综放面巷道煤层自燃危险区域判定方法．北京科技大学学报，25（1）：9～11
徐精彩，文虎，邓军．2003b．煤层自燃胶体防灭火理论与技术．北京：煤炭工业出版社
许涛，王德明，辛海会，等．2011．煤低温恒温氧化过程反应特性的试验研究．中国安全科学学报，21（9）：113～118
许涛，王德明，辛海会，等．2012．煤自燃过程温升特性及产生机理的实验研究．采矿与安全工程学报，29（4）：575～580
许越．2004．化学反应动力学．北京：化学工业出版社
杨永良，李增华，高思源，等．2011．煤实验最短自然发火期定量测定方法研究．采矿与安全工程学报，28（3）：456～461
于水军，余明高，潘荣锟，等．2008．煤升温氧化过程中气体解析规律研究．河南理工大学学报（自然科学版），27（5）：497～502
余明高，黄之聪，岳超平．2001a．煤最短自然发火期解算数学模型．煤炭学报，26（5）：516～519
余明高，王清安，范维澄，等．2001b．煤层自然发火期预测的研究．中国矿业大学学报，30（4）：

384 ~ 387
余明高，常绪华，贾海林，等. 2010. 基于 Matlab 采空区自燃“三带”的分析. 煤炭学报（4）：600 ~ 604
余为，李强，黄伟，等. 2007. 破碎岩体中的气体渗流规律研究. 燕山大学学报，31（4）：317 ~ 321
翟小伟. 2012. 煤氧化过程 CO 产生机理及安全指标研究. 西安科技大学博士学位论文
张国枢. 2007. 通风安全学. 徐州：中国矿业大学出版社
张国枢，戴广龙. 2002. 煤炭自燃理论与防治实践. 北京：煤炭工业出版社
张国枢，戴广龙，王卫平. 1999. 煤炭自燃模拟实验装置设计与研制. 安徽理工大学学报（自科版），19（4）：11 ~ 13
张瑞新，谢之康. 2000. 露天煤体自然发火的试验研究. 中国矿业大学学报，29（3）：235 ~ 238
张瑞新，谢和平. 2001. 煤堆自然发火的试验研究. 煤炭学报，26（2）：168 ~ 171
张辛亥，徐精彩，邓军，等. 2002. 煤的耗氧速度及其影响因素恒温实验研究. 西安科技大学学报，22（3）：243 ~ 246
章梦涛，王景琰. 1983. 采场空气流动状况的数学模型和数值方法. 煤炭学报（3）：48 ~ 56
章梦涛，王景琰，梁栋. 1987. 采场大气中沼气运移过程的数值模拟. 煤炭学报（3）：25 ~ 32
赵凤杰. 2005. 基于活化能指标煤的自燃倾向性的研究. 辽宁工程技术大学硕士学位论文
仲晓星，王德明，尹晓丹. 2010. 基于程序升温的煤自燃临界温度测试方法. 煤炭学报，35（s1）：128 ~ 131
周西华，郭梁辉，孟乐. 2012. 易自燃煤层综放工作面采空区自然发火防治数值模拟. 中国地质灾害与防治学报，23（1）：83 ~ 87
朱红青，郭艾东，屈丽娜. 2012a. 煤热动力学参数、特征温度与挥发分关系的试验研究. 中国安全科学学报，22（3）：55 ~ 60
朱红青，刘鹏飞，刘星魁，等. 2012b. 采空区注氮过程中自燃带范围与温度变化的数值模拟. 湖南科技大学学报（自然科学版），27（1）：1 ~ 6
朱红青，王海燕，宋泽阳，等. 2014a. 煤绝热氧化动力学特征参数与变质程度的关系. 煤炭学报，39（3）：498 ~ 503
朱红青，王海燕，杨成轶，等. 2014b. 松散煤低温耗氧速率的多因素作用特征及模型. 中南大学学报（自然科学版），（8）：2845 ~ 2850
朱建芳. 2006. 动坐标下采空区自燃无因次模型及判别准则研究. 中国矿业大学博士学位论文
朱建芳，蔡卫，秦跃平. 2009. 基于移动坐标的采空区自然发火模型研究. 煤炭学报，（8）：1095 ~ 1099
朱学栋，朱子彬，韩崇家，等. 2000. 煤的热解研究 III. 煤中官能团与热解生成物. 华东理工大学学报，（1）：14 ~ 17
Akgün F, Arisoy A. 1994. Effect of particle size on the spontaneous heating of a coal stockpile. Combustion & Flame, 99（1）：137 ~ 146
Akgün F, Essenhigh R H. 2001. Self-ignition characteristics of coal stockpiles：theoretical prediction from a two-dimensional unsteady-state model. Fuel, 80（3）：409 ~ 415
Bear J. 1983. 多孔介质渗流力学. 李竟生，陈崇希译. 北京：中国建筑工业出版社
Baris K, Kizgut S, Didari V. 2012. Low-temperature oxidation of some Turkish coals. Fuel, 93（1）：423 ~ 432
Beamish B B, Barakat M A, George J D S. 2001. Spontaneous-combustion propensity of New Zealand coals under adiabatic conditions. International Journal of Coal Geology, 45（2-3）：217 ~ 224
Chen X D, Stott J B. 1997. Oxidation rates of coals as measured from one-dimensional spontaneous heating. Combustion & Flame, 109（4）：578 ~ 586

Cliff D, Davis R, Bennet A, *et al.* 1998. Large scale laboratory testing of the spontaneous combustibility of Australian coals: 175 ~ 179

Conf J B S P. 1985. Safety in mines Res. Inst. Australia: 521 ~ 527

Davis J D, Byrne J F. 1924. An adiabatic method for studying spontaneous heating of coal. Journal of the American Ceramic Society, 7 (11): 809 ~ 816

Deng J, Xiao Y, Li Q, *et al.* 2015. Experimental studies of spontaneous combustion and anaerobic cooling of coal. Fuel, 157: 261 ~ 269

Fierro V. 1999a. Prevention of spontaneous combustion in coal stockpiles : experimental results in coal storage yard. Fuel Processing Technology, 59 (1): 23 ~ 34

Fierro V. 1999b. Use of infrared thermography for the evaluation of heat losses during coal storage. Fuel Processing Technology, 60 (3): 213 ~ 229

Fierro V, Miranda J L, Romero C, *et al.* 2001. Model predictions and experimental results on self-heating prevention of stockpiled coals. Fuel, 80 (1): 125 ~ 134

Garcia P, Hall P J, Mondragon F. 1999. The use of differential scanning calorimetry to identify coals susceptible to spontaneous combustion. Thermochimica Acta, 336 (1-2): 41 ~ 46

Ham B. 2005. A review of spontaneous combustion incidents. International Journal of Coal Geology

Hao S, Jiang S G, Yan W Z, *et al.* 2014. Comparative research on the influence of dioxide carbon and nitrogen on performance of coal spontaneous combustion. Journal of China Coal Society, 39 (11): 2244 ~ 2249

Hu S, Feng G, Xia T, *et al.* 2016. Changes on methane concentration after CO_2 injection in a longwall gob: a case study. Journal of Natural Gas Science & Engineering, 29: 550 ~ 558

Jiang S, Zhang R. 1998. Determination of spontaneous combustion "Three-Zone" by measuring gas consistency and temperature in goaf. Journal of China University of Mining & Technology

Kim C J, Sohn C H. 2012. A novel method to suppress spontaneous ignition of coal stockpiles in a coal storage yard. Fuel Processing Technology, 100 (100): 73 ~ 83

Krishnaswamy S, Gunn R D, Agarwal P K. 1996. Low-temperature oxidation of coal. 2. An experimental and modelling investigation using a fixed-bed isothermal flow reactor. Fuel, 75 (3): 174 ~ 174

Liu L, Zhou F B. 2010. A comprehensive hazard evaluation system for spontaneous combustion of coal in underground mining. International Journal of Coal Geology, 82 (1): 27 ~ 36

Liu W, Qin Y. 2017a. A quantitative approach to evaluate risks of spontaneous combustion in longwall gobs based on CO emissions at upper corner. Fuel, 210: 359 ~ 370

Liu W, Qin Y. 2017b. Multi-physics coupling model of coal spontaneous combustion in longwall gob area based on moving coordinates. Fuel, 188: 553 ~ 566

Liu W, Qin Y P, Hao Y J, *et al.* 2013. Minimum secure speed of fully mechanized coal face based on critical temperature of coal spontaneous combustion. International Journal of Coal Science and Technology, 19 (2): 147 ~ 152

Lu P, Liao G X, Sun J H, *et al.* 2004a. Experimental research on index gas of the coal spontaneous at low-temperature stage. Journal of Loss Prevention in the Process Industries, 17 (3): 243 ~ 247

Lu P, Liao G X, Sun J H, *et al.* 2004b. Experimental research on index gas of the coal spontaneous at low-temperature stage. Journal of Loss Prevention in the Process Industries, 17 (3): 243 ~ 247

Lu W, Cao Y J, Ctien J. 2017. Method for prevention and control of spontaneous combustion of coal seam and its application in mining field. International Journal of Mining Science and Technology, 27 (5): 839 ~ 846

Lu Y, Qin B. 2015. Identification and control of spontaneous combustion of coal pillars: a case study in the Qianyingzi Mine, China. Natural Hazards, 75 (3): 2683 ~ 2697

Mcdonald L B, Pomroy W H. 1980. Statistical analysis of coal-mine fire incidents in the United States from 1950 to 1977

Nubling R H W. 1915. Spontaneous combustion of coal. Journal of Gasbeleucht, (58): 515 ~ 517

O′Sullivan M J. 2006. Modelling the spontaneous combustion of coal: the adiabatic testing procedure. Combustion Theory & Modelling, 10 (6): 907 ~ 926

Pan R, Cheng Y, Yu M, *et al*. 2013. New technological partition for "three zones" spontaneous coal combustion in goaf. International Journal of Mining Science and Technology, 23 (4): 489 ~ 493

Patil A O, Kelemen S R. 1995. In-situ polymerization of pyrrole in coal. Abstracts of Papers of the American Chemical Society, 209 (1): 5 ~ 10

Qi G, Wang D, Chen Y, *et al*. 2014. The application of kinetics based simulation method in thermal risk prediction of coal. Journal of Loss Prevention in the Process Industries, 29: 22 ~ 29

Qin B T, Prof A. 2007. Present situation and development of mine fire control technology. China Safety Science Journal, 17 (12): 80 ~ 85

Qin B T, Sun Q G, Wang D M, *et al*. 2009. Analysis and key control technologies to prevent spontaneous coal combustion occurring at a fully mechanized caving face with large obliquity in deep mines. International Journal of Mining Science and Technology, 19 (4): 446 ~ 451

Qin Y, Liu W, Yang C, *et al*. 2012. Experimental study on oxygen consumption rate of residual coal in goaf. Safety Science, 50 (4): 787 ~ 791

Querol X, Zhuang X, Font O, *et al*. 2011. Influence of soil cover on reducing the environmental impact of spontaneous coal combustion in coal waste gobs: a review and new experimental data. International Journal of Coal Geology, 85 (1): 2 ~ 22

Rao S S. 1991. 工程中的有限元法. 傅子智译. 北京: 科学出版社

Ren T X, Edwards J S, Clarke D. 1999. Adiabatic oxidation study on the propensity of pulverised coals to spontaneous combustion. Fuel, 78 (14): 1611 ~ 1620

Stott J B, Harris B J. 1988. 绝热量热器测量氧化空气中的湿煤的计算机模拟以及用 2m 绝热容器所作的试验. 煤矿安全, (4): 51

Sakurovs R, Day S, Weir S. 2012. Relationships between the sorption behaviour of methane, carbon dioxide, nitrogen and ethane on coals. Fuel, 97: 725 ~ 729

Schmal D, Duyzer J H, Heuven J W V. 1985. A model for the spontaneous heating of coal. Fuel, 64 (7): 963 ~ 972

Shi J Q, Durucan S, Fujioka M. 2008. A reservoir simulation study of CO_2 injection and N_2 flooding at the Ishikari coalfield CO_2 storage pilot project, Japan. International Journal of Greenhouse Gas Control, 2 (1): 47 ~ 57

Singh A K, Singh R V K, Chandra M P, *et al*. 2007. Mine fire gas indices and their application to Indian underground coal mine fires. International Journal of Coal Geology, 69 (3): 192 ~ 204

Smith A C M Y. 1991. Large-scale studies on spontaneous combustion of coal. US Bureau of Mines, Report of Investigation

Smith M A, Glasser D. 2005. Spontaneous combustion of carbonaceous stockpiles. Part II. Factors affecting the rate of the low-temperature oxidation reaction. Fuel, 84 (9): 1161 ~ 1170

Song Z, Kuenzer C. 2014. Coal fires in China over the last decade: a comprehensive review. International Journal of Coal Geology, 133: 72 ~ 99

Stott J B, Harris B J, Hansen P J. 1987. A 'full-scale' laboratory test for the spontaneous heating of coal. Fuel, 66 (7): 1012 ~ 1013

Su H, Zhou F, Song X, *et al*. 2017. Risk analysis of spontaneous coal combustion in steeply inclined longwall gobs using a scaled-down experimental set-up. Process Safety & Environmental Protection, 111: 1 ~ 12

Sujanti W, Zhang D K. 1999. A laboratory study of spontaneous combustion of coal: the influence of inorganic matter and reactor size. Fuel, 78 (5): 549 ~ 556

Taraba B, Michalec Z. 2011. Effect of longwall face advance rate on spontaneous heating process in the gob area-CFD modelling. Fuel, 90 (8): 2790 ~ 2797

Taraba B, Michalec Z, Blejchař T, *et al*. 2014. CFD simulations of the effect of wind on the spontaneous heating of coal stockpiles. Fuel, 118 (1): 107 ~ 112

Taraba B, Slovak V, Michalec Z, *et al*. 2008. Development of oxidation heat of the coal left in the mined-out area of a longwall face: modelling using the fluent software. Journal of Mining and Metallurgy, Section B: Metallurgy, 44 (1): 73 ~ 81

Tevrucht M L E, Griffiths P R. 1989. Activation energy of air-oxidized bituminous coals. Energy & Fuels, 3 (4): 522 ~ 527

Trevits M A, Yuan L, Smith A C, *et al*. 2008. The status of mine fire research in the United States. Proceedings of the 21st World Mining Congress, September 7-11, 2008, Krakow, Poland

Wachowicz. 2008. Analysis of underground fires in Polish hard coal mines. International Journal of Mining Science and Technology, 18 (3): 332 ~ 336

Wang H, Dlugogorski B Z, Kennedy E M. 1999. Theoretical analysis of reaction regimes in low-temperature oxidation of coal. Fuel, 78 (9): 1073 ~ 1081

Wang H, And B Z D, Kennedy E M. 2003a. Pathways for production of CO_2 and CO in low-temperature oxidation of coal. Energy & Fuels, 17 (1): 12-1 ~ 12-8

Wang H, Dlugogorski B Z, Kennedy E M. 2003b. Analysis of the mechanism of the low-temperature oxidation of coal. Combustion & Flame, 134 (1): 107 ~ 117

Wang H, Dlugogorski B Z, Kennedy E M. 2004. Coal oxidation at low temperatures: oxygen consumption, oxidation products, reaction mechanism and kinetic modelling. Cheminform, 35 (21): 487 ~ 513

Wang D, Dou G, Zhong X, *et al*. 2014. An experimental approach to selecting chemical inhibitors to retard the spontaneous combustion of coal. Fuel, 117 (5): 218 ~ 223

Wang Y, Wu J, Xue S, *et al*. 2017. Experimental Study on the molecular hydrogen release mechanism during low-temperature oxidation of coal. Energy & Fuels, 31 (5): 5498 ~ 5506

Wen H, Yu Z, Fan S, *et al*. 2017. Prediction of spontaneous combustion potential of coal in the gob area using CO extreme concentration: a case study. Combustion Science & Technology, 189 (10): 1713 ~ 1727

Wessling S, Kessels W, Schmidt M, *et al*. 2010. Investigating dynamic underground coal fires by means of numerical simulation. Geophysical Journal International, 172 (1): 439 ~ 454

Wu J J, Liu X C. 2011. Risk assessment of underground coal fire development at regional scale. International Journal of Coal Geology, 86 (1): 87 ~ 94

Xia T, Zhou F, Liu J, *et al*. 2014. A fully coupled hydro-thermo-mechanical model for the spontaneous combustion of underground coal seams. Fuel, 125 (125): 106 ~ 115

Xia T, Wang X, Zhou F, *et al*. 2015a. Evolution of coal self-heating processes in longwall gob areas. International Journal of Heat & Mass Transfer, 86: 861 ~ 868

Xia T, Zhou F, Gao F, *et al*. 2015b. Simulation of coal self-heating processes in underground methane-rich coal seams. International Journal of Coal Geology, 141-142: 1 ~ 12

Xia T, Zhou F, Wang X, *et al*. 2016. Controlling factors of symbiotic disaster between coal gas and spontaneous combustion in longwall mining gobs. Fuel, 182: 886 ~ 896

Xie J, Xue S, Cheng W, *et al*. 2011. Early detection of spontaneous combustion of coal in underground coal mines with development of an ethylene enriching system. International Journal of Coal Geology, 85 (1): 123 ~ 127

Xuyao Q, Wang D, Zhong X, *et al*. 2010. Characteristics of oxygen consumption of coal at programmed temperatures. International Journal of Mining Science and Technology, 20 (3): 372 ~ 377

Yang Y L, Zeng-hua L, Pan S K, *et al*. 2009. Oxidative heat release intensity in coal at low temperatures measured by the hot-wire method. International Journal of Mining Science and Technology, 19 (3): 326 ~ 330

Yuan L, Smith A C. 2008. Numerical study on effects of coal properties on spontaneous heating in longwall gob areas. Fuel, 87 (15-16): 3409 ~ 3419

Yuan L, Smith A C. 2009. CFD modeling of spontaneous heating in a large-scale coal chamber. Journal of Loss Prevention in the Process Industries, 22 (4): 426 ~ 433

Yuan L, Smith A C. 2011. CO and CO_2 emissions from spontaneous heating of coal under different ventilation rates. International Journal of Coal Geology, 88 (1): 24 ~ 30

Yuan L, Smith A C. 2013. Experimental study on CO and CO_2 emissions from spontaneous heating of coals at varying temperatures and O2 concentrations. Journal of Loss Prevention in the Process Industries, 26 (6): 1321 ~ 1327

Zhang C, Wang J, Zhang Z. 2013. Liquid carbon dioxide fire extinguishing equipments and their engendering applications. Science & Technology Review, 31 (18): 44 ~ 48

Zhang C, Hu G, Liao S, *et al*. 2016. Comparative study on the effects of nitrogen and carbon dioxide on methane/air flames. Energy, 106: 431 ~ 442

Zhang Y, Wu J, Chang L, *et al*. 2013a. Kinetic and thermodynamic studies on the mechanism of low-temperature oxidation of coal: a case study of Shendong coal (China). International Journal of Coal Geology, 120 (6): 41 ~ 49

Zhang Y, Wu J, Chang L, *et al*. 2013b. Changes in the reaction regime during low-temperature oxidation of coal in confined spaces. Journal of Loss Prevention in the Process Industries, 26 (6): 1221 ~ 1229

Zhang Y, Wang J, Wu J, *et al*. 2015. Modes and kinetics of CO_2 and CO production from low-temperature oxidation of coal. International Journal of Coal Geology, 140: 1 ~ 8

Zhang J, Choi W, Ito T, *et al*. 2016a. Modelling and parametric investigations on spontaneous heating in coal pile. Fuel, 176: 181 ~ 189

Zhang J, Liang Y, Ren T, *et al*. 2016b. Transient CFD modelling of low-temperature spontaneous heating behaviour in multiple coal stockpiles with wind forced convection. Fuel Processing Technology, 149: 55 ~ 74

Zhou F, Ren W, Wang D, *et al*. 2006. Application of three-phase foam to fight an extraordinarily serious coal mine fire. International Journal of Coal Geology, 67 (1): 95 ~ 100

Zhu H, Wang H, Yang C, *et al*. 2014. Characteristics and model of loose coal low-temperature oxygen consumption rate by multiple factors. Journal of Central South University, 45 (8): 2845 ~ 2850

Zhu H Q, Song Z Y, Tan B, *et al*. 2013. Numerical investigation and theoretical prediction of self-ignition characteristics of coarse coal stockpiles. Journal of Loss Prevention in the Process Industries, 26 (1): 236 ~ 244

Zong Xiang L, Zhong-Liang L, Qiang W, *et al*. 2007. Numerical simulation study of goaf methane drainage and spontaneous combustion coupling. International Journal of Mining Science and Technology, 17 (4): 503 ~ 507

后　记

采空区自然发火是流场、氧气浓度场、气体温度场及冒落煤岩固体温度场等多场相互耦合作用的结果。它的发生与煤本身的一些因素有关，如自燃倾向性、挥发分含量、粒度分布等，同时也受环境氧气浓度、工作面推进速度、工作面风量及遗煤厚度等的影响。这些因素都直接或间接影响遗煤的耗氧和放热特性，那么可以以耗氧和放热为纽带，将众多影响因素归结到这 4 个场中，从而从这 4 个场出发来研究采空区自然发火的发生、发展和结束过程。

本书首先从实验入手，研究了氧气浓度、粒度及挥发分含量等对煤自燃的影响，然后从宏观角度深入探讨了采空区内气体的渗流规律、氧气的扩散与耗散过程、热量的产生与散失途径，从而揭示了采空区自然发火的多场耦合机理与过程，进而建立自然发火的多场耦合三维模型，利用课题组所提出的四面体网格的有限体积法新算法进行离散，并独立开发了多场耦合解算程序软件，实现了采空区流场、氧气浓度场及温度场等分布的图形化显示，随后详述了采空区自然发火数值仿真在开区注氮效果评估、发火预测预报及停采状态下自然发火等方面的应用，最后介绍了井下干冰相变惰化防灭火技术。尽管如此，在研究的过程中，仍然发现了以下有待改进和完善的地方。

（1）本书主要研究了低瓦斯矿易燃煤层的采空区自然发火情况，而对于高瓦斯矿井，遗煤的瓦斯涌出会对采空区的流场造成影响，下一步将建立包含瓦斯场在内的采空区自然发火模型，使所编制的模拟软件能适用于高瓦斯矿井；

（2）在采空区气固双重介质中，矸石与空气换热的同时其内部还存在热弛豫现象，也就是说采空区任意一个地点，矸石受热过程中总是外层温度远大于内层温度，所有矸石块内外温度都呈现出非均匀性，造成采空区固体温度场分布起伏变化。这将会对采空区自然发火的预测造成巨大影响。另外，采空区自然发火是产热持续大于散热的产物，矸石的吸热作为散热的主要途径，对抑制煤自然发火意义重大。因此，作者下一步拟就采空区气固双重介质中矸石的传热及弛豫过程展开研究，结合本课题组前期的采空区自然发火多场耦合研究，建立包含矸石热弛豫过程在内的采空区发火多场耦合数学模型，定量分析矸石热弛豫过程对采空区自然发火的影响。

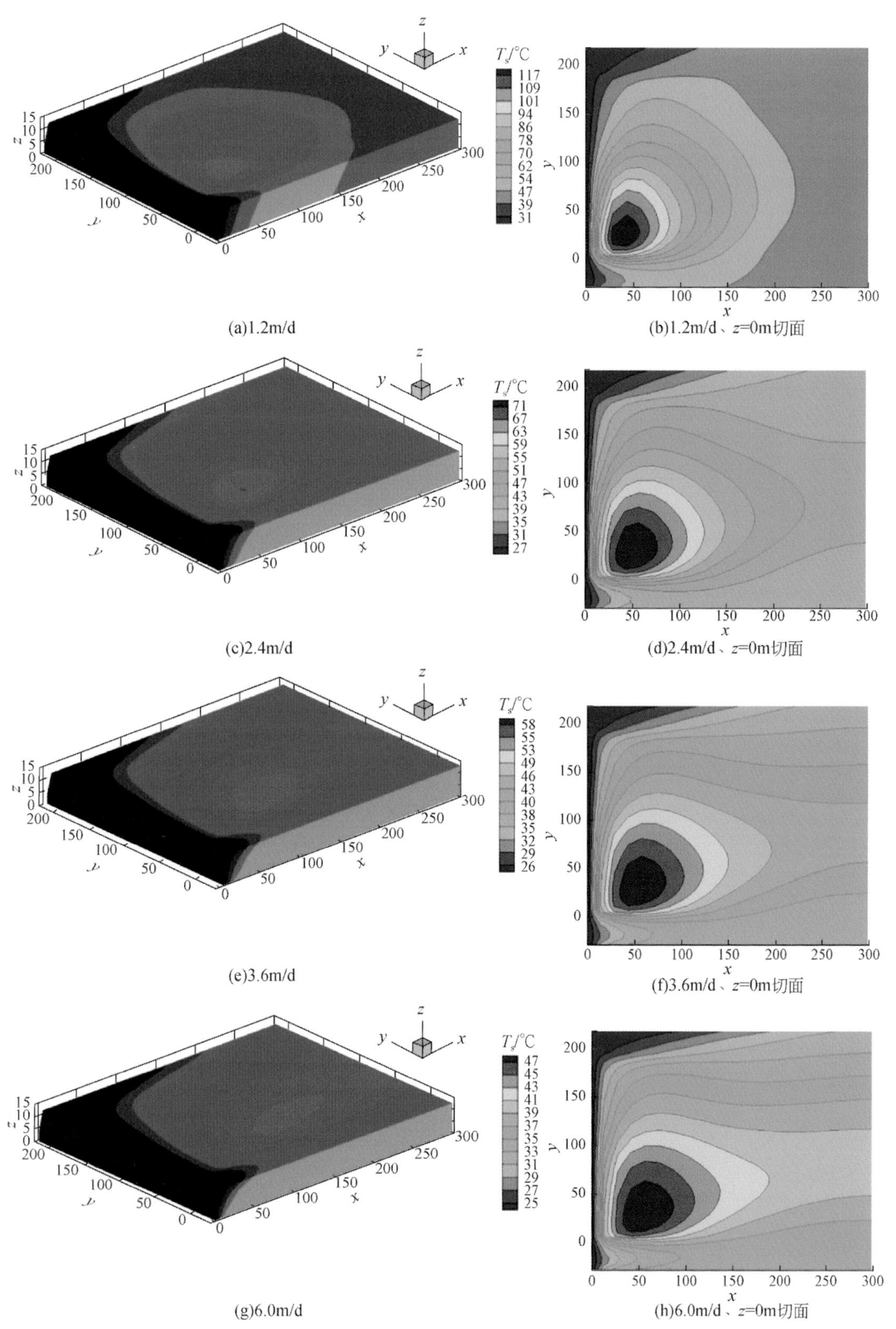

(a)1.2m/d (b)1.2m/d、z=0m切面

(c)2.4m/d (d)2.4m/d、z=0m切面

(e)3.6m/d (f)3.6m/d、z=0m切面

(g)6.0m/d (h)6.0m/d、z=0m切面

图 6.15 不同推进速度下的固体温度分布

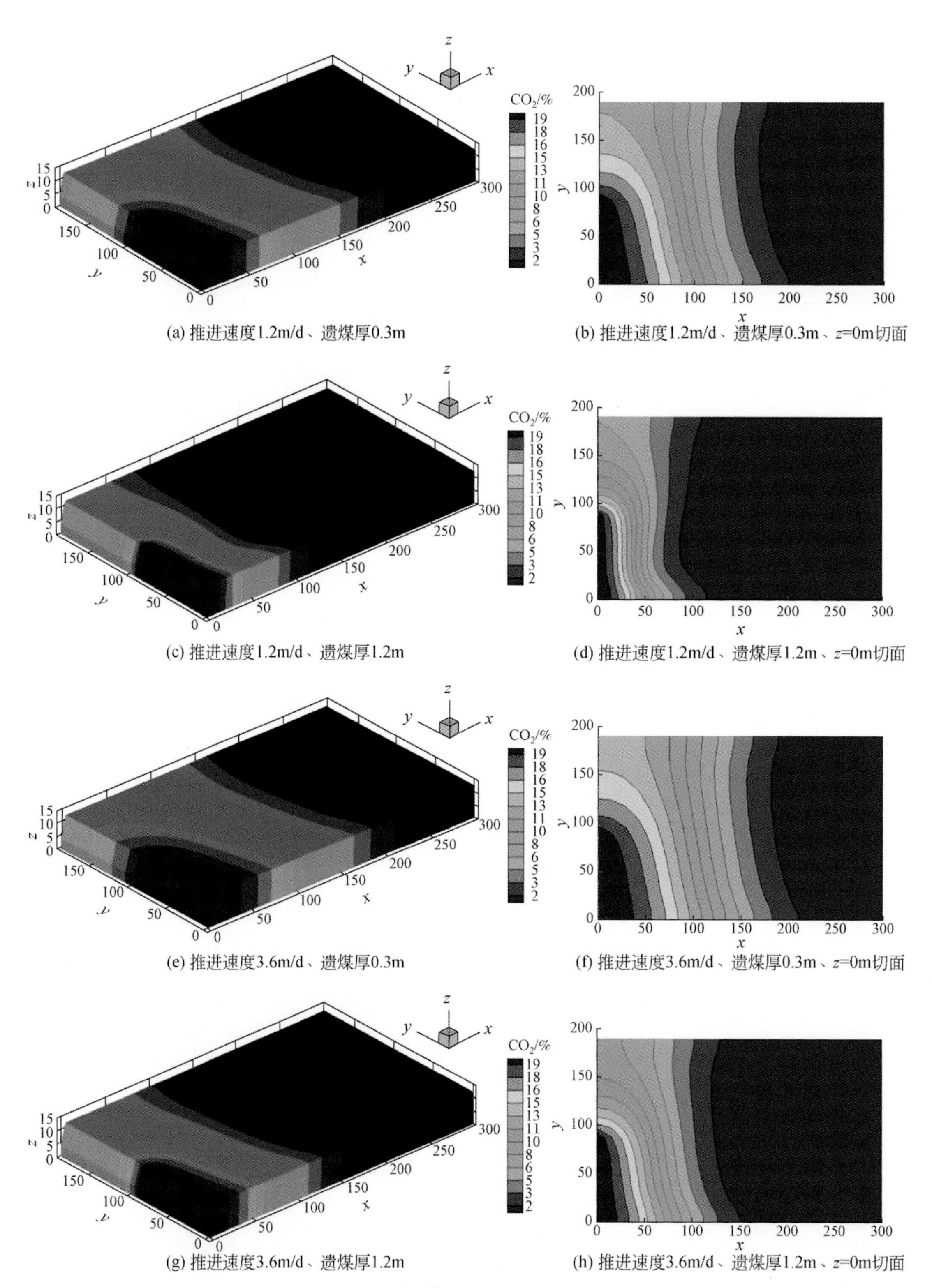

(a) 推进速度1.2m/d、遗煤厚0.3m

(b) 推进速度1.2m/d、遗煤厚0.3m、z=0m切面

(c) 推进速度1.2m/d、遗煤厚1.2m

(d) 推进速度1.2m/d、遗煤厚1.2m、z=0m切面

(e) 推进速度3.6m/d、遗煤厚0.3m

(f) 推进速度3.6m/d、遗煤厚0.3m、z=0m切面

(g) 推进速度3.6m/d、遗煤厚1.2m

(h) 推进速度3.6m/d、遗煤厚1.2m、z=0m切面

图 6.17　不同遗煤厚度下的氧气浓度分布

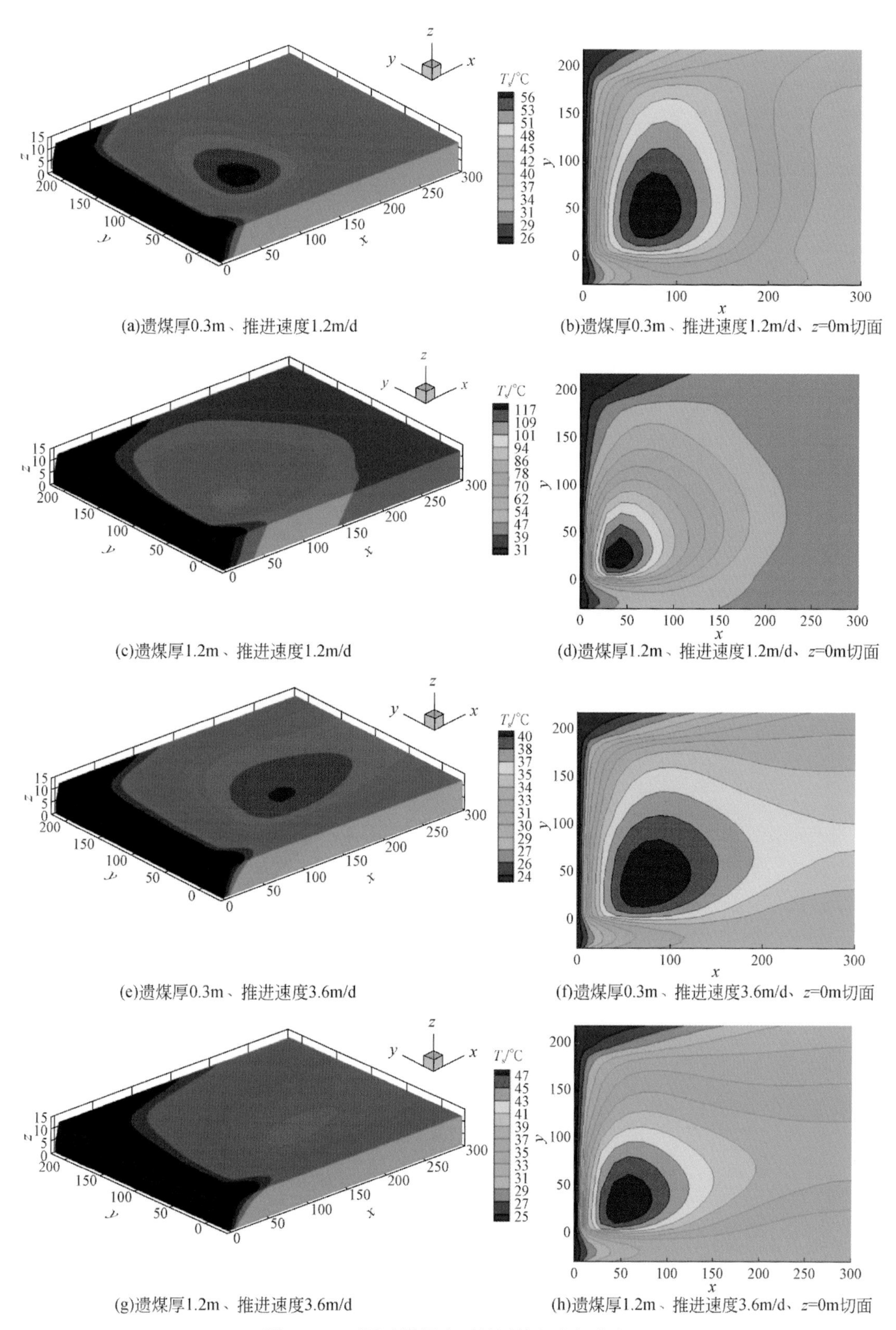

(a)遗煤厚0.3m、推进速度1.2m/d

(b)遗煤厚0.3m、推进速度1.2m/d、z=0m切面

(c)遗煤厚1.2m、推进速度1.2m/d

(d)遗煤厚1.2m、推进速度1.2m/d、z=0m切面

(e)遗煤厚0.3m、推进速度3.6m/d

(f)遗煤厚0.3m、推进速度3.6m/d、z=0m切面

(g)遗煤厚1.2m、推进速度3.6m/d

(h)遗煤厚1.2m、推进速度3.6m/d、z=0m切面

图 6.18 不同遗煤厚度下的固体温度场分布

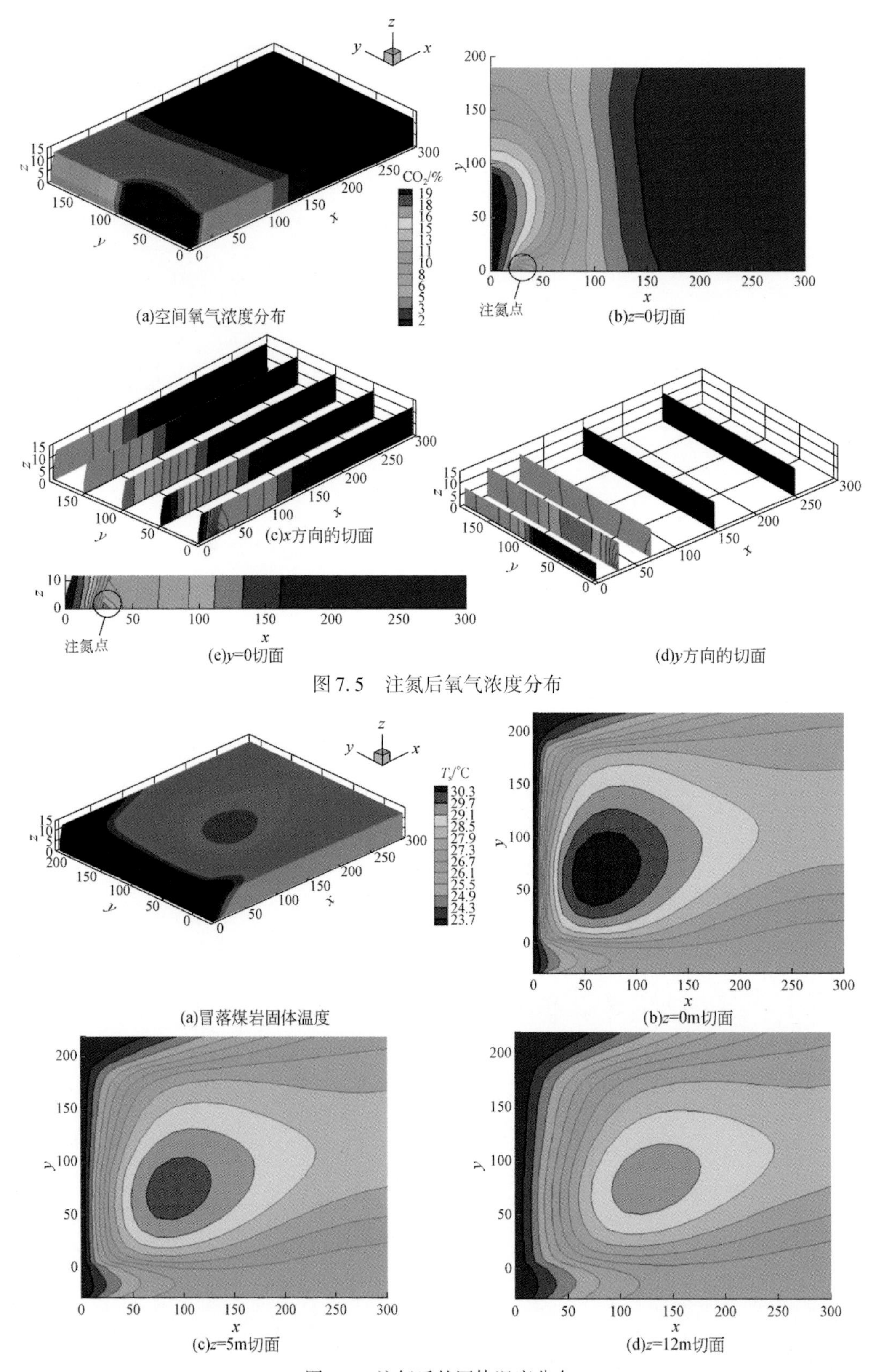

图 7.5　注氮后氧气浓度分布

图 7.6　注氮后的固体温度分布

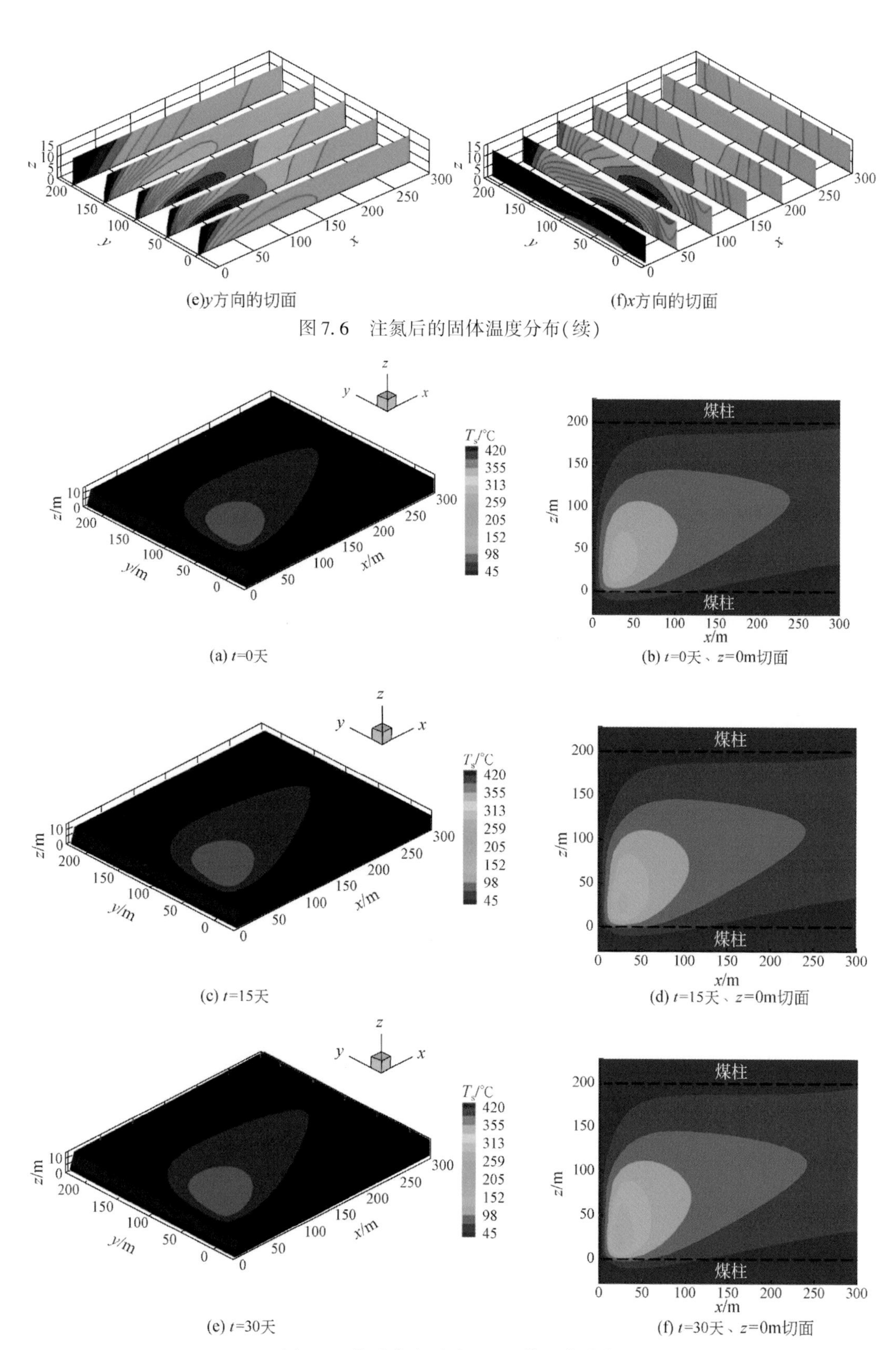

图 8.4　停采状态下采空区固体温度分布

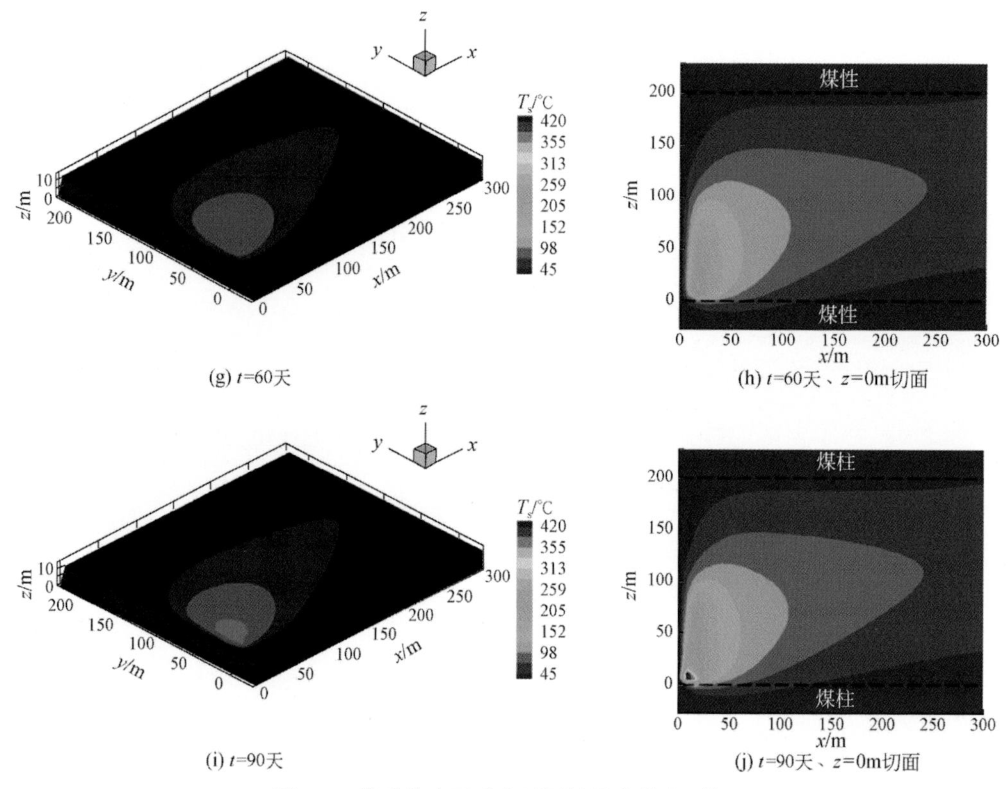

图 8.4　停采状态下采空区固体温度分布(续)

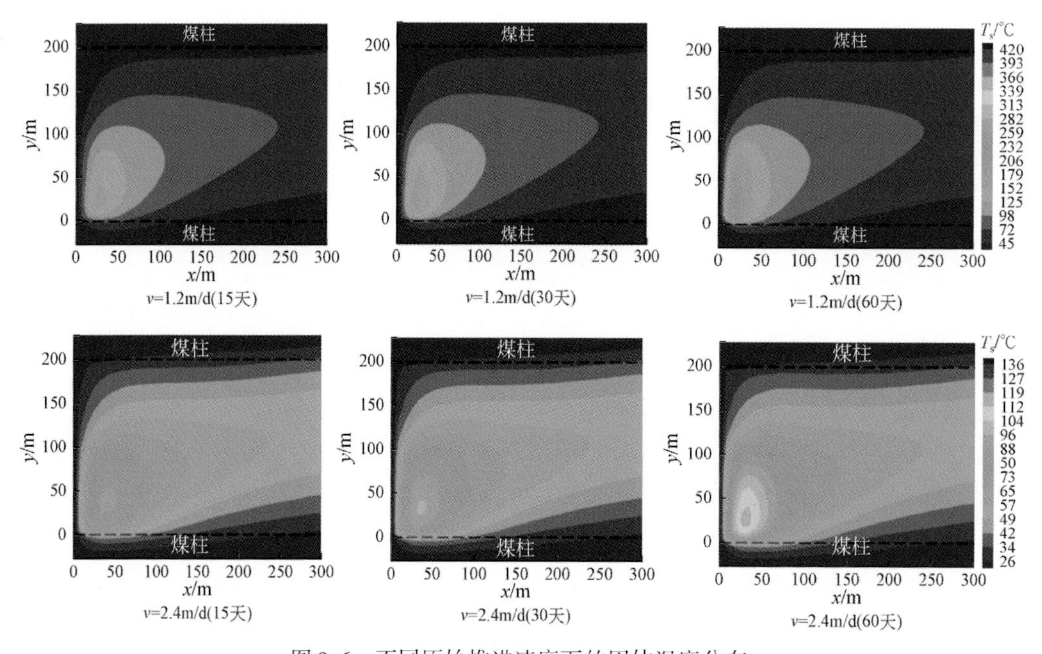

图 8.6　不同原始推进速度下的固体温度分布

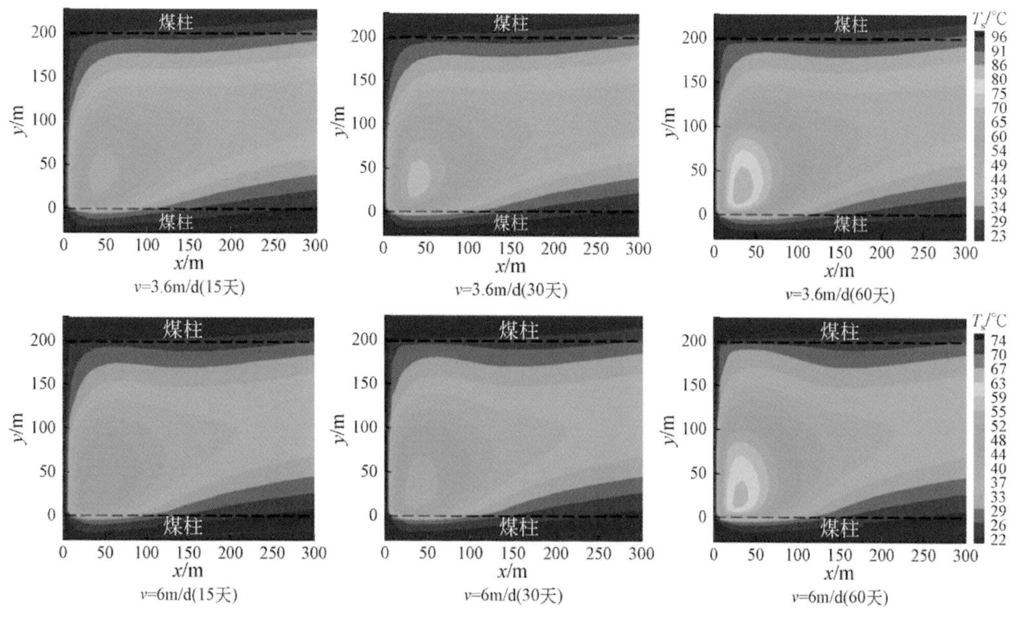

图 8.6　不同原始推进速度下的固体温度分布(续)

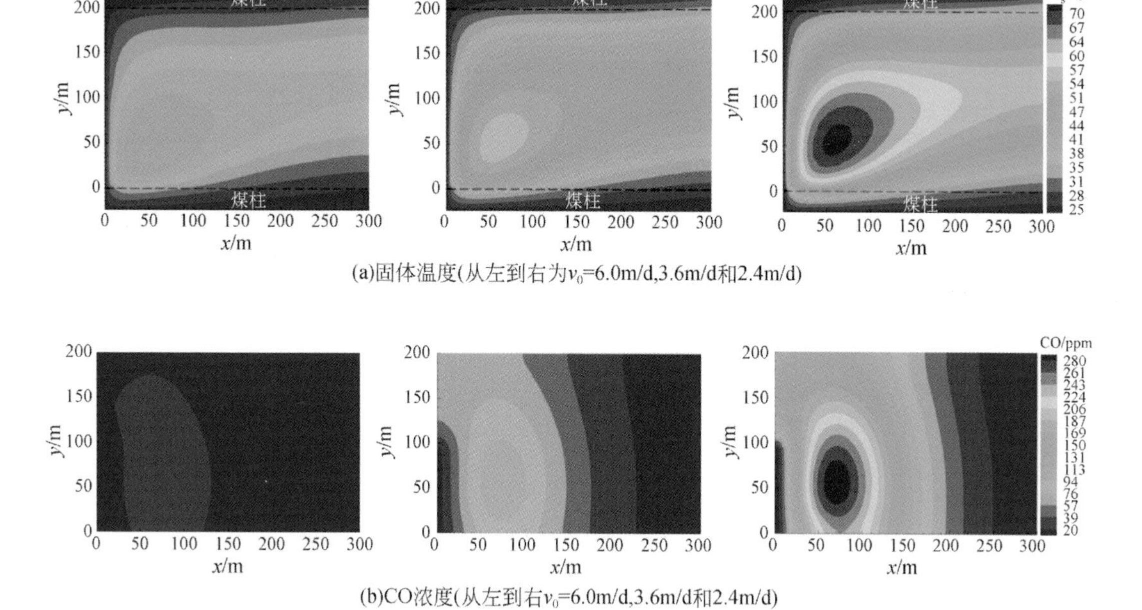

图 9.5　工作面推进速度对采空区固体温度及一氧化碳浓度分布的影响

注:h_0 = 0.4m,Q_f = 650m^3/min;C_0为上隅角一氧化碳浓度;提取的切片 z=0.1m

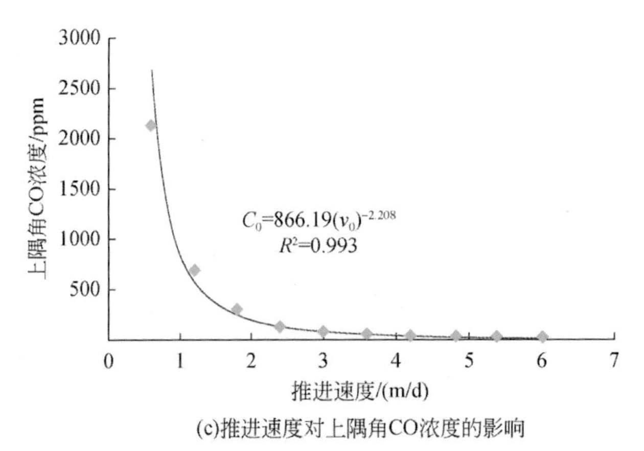

(c)推进速度对上隅角CO浓度的影响

图 9.5　工作面推进速度对采空区固体温度及一氧化碳浓度分布的影响(续)

注：h_0 = 0.4m，Q_f = 650m^3/min；C_0为上隅角一氧化碳浓度；提取的切片 z=0.1m

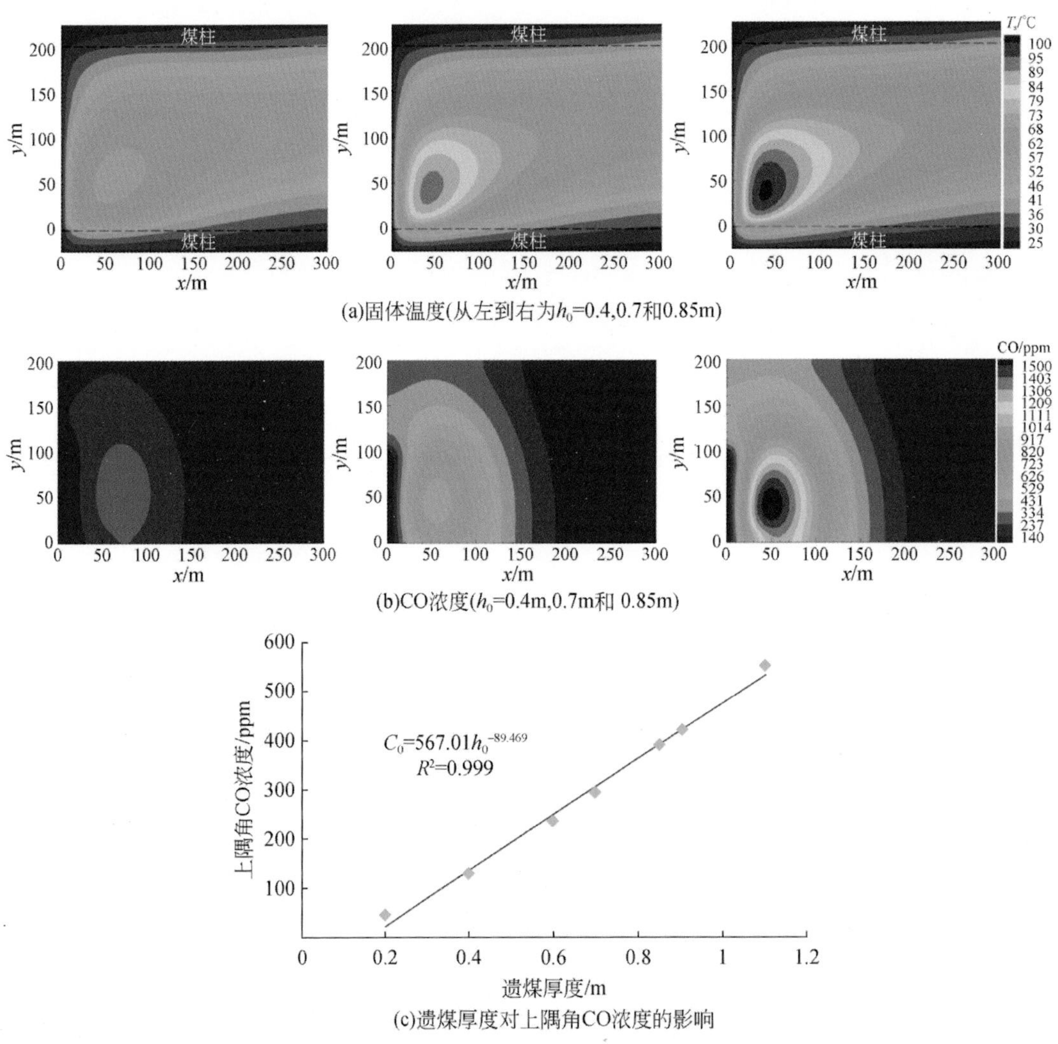

(a)固体温度(从左到右为h_0=0.4,0.7和0.85m)

(b)CO浓度(h_0=0.4m,0.7m和 0.85m)

(c)遗煤厚度对上隅角CO浓度的影响

图 9.7　遗煤厚度对采空区固体温度及一氧化碳浓度分布的影响

注：v_0 =2.4m/d，Q_f =650m^3/min；C_0 为上隅角一氧化碳浓度；提取的切片 z=0.1m